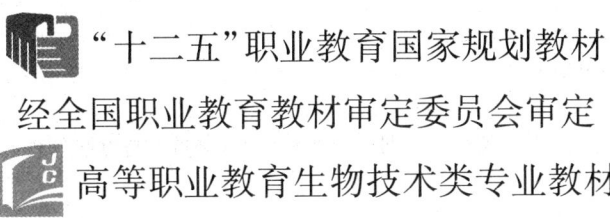

生物工程设备及操作技术

(第二版)

黄亚东　齐保林　主编

中国轻工业出版社

图书在版编目(CIP)数据

生物工程设备及操作技术/黄亚东,齐保林主编.—2版.—北京:中国轻工业出版社,2023.2

"十二五"职业教育国家规划教材

ISBN 978-7-5019-9849-4

Ⅰ.①生… Ⅱ.①黄… ②齐… Ⅲ.①生物工程—设备—高等职业教育—教材 Ⅳ.①Q81

中国版本图书馆 CIP 数据核字(2014)第 167223 号

责任编辑:江 娟　　策划编辑:江 娟　　责任终审:劳国强
封面设计:锋尚设计　　版式设计:王超男　　责任监印:张 可

出版发行:中国轻工业出版社(北京东长安街6号,邮编:100740)
印　　刷:北京君升印刷有限公司
经　　销:各地新华书店
版　　次:2023年2月第2版第5次印刷
开　　本:720×1000　1/16　印张:26.25
字　　数:523千字
书　　号:ISBN 978-7-5019-9849-4　定价:52.00元

邮购电话:010-65241695
发行电话:010-85119835　传真:85113293
网　　址:http://www.chlip.com.cn
Email:club@chlip.com.cn
如发现图书残缺请与我社邮购联系调换
230146J2C205ZBQ

本书编写人员名单

主　编　黄亚东(江苏食品药品职业技术学院)
　　　　　齐保林(郑州牧业经济学院)

参　编　(按姓氏笔画排序)
　　　　　丁　振(日照职业技术学院)
　　　　　刘连成(江苏食品药品职业技术学院)
　　　　　刘建成(湖北轻工职业技术学院)
　　　　　杨　猛(江苏食品药品职业技术学院)
　　　　　罗竹青(江苏食品药品职业技术学院)
　　　　　曾惠琴(徐州工业职业技术学院)
　　　　　韩　群(淮阴工学院)

主　审　吴建峰(江苏今世缘酒业股份有限公司)

前　言

生物工程设备及操作技术是高职高专院校生物技术及应用等专业开设的一门重要的专业核心课程，具有很强的职业性和实践性。本书为校企合作开发的高职教育教材，较为全面地阐述了生物工程设备操作原理及典型设备，旨在培养生物技术应用领域高素质的技能型专业人才。本书内容包括空气净化除菌设备；培养基制备设备；通风发酵设备；厌氧发酵设备；固态发酵生物反应器；动、植物细胞（组织）培养反应器；酶反应器与微藻培养生物反应器；细胞破碎与分离设备；沉降设备；过滤设备；离心分离设备；膜分离设备；萃取设备；液体吸附与浸出设备；离子交换设备；蒸发设备；结晶设备；干燥设备；蒸馏设备；设备与管道的清洗与灭菌。本书既可作为高职高专院校生物技术类专业教材，也可供生物技术应用领域工程技术人员参考。

通过本书的学习，可使学生了解生物工程操作的基本概念及基本原理，掌握典型设备的结构、工作原理、性能特点、操作要点、选用及保养方法，并能灵活运用所学知识和技能分析、解决生物工业生产中的一般性技术问题，同时可培养学生的工程意识、职业意识和责任意识。

本书内容涉及面较广，在使用过程中可根据培养目标及实习实训条件有针对性地进行教学。编写过程中注意深入浅出，注重应用，突出实践。为了便于教学，对每一章提出知识目标和能力目标，并结合实际布置了一定数量的作业供学生思考与练习。

本书第一章、第三章、第十一章、第十八章及全书的思考与练习及课件由郑州牧业经济学院齐保林编写；第二章、第四章、第五章、第六章、第七章、第八章、第九章、第十章、第十二章、第十三章、第十四章、第十五章、第十六章、第十七章、第十九章、第二十章由江苏食品药品职业技术学院黄亚东编写。参与编写的有江苏食品药品职业技术学院杨猛、刘连成、罗竹青，徐州工职业技术学院曾惠琴，淮阴工学院韩群，日照职业技术学院丁振，湖北轻工职业技术学院刘建成，及江苏今世缘酒业股份有限公司、华润雪花啤酒有限公司、扬子江药业集团有限公司等企业有关技术人员。

本书由江苏食品药品职业技术学院黄亚东主编,江苏今世缘酒业股份有限公司副董事长吴建峰高级工程师主审。

本书的编写得到了参编者所在单位领导的大力支持和帮助,书中引用和借鉴了一些已发表的文献资料,在此向相关作者和提供过帮助的同志们表示感谢。

由于我们水平有限,书中不妥之处在所难免,敬请广读者批评指正。

编者

2014 年 8 月

目 录

第一章 空气净化除菌设备 ... 1
第一节 无菌空气的质量指标 ... 1
第二节 空气净化设备 ... 5
第三节 空气介质过滤除菌流程 ... 19
第四节 净化空调系统 ... 20
第五节 净化空调系统的操作与维护 ... 23

第二章 培养基制备设备 ... 25
第一节 淀粉质原料蒸煮与糖化设备 ... 25
第二节 糖蜜稀释器 ... 35
第三节 液体培养基灭菌方法及设备 ... 39
第四节 啤酒生产中麦芽汁制备设备 ... 47

第三章 通风发酵设备 ... 61
第一节 机械搅拌式通风发酵罐 ... 61
第二节 自吸式发酵罐 ... 73
第三节 气升式发酵罐 ... 76
第四节 塔式发酵罐 ... 81
第五节 全自动发酵罐 ... 82

第四章 厌氧发酵设备 ... 94
第一节 酒精发酵设备 ... 94
第二节 啤酒发酵设备 ... 99
第三节 连续发酵设备 ... 109

第五章 固态发酵生物反应器 ... 118
第一节 概述 ... 118

第二节　固态发酵生物反应器 …………………………………………… 120

第六章　动、植物细胞(组织)培养反应器 …………………………………… 128
　　第一节　动物细胞培养反应器 …………………………………………… 128
　　第二节　植物细胞(组织)培养反应器 …………………………………… 137

第七章　酶反应器与微藻培养生物反应器 …………………………………… 145
　　第一节　游离酶反应器 …………………………………………………… 146
　　第二节　固定化酶反应器 ………………………………………………… 147
　　第三节　微藻培养生物反应器 …………………………………………… 150

第八章　细胞破碎与分离设备 ………………………………………………… 157
　　第一节　细胞破碎原理 …………………………………………………… 157
　　第二节　细胞破碎方法 …………………………………………………… 159
　　第三节　细胞破碎设备 …………………………………………………… 161

第九章　沉降设备 ……………………………………………………………… 165
　　第一节　颗粒的性质 ……………………………………………………… 165
　　第二节　重力沉降 ………………………………………………………… 166
　　第三节　离心沉降 ………………………………………………………… 169

第十章　过滤设备 ……………………………………………………………… 173
　　第一节　过滤速度的强化 ………………………………………………… 173
　　第二节　主要过滤设备 …………………………………………………… 181

第十一章　离心分离设备 ……………………………………………………… 198
　　第一节　离心分离的基本理论 …………………………………………… 198
　　第二节　离心分离的设备 ………………………………………………… 199
　　第三节　离心机的运行与维护 …………………………………………… 207

第十二章　膜分离设备 ………………………………………………………… 211
　　第一节　概述 ……………………………………………………………… 211

第二节	超滤	219
第三节	反渗透	229
第四节	电渗析	234

第十三章 萃取设备 … 241
- 第一节 液-液萃取的基本概念 … 241
- 第二节 液-液萃取流程 … 244
- 第三节 液-液萃取设备 … 246
- 第四节 超临界流体萃取设备 … 255

第十四章 液体吸附与浸出设备 … 259
- 第一节 液体吸附的基本概念 … 259
- 第二节 吸附剂 … 260
- 第三节 液体吸附方法 … 262
- 第四节 常用吸附装置及操作 … 263
- 第五节 浸出的基本概念 … 265
- 第六节 浸出操作方式 … 266
- 第七节 浸出设备 … 268

第十五章 离子交换设备 … 272
- 第一节 离子交换的基本概念和原理 … 272
- 第二节 离子交换剂的分类 … 273
- 第三节 离子交换树脂的基本性能 … 274
- 第四节 离子交换的操作循环过程 … 275
- 第五节 离子交换装置 … 277

第十六章 蒸发设备 … 283
- 第一节 蒸发的基本理论 … 283
- 第二节 主要蒸发设备 … 286
- 第三节 典型的蒸发设备流程 … 303

第十七章 结晶设备 ... 308
- 第一节 结晶原理和起晶方法 ... 308
- 第二节 结晶设备与操作 ... 314

第十八章 干燥设备 ... 326
- 第一节 固体物料的干燥机理及生物产品的干燥特点 ... 326
- 第二节 气流干燥 ... 332
- 第三节 喷雾干燥 ... 339
- 第四节 沸腾干燥与沸腾造粒干燥 ... 353
- 第五节 真空干燥和真空冷冻干燥 ... 360
- 第六节 微波干燥设备 ... 370
- 第七节 干燥设备的选用 ... 372

第十九章 蒸馏设备 ... 375
- 第一节 蒸馏操作的基本原理 ... 375
- 第二节 酒精连续精馏流程 ... 377
- 第三节 粗馏塔 ... 379
- 第四节 精馏塔 ... 384
- 第五节 蒸馏附属设备 ... 389

第二十章 设备与管道的清洗与灭菌 ... 393
- 第一节 常用清洗剂、清洗方法及设备 ... 393
- 第二节 设备及管路的灭菌 ... 399

参考文献 ... 405

第一章 空气净化除菌设备

【学习目标】

1. 知识目标　了解空气洁净度等级及要求,空气除菌方法,常用的过滤介质及特点;了解空气过滤除菌流程中各附属设备的作用;掌握生物工业生产的卫生要求和空气净化的流程方法,典型的空气过滤除菌设备流程。

2. 能力目标　能够根据具体需求制定合理的空气除菌流程;能够掌握空气净化除菌系统操作与维护要点。

第一节　无菌空气的质量指标

生物工业生产大多与食品、药品等领域密切相关,其反应过程大多是微生物发酵、动植物细胞培养、生物酶促反应及生化分离提取等。这些反应过程都需要有洁净的工作环境,对空气的质量要求很高,尤其是药品、食品的生产过程,从原材料、生产过程、设备,到人员操作都有明确的质量规范。这就要求对进入生产环境的空气进行净化,并有一定温度、湿度和压力的调节处理。

一、空气的组成

空气是由多种气体组成的混合物,其恒定的组成成分有氮、氧、氩、氖、氦等气体。空气中的不确定含量组成部分,在不同地区是不同的,常见的有二氧化碳、水蒸气、氢、臭氧、甲烷、二氧化硫等多种物质。空气中还存在各种污染物和微生物。空气净化的目的是除去空气中的尘埃和微生物。

1. 空气中的颗粒物

人们生活的空气中浮游着大量颗粒物质,而且地表上的各种物体、自然现象无时无刻不在产生各种尘埃颗粒。检测发现,每 $1m^3$ 的空气中,含有 $5\times10^4 \sim 3\times10^5$ 个尘埃粒子。

按照颗粒的机械性质,空气中的颗粒可分为刚性颗粒和非刚性颗粒。无机物颗粒属于刚性颗粒,变形系数很小。细胞是非刚性颗粒,其形状容易随外部空间条件而改变。因此,这两类颗粒的力学性质不同。所以,在生产实践中,采用不同的分离方法。

按形状划分,可分为球形颗粒和非球形颗粒。一般来说,空气中的尘埃颗粒多是非球形颗粒,形状多种多样。

空气中的颗粒直径大小不同,呈连续分布状态,共同组成空气中的颗粒群。按直径大小,空气中的颗粒可分为自然降尘和飘尘。自然降尘是指粒径大于 10μm 小于 100μm 在空气中经重力作用能沉降到地面上的灰尘,其来源以风沙扬尘为主。10μm 以下的浮游状颗粒物,称为飘尘,去除飘尘的难度较大。

2. 空气中的微生物

空气中的微生物来自于多个渠道。室外空气比较干燥,无营养物质,且受紫外线照射,不适宜微生物生长。所以,室外空气中的大部分微生物只有短暂的存活时间。但是,部分微生物对外界环境的抵抗能力较强,如八叠球菌、细球菌、枯草芽孢杆菌以及霉菌、酵母菌的孢子等,它们在大气中停留时间较长,是造成大气污染的主要原因。

空气中的细菌个体直径一般为 0.5~5μm,多数为 5μm,少数病菌为 0.03~0.5μm。细菌常以群体存在,并大量附着在空气中的尘埃颗粒上,形成生物颗粒。空气中的微生物个数一般在 1000~3000 个/m³。有尘埃存在,就可能有微生物存在。除去尘埃,也就除掉了生物颗粒。因此,采用空气净化技术,即能除去尘埃,又能去掉微生物。

3. 空气中的液体

不含水分的空气,称为绝干空气。实际上,空气中不仅含水分,而且还含有各种油滴。空气中水分构成了空气湿度,不同地区的空气湿度不一样。油滴的组成非常复杂,分为植物油和矿物油两大类。人类生活的空气中要有一定水分,但水分和油滴都是空气污染源,常作为微生物载体而污染空气。

二、生物工业对空气卫生质量的要求

不同的生物产品制备过程需要不同的生物反应,对空气环境的要求尽管有所区别,但都有一个共同特点,即洁净无菌和一定的温度、湿度。以微生物发酵为例,不同菌种具有不同的生长能力,反应过程中生长速度的快慢、产物性质、发酵周期长短、培养物营养成分和 pH 差异,都对所用无菌空气洁净程度有不同要求。例如,酵母培养过程对空气的要求就不如氨基酸发酵、液体曲、抗生素发酵严格。

1. 空气的性质

(1) 空气湿度　空气湿度,是空气中水蒸气含量的表示方法,分为绝对湿度和相对湿度。

① 空气绝对湿度 H:湿空气中,单位体积绝干空气所含水蒸气的量称为绝对湿度,实际上就是水汽密度,单位 kg/m³。在某温度下,如果空气中水蒸气含量达到最大值,此时的绝对湿度,称为饱和空气的绝对湿度。

$$H = \frac{\text{湿空气中水蒸气的质量}}{\text{湿空气中绝干空气的质量}}$$

② 空气相对湿度 RH:在一定总压下,湿空气中水蒸气分压 p_w 与同温度下饱和水蒸气气压 p_v 的比值,称为相对湿度。相对湿度,表明湿空气的不饱和程度,反映

湿空气吸收水汽的能力。

$$RH = \frac{p_w}{p_v}$$

（2）干球温度　用普通温度计测得的湿空气的温度，称为干球温度，用 T 表示，单位为℃或K。干球温度，为湿空气的真实温度。

（3）湿球温度　如图 1-1 所示，用水润湿的纱布包裹温度计的感温球，湿纱布一端浸在水中，始终保持湿润，这就构成湿球温度计。将它置于一定温度和湿度的流动空气中，达到稳态时所测得的温度，称为空气的湿球温度，以 T_w 表示。

空气的湿度、干球温度、湿球温度三者之间的关系为：

$$H = H_d - \frac{1.09}{r_t}(T - T_w)$$

式中　H_d——湿球温度 T_w 下空气的饱和湿度
　　　r_t——湿球温度 T_w 时水的汽化潜热，kJ/kg

(1) 干湿球温度计外形

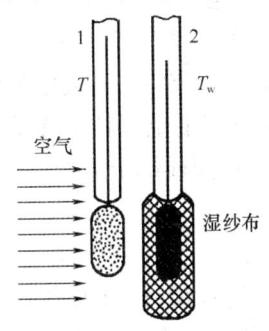

(2) 干湿球温度计工作原理

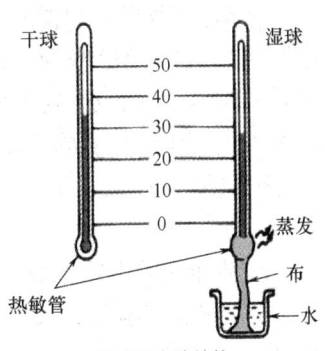

(3) 湿球温度计结构

图 1-1　干湿球温度计
1—干球温度计　2—湿球温度计

2. 洁净区的洁净等级

为确保药品生产的质量安全，国家发布了《药品生产质量管理规范》，简称GMP，重点是防止药品污染问题。2013 年，颁发药品生产企业《洁净厂房设计规范》（GB 50073—2013），对医药工业洁净厂房的空气洁净度等级标准做了明确规定，见表 1-1。

表 1-1　　　　　　　　洁净室及洁净区空气洁净度等级

空气洁净度等级/N	大于或等于要求粒径的最大浓度限值/(pc/m³)					
	0.1μm	0.2μm	0.3μm	0.5μm	1μm	5μm
1	10	2	—			
2	100	24	10	4		

续表

空气洁净度等级/N	大于或等于要求粒径的最大浓度限值/(pc/m³)					
	0.1μm	0.2μm	0.3μm	0.5μm	1μm	5μm
3	1000	237	102	35	8	—
4(十级)	10000	2370	1020	352	83	—
5(百级)	100000	23700	10200	3520	832	29
6(千级)	1000000	237000	102000	35200	8320	293
7(万级)	—	—	—	352000	83200	2930
8(十万级)	—	—	—	3520000	832000	29300
9(百万级)	—	—	—	35200000	8320000	293000

注:按不同的测量方法,各等级水平的浓度数据的有效数字不应超过3位。

目前,日益严峻的食品安全问题,使得对生产监管与生产环境要求越来越高。参照药品生产GMP管理模式,已经成为行业发展的趋势。例如,食品企业为保证达到GMP规定的卫生要求而施行的SSOP(卫生标准操作程序),就是指导食品生产加工过程中如何实施清洗、消毒和卫生保持的作业指导文件。即便是用于非食品、药品的生物化工产品的生产,也同样由于生物反应而对空气环境有严格的洁净要求。

3. 洁净区的主要参数

(1)湿度和温度 人体在保持环境统一的同时,还与外环境中温度、湿度、气压、风向和风速等综合因素保持平衡。人的皮肤有临界点温度。高于临界点温度,就感到热;低于则感到凉。当温度在25℃、相对湿度50%时,人体处于正常的热平衡状态,感觉很舒适。为保证洁净区内温度和相对湿度与生产工艺要求相适应,又满足作业人员对工作环境的要求,不同洁净度区域的温度和相对湿度应控制在适宜的温度范围内。洁净车间的温度和湿度见表1-2。

表1-2　　　　　　　　洁净车间的温度和湿度

序号	空气洁净度	适宜温度	相对湿度
01	100 级	18～24℃	45%～60%
02	10 000 级	18～24℃	45%～60%
03	100 000 级	18～26℃	45%～65%
04	300 000 级	18～26℃	45%～65%

(2)压差 压差是指洁净区环境内的空气压强与洁净区外空气压强的差值。洁净区,包括生产车间、厂房、无菌室等需要洁净空气的环境区域。如果内部空气

压强大于外部空气压强,称为正压差;反之,称为负压差。

通常情况下气流是从高压区域向低压区域流动,为保证产品生产时环境空气的洁净度不被干扰、污染,洁净区内一般都保持正压状态。但在有些生物制品、生物技术的操作区域,为防止基因、病毒、致病菌流入洁净区外造成生物污染,要求洁净区内保持一定负压差。

洁净区室内外的正压差值受室外风速的影响,室内正压值要高于室外风速产生的风压。当室外风速大于3m/s时,产生的风压接近5Pa。若洁净室内正压值为5Pa时,室外的空气污染就有可能渗漏入室内。据气象资料统计,我国大多数地区冬夏两季的平均风速大于3m/s。因此,规定洁净区与非洁净区的室内最小正压差值应大于5Pa,而洁净区与户外环境的最小正压差值为10Pa。

(3)新风量 在《工业企业设计卫生标准》(GBZ 1—2010)中规定:"工作场所的新风应来自室外,新风口应设置在空气清洁区,新风量应满足下列要求:非空调工作场所人均占用容积<20m^3 的车间,应保证人均新风量≥30m^3/h;如所占容积>20m^3 时,应保证人均新风量≥20m^3/h。采用空气调节的车间,应保证人均新风量≥30m^3/h。洁净室的人均新风量应≥40m^3/h"。在《采暖通风与空气调节设计规范》(GB 50019—2003)中规定:"空气调节系统的新风量,应符合下列规定:①不小于人员所需新风量,以及补偿排风和保持室内正压所需风量两项中的较大值;②人员所需新风量应满足规范3.1.9条的要求,并根据人员的活动工作性质以及在室内的停留时间等因素确定"。规范3.1.9条内容为"建筑物室内人员所需最小新风量,应符合以下规定:①民用建筑人员所需最小新风量按国家现行有关卫生标准确定;②工业建筑应保证每人不小于30m^3/h的新风量。"因此,送至洁净区的新风,应占总风量的75%,回风占总风量的25%。

第二节 空气净化设备

空气净化的目的是除去空气中的尘埃、微生物等微粒,或杀灭空气中的微生物。除去方法有静电吸附、介质过滤。灭菌方法有辐射杀菌、热杀菌、化学药物杀菌。

(1)热杀菌 利用空气压缩机排气时气体的高温来杀灭气流中的微生物。例如,在进行微生物有氧发酵时,通入发酵罐的无菌空气一般是用压缩机产生的,可适当提高压缩机排气压力,利用空气压缩时放出的热量保温灭菌。

(2)辐射杀菌 α射线、X射线、β射线、γ射线、紫外线、超声波等,都能破坏蛋白质等生物活性物质,起杀菌作用。但实际上,应用较广的是紫外线。波长在253.7~265nm的紫外线,杀菌效力最强,常用于洁净区、医院手术室等空气对流不大的环境下消毒杀菌,一般还要结合甲醛蒸气或苯酚喷雾等,保证无菌室高度无菌。

(3) 静电吸附　利用静电引力吸附带电粒子而达到除尘灭菌的目的。悬浮于空气中的微生物，大多数带有不同电荷。没带电荷的微粒，进入高压静电场时，会被电离成带电微粒。对于一些直径小的微粒，所带电荷很小，当产生的引力等于或小于气流对微粒布朗扩散运动的动力时，微粒不能被吸附而沉降。因此，静电除尘对很小的微粒，除尘效率较低。

(4) 过滤除菌法　利用多孔材料截留混合体系中固体颗粒的过程，称为过滤。过滤使用的多孔材料，称为过滤介质。过滤除菌，是使空气通过经高温灭菌的过滤介质层，将空气中的微生物等颗粒阻截在介质层中，达到除尘除菌的目的。它是生物工业生产中最常用、最适用的空气除菌方法。

(5) 化学药物杀菌　大多数化学药剂在低浓度下具有抑菌作用，高浓度下起杀菌作用。常用的有5%石炭酸（又名苯酚、羟基苯）、75%乙醇和乙二醇等。该方法有很大局限性，如化学灭菌剂需有挥发性，以便清除灭菌后材料上残余药物。

一、空气过滤除菌法

1. 空气净化的级别

按照过滤去除颗粒的大小、多少，将空气过滤净化分成4个级别。

(1) 初效过滤　能过滤空气中自然降尘的颗粒，如$5\mu m$以上尘埃粒子，用于空气净化的初级过滤。常用棉花、泡沫塑料、涤纶无纺布等过滤介质。无纺布具有容量大、阻力小、滤材均匀、不易老化等优点，且便于清洗，成本低廉，应用越来越多，有替代泡沫塑料的趋势。

(2) 中效过滤　能过滤去除$1\sim10\mu m$的颗粒，相应级别的过滤器称为中效过滤器。使用的过滤介质，有细孔泡沫塑料、超细合成纤维或玻璃纤维、优质无纺布等。中效过滤，可去除空气中的飘尘和油滴，对高效过滤器起保护作用，延长高效过滤器的使用寿命。

(3) 亚高效过滤　能过滤去除$0.5\sim5\mu m$的颗粒，相应级别的过滤器称为亚高效过滤器。多使用玻璃纤维滤纸、过氯乙烯纤维滤布、聚丙烯纤维滤布等过滤介质。在额定风量下，对不小于$0.5\mu m$颗粒的去除率能达到95%～99.9%，可作为空气净化的末端过滤装置。

(4) 高效过滤　能过滤去除直径为$0.1\sim1\mu m$的颗粒，相应级别的过滤器称为高效过滤器。常用的过滤介质有超细玻璃纤维、超细石棉纤维等。高效过滤，可完全滤除细菌等微细颗粒，多设置于洁净厂房、局部净化设备的最后一级。一般安装在通风系统的末端，作为洁净区的进风口使用。

2. 空气过滤介质

过滤介质是过滤除菌的关键。其好坏不仅影响介质的消耗量、动力消耗、操作劳动强度、维护管理等，还决定设备的结构、尺寸及运转过程的可靠性。过滤介质应具有吸附性强、阻力小、空气流量大、化学惰性、能耐干热等特点。常用过滤介质有棉花、活性炭、玻璃纤维、超细纤维纸、化学纤维等。

（1）棉花　是传统过滤介质,如图1-2所示。其质量随品种和种植条件不同差别较大,最好选用纤维细长疏松的新鲜产品。常用未脱脂棉,纤维长2~3cm,直径16~21μm,装填时分层均匀铺砌、压紧,装填密度为150~200kg/m³。如果压不紧或装填不均匀,会造成空气走短路,甚至介质翻动而丧失过滤效果。

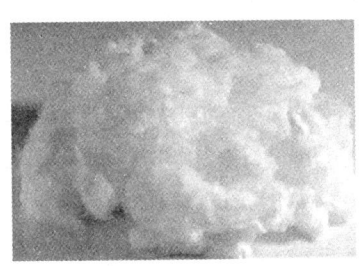
(1) 棉纤维

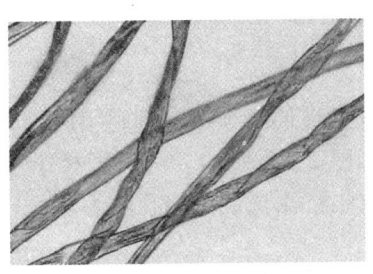
(2) 微观棉纤维

图1-2　棉花过滤介质

（2）玻璃纤维　玻璃纤维常用于散装充填,直径为8~19μm,如图1-3所示。纤维直径越小,过滤效果越好。但纤维越小,强度越低,很容易断碎而造成堵塞,增大阻力。硅硼玻璃纤维可制成0.3~0.5μm较细直径的高强度纤维。2~3mm厚的过滤器可除去0.01μm的微粒,除去噬菌体和所有微生物。

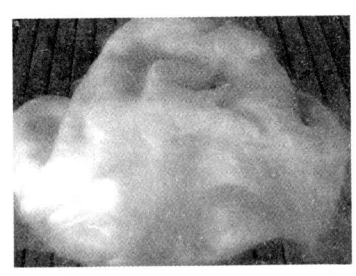
(1) 玻璃纤维棉

(2) 玻璃纤维板

图1-3　玻璃纤维

（3）活性炭　如图1-4所示,活性炭有非常大的比表面积,通过表面吸附作用吸附截留微生物。常用的颗粒状活性炭为小圆柱体,大小为$\varphi3mm \times (10~15)mm$。活性炭粒子的间隙大,空气阻力小,为棉花的1/2,但过滤效率比棉花低得多。颗粒活性炭常与纤维介质分层堆放成过滤床层。例如,将其夹在两层棉花介质中间使用,用量为总过滤层的1/3~1/2,可降低过滤层的阻力。

(1) 活性炭原颗粒　　　　(2) 活性炭压制颗粒　　　　(3) 活性炭卷材

图1-4　活性炭

(4) 超细玻璃纤维纸　是利用质量较好的无碱玻璃制成1~1.5μm直径很小的纤维，如图1-5所示。由于直径小不易装填，采用造纸方法做成厚度0.25~1mm的纤维纸，形成的网格孔隙为0.5~5μm，为棉花的1/15~1/10，有较高的过滤效率。

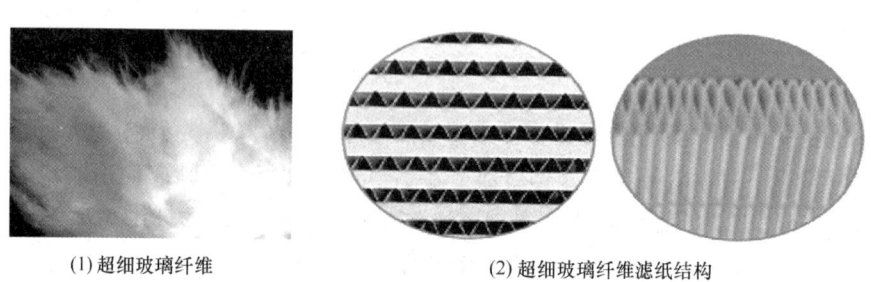

(1) 超细玻璃纤维　　　　　　(2) 超细玻璃纤维滤纸结构

图1-5　超细玻璃纤维纸

超细玻璃纤维纸的除菌效率高、阻力小，但强度不大，尤其受湿后强度大大下降。因此，常用酚醛树脂、甲基丙烯酸树脂、密胺树脂、含氢硅油等增韧剂或疏水剂处理，以提高防湿能力。如图1-6所示为超细玻璃纤维纸质过滤器。

图1-6　超细玻璃纤维纸质过滤器

(5) 石棉滤板　如图1-7(3)所示，是采用20%小而直的石棉纤维和8%纸浆纤维混合制成的石棉滤板。其纤维较粗，直径大，纤维间隙大，过滤板虽厚(3~5mm)，但过滤效率低。其特点是，湿润后强度大，受潮时不易穿孔或折断，能耐受蒸汽反复杀菌,使用寿命长。

(1) 石棉矿　　　　　　(2) 石棉绒　　　　　　(3) 石棉滤板

图1-7　石棉

（6）烧结材料　包括烧结金属、烧结陶瓷等,如图1-8、图1-9所示。制造时将这些材料微粒加压成型,在熔点温度下粘结固定,粉末表面熔融粘结时所保持的粒子间隙构成微孔通道,具有过滤作用。其过滤性能,与粉末大小和烧结情况有关。例如,锰钛合金金属粉末烧结板,厚约4mm,强度高,不需经常更换,使用寿命长,能耐受高温反复杀菌,不受湿度影响,不易损坏,使用方便。聚乙烯醇过滤板可经受120℃、30min杀菌而不变形,加工方便、微孔多、间隙中等、过滤效率高,属高气流速度型,对流速十分敏感。

(1) 不锈钢烧结滤管　　　　　　(2) 不锈钢烧结滤板

图1-8　金属粉末烧结多孔微孔滤材

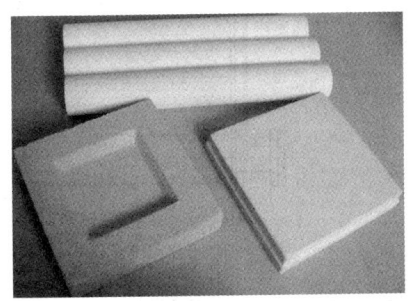 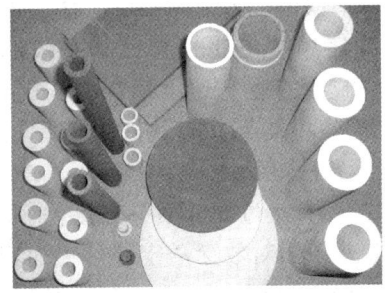

图1-9　微孔烧结陶瓷过滤芯

(7)新型过滤介质　新型过滤介质的微孔直径为 $0.1\sim0.22\mu m$,小于细菌直径,故菌体粒子不能通过,称为绝对过滤,也称为微孔膜过滤器。分为两大类:一类是能除去大部分微生物,但不能除去噬菌体,可耐蒸汽杀菌的聚偏氟乙烯和聚四氟乙烯膜材料,如图 1-10 所示;另一类是可除去 $0.01\mu m$ 的微粒,能除去噬菌体,可耐 121℃反复加热杀菌,过滤介质是直径 $0.5\mu m$ 的超细玻璃纤维或膨化聚四氟乙烯。

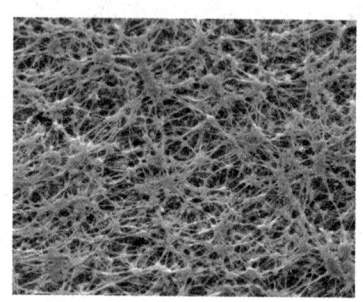 

(1) 聚四氟乙烯滤膜微观结构,孔径0.2μm　　(2) PTFE (聚四氟乙烯) 空气过滤膜

图 1-10　聚四氟乙烯膜材料

为延长微孔膜过滤器的使用寿命,使用时应配置与膜过滤器相匹配的空气预过滤器和蒸汽过滤器,除去管道内的铁锈、污垢和微粒对微孔膜的污染。对无菌程度要求高的发酵系统,需装设阻力小的绝对空气过滤器。

二、空气过滤器

1. 深层纤维介质空气过滤器

过滤器结构如图 1-11 所示,通常是立式圆筒形,内部充填过滤介质。空气从圆筒下部以切线方向通入,由下至上通过过滤介质,再从上部切线方向排出。过滤器上方装有安全阀、压力表,罐底装有排污管。纤维介质主要有棉花、玻璃纤维、超细玻璃纤维等,过滤器尺寸主要是直径和有效滤层厚度,其空截面的空气速度依操作工艺而定,原则上应使过滤器在较高过滤效率的气流速度区运行,一般取 $0.1\sim0.3m/s$。

过滤器有效过滤介质的厚度,是基于实验数据,并依据对数穿透定律计算而定。为避免过厚滤层导致棉花耗用多、安装困难、阻力损失大,常用活性炭作中间层。一般,

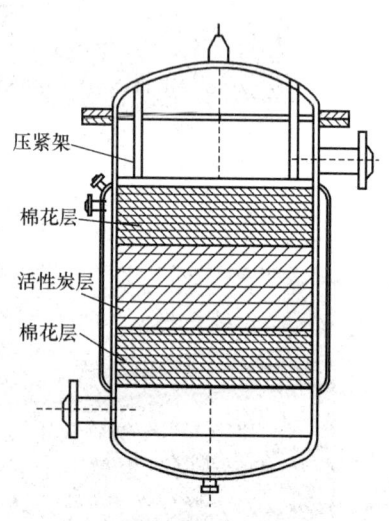

图 1-11　深层纤维介质空气过滤器

上下棉花层厚度各为 1/4～1/3,中间活性炭层占 1/3～1/2。上下两端还要安装 30～40 目的金属丝网和织物。填充物安装顺序:孔板－铁丝网－麻布－棉花－麻布－活性炭－麻布－棉花－麻布－铁丝网－孔板。

安装过滤介质时,要求紧密均匀、压紧一致。压紧装置有多种型式,可用周边固定螺栓压紧,也可用中央螺栓压紧,或利用顶盖密封螺栓压紧。为防止棉花受潮下沉后松动,在压紧装置上加装缓冲弹簧。

在充填介质区间的过滤器圆筒外部通常设有夹套,可加热过滤介质。对过滤器加热杀菌时,自上而下通入 0.2～0.4MPa 的蒸汽,维持 45min,然后用压缩空气吹干备用。

2. 平板式纤维纸过滤器

平板式纤维纸过滤器内,充填着薄层过滤板或过滤纸,结构如图 1－12 所示。它包括罐体、顶盖、滤层、夹层和缓冲层。

空气从罐体中部进入,空气中的水雾沉于底部,由排污口排出。空气经缓冲层通过下孔板经薄层介质过滤后,从上孔板进入顶盖出气孔排出。缓冲层内可装填棉花、玻璃纤维或金属丝网等。顶盖法兰可压紧滤纸和密封周边。为使气流均匀进入和通过过滤介质,上下孔板应先铺上 30～40 目的金属丝网和织物,使过滤介质受力均匀,夹紧于中间,周边要加橡胶圈密封,切勿让空气走短路。

3. 管式过滤器

管式过滤器是将过滤介质卷装在孔管上,如图 1－13 所示,单位体积的过滤面积比平板式大得多,但卷装滤纸时要防止空气从纸缝走短路。这种过滤器的安装和检查较困难。为防止孔管密封的底部死角积水,封管底盖要紧靠滤孔。

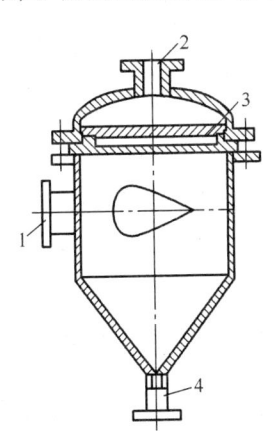

图 1－12 平板式纤维纸过滤器
1—进气口 2—出气口
3—过滤介质 4—排污口

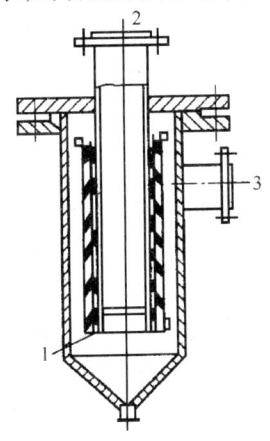

图 1－13 管式过滤器
1—滤筒 2—出气口 3—进气口

4. 折叠式低速过滤器

折叠式低速过滤器，适用于要求过滤阻力很小而过滤效率较高的场合，如洁净室、洁净工作台、自吸式发酵罐等。超细纤维纸的过滤特性，是气流速度越低、过滤效率越高，可构造成过滤面积很大的过滤器，其滤框和过滤器的结构如图1-14所示。较长的滤纸折成瓦楞状，安装在楞条支撑的滤框内，滤纸周边用环氧树脂与滤框粘结密封。滤框有木制和铝制两种，被螺栓固定压紧在过滤器内，全部用垫片密封。超细纤维易堵塞，为提高过滤器效率和延长使用寿命，在前面加设粗过滤器。

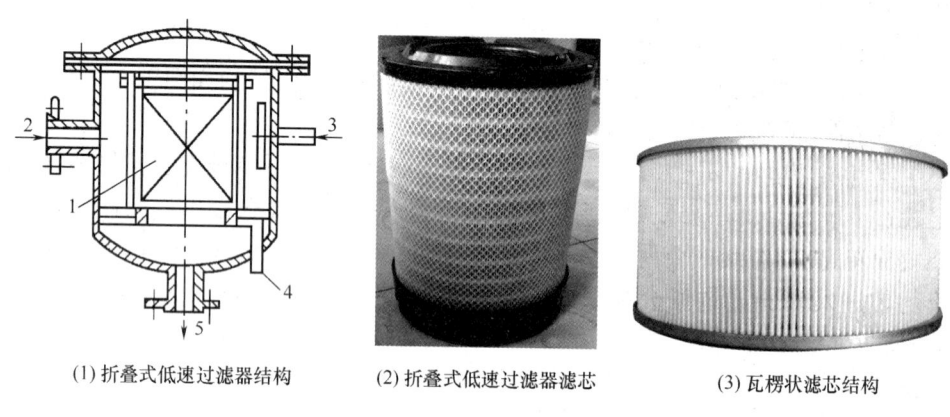

(1) 折叠式低速过滤器结构　　(2) 折叠式低速过滤器滤芯　　(3) 瓦楞状滤芯结构

图 1-14　折叠式低速过滤器
1—滤筒　2—进气口　3—清洗口　4—排污口　5—出气口

5. 粗过滤器

粗过滤器是安装在空气压缩机进气口之前的过滤器。其主要作用是捕集较大的灰尘颗粒，防止压缩机活塞环与气缸过早出现磨损，同时减轻总过滤器的负荷。粗过滤器一般要求过滤效率高、阻力小，否则会增加空气压缩机的吸入负荷和降低空气压缩机的排气量。

常用粗过滤器有袋式过滤器、填料式过滤器、油浴洗涤器和水雾除尘器等。

（1）袋式过滤器　如图1-15所示。将过滤袋紧套于焊接支架上，一般是过滤袋内连接排气口，含尘气体进入过滤袋时，颗粒物被截留在过滤袋外面。过滤器的过滤效率和阻力损失视滤布特性和过滤面积而定。滤布多采用合成纤维滤布，需定期清洗，以减少阻力损失和提高过滤效率。

（2）填料式过滤器　过滤器结构同填料塔，填料用油浸铁丝、玻璃纤维或其他合成纤维等，过滤效果比袋式过滤器稍好，阻力损失较小。但结构较复杂，占地面积较大，内部填料经常换洗才能保持一定的过滤作用，操作较麻烦。图1-16所示为粗过滤器用塑料填料网。

 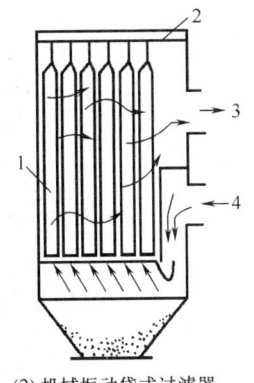 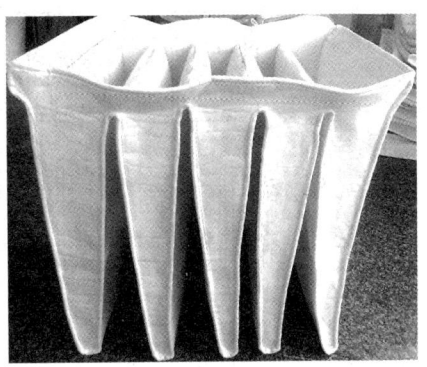

(1) 袋式过滤器外形　　(2) 机械振动袋式过滤器　　(3) 过滤袋

图 1-15　袋式过滤器
1—滤袋　2—振动机　3—出气口　4—进气口

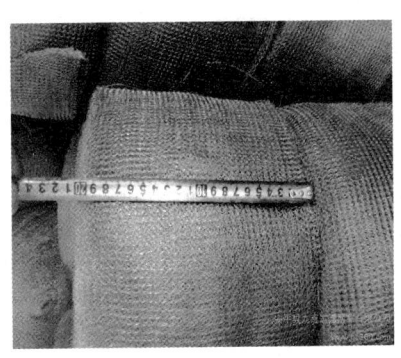 

图 1-16　粗过滤器用塑料填料网

（3）油浴洗涤器　如图 1-17 所示。空气进入装置后,在油箱内被油层洗涤,空气中的颗粒被油黏附,沉降于油箱底部而被除去。经过油浴的空气因带有油雾,需经百叶窗式的圆盘分离较大颗粒油雾,再经滤网分离小颗粒油雾后,由中心管吸入压缩机。这种洗涤器效果较好,对有分离不净的油雾带入压缩机无影响,阻力不大,但耗油量大。

（4）水雾除尘器　如图 1-18 所示,空气从底部进入,经上部喷下的水雾洗涤,将空气中灰尘、微生物微粒黏附沉降,从器底排出。带微细小雾的空气经上部过滤网过滤后排出,进入压缩机。经过洗涤,可除去空气中大部分微粒和小部分微小粒子。

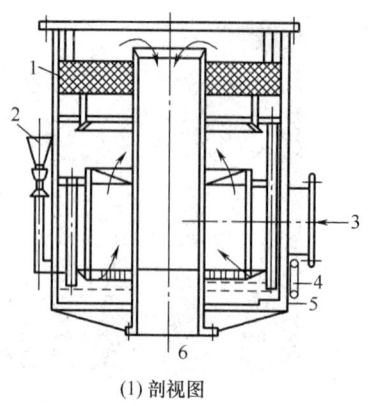 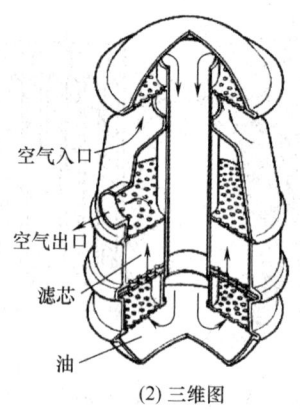

(1) 剖视图　　　　　　　　　(2) 三维图

图 1-17　油浴洗涤器
1—滤袋　2—加油斗　3—进气口　4—油镜　5—油层　6—排气口

 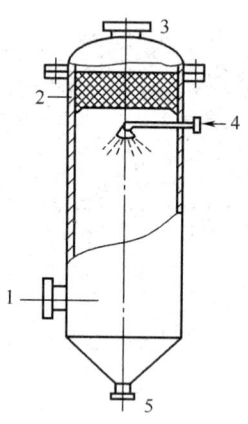

(1) 水雾除尘器外形　　　　(2) 水雾除尘器结构

图 1-18　水雾除尘器
1—进气口　2—过滤网　3—排气口　4—进高压水　5—排废水

三、静电除尘器

静电除尘器的工作原理是利用高压电场使含微粒的空气发生电离,气流中粉尘电荷在电场作用下向极性相反电极移动并沉积于电极,与气流分离。依据电极形状,静电除尘器有板式和管式两种,也有按气流流动分为立式和卧式。带电微粒沉积于电极上,因此,电极又称为集尘电极或集尘板(管)。集尘电极上带有振动击打装置,周期性敲打使沉积尘粒抖落,称为清灰。按照清灰方式,静电除尘器分为干式电除尘器(振打清灰)和湿式电除尘器(水流冲洗集尘电极上尘粒)。图 1-

19 所示为管式静电除尘器。

(1) 管式静电除尘器外形

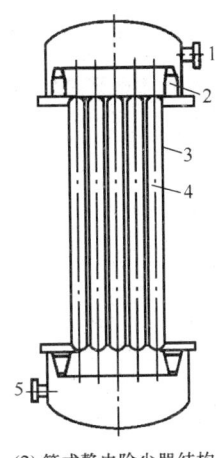
(2) 管式静电除尘器结构

图 1-19　管式静电除尘器
1—排气口　2—高压绝缘瓷瓶　3—钢管　4—电极　5—进气口

静电除尘器的性能受粉尘性质、设备构造和气流速度等因素影响。静电除尘器的电极间距小,电压高,设备较昂贵,一次性投资费用较大。

四、气液分离器

气液分离器的作用是分离去除空气中被冷凝成雾状的水雾和油雾粒子。常用的有填料式和旋风式。填料式是利用填料的惯性拦截作用分离空气中水雾或油雾,填料有焦炭、活性炭、瓷环、金属丝网、塑料丝网等。旋风式,是利用离心分离的作用分离气流中液滴及颗粒物。

丝网分离器的结构和填料如图 1-20 所示。丝网的规格很多,一般圆筒内填充 100~150mm 的金属丝网。丝网分离器直径小于 1m 时,可将丝网绕成消防带状填入容器内;直径大于 1m 时,常将金属丝网多层叠在一起。丝网除沫器可除去小至 5μm 的液滴,去除率能达到 98%。

旋风分离器又称为旋风除尘器,外形与结构如图 1-21 所示。它由进气口、上圆筒、排气口、倒锥体和集料管组成。通常呈矩形的进气口安装在上圆筒的顶部,进气路线与上圆筒内壁相切。气流以一定速度从切线方向进入上圆筒时,沿上圆筒的内壁形成旋转,呈螺旋状向下流动,称为外旋气流。气流下旋进入倒锥体时,气流旋转速度逐渐增大,气流中液滴或颗粒贴器壁向下,经集料管落入连接的料桶中。气流因负压而向上,形成旋转向上的内旋气流,最终从顶部排气口排出。排出气流中,液滴及颗粒含量大大减少,实现了气流的分离净化。

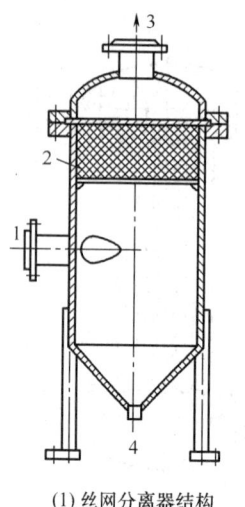
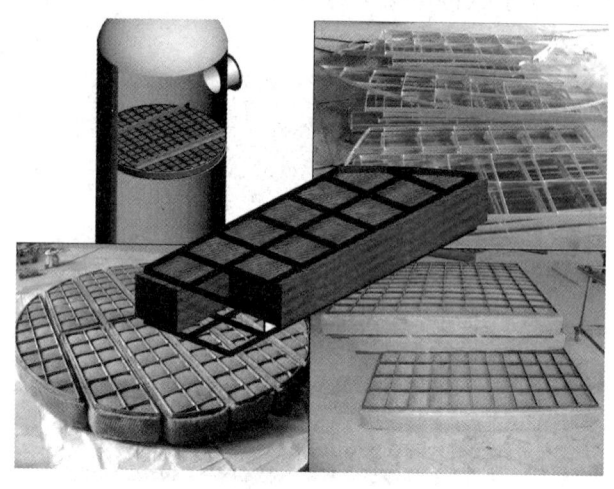

(1) 丝网分离器结构　　　　　　　　　(2) 丝网分离器填料

图1-20　丝网分离器
1—进气口　2—金属丝网　3—排气口　4—排污口

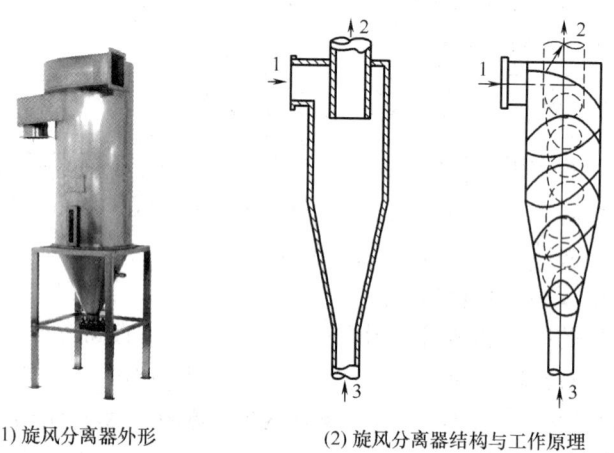

(1) 旋风分离器外形　　　　(2) 旋风分离器结构与工作原理

图1-21　旋风分离器
1—进气口　2—排气口　3—尘粒

旋风分离器内没有机械转动部件,本身没有动力消耗,完全靠合理的结构设计来分离气流中液滴或颗粒物。其结构尺寸与待处理气流的性质(流速、含尘量等)有关。合理的尺寸设计能够在倒锥体的底部形成合适的负压,既能使外旋气流转变为内旋气流,又能分离气流中的液滴或颗粒,使其沉降于集料管内。因此,集料管与料桶的连接处必须保持密封。

旋风分离器结构简单、造价低廉、阻力小、性能稳定。广泛应用于空气净化、气力输送等工业领域。旋风分离器并不能100%分离气流中的液滴或颗粒,对直径10μm的粒子,其分离效率仅为60%~70%。

旋风分离器也可用于液体中固体物的分离,称为旋液分离器。

五、空气压缩设备

为使空气能透过过滤介质,须对空气施加一定压力。压强差是空气过滤的推动力。常用的空气动力设备有鼓风机和压缩机。如图1-22、图1-23所示,为常用的往复活塞式压缩机,图1-24为涡轮离心式和无油螺旋式压缩机,图1-25为离心式空气压缩机。

图1-22 W-0.7/8往复活塞式空压机

图1-23 L-11/7型水冷空压机

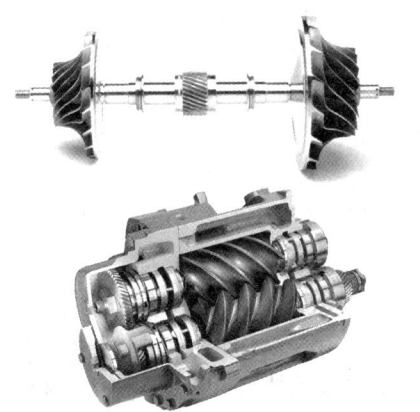

图1-24 涡轮离心式和无油螺旋式压缩机

图1-25 SH150-8型离心式空气压缩机

六、空气贮罐

空气贮罐的作用,是消除压缩机排出空气的脉冲,维持稳定的空气压力。也可利用重力沉降作用,分离部分油雾。贮罐有立式的,也有卧式的。如图1-26所示,是常见的立式贮罐的外形和结构。空气贮罐是在由往复式压缩机作空气动力源的情况下,设置在压缩机的后面。如果选用涡轮离心式压缩机或者鼓风机,通常不使用空气贮罐。

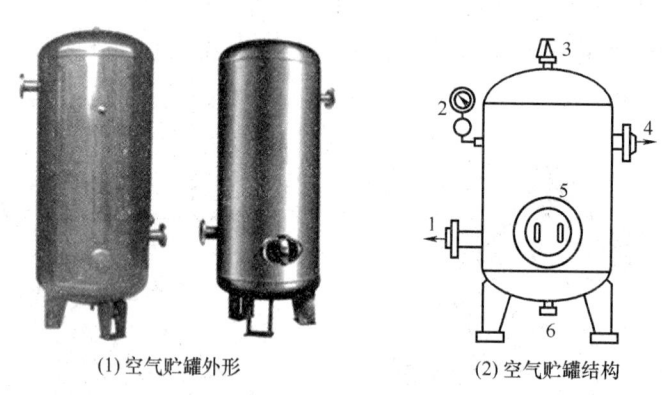

(1)空气贮罐外形　　　　(2)空气贮罐结构

图1-26　立式空气贮罐
1—进气口　2—压力表　3—安全阀　4—排气口　5—人孔　6—排污口

七、空气冷却器

空气冷却器使用的换热器种类很多,常用的有立式列管式热交换器、沉浸式热交换器、喷淋式热交换器和板翅式热交换器等。由于空气的给热系数很低,一般只有$420kJ/(m^2 \cdot h \cdot ℃)$,设计时应采用适当的措施来提高,否则会大大增加传热面积。

提高空气给热系数的最好方法,是增加空气流速。选择列管式热交换器时,若水质条件许可(杂质少,不易积垢),可设计成空气走壳程,采用多挡板方式,增加壳程流动。若水质条件不允许,可设计成空气走管程,采用多管程流动方式,提高空气流速。

如图1-27所示为水冷式空气冷却器。其工作原理:压缩空气在管内流动,冷却水在管外水套中流动,在管道壁面进行热交换。水冷式空气冷却器出口空气温度约比冷却水的温度高10℃。水冷式空气冷却器散热面积比风冷式大许多倍,热交换均匀,分水效率高,具有结构简单、使用和维修方便等优点,使用较广泛。

 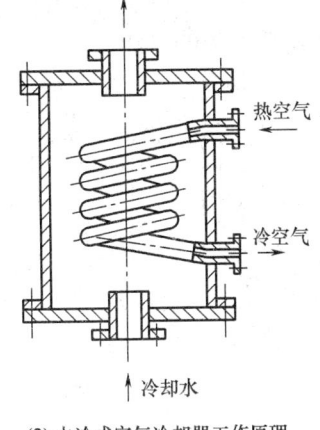

(1) 水冷式空气冷却器外形　　　(2) 水冷式空气冷却器工作原理

图 1-27　水冷式空气冷却器

第三节　空气介质过滤除菌流程

一、空气压缩冷却过滤流程

如图 1-28 所示,该流程是比较简单的空气除菌流程,由空压机、贮罐、冷却器和过滤器组成。该流程只适用于气候寒冷、相对湿度很低的地区。由于空气温度低,经压缩后的温度不会升高很多,空气湿含量小,能保证过滤设备的过滤除菌效率。

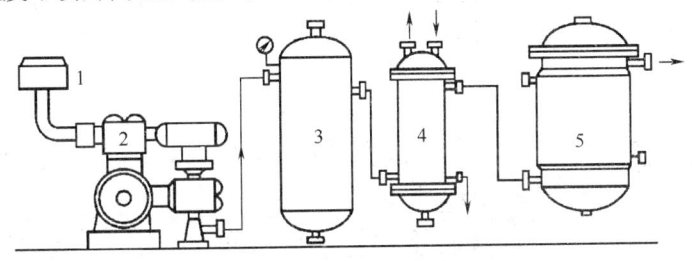

图 1-28　空气压缩冷却过滤流程
1—粗过滤器　2—空压机　3—贮罐　4—冷却器　5—过滤器

二、两级冷却、分离、加热的空气除菌流程

图 1-29 是较完善的空气除菌流程。特点是:两次冷却、两次分离、适当加热。压缩空气经过第一级冷却后,大部分水、油已结成较大、浓度较高的雾粒,可用旋风分离器分离。第二级冷却使空气进一步析出较小的雾粒,可用丝网分离器分离。此时,空气相对湿度还是 100%,再用加热器将空气的相对湿度降到 50%~60%。

两次冷却、两次分离油水的主要优点是,节约冷却用水,油水分离较完全,保证干过滤,减小了过滤器污染的可能。

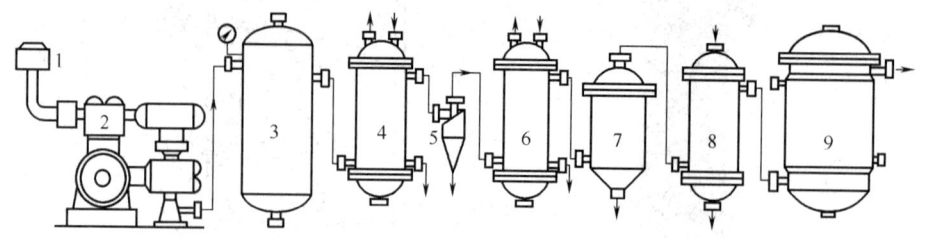

图1-29 两级冷却、分离、加热的空气除菌流程
1—粗过滤器 2—空压机 3—贮罐 4——级冷却器 5—旋风分离器
6—二级冷却器 7—丝网分离器 8—加热器 9—过滤器

该流程可适应各种气候条件,能充分分离空气中所含水分,使空气在较低相对湿度下进入过滤器,提高过滤效率。尤其适用于潮湿地区,其他地区可根据当地情况,对流程中的设备适当增减。

三、前置高效过滤器的除菌流程

利用压缩机抽吸作用,使空气先经过中、高效过滤后,进入空压机。再经冷却、分离和主过滤器过滤后,空气无菌程度更高,其流程如图1-30所示。经前置高效过滤器后,空气无菌程度达99.99%,降低了主过滤器负荷。前置高效过滤器的过滤介质多采用泡沫塑料(静电除菌)和超细纤维纸串联使用。流程特点是:采用高效前置过滤设备,使空气经过多次过滤,空气无菌程度高。

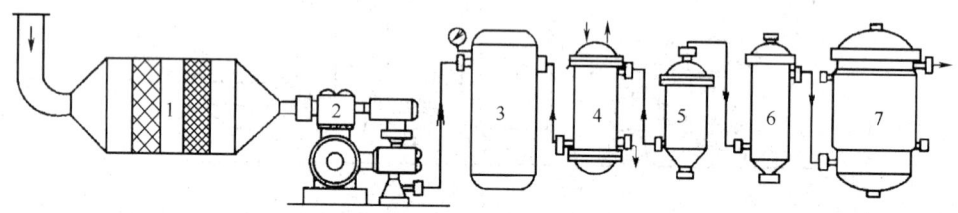

图1-30 前置高效空气过滤器除菌流程
1—高效过滤器 2—空压机 3—贮罐 4—冷却器 5—丝网分离器 6—加热器 7—过滤器

第四节 净化空调系统

净化空调系统,是指生产中为洁净区提供洁净空气的净化和调节设备系统,由上述各种设备组成。按照我国《洁净厂房设计规范》的要求,净化空调系统分为分

散式和集中式两种类型。

分散式净化空调系统是指各个洁净室单独设置净化空调设备。集中式净化空调系统是将单个或多个洁净室所需的净化空调设备集中设置在同一间机房内,用通风管道将洁净空气分配给各个洁净室。集中式净化空调系统的设备较成熟,在管理和运行上积累了较丰富的经验,在食品、药品等生物工程领域中得到广泛应用。

一、净化空调的工艺流程

1. 工艺原则

按照 GMP 的要求,不同操作区域对洁净度的要求不同,因此,空气净化达到的程度也不一样。通常,空气净化过程按照以下原则进行组合:

(1) 30 万级洁净度　采用初效和中效二级过滤即可达到要求。
(2) 10 万级洁净度　采用初效、中效和亚高效三级过滤系统。
(3) 100 级洁净度　采用初效、中效和高效三级过滤系统。

净化空调的一般流程:新风经过初效空气过滤器过滤后与回风(循环风)混合,经冷却、加热、加湿、除湿等一系列处理,再经中效过滤器,最后经高效空气过滤器到达送风口,将一定洁净度的空气送入洁净区。

2. 中效空气净化工艺流程

30 万级和 10 万级洁净区的净化空调,采用以下工艺流程。

新风 → 初效 → 中效 → 中效/亚高效 → 洁净区 → 排区
　　　　　　　└────── 回风 ──────┘

3. 高效空气净化工艺流程

1 万级和 100 级洁净区的净化空调系统,采用以下工艺流程。

新风 → 初效 → 中效 → 高效 → 洁净区 → 排区
　　　　　　　└──── 回风 ────┘

应用净化空调系统时,还要考虑过滤器是否能达到标示的功能,否则可增加一级过滤。若生产过程中不产生有害物质,在保证新鲜空气量和保持洁净区正压的条件下,可尽量利用回风,降低能源成本。

二、典型净化空调系统

1. 净化空调箱

净化空调箱简称风柜。图 1-31 是较简单的风柜。它由新风和回风混合、表冷挡水、蒸汽加热、风机、加湿、中效过滤和送风等功能段组成。依据洁净风量的大小和洁净风的要求,各个功能段可做相应的增减。

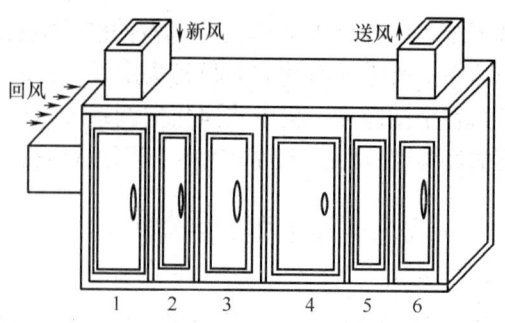

图1-31　净化空调箱
1—混合段　2—表冷段　3—加热段　4—风机段　5—加湿段　6—中效段

风柜具有密封性好、不漏风、占地面积小、成本低的特点,常用于中、小型洁净区的洁净风制备。

2. 净化空调系统

典型的空气净化系统,包括空调箱、高效过滤器、新风管道、回风管道、排风机、洁净车间和排风除尘系统,如图1-32所示。

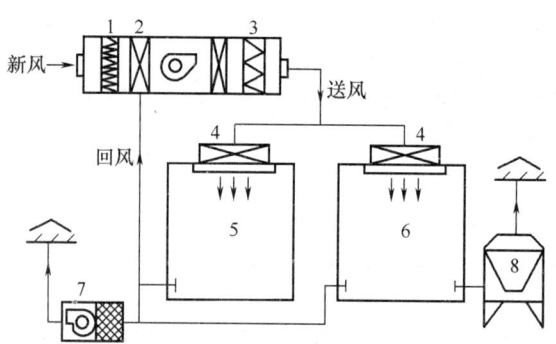

图1-32　典型的空气净化系统
1—初效段　2—混合段风道　3—中效段　4—高效过滤器　5—少尘车间
6—多尘车间　7—排风机　8—除尘器

在送风管道中设计有新风与回风管路。新风与回风在空调箱混合后,依次通过后续各工段。从中效过滤器出来的净化空气被输送到各洁净区的高效过滤器,经高效过滤后进入车间。从车间引出的风可再循环利用,称为回风。不是什么情况都可用回风,通常是将产生尘粒较少的洁净区排风作为回风再利用,按一定比例与新风混合,可有效节约能源,降低成本。对多尘车间的排风,则不能利用回风,经除尘处理后排放,称为放空。

第五节　净化空调系统的操作与维护

不同的净化空调系统有不同的操作。这里简略介绍常见的工业净化空调系统的一般性操作。

一、净化空调系统操作规程

1. 开机前准备

开机前，做好设备卫生和机房卫生，打开出风，关闭回风和新风。需逐一检查的项目，包括传动皮带松紧度、润滑油量、各种流体管和阀门连接密封性、温度计和压力表的指示准确度等，以及初效、中效等过滤器是否完好，确定框架连接处有无松动、空调器上所有门是否关闭和牢固等。

2. 开机运行

(1) 挂上设备运行标志，合上配电柜电源，启动空调器风机，运行达到全速无异常后，慢慢开启回风，开启度为50%，再开启新风到确定的位置后锁定。观察电流，再慢慢开启回风，直至稳定在额定值即可。

(2) 通入冷水降温　先开启低温水进口，启动水泵后再开启低温水出口，压力控制在0.1MPa。

(3) 通入蒸汽升温　开启蒸汽疏水器的旁路，再慢慢开启蒸汽，压力控制在0.02MPa，待蒸汽管内凝结水排干净后，关闭旁路再继续慢慢开启蒸汽至压力0.2MPa。

(4) 空调系统调整正常后，再开启洁净区内的排气风机。

3. 停止运行

首先停止洁净区排风风机，关闭低温水（蒸汽）泵，关闭风机，关闭回风和新风，填写好记录，挂好设备停止标志和完好标志。

二、净化空调系统清洁规程

1. 清洁频次

新风过滤网、回风过滤网需每月清洗一次，初效过滤器每2个月清洁一次，中效过滤器每4个月清洁一次，亚高效过滤器和高效过滤器检测不合格时应立即更换。

2. 清洁方法

初、中效过滤器用清水和洗涤剂反复挤压洗涤，再用清水漂洗至水不浑浊、无泡沫后，自然晾干或甩干后备用。亚高效过滤器和高效过滤器不需要清洁，直接更换。

三、净化空调系统的维护保养规程

(1) 检查　每次运行过程中及运行完毕后，都应检查初、中效过滤器与框架的连接是否松动,是否被尘埃堵塞,风机与电机间的传动皮带是否松动或过紧,风机轴承润滑油是否加满,空调箱内的接水盘出水孔是否畅通,表冷器、加热器的管道接头和法兰是否有漏水、漏气等。如检查到上述情况,应及时对有故障的设备进行检修,使设备处于完好状态,满足生产需要。

(2)轴承维护 每年应定期检查风机和电机轴承 1 次,每 3 个月加润滑脂 1 次。

思考与练习

一、名词解释

空气过滤除菌效率 介质过滤除菌 绝对过滤 相对湿度 湿球温度

二、填空题

1.典型的空气除菌流程有_____、_____和_____3 种形式。

2.过滤介质的选择应同时从_____、_____、_____、_____等方面考虑。

3.按照过滤去除颗粒的大小、多少,将空气的过滤净化分成由低到高的 4 个级别,依次是:_____、_____、_____和_____。

三、选择题

1.空气中微生物的存在状态是( )。

A.附着在颗粒上 B.自由漂浮 C.生长旺盛 D.都无法繁殖

2.以下常用作高效空气过滤器的过滤介质是( )。

A.超细玻璃纤维 B.金属丝网 C.微小瓷环 D.泡沫塑料

3.空气过滤净化流程中,常用来分离气体中液滴和雾滴的设备是( )。

A.袋式过滤器 B.静电除尘器 C.旋风除尘器 D.管式过滤器

四、判断题

1.空气贮罐一般要安装在压缩机的前面。( )

2.粗滤器一般要安装在压缩机的后面。( )

3.填料式分离器是利用吸附作用,将空气中的水雾和油雾分离出来。( )

4.高效前置过滤除菌流程的无菌程度最高。( )

五、问答题

1.简述南方沿海地区的空气除菌流程及特点。

2.粗滤器的作用及要求是什么?

3.空气贮罐在过滤流程中起什么作用?

4.静电除菌的原理是什么?

第二章 培养基制备设备

【学习目标】

1. 知识目标 了解蒸煮锅数量的确定方法,糖蜜稀释器的类型与结构;熟悉淀粉质原料间歇蒸煮糖化设备结构及特点;掌握培养基连续灭菌设备的结构及灭菌过程;掌握啤酒生产中麦芽汁制备设备的结构原理与生产过程。

2. 能力目标 掌握间歇灭菌设备操作维护的要点;掌握淀粉质原料连续蒸煮糖化设备操作维护的要点;掌握啤酒糖化设备操作维护的要点。

在生物工程中,培养基是供微生物生长、繁殖、代谢和合成的营养物质,由于微生物需要纯种培养,所以要求培养基不仅含有一定浓度的营养成分,还不允许有其他杂菌存在。为达到这个要求,就要对培养基进行处理,需要相应设备。完成这些过程的设备,即培养基制备设备,包括粉碎后原料蒸煮与糖化设备、浓醪液稀释设备、淀粉水解制糖设备、培养基灭菌设备等。

第一节 淀粉质原料蒸煮与糖化设备

在淀粉质原料生产酒精的工厂中,原料蒸煮方法分为间歇蒸煮和连续蒸煮两种。大多数工厂采用连续蒸煮工艺,部分小厂仍采用间歇蒸煮方法。

一、间歇式蒸煮与糖化设备

间歇式蒸煮与糖化的特点:①整个蒸煮过程在同一个设备中进行。②设备运转是间歇性的。③产量小。④生产效率低。但其设备较简单,操作容易掌握,部分小型工厂还在使用。

1. 蒸煮锅

(1)原料蒸煮的目的

①使原料植物组织和细胞彻底破裂,淀粉由颗粒状态变成溶解状态的糊液,易受淀粉酶作用。

②通过高温蒸煮,对原料起灭菌作用。

③排除原料中某些不良成分及气味。

(2)对蒸煮设备的设计要求

①能使淀粉细胞破裂,淀粉溶解成均匀的糊状物。

②尽量减少淀粉和糖分的损失,避免产生有害化学成分。

③节省蒸汽,热损失小。
④能承受较高的压力,具有耐磨性。
⑤能使物料在锅内充分翻动,受热均匀。
⑥结构简单,制造容易,操作方便,投资少。

(3)蒸煮锅的型式与结构　目前,国内蒸煮锅普遍采用立式,由圆柱形锅身和圆锥形锅底组成的耐压容器,其外形与结构如图2-1所示。

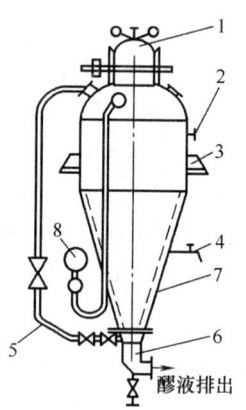

(1) 锥形蒸煮锅外形　　　(2) 锥形蒸煮锅结构

图2-1　锥形蒸煮锅
1—加料口　2—排气阀　3—锅耳　4—取样器
5—加热蒸汽管　6—排醪管　7—衬套　8—压力表

①锅身为圆柱体,上部为椭圆形封头,下部为圆锥形底,用10~15mm厚的钢板焊接而成。
②上封头设有排气阀、压力表,封头中央有加料口并配有盖。
③圆柱体侧面焊有锅耳,锅身与锥底用法兰连接,便于检修和更换。
④圆锥部分内壁常放入3mm厚的衬套,以防砂石磨损。
⑤加热蒸汽从底部进入,有利于料液的对流。
⑥锅锥体中部有取样器,底部有排醪管。
⑦锅的外表包有石棉等绝热保温层。

(4)蒸煮锅的特点
①蒸煮锅为密闭的受压容器。
②结构简单,操作方便,较适合于整粒原料的蒸煮。
③由于从锥底部引入蒸汽,并可利用蒸汽循环搅拌原料,因此蒸煮醪液质量均匀。
④下部为锥形,蒸煮醪液排出方便。

(5)蒸煮锅的操作要点

①投料前,先检查排醪阀是否关闭,压力表等是否正常。

②投料时,粒状料一般先向锅内加入80℃左右的温水,再投料。粉状料先用50℃左右的温水调好浆,再泵入锅中。

③投料后,立即把加料口盖关紧,打开排气阀,同时通入蒸汽,把锅中冷空气赶尽,以防产生冷压力引起原料蒸煮不透现象。

④蒸煮时,料温升到规定压力时,保持一定时间,使原料彻底糊化。原料不同,所用压力和时间也不同。蒸煮过程中,要用排气阀放气循环搅拌,否则原料糊化不透。

⑤吹醪时,利用蒸煮锅内的压力将醪液排入糖化锅。吹醪时间长短,根据蒸煮锅容量大小而定,一般不少于10~15min。

(6)蒸煮锅个数的确定

$$n = \frac{Gt}{1440m}$$

式中　n——蒸煮锅个数

　　　G——原料处理量,t/d

　　　m——平均每次每锅处理量,t

　　　t——平均每次每锅的周转时间,min

　　　1440——为每昼夜的时间,min

2. 糖化锅

(1)淀粉糖化的目的　是通过糖化酶的作用,把溶解状态的淀粉和糊精转化为能够被微生物细胞利用的可发酵性糖,降低醪液的黏度,以利于发酵过程的进行和醪液的输送。

(2)糖化锅的型式和结构　糖化锅一般为立式,是间歇糖化工艺使用的主要专用设备,具有碗状外形,顶部用轻薄的铁板作盖,结构如图2-2所示。

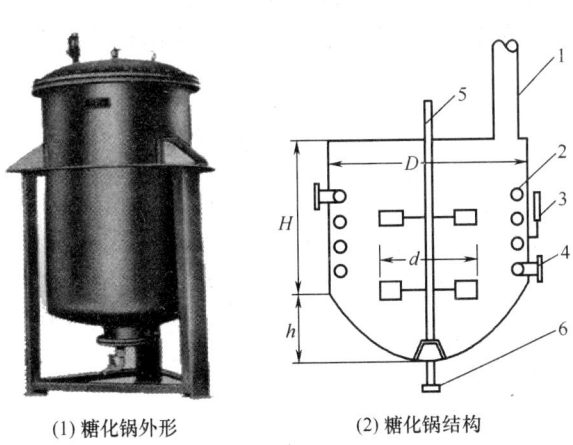

(1)糖化锅外形　　　　(2)糖化锅结构

图2-2　糖化锅

1—排气管　2—冷却管　3—温度计　4—冷却水入口　5—搅拌器　6—排出口

①锅身为圆柱形,上部为平顶,底部为锥形或球形,用钢板焊接成。锅身有温度计插口。

②锅内装有 2~3 层冷却蛇管,冷却水分 2~3 段进入,锅身设有冷却水进、出口,蛇管常用铜管或钢管制成。

③锅内装有搅拌器,搅拌轴悬挂在锅盖中心的轴承上,轴的下端装在锅体底部的轴套内,轴由皮带轮或减速机驱动,转速 100~120r/min,搅拌叶采用 2~3 对螺旋浆或平桨。

④糖化锅顶部安装排气管,直径 0.5~0.7m,高度 8~12m。

⑤在进入糖化锅的糊液出口处设有扩散装置。

⑥锅体底部装有糖液排出口和废水排出口。

(3)糖化锅的特点

①糖化锅为常压容器,内装搅拌器和冷却蛇管,并使搅拌器旋转方向与冷却蛇管中冷却水的流动方向相反,可保证糖液的冷却效果。

②糖化锅采用球形底,且高度比直径小,可减少搅拌器的功率消耗。

③锅盖上装有排气管,能迅速排除锅内产生的二次蒸汽。

(4)糖化锅的操作要点

①进料前,检查锅底的出料阀是否关闭。

②进料时,先在糖化锅内放入一部分水,使水面达到搅拌桨叶高度,再放入蒸煮醪,边搅拌,边用冷却水进行冷却。

③蒸煮醪放完并冷却到 61~62℃时,关掉冷却水,加入糖化剂,搅拌均匀后,停止搅拌,保持温度在 58~60℃,静置糖化 30min,再开冷却水和搅拌器,将糖化醪冷却到 30℃。

④将冷却后的醪液泵送至糖化醪贮槽。

(5)糖化锅个数的确定 糖化锅的个数,由蒸煮锅的个数决定,一般糖化锅的周转时间约为蒸煮锅周转时间的 4 倍。所以,若用 $10m^3$ 蒸煮锅 1 个,应配 $9m^3$ 的糖化锅 2 个。

二、连续蒸煮糖化设备

连续蒸煮糖化操作的特点:①在连续蒸煮糖化过程中,料液连续流动;②在不同的设备中完成加料、蒸煮、糖化、冷却等不同工艺操作;③整个过程连续化,便于自动控制,提高生产能力,降低原材料消耗,改善劳动条件。

连续蒸煮糖化设备有罐式、管式和柱式三种。

1. 罐式连续蒸煮设备

(1)流程 如图 2-3 所示。

(2)特点

①蒸煮温度较低,可节省能耗。

 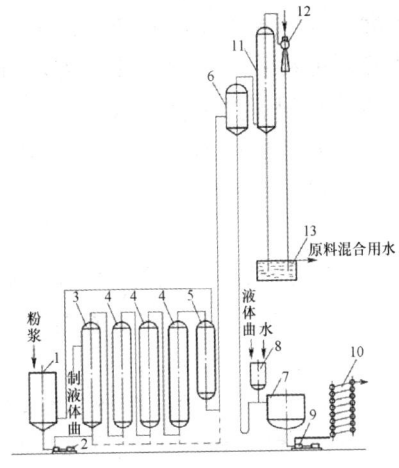

(1) 罐式连续蒸煮设备　　　　　　(2) 罐式连续蒸煮流程

图2-3　罐式连续蒸煮设备及流程
1—粉浆罐　2—粉浆泵　3—蒸煮罐　4—后熟器　5—最后一个后熟器(气液分离器)
6—真空冷却器　7—连续糖化罐　8—液体曲贮罐　9—糖化醪泵　10—喷淋冷却器
11—混合冷凝器　12—蒸汽喷射器　13—热水箱

②操作容易控制。
③设备结构简单,制造方便。

(3) 蒸煮罐结构、特点及操作要点

①结构:如图2-4所示。罐身为圆柱体,与上、下球形封头焊接而成。上封头设有糊化醪出口管,并伸入罐内300~400mm,使罐顶部留有自由空间,有压力表和安全阀接口。罐身上部有制液体曲醪出口,中部有测温口,中下部侧面焊有4个耳架,下部有人孔,便于进入罐内检修。罐底中心设有粉浆入口。加热蒸汽管从下部伸入罐中心,并将出口向下弯曲,与粉浆入口距离约200mm;在蒸汽进口处安装止逆阀。蒸煮罐外有良好的保温层。

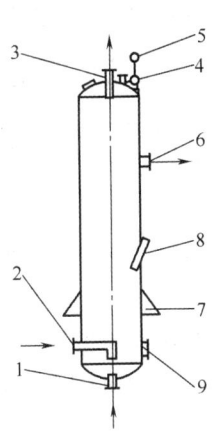

图2-4　蒸煮罐的结构
1—粉浆入口　2—加热蒸汽管　3—糊化醪出口
4—安全阀接口　5—压力表　6—制液体曲醪出口
7—耳架　8—温度计插座　9—人孔

②特点:蒸煮罐为密闭的压力容器。

罐身直径不大,能保证醪液先进先出,使受热时间均匀,易蒸煮透。罐底为球形,减小粉浆高速流动对封头的磨损和振动。

29

③操作要点:使用前,检查阀门、压力表是否正常。在粉浆罐内,将粉和水按比例配制成一定浓度的粉浆,并用二次蒸汽预热至 65~75℃,保持 15min 左右。用往复泵将粉浆从进料口压入罐内,同时打开加热蒸汽管阀门,使喷出的蒸汽迅速加热浆液到蒸煮温度。操作时,通过调节进醪速度和加热蒸汽量,控制罐内的压力和温度,保持压力为 0.3~0.35MPa(表压)。糊化醪从上部出口连续流出,进入后熟器。

(4)后熟器

①后熟器的作用:蒸煮时仅在粉浆加热器或蒸煮罐底部通入蒸汽,其后各罐均为后熟器,不再通入蒸汽。后熟器的作用,是在一定温度下,维持一定时间,使糊化醪进一步煮透。

②最后一个后熟器:在罐式连续蒸煮过程中,蒸煮罐和各后熟器几乎都充满醪液,唯有最后一个后熟器上部须留有约 1/2 罐高的自由空间,以分离二次蒸汽。故最后一个后熟器,也称为气液分离器,如图 2-5 所示。

a.气液分离器的结构:器身为圆柱体,与上下球形封头焊接而成。上封头有糊化醪入口、二次蒸汽出口、压力表、安全阀接口以及人孔。器身上部有自控液位仪表接口,中部装有液位指示器,下部外侧焊有锅耳。下封头有糊化醪出口和自控液位仪表下接口。

b.气液分离器的特点:器身装有自控液位仪表和液位指示器,能保证器内液位稳定。

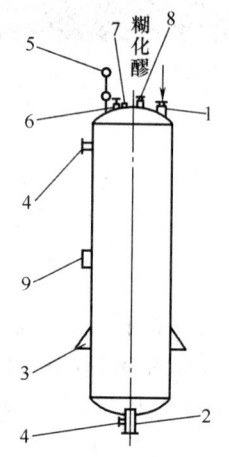

图 2-5 最后一个后熟器(气液分离器)
1—糊化醪入口 2—糊化醪出口 3—锅耳
4—自控液位仪表接口 5—压力表
6—二次蒸汽出口 7—人孔
8—安全阀 9—液位指示器

c.气液分离器的操作要点:醪液从后熟器溢入前,先打开器上进醪阀,同时打开二次蒸汽排出阀。醪液达到 50% 位置时,打开底部排醪阀,使醪液进入真空冷凝器。操作时,控制好器内压力和温度,温度保持在 105~108℃。

2.柱式连续蒸煮设备

(1)流程 如图 2-6 所示。

(2)特点

①柱式连续蒸煮设备中,有加热器和柱子,能高温快速蒸煮,气液接触良好,料液运动激烈,蒸煮时间短,糖分损失少,生产能力大,糊化率高且质量好。

②由于第一根柱子内装有锐孔,第二根柱子内装有挡板,料液经过锐孔和挡板

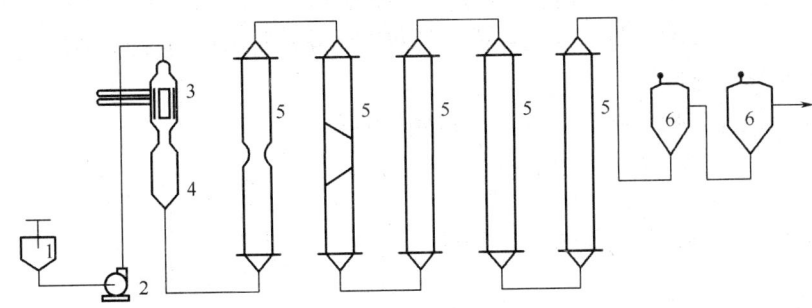

图2-6 柱式连续蒸煮设备流程
1—粉浆罐 2—泵 3—加热器 4—缓冲器 5—柱子 6—后熟器

时,流速增快,压力骤变,原料得到充分蒸煮。由于柱子直径小,淀粉料液在柱式设备内能做到先进先出,避免糊化醪液"过老"或"过生"等不良现象。

③因柱子容积不大,料液在里面维持时间不长,所以柱子后面需要连接1~2个后熟器。

④设备简单,占地面积小,操作维修方便,没有振动和噪声产生,但蒸煮时要求蒸汽压力稳定。

(3)结构及操作要点

①加热器

a. 作用:利用高压蒸汽加热粉浆,使气液相对喷射,充分接触,能迅速使粉浆达到较高温度。

b. 结构:加热器由三套管组成,其结构如图2-7所示。加热器为三层不同直径的套管,内层和中层管壁上都有许多小孔,各层套管以法兰连接,便于拆卸。加热器管壁上小孔开法有三种方式:平开,向上倾斜45°,向下倾斜45°。三种开法各有利弊。一般采取平开或向下倾斜,小孔直径为3~5mm,分若干排,每排4~8个。加热器内管两端为锥形或球形,是为了减少液流阻力。上端借进气管固定在中层管壁上,下端固定在支架上,内管底部开3~4个小孔,用以排除积水。

c. 特点:三层套管,结构紧凑,内外层管蒸汽进口,中层粉浆入口,使浆液受到内外蒸汽加热。气液接触充分,加热较全面,升温速度快。

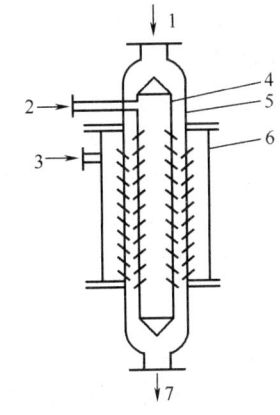

图2-7 加热器
1—冷粉浆入口 2—内蒸汽入口
3—外蒸汽入口 4—带孔内管
5—带孔中管 6—外管 7—热粉浆出口

d.操作要点:在粉浆罐内,将淀粉用水按规定比例调制成粉浆,并以二次蒸汽加热,要求65~75℃。打开加热器内外管蒸汽阀及粉浆出口阀,排除器内冷空气与残液,并预热加热器。

关闭粉浆出口阀,打开冷粉浆入口阀,用泵将粉浆送入加热器,达到规定温度(不同原料温度不同)时,进入第一蒸煮柱。

操作时,通过控制粉浆进出口流量和进蒸汽量,来保证粉浆温度。

②蒸煮柱

a.结构:如图2-8所示。蒸煮柱为细长的圆筒形,直径450~550mm,高约10m,为大直径无缝钢管或铸铁管,两端为锥顶,锥高约40mm。

柱子数量为3~5根,每根分若干节,每节长约1m,节与节间由法兰连接,第1、第3根柱子内有1~2处管径缩小(形成锐孔,孔径100~120mm)。第2根柱子内装有交错排列倾斜30°的圆缺形挡板,板距为柱高的1/3。

b.操作要点:在粉浆罐内调好粉浆,并用二次蒸汽预热后,用泵送入加热器,加热至要求的温度。粉浆达到要求的温度后,进入第一个蒸煮柱,进口压力保持在0.265MPa,醪液在每根柱内停留时间为7~15min(与原料性质及后熟器体积有关),第4根柱子出口处压力为0.157~0.176MPa。蒸煮醪液从第4根柱子下部进入后熟器。

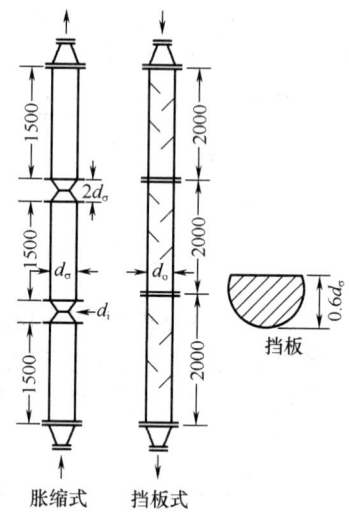

图2-8 蒸煮柱

3.管式连续蒸煮设备

(1)流程 如图2-9所示。

(2)特点 通过加热器和管道完成热交换,加热速度快,糊化均匀,糖分损失少。设备紧凑,占地面积小,操作易于实现机械化和自动化。因蒸煮温度高,加热蒸汽消耗量大,充分利用二次蒸汽才能提高经济效益。因蒸煮时间短,蒸煮质量不稳定。生产上操作难度大,有时管道会出现阻塞现象。

(3)结构 管式连续蒸煮管道直径为117mm,总长98m,竖立安装,管道接头处放置孔径为30mm、40mm、50mm的锐孔板。

(4)操作要点

①在粉浆罐内将淀粉加水调浆,预热后送入加热器。

②粉浆在加热器内加热至要求温度(不同原料温度不同)后,进入蒸煮管道。

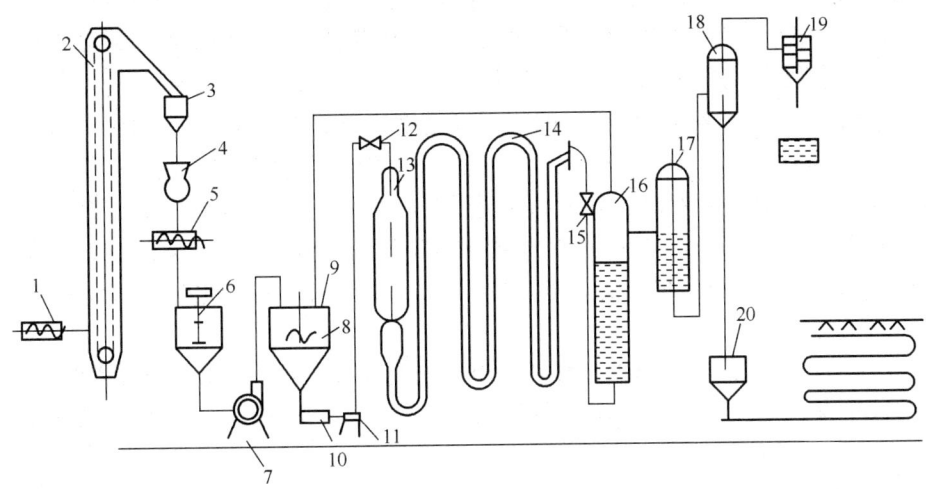

粉浆罐→泵→预热锅→过滤器→浓浆泵→三套管加热器→蒸煮管道→后熟器→蒸汽分离器→真空冷凝器→糖化锅→喷淋冷却器→糖化醪贮罐
↓
蒸汽冷凝器

图2-9 管式连续蒸煮设备流程

1—输送机 2—斗式提升机 3—贮料斗 4—锤式粉碎机 5—螺旋输送机 6—粉浆罐
7—泵 8—预热锅 9—进料控制阀 10—过滤器 11—浓浆泵 12—单向阀
13—三套管加热器 14—蒸煮管道 15—压力控制阀 16—后熟器
17—蒸汽分离器 18—真空冷凝器 19—蒸汽冷凝器 20—糖化锅

③醪液在管道内经过3~5min时间，管道进口压力0.65~0.70MPa，出口压力0.25MPa左右。

④蒸煮醪液经压力控制阀从底部进入后熟器。

4. 糖化罐

（1）连续糖化罐

①作用：其作用是连续把糊化醪与水稀释，与液体曲或麸曲乳或糖化酶混合，在一定温度下维持一定时间，保持流动状态，以利于酶的活动。

②结构：如图2-10所示。罐具有圆筒形外壳，球形或锥形底，上为平盖。罐上侧有糊化醪进口管，在管

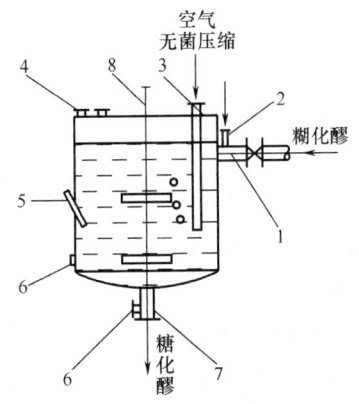

图2-10 连续糖化罐

1—进口管 2—水和液体曲或糖化酶进入管
3—无菌压缩空气管 4—人孔 5—温度计插座
6—杀菌蒸汽进口管 7—糖化醪出口管 8—搅拌器

上有水和液体曲或糖化酶进入管,中侧有温度计测温口,下侧有杀菌蒸汽进口管。上盖设有人孔,并有从上盖进入的无菌空气管,使其伸入罐的中下部。罐底有糖化醪出口和杀菌蒸汽进口管。罐内装有 1～2 组搅拌器,转速 45～90r/min。

③操作要点:进醪前,检查罐的阀门等是否正常,并将罐内清洗干净,用蒸汽进行空罐杀菌,在 0.2MPa(表压)下保持 30～60min。进醪时,液体曲和经冷却的糊化醪在管中靠近入口管处混合后进入糖化罐,同时开启搅拌器搅拌。醪液面达到进口管上面一定位置时,打开糖化醪出口阀门排醪,通入无菌空气。操作时,控制好醪液进出量,保证罐内醪液量不变,使醪液有一定糖化时间(45min 或更长)。

(2)真空糖化罐 真空糖化装置的组成如图 2-11 所示。由气液分离器、糖化曲液计量罐、真空糖化罐、冷凝器、三级真空冷却器、三级冷凝器、糖化醪泵等组成。

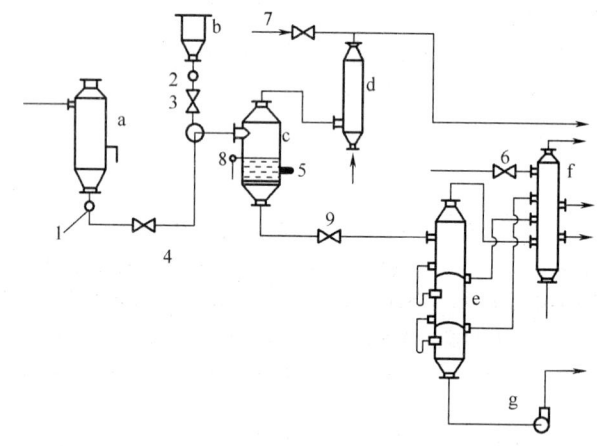

图 2-11 真空糖化装置
a—气液分离器(最后一个后熟器) b—糖化曲液计量罐 c—真空糖化罐
d—冷凝器 e—三级真空冷却器 f—三级冷凝器 g—糖化醪泵
1、2、8—阀 3、4、6、7、9—控制阀及管 5—测温管

①结构:罐身为圆柱形,上、下端为锥形封头,用不锈钢焊接制成。罐身上部有醪液切线进口,下半部有取样阀和测温管。罐的下封头底部有糖化醪出口,上封头顶部有二次蒸汽出口。

②优点:体积小,结构简单。既是蒸发冷却器,又是糖化器,简化了设备。

③操作要点:糖化进料前,先检查真空糖化装置系统设备阀门是否关闭,仪表是否正常。先打开真空系统,使真空糖化罐产生真空,再依次打开气液分离器和糖化曲液计量罐的出醪阀,依靠压力差,气液分离器内的蒸煮醪液与糖化曲液计量罐中的糖化曲液同时进入真空糖化罐。真空糖化罐开始进醪液时,立即打开三级真空冷却器和三级冷凝器,糖化醪从真空糖化罐流出后,依次进入三级真空冷却器

一、二、三室和三级真空冷凝器的一、二、三室。糖化醪在罐中平均停留时间为20min(连续糖化采用40~45min或更长),再进入三级真空冷却第一室,从第三室用糖化醪泵抽出。

第二节 糖蜜稀释器

糖蜜是制糖厂的副产品,含大量可发酵性糖,是利用微生物生产酒精的良好原料。糖蜜浓度都在80°Bx以上,酵母不能直接利用。所以,糖蜜制酒精前,需进行稀释、酸化、灭菌、澄清等处理,完成这一工艺过程的设备,称为糖蜜稀释器。

糖蜜稀释的目的是,降低糖蜜浓度,适合酵母生长;减轻无机盐对酵母的影响。糖蜜稀释器的作用是,使糖蜜和水均匀混合达到上述目的。糖蜜稀释方法有间歇式、连续式两种。

间歇式糖蜜稀释器,是一个敞口容器,内有搅拌装置或通风搅拌,由钢板或水泥制成。目前,以糖蜜为原料生产酒精的工厂,多采用连续稀释法,使用的稀释器类型很多。下面介绍几种常用的连续稀释器。

一、水平式糖蜜连续稀释器

1. 结构

水平式糖蜜连续稀释器的结构如图2-12所示。

(1)器身为圆筒形水平管子,两端锥形封头与器身为可拆连接,沿管安装若干隔板和筛板,将管分成若干部分。

(2)隔板上的圆孔上下交错配置,中间为筛板,以改变糖液的流动形式,使糖蜜与水很好地混合。

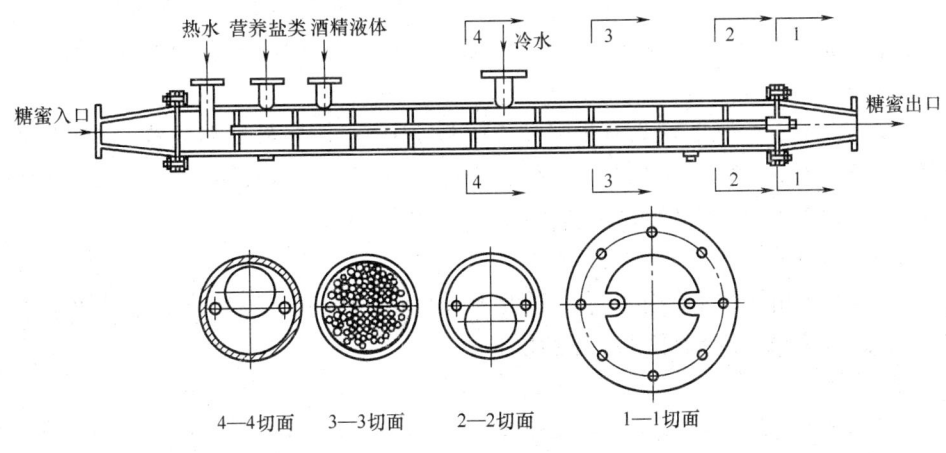

图2-12 水平式糖蜜连续稀释器

(3)隔板固定在两根水平杆上,能与杆一起装卸,以便清理。

(4)器身有热水、营养盐、酒精、冷水进口接管。

(5)稀释器两端分别为糖蜜进出口。安装时通常出口的一端向下倾斜。

2. 水平式糖蜜连续稀释器的工作原理

糖液和水进入器内,经过上下孔交错配置的隔板和筛板,液体在器内湍流流动,达到混合的目的。

3. 水平式糖蜜连续稀释器的特点

结构简单,混合效果较好,不用搅拌器,故障少,节省动力。

4. 水平式糖蜜连续稀释器的操作要点

(1)稀释前的准备　检查高位糖蜜贮槽、高位热水箱、酒精贮罐、营养盐类贮桶的料液以及与稀释器连接管道上的阀门是否正常,糖蜜出口阀是否关闭。

(2)连续稀释开始　首先打开糖蜜入口阀,再依次打开热水、营养盐、酒精入口阀,再开冷水阀,最后打开糖蜜出口阀。

(3)稀释过程控制　稀糖液的浓度通过调节进水和进蜜量来控制,稀糖液的温度通过冷热水量的比例来调节。

(4)稀释自动化操作　稀释器若装有相对密度自动调节器、温度自动调节器及相应的辅助设备,即可实行自动化操作。

二、立式糖蜜连续稀释器

1. 结构

立式糖蜜连续稀释器的结构如图2-13所示。

(1)稀释器为圆筒形,上下封头为锥形,总高度为1.5m,用4~5mm钢板制成,酒母醪稀释器最好用铜或不锈钢板制造。

(2)器身的下部有三个连接管,最下方的两根分别为糖蜜和热水进口,热水上方为冷水进口。糖蜜和热水进入后,经过最下边的一个中心开有圆形孔的隔板与刚进入的冷水混合。

(3)器身内有7~8块具有半圆缺口隔板,用中心固定杆交错配置。即一个半圆形缺口在左,一个半圆形缺口在右,使液体交错湍流流动,糖蜜和水充分混合。隔板间距为125mm,糖液允许流速为0.08~0.11m/s。

2. 工作原理

糖液和水由下往上经过交错配置的半圆形缺口的隔板,不断改变流向和流速,液体呈湍流流动,使糖蜜和水更好地混合。

3. 特点

结构简单,操作方便,混合效果较好。

4. 操作要点

(1)进料时,分别打开糖蜜和热水入口阀,再开启冷水进口阀,最后打开糖蜜出口阀。

（2）操作时，注意糖液的浓度和温度，可通过进蜜和冷热水的量来控制。

（3）其余操作与水平稀释器相同。

三、错板式糖蜜连续稀释器

1. 结构

错板式糖蜜连续稀释器的结构如图2-14所示。

（1）器身为圆形管，直径200~250mm，上下端为锥形封头。

（2）圆形管内安装交错排列的挡板，向下与管壁呈60°角，挡板下边须超过管中心面，数目为10~15块。

（3）器身上部有蒸汽、水、营养液进口管，上封头接有糖蜜进口，下封头接有糖蜜出口。

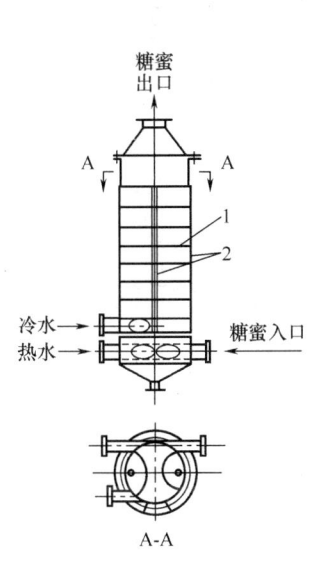

图2-13　立式糖蜜连续稀释器
1—隔板　2—固定杆

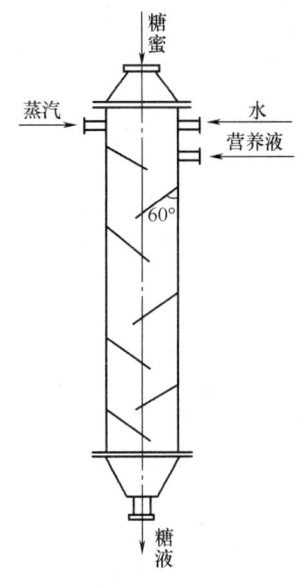

图2-14　错板式糖蜜连续稀释器

2. 工作原理

糖蜜和水从稀释器的上部自上而下以并流方向流动，经过器内各挡板，糖蜜反复改变流向，糖蜜和水得到均匀混合。

3. 特点

圆形管内挡板交错，结构简单，制造容易，混合效果较好。

四、胀缩式糖蜜连续稀释器

1. 结构

胀缩式糖蜜连续稀释器的结构如图2-15所示。器身为中间突然收缩的中空筒,上下为锥形封头,中间收缩部分直径和筒身直径之比为1:(2~3),收缩段长度等于主体管直径。器身下端两侧分别有水和蒸汽进口,上封头有糖蜜出口,下封头两侧分别有糖蜜和营养盐进口,底部有排污口。

2. 工作原理

糖蜜和水从器身底端进入,糖蜜在器内因器径的几次改变,流速随着发生多次改变,促进糖蜜和水均匀混合。

3. 特点

稀释器中空筒中间突然收缩,结构简单,混合效果较好。

五、变径式糖蜜连续稀释器

1. 结构

变径式糖蜜连续稀释器的结构如图2-16所示。

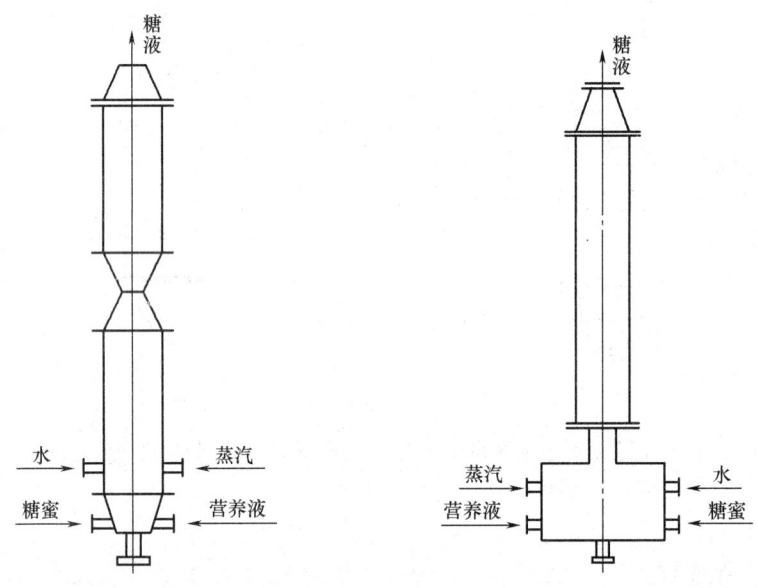

图2-15 胀缩式糖蜜连续稀释器　　图2-16 变径式糖蜜连续稀释器

(1)采用不同管径的直管段连接而成,管径为80~120mm,高度为1400~1800mm。

(2)管间连接方式,下管段为水平大直径管,两端平封头分别有蒸汽、营养液、水、糖蜜进口接管,中间向下有排污口接管,中间向上垂直连接一段小直径管(直径和长度分别约为大直径管的1/4和1/3),小直径管上再接一段稍大直径管(直径和长度分别约为大直径管的1/2和2.5倍),管上部为圆锥形(锥高约为大直径管长的1/2),并有糖蜜出口接管。

2. 工作原理

利用糖蜜和水流过不同管径截面时,流速发生改变,使器内流动的糖蜜与水经几次膨胀、收缩作用而达到均匀混合。

3. 特点

稀释器以不同直径管相连,使管径截面不断交错变化,促进糖蜜和水混合。

第三节 液体培养基灭菌方法及设备

大规模微生物、动物细胞、植物细胞培养过程都是纯种培养,不允许有杂菌污染。因此,对培养场所、实验器皿、培养基、培养设备以及通入发酵罐内的空气都要经过灭菌处理。

灭菌是指利用物理或化学方法杀灭或除去物料及设备中一切有生命物质的过程。常用灭菌方法有化学灭菌法,电磁波、射线灭菌法,干热、湿热灭菌法,过滤灭菌法等。

对于液体培养基,较多地采用蒸汽加热灭菌。这种技术高温时间短,培养基营养成分破坏较少,且便于自动化操作。常用的蒸汽加热灭菌方法有两种,分批灭菌和连续灭菌。分批灭菌,又称为实消,是中小型工厂常用的灭菌方法。目前,广泛采用的是连续灭菌法,又称为连消。它是指培养基连续加热、维持和冷却后进入发酵罐。

一、培养基实罐灭菌

将培养基配制在发酵罐里,用饱和蒸汽直接加热,以达到预定灭菌温度并保温维持一段时间,然后再冷却到发酵温度,这种灭菌过程称作培养基实罐灭菌或培养基分批灭菌。这种灭菌方法不需要其他辅助设备,操作简便,被大多数微生物发酵企业采用。但是,目前国内发酵罐都趋向大型化,发酵罐上的电机在无特殊要求时,是按发酵罐通空气状态下的轴功率配置。这类发酵罐若采用实罐灭菌工艺,最佳办法是采用变频调速电机。这样既可保证实罐灭菌时物料需搅拌的要求,也能保证正常发酵过程搅拌功率的要求。

1. 实罐灭菌前的准备

为保证灭菌成功,实罐灭菌前,除培养基配制要注意溶解均一,不含结块、结团物或异物外,检查发酵罐的严密性尤为重要。特别要检查与发酵罐直接相连的阀门的严密性。在大型发酵企业,通常每批发酵结束后,都要更换与发酵罐直接相连的橡胶夹膜阀的橡胶密封垫和不锈钢壳或铜壳截止阀上的聚四氟乙烯密封垫,保证整个发酵周期中发酵罐的严密性。

2. 实罐灭菌操作过程

根据实罐灭菌过程,用0.3~0.4MPa(表压)的饱和蒸汽把培养基先加热升温到灭菌温度,保温维持一段时间,再冷却降温到发酵温度。如图2-17所示为5m³发酵罐配管及实罐灭菌过程。培养基实罐灭菌操作过程如下:

(1)把配制好的培养基泵入发酵罐内,密闭发酵罐后,开动搅拌。

(2)稍开阀门15和阀门9,引入蒸汽进夹套预热培养基至75~90℃,保持夹套压力50~100kPa(表压)。

(3)培养基预热到75~90℃后,开阀门1和稍开阀门4,排尽蒸汽管道中冷凝水后,再开阀门2,从空气管道引入蒸汽进发酵罐。关阀门15,并停止搅拌。

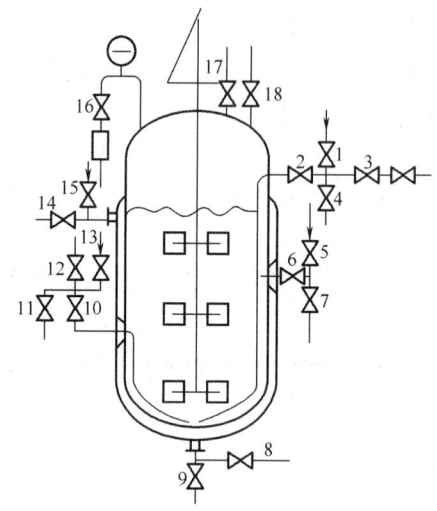

图2-17 5m³发酵罐配管及实罐灭菌过程
注:图中数字为阀门编号。

(4)开阀门5,稍开阀门7,排尽蒸汽管道里的冷凝水后,开阀门6,从取样管道引入蒸汽进发酵罐。

(5)开阀门13,稍开阀门11,排尽蒸汽管道里冷凝水后,开阀门10,由出料管引入蒸汽进发酵罐。

(6)分别稍开阀门16、阀门17、阀门18,排出蒸汽,调节进汽阀门和排汽阀门的开度,使罐压保持在表压105kPa,温度恒定在121℃,维持20~25min。

(7)完成保温时间后,关一路排汽,再关一路进汽(次序不能颠倒),最后三路排汽与三路进汽全部关闭。

(8)开阀门3和阀门2引入无菌空气。

(9)开阀门8,关阀门9,开阀门14,夹套引入冷却水,开搅拌,冷却降温到发酵工艺要求的温度。注意,无菌空气未被引入发酵罐前,不能开夹套冷却水冷却培养基,不然易发生罐压跌零,罐体被吸瘪,这是不锈钢夹套发酵罐在实罐灭菌操作中易发生的事故。

培养基实罐灭菌过程中注意:凡与培养基接触的管道都要进蒸汽(若罐上装有冲视镜管道,此管道也要进蒸汽),凡不与培养基接触的管道都要排汽。不带夹套的发酵罐,除采用蛇管预热培养基与带夹套的发酵罐用夹套预热培养基的不同外,其他培养基实罐灭菌的操作过程与以上步骤相同。

培养基实罐灭菌的质量优劣判别标准有以下四点：①培养基灭菌后达到无菌要求。②营养成分破坏少。③灭菌后培养基体积与计料体积相符。④泡沫少。

培养基实罐灭菌时，需特别注意：高温灭菌时糖类物质容易被破坏且易和有机氮源相结合，并产生氨基糖，而对微生物会产生一定毒性，严重时会抑制微生物的生长发育，破坏整个发酵代谢过程。所以，在青霉素工业化生产中，将培养基中的乳糖和葡萄糖与培养基中其他成分分开灭菌，然后再混合起来。或采用培养基连消工艺，把高温下易相互反应的培养基组分在连消操作中分批投料灭菌。这样灭菌的罐批的青霉素发酵单位，比全部培养基放在一起灭菌的罐批的青霉素发酵单位高出10%左右。

二、培养基连续灭菌

培养基连续灭菌又称为连消，是将配好的培养基在发酵罐外连续不断加热、保温和冷却，然后进入已空消的发酵罐等培养装置。

1. 培养基连续灭菌的特点

（1）优点

①设备使用周期缩短，提高设备利用率。

②灭菌温度较高，灭菌时间短，营养成分破坏少，保证培养基质量，降低原材料消耗。

③蒸汽负荷均衡，节省能源。

④便于实行机械化和自动化。

（2）缺点

①设备比较复杂，投资较大。

②操作较为麻烦，染菌机会较多。

2. 流程

（1）连消塔-喷淋冷却连续灭菌流程　如图2-18所示。

该流程的特点：利用连消塔加热和喷淋冷却方法，料液升温快、冷却快、质量好。

（2）喷射加热-真空冷却连续灭菌流程　如图2-19所示，是一种喷射加热、管道维持、真空冷却的连续灭菌流程。

该流程的特点：①加热和冷却在瞬时完成。②可采用高温灭菌，即使温度达140℃也不致引起培养基营养成分的严重破坏。③管道维持器能保证培养液先进先出，避免过热。

（3）薄板换热器连续灭菌流程　属于间接加热灭菌流程，如图2-20所示，采用薄板换热器加热和冷却，培养液在设备中同时完成预热、灭菌及冷却过程。

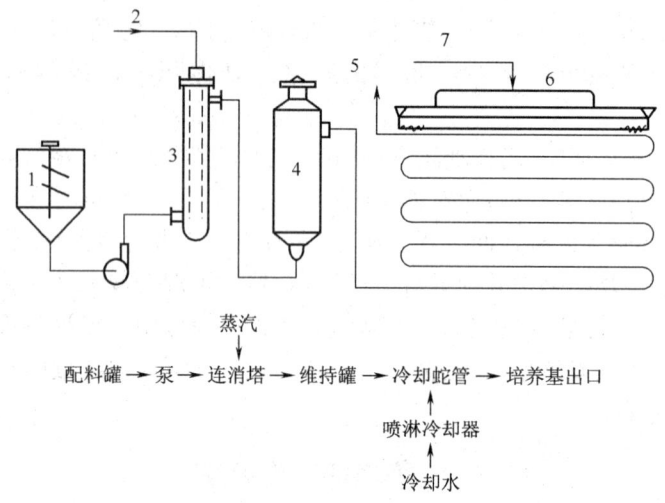

图2-18 连消塔-喷淋冷却连续灭菌流程
1—配料罐(拌料罐) 2—蒸汽入口 3—连消塔
4—维持罐 5—培养基出口 6—喷淋冷却 7—冷却水

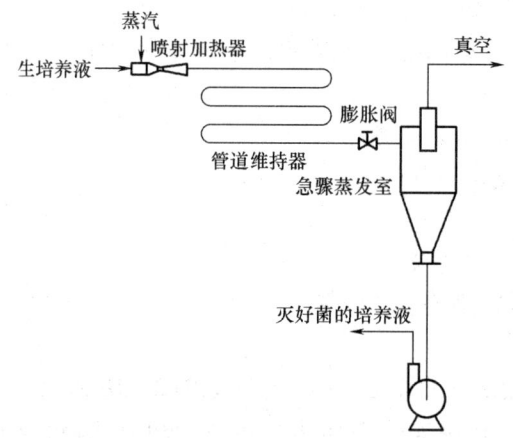

图2-19 喷射加热-真空冷却连续灭菌流程

该流程的特点:①培养液的预热、加热灭菌和冷却在同一设备内完成,灭菌周期较间歇灭菌短。②灭菌培养液的预热过程为灭菌培养液的冷却过程,节约能源。

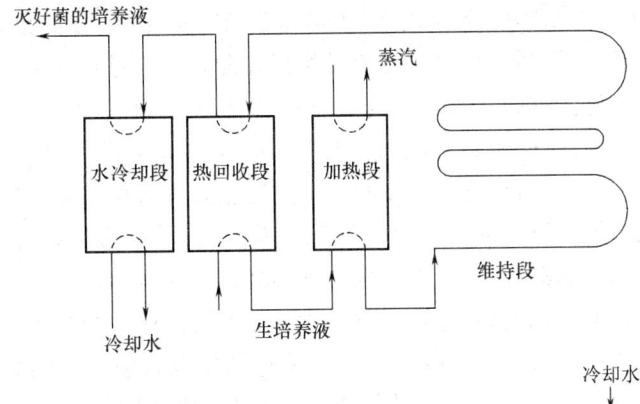

配料罐(生培养液)→热回收段(预热)→加热段→管道维持段→热回收段(预冷)→水冷却段→灭好菌培养液

图 2-20 薄板换热器连续灭菌流程

3. 设备

(1)连消塔 是将培养基用蒸汽加热至灭菌温度的设备,分为套管式和气液混合式两类。其作用是,使高温蒸汽与料液迅速接触混合,并使料液温度很快升高到灭菌温度(120~140℃)。

①套管式连消塔

a. 套管式连消塔的结构:连消塔由内外两根管子套合组成,结构如图 2-21 所示。塔体为圆管,上口为平法兰,下为球形封头。圆管外侧上下有培养液进、出口接管。内圆管上下为平盖,上盖有蒸汽进口,内管上端外侧焊有法兰,直径与外管法兰相同,使内、外管以法兰连接。内管法兰以下开有 45°向下倾斜或水平的小孔,孔距应从上到下逐渐减小,使蒸汽较为均匀。蒸汽喷孔易堵塞,孔径不宜太小,一般为 6mm。

b. 套管式连消塔的特点:塔内管开有小孔,培养液进口在下端,蒸汽入口在上部,逆流加热,使气液混合较为均匀,料液加热时间短,能保证培养液的质量。塔体高大,加工和安装不方便。操作时内管小孔易堵塞,噪音大。

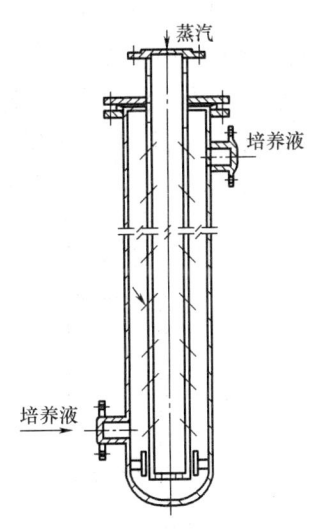

图 2-21 套管式连消塔的结构

c. 套管式连消塔的操作要点:首先检查总蒸汽压,不低于 0.4MPa,同时检查连消塔系统设备与管道阀门是否完好。培养基连续灭菌前,连续灭菌装置以及发酵罐等应先灭菌,灭菌蒸汽压力分别为 0.27~

0.3MPa 和 0.15~0.2MPa,灭菌时间为 40min~1h,灭菌后,发酵罐以无菌空气保压,压力 0.05MPa。把各种原料按培养基组成在配料罐中进行配料,并预热至65℃左右。用泵将配好的料打入连消塔与蒸汽直接混合,使料液加热至115~132℃,控制料液和蒸汽合理流速,料液流动线速度要小于 0.1m/s,蒸汽从小孔喷出速度为 25~40m/s,高温灭菌时间 15~30s,达到灭菌温度后进入维持罐。料液在维持罐,维持8min左右,经喷淋冷却至一定温度进入发酵罐,发酵罐进料过程中最低压力不低于 0.05MPa。进料完毕后,以无菌空气压净连消系统内的培养基余液。

②改进型连消器:套管式连消塔比较高大,钻孔、加工、安装等均不便,改进后的连消器如图2-22所示。培养基以较高流速从中间管喷入,蒸汽从管外环隙同时喷入,在器内混合,为增加混合效果,器内设置一块弧形挡板。与近3m高的连消塔比较,连消器尺寸大为减小,高度仅0.5m左右,使用效果很好。此种型式连消器实际上已接近于喷射加热器。

a. 改进型连消器的结构:器身为圆筒,上端为锥形,下端为平底盖。在底盖上伸入一个套管喷嘴,并与底盖连接,喷嘴侧面有蒸汽进口,平底上有排液口。喷嘴上方有圆形挡板,用支柱连在底盖上,以增强混合效果。平底喷嘴中央有培养液进口,上顶有培养液出口。

b. 改进型连消器的特点:结构简单;外形尺寸小;灭菌效果较好。

③气液混合式连消塔

a. 气液混合式连消塔的结构:混合式连消塔由两个圆筒通过套管式喷嘴连成塔形。其结构如图2-23所示。在每个圆筒下端伸入一个套管式喷嘴,与底盖相连,通过它将两个圆筒连接起来。每个圆筒上为锥形,下为平底并有排液口。喷嘴的侧面有蒸汽进口,上方有圆形挡板。筒底有培养液进口,筒顶有培养液出口。

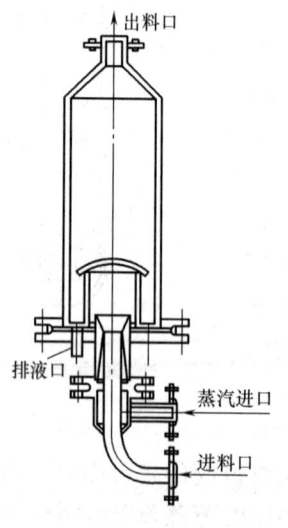

图2-22 改进后的连消器

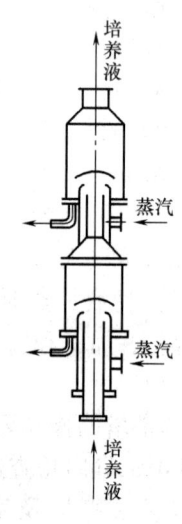

图2-23 气液混合式连消塔

b. 气液混合式连消塔的特点：连消塔上下两个圆筒形成一段加热器和二段加热器，使培养液经过两次加热。喷嘴上方有圆形挡板，使料液折转向四周上升，蒸汽从侧面进口形成环形加热料液，气液混合均匀，灭菌效果好。

(2) 喷射式加热器

① 结构：如图2-24所示。它由腰鼓形壳体组成吸入室，鼓中部一侧有蒸汽吸入口，一端装有料液喷嘴，并伸入室内，另一端装有混合喷嘴，其后为一段混合管，再后接有扩大管。

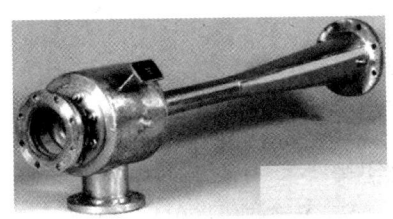 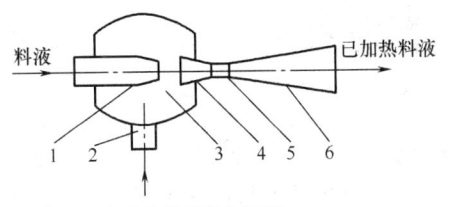

(1) 喷射式加热器外形　　(2) 喷射式加热器结构原理

图2-24　喷射式加热器
1—喷嘴　2—吸入口　3—吸入室　4—混合喷嘴　5—混合段　6—扩大管

② 特点：结构简单，制造容易，轻巧省料。操作无噪声。蒸汽和料液能迅速充分接触。加热可在瞬时完成。

③ 操作要点：用泵将料液压进喷射加热器渐缩喷嘴，高速喷出时，将蒸汽吸入室内进入混合嘴中混合。其余操作与套管式连消塔相同。

(3) 板式换热器　如图2-25所示，板式换热器有许多带有波纹的金属板叠合而成，冷热流体在相邻间隙中流动，进行热交换。薄板冲压成特殊形状，板间隙很窄。流体在狭窄弯曲的通道中流动，经过多次方向和流速改变，使流层产生湍流，强化传热，提高传热系数。其工作原理如图2-26所示。

板式换热器较螺旋式热交换器更具适应性，例如，可根据需要灵活增加金属板片而增加容量，可拆洗。但板片间叠合不严密会造成污染，流动阻力大，培养基中悬浮颗粒可能造成阻塞。所以，适用于完全溶解的培养基。

(4) 维持罐

① 作用　维持罐又称保温罐，是将加热后的培养基保温一段时间，达到灭菌目的。

② 结构　维持罐由长圆筒、上下球形封头组成，结构如图2-27所示。罐身为长圆筒，与上下球形封头焊接制成，高径比为(2~4):1。上封头中央有人孔，盖上装有排气阀。罐体底部装有料液进口管，料液自下向上流动，至上部侧面出口管流出。中部有温度计测温孔。

③ 特点：结构简单，一般不设加热装置，外壁以绝热材料保温。罐内出料口在

 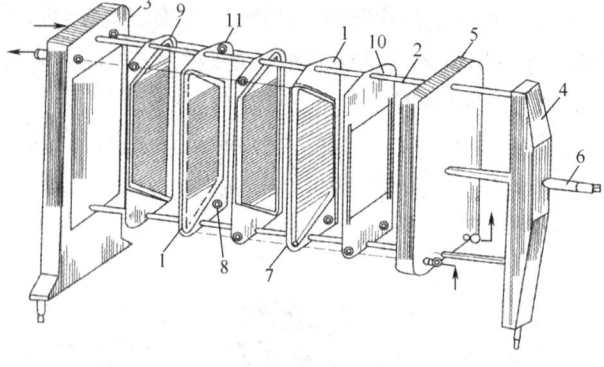

(1) 板式热交换器外形　　　　　　(2) 板式换热器结构

图2-25　板式换热器

1—波纹换热板　2—导杆　3—支架　4—后支架　5—端面板　6—压紧螺杆
7—密封垫圈　8—下角孔　9—上角孔　10—限位板　11—角孔密封圈

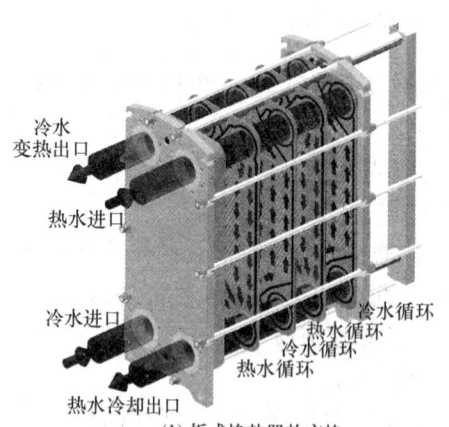 

(1) 板式换热器热交换　　　　　　(2) 板式换热片

图2-26　板式换热器工作原理

封头以下,保证上部留有空间,便于安装排气管。罐的有效容积能满足维持时间,一般8~25min。

④容积的计算

$$V = \frac{qt}{60\varphi}$$

式中　V——维持罐容积,m^3

　　　q——料液体积流量,m^3/h

　　　t——维持时间,min,取经验数据为8~25min,不同类型的发酵维持时间不同

　　　φ——充满系数,取0.85~0.9

（5）喷淋冷却器　外形与结构如图2-28、图2-29所示。它由多组环形不锈钢无缝钢管与直形不锈钢无缝钢管经焊接或法兰连接而成。最上端有一个淋水槽，冷却水从淋水槽中溢出，沿着檐板淋到最上层冷却器直管的中央。沿淋水板一层直管、一层直管往下流。喷淋冷却器冷却效果与淋水装置安装是否合理关系极大。为增加传热推动力，高温培养基应由底端进、上端出。热物料冷却过程中，一方面由于冷却水与热物料导热过程带走热量；另一方面在淋水过程中有部分冷却水汽化，可带走10%～20%的总热量，故传热系数较大，$K = 250 \sim 290 \text{W}/(\text{m}^2 \cdot \text{℃})$。为强化喷淋冷却器冷却效果，该设备应放在通风场所。

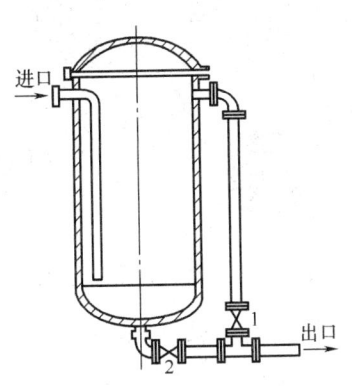

图2-27　维持罐的结构

图2-28　喷淋冷却器外形

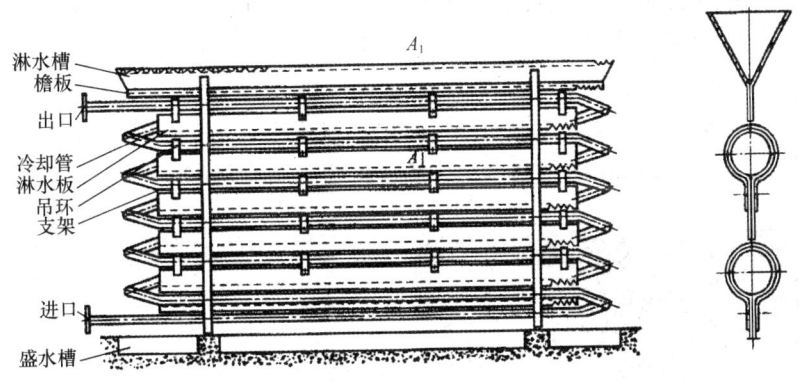

图2-29　喷淋冷却器结构

第四节　啤酒生产中麦芽汁制备设备

麦芽汁是啤酒酵母的培养基，为保证啤酒发酵顺利进行，需通过糖化工序将麦芽中非水溶性组分转化为水溶性组分，即将其转化成能被酵母利用的可发酵性糖。

啤酒厂糖化车间关系到啤酒产量和质量。其主要任务是将原料加水糊化、糖化、糖化醪的过滤和麦汁的煮沸。

糖化需要两个容器,即糖化锅(麦芽下料,以及对醪液按糖化工艺要求进行升温和休止操作)和糊化锅(辅料糊化处理,以及在采用煮出法糖化工艺时对分出来的部分醪液煮沸处理),如图2-30所示。

根据麦汁生产能力和日糖化锅次,啤酒厂糖化设备有不同的组合方式。

1. 二器组合式

传统的小型啤酒厂,采用二器组合,糖化和过滤合用一个容器,称为糖化-过滤两用槽;糊化和煮沸合用一个锅,称为糊化-煮沸两用锅。日糖化锅次为2~2.5次,设备容量为10~30m³。

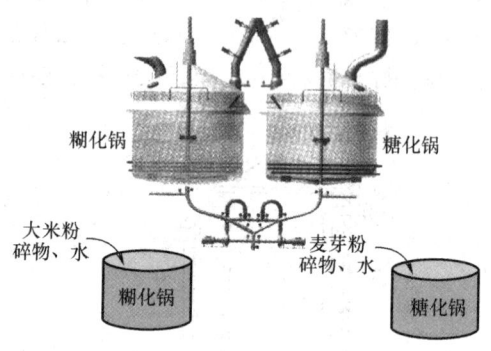

图2-30 糖化锅与糊化锅

这种设备组合简单、投资少。随着啤酒厂大型化和集团化,这种组合已被淘汰,但微型扎啤酒坊(现做现卖)仍采用,如图2-31所示。

2. 四器组合式

四器组合式糖化设备如图2-32所示。传统糖化多采用四器组合,四器为糊化锅、糖化锅、过滤槽(或压滤机)和麦汁煮沸锅,每个锅负责一项任务。日糖化锅次6~7次(包括麦汁暂存槽、回旋沉淀槽,通常为三锅三槽),生产能力分为10、15、35、65、100m³等。

糖化锅和过滤槽安装在同一平面,糊化锅和煮沸锅安装在同一平面,前者高于后者,糖化醪从糖化锅到糊化锅及麦汁从过滤槽到煮沸锅都是利用自身压差。

图2-31 二器组合式的扎啤酿造车间

图2-32 四器组合式糖化设备

3. 五器组合式

如图 2-33 所示,现代糖化大都采用五器组合,即在糊化锅、糖化锅、过滤槽、煮沸锅四器组合基础上,增加回旋沉淀槽,工艺流程如图 2-34 所示。设备全都安装在同一平面,流体输送采用动力输送,设备趋于大型化,操作趋于自动化。

图 2-33 五器组合式糖化设备

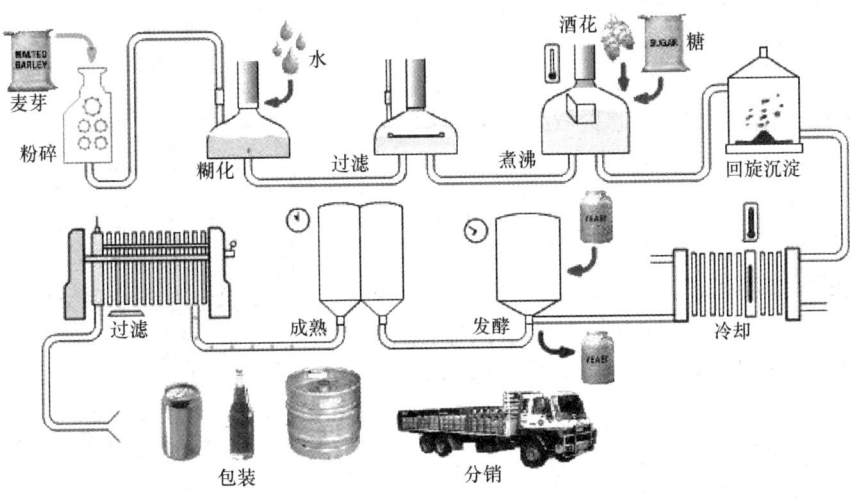

图 2-34 带回旋沉淀槽的五器组合式糖化设备

图 2-35 六器组合式糖化设备

4. 六器组合式

从设备操作周期上讲,每糖化一批物料,糖化锅和糊化锅的设备利用率只有 40%～50%。为加大产量、提高设备利用率,在四器组合基础上,增加一只过滤槽和一只麦汁煮沸锅,可派生出六器组合。另一种六器组合方式为,两只糖化-糊化两用锅、两只过滤槽和两只麦汁煮沸锅。这样更便于生产周转,生产能力相当于两套四器组合,设备利用更加合理。日糖化锅次 10～12 次。六器组合式糖化设备如图 2-35 所示。

近年来,随着麦芽质量的稳定提高,酶制剂普遍使用,湿法粉碎机、新型过滤槽的应用,特别是新型压滤机的应用,麦汁过滤周期缩短,大大提高了日糖化锅次、设备利用率,并且节约了设备投资费用。同时,要求糖化锅结构有利于糖化时间缩短,适合高浓糖化需要。

一、糊 化 锅

糊化锅用来加热煮沸辅助原料(大米粉或玉米粉)和部分麦芽粉醪液,使淀粉液化和糊化。

1. 构造

糊化锅的构造如图2-36所示。锅身为圆筒体,锅底为弧形(或球形),设有蒸汽夹套。为将煮沸产生的水蒸气排出室外,顶盖做成弧形,顶盖中心有直通到室外的升气筒,升气筒截面积为锅内料液面积的1/50~1/30。粉碎后大米粉、麦芽粉和热水由下粉筒3及进水管混匀后送入,借助旋桨式搅拌器8的作用,使之充分混合,使醪液浓度和温度均匀,保证醪液中较重粒子悬浮,防止靠近传热面处醪液的局部过热。底部夹套的蒸汽进口为4个,均匀分布在周边上。完成的糊化醪经锅底出口泵送至糖化锅。升气筒下部污水槽14收集从升气筒内壁上流下的污水,收集污水由排出管排至锅外。升气筒根部设风门15,根据锅内醪液升温或煮沸情况,控制其开启程度。顶盖侧面有带拉门的人孔(观察孔)。糊化锅圆筒和夹套外部包保温层。糊化锅材料多采用不锈钢。微型扎啤酒坊多以紫铜加工,给人美观、大方、庄重和古朴典雅的感觉。

糊化锅锅底设计成弧形,原因在于弧形锅底对流体传热循环的影响。如图2-37所示,在锅底中心部和靠近锅倾斜壁处各取一微小直径的液柱,中心部位的液柱h_1较深,但对应加热面积f_1较小;靠近锅倾斜壁处的液柱h_2较浅,但对应加热面积f_2较大。因此,在锅底周围较快发生气泡,将液体向上推形成中心液体向下的自然循环。为节省搅拌动力消耗,锅底最好做成球形,能促进液体循环。球形锅底还便于清洗和排尽液体。

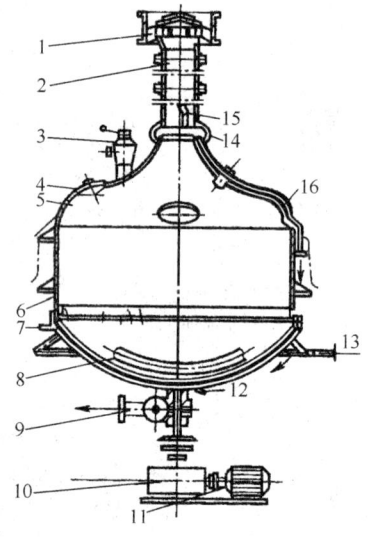

图2-36 糊化锅

1—筒形风帽 2—升气管 3—下粉筒
4—人孔双拉门 5—锅盖 6—锅体
7—不凝气管 8—旋桨式搅拌器
9—出料阀 10—减速箱 11—电机
12—冷凝水管 13—蒸汽入口
14—污水槽 15—风门 16—环形洗水管

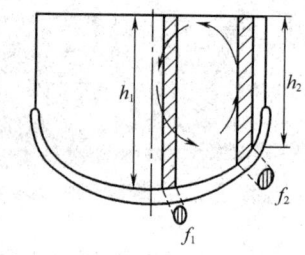

图2-37 球形锅中麦芽汁的循环

2. 糊化锅的体积

糊化锅的体积,取决于加入的原料量。通常 100kg 投料(包括大米粉和麦芽粉)加水 420~450kg,锅的有效体积为 0.5~0.55m³。糊化锅的体积为糖化锅体积的 1/2~2/3(四器组合)。如糊化锅兼作麦芽汁煮沸锅(两器组合),其体积应大于糖化锅体积。糊化锅直径与圆筒部分高度之比为 2:1,这样有利于液体循环和有更大加热面积。

二、糖 化 锅

啤酒糖化锅的用途,是使麦芽粉与水混合,并保持一定温度进行蛋白质分解和淀粉糖化。其结构、外形、加工和材料与糊化锅大致相同,如图 2-38 所示。糖化锅体积比糊化锅大约一倍。锅底做成平的,也有做成球形蒸汽夹套的。二器组合中,糖化过滤槽的结构是过滤槽,开始时作糖化锅用。六器组合中,有做成糖化、糊化两用锅的,以提高糖化锅利用率。

三、过 滤 槽

过滤槽用于过滤糖化后的麦糟,使麦汁与麦糟分开得到清亮的麦芽汁。

1. 麦汁过滤槽的工作原理

(1)过滤槽的结构 过滤槽,是具有不锈钢圆柱形槽身和平底及紫铜板弧形顶盖的容器,外形及结构如图 2-39 所示。

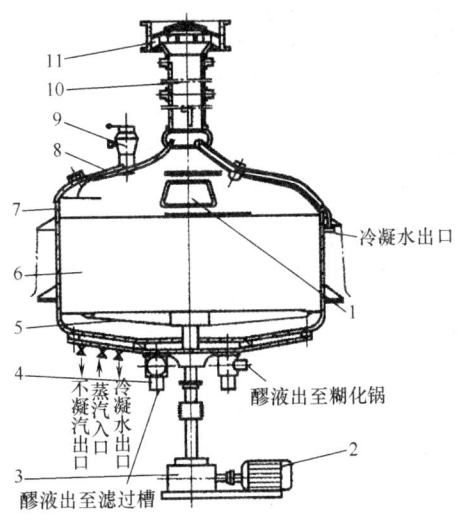

图 2-38 糖化锅
1—人孔单拉门 2—电动机 3—减速箱
4—出料阀 5—搅拌器 6—锅身
7—锅盖 8—人孔双拉门 9—下粉筒
10—排气管 11—筒形风帽

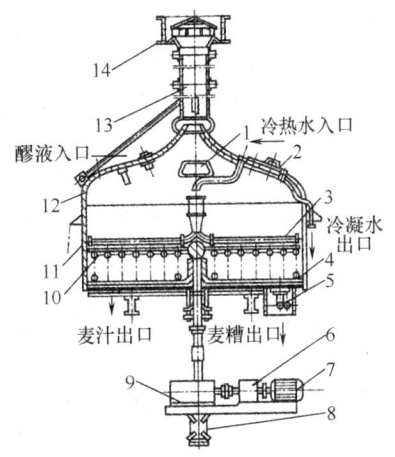

图 2-39 过滤槽
1—人孔单拉门 2—人孔双拉门 3—喷水管
4—滤板 5—出糟门 6—变速箱 7—电动机
8—液压缸 9—减速箱 10—耕槽装置 11—槽体
12—槽盖 13—排气管 14—筒形风帽

(2)过滤筛板 在平底上约12mm处有一层与平底平行的过滤筛板,如图2-40所示。过滤筛板用3.5~4.5mm厚磷青铜或不锈钢制成。为便于安装与操作,筛板不宜过大,每块筛板面积约为$0.75m^2$。如图2-41所示,筛板上开有条形筛孔,采用$(0.4~0.7)mm \times (30~50)mm$或直径0.8mm的圆孔。为减少阻力、便于清洗,将孔的下面铣成喇叭口状。其有效面积占筛板总面积的4%~8%。每块筛板底面有筋条和支脚撑住,支脚分布应考虑当人站在过滤板上时不致弯曲。

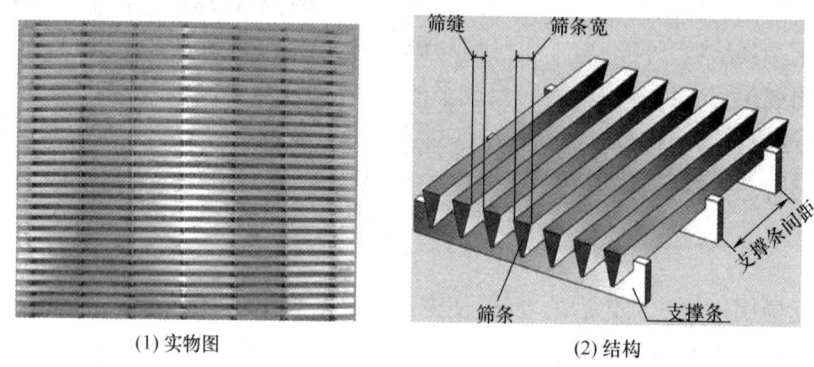

图2-40 过滤筛板

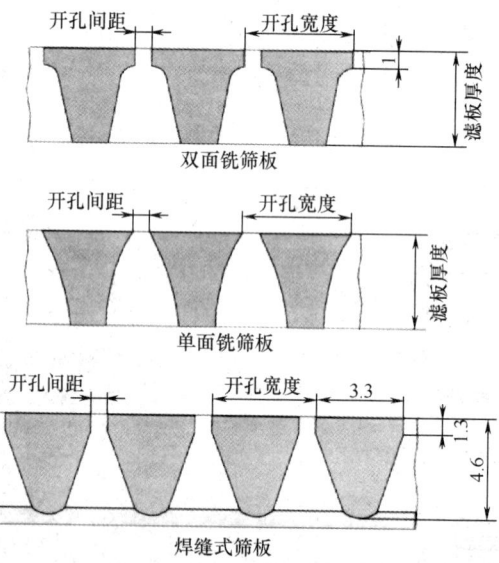

图2-41 过滤筛板结构及参数

(3)麦汁收集管 如图2-42所示,在过滤槽底上平均分布有澄清麦芽汁导出管,一般导出管直径25~45mm,每1.25~$1.5m^2$底面上有一管,平底上还有出糟孔。

图2-42 过滤槽外底部麦汁收集管与环管

如图2-43所示,圆形过滤槽的底部筛板,分为许多过滤区域。每个区域相互分隔独立,每个独立过滤区域的底部,连接一个麦汁收集管。每个收集管又与环形管相连,将各区域的麦汁汇集于环形管,然后通入麦汁总管道。不同型式的麦汁导出管的结构如图2-44所示。如图2-45所示为从底部进醪液的进醪阀。

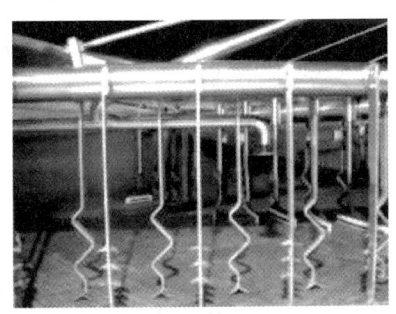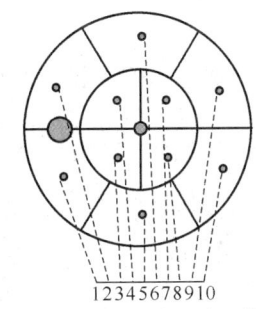

(1) 过滤槽中耕刀与筛板　　(2) 麦汁收集区(图中内区4个、外区6个)

图2-43 麦汁收集

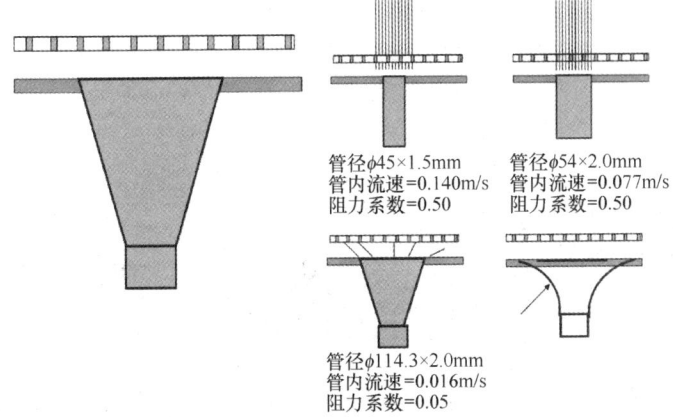

管径φ45×1.5mm
管内流速=0.140m/s
阻力系数=0.50

管径φ54×2.0mm
管内流速=0.077m/s
阻力系数=0.50

管径φ114.3×2.0mm
管内流速=0.016m/s
阻力系数=0.05

图2-44 不同型式的麦汁导出管的结构

(4)耕糟机 如图 2-46 所示,槽体内设有耕糟装置。其目的是使作为过滤介质的麦糟疏松。

①耕糟臂:耕糟装置的横梁——耕糟臂,其中心固定在中央垂直转轴上。耕糟臂型式有一字型、十字型等结构型式,如图 2-47 所示。

②耕刀:横梁上垂直排列着一排耕刀,耕刀间距 200mm 左右。耕刀有多种型式,如图 2-48 所示。

③耕糟装置的传动:如图 2-48 所示,耕糟装置的转动,是用电动机带动齿轮变速箱及涡轮减速箱两级变速,耕糟转速为 0.4r/min。

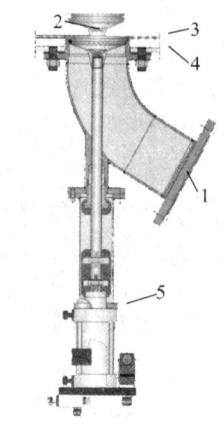

图 2-45 从底部进醪液的进醪阀
1—醪液进口 2—醪液阀口 3—筛板
4—假底 5—进醪阀液压缸

(1)过滤槽内部耕糟装置

(2)过滤槽上下整体结构

图 2-46 耕糟装置
1—洗糟水喷淋装置 2—耕糟装置 3—过滤槽体 4—过滤筛板
5—糖化醪液进口 6—排糟口 7—麦汁收集装置

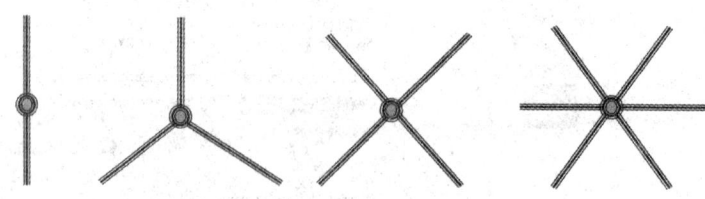

图 2-47 耕糟臂的型式

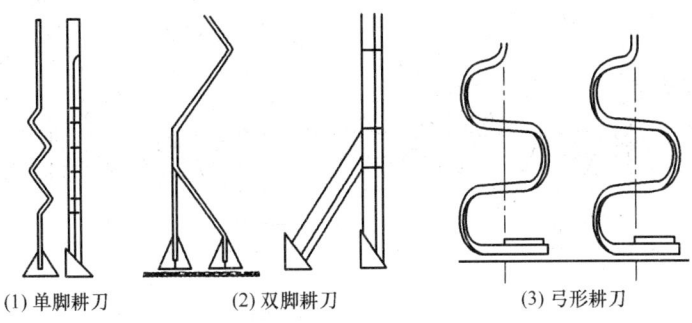

(1) 单脚耕刀　　(2) 双脚耕刀　　(3) 弓形耕刀

图 2-48　耕刀的型式

(5) 过滤槽工作过程　如图 2-49 所示,耕刀刀尖与筛板的距离用升降机调节。耕刀刀面可用手柄通过拉杆改变方向,以适应耕槽和出槽需要。为均匀喷水,在槽身中央轴上有一喷射器,喷射器上装喷水管,长度比槽的内径稍小,两端封闭,管上开有若干直径为 2mm 的小孔,水从小孔中喷出,利用水反作用力,使喷水管旋转。其他如醪液入口、麦汁回流及冷热水入口等,均在弧形顶盖上开孔,顶盖结构与其他锅相同。

(6) 排糟　经过反复清洗后的麦糟,由耕糟臂带动耕糟板或将耕刀转动 90° 组成平面,将麦糟从打开的排料出口排出到过滤槽底部,由绞龙沿水平方向排出。其设备及过程如图 2-50、图 2-51 所示。

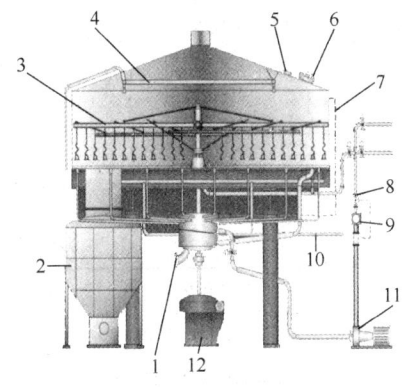

图 2-49　过滤槽基本结构
1—醪液进口　2—麦糟暂存箱　3—耕糟机
4—清洗环管　5—照明灯　6—人孔　7—排气管
8—调节阀　9—视镜　10—假底清洗管
11—过滤泵　12—耕糟机的升降和驱动装置

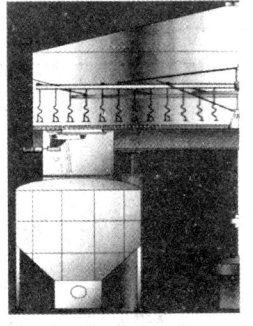　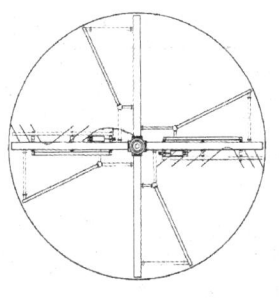

(1) 过滤槽排糟口工作示意图　　(2) 过滤槽排糟板工作示意图

图 2-50　排糟示意图

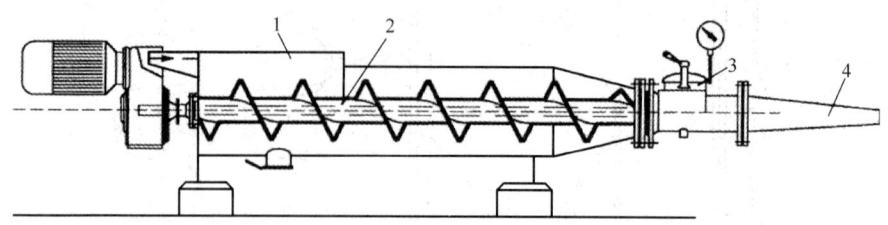

图 2-51　湿麦糟输送绞龙

1—装纳麦糟　2—麦糟绞龙　3—排气阀　4—进入麦糟立仓的管道

2. 影响麦汁过滤的因素

（1）麦汁的过滤速度

$$麦汁过滤速度 = \frac{K \times 压差 \times 滤层渗透性}{滤层厚度 \times 麦汁黏度}$$

式中　K——过滤常数

（2）影响麦汁过滤的因素　见表 2-1。

表 2-1　　　　　　　　　影响麦汁过滤的因素

工艺因素	设备因素
麦芽质量和粉碎质量	糖化锅的装备水平
添加的辅料种类和数量	糖化搅拌和醪液泵
使用的酶制剂种类和数量	过滤槽的结构
高浓酿造工艺	过滤槽的耕刀
糖化方法和糖化强度	过滤槽的总负荷量
糖化醪液的氧化和机械作用——剪切力	过滤筛板的单位负荷
麦汁过滤工艺	过滤槽的单位流量

（3）影响麦汁过滤速度的因素　见表 2-2。

表 2-2　　　　　　　　　影响麦汁过滤速度的因素

加快因素	减缓因素
过滤面积	浓度
压力差	麦糟的膨胀性
温度	麦糟层的厚度
麦糟粒度	麦汁的黏度
麦糟层的孔隙率	麦糟层的压缩系数

(4)现代过滤槽的技术特点　见表2-3。

表2-3　　　　　　　　　　现代过滤槽的技术特点

技术项目	技术要求
生产能力	9~15锅/天
底部进醪液	减少溶氧
筛板缝隙	0.5~0.7mm
筛板自由流通面积	15%
回流的浑浊麦汁从液面下进入	减少溶氧
麦汁收集口,锥角流速	1个/m^2,0.015m/s
耕刀数量	2~2.25个/m^2
特殊型式的耕刀(有辅助耕刀)	增加耕槽的剪切效果
耕刀材料	紫铜耕刀脚中添加锌
耕糟机及麦汁泵的控制	变频调节
筛板底部清洗头的密度	2个/m^2
连续洗糟	麦糟层的通透性好
浸渍增湿粉碎,筛板负荷	250kg/m^2,迅速、麦糟无分层
排糟门处也具有过滤能力	增加了过滤面积
可充入氮气或二氧化碳加压过滤	0.02~0.03MPa压力,可增加过滤速度

3. 过滤槽的有关参数

(1)麦糟层厚度　麦糟层不宜太厚或太薄。太厚会延长过滤时间;太薄则麦汁滤出太快,麦汁澄清度降低,麦糟容易冷却,使过滤效能减弱。麦糟层厚度0.3~0.4m较为适宜。

(2)过滤面积的确定　每100kg干麦芽可得到180L含水的滤糟,最适宜的麦糟层厚度若取0.35m^2,则有:

$$\frac{0.18}{0.35} = 0.5(m^2)$$

即100kg干麦芽,需过滤面积0.5~0.6m^2。

(3)过滤槽容积的确定　1m^2槽底面积能容纳的麦芽量为125~250kg,一般计算取200kg,则

$$G = 200F$$

式中　G——每次糖化所用的麦芽量,kg

　　　F——所需槽底的面积,m^2

(4)过滤槽内耕糟装置的转速

①耕糟时,为避免麦糟层扬起,转速为0.25~0.4r/min,圆周速度为0.04~

0.07m/s。

②出槽时的转速,根据实践为4~5r/min,圆周速度为0.4~0.7m/s。太快,反而达不到出槽目的;太慢,会延长出槽时间。

(5)过滤槽槽底与筛板的间距 至少应大于槽底管口直径的1/4,其关系可参考表2-4。

表2-4　　　　过滤槽槽底与筛板的间距和槽底管口直径的关系

槽底管口直径d/mm	28~32	36~40	44~48
筛板与槽底的间距/mm	$d/4+(4~5)$	$d/4+(5~8)$	$d/4+(8~10)$

4. 快速过滤槽

图2-52为快速过滤槽。它是在低真空下操作的新型糖化醪过滤设备。过滤槽器身为圆柱形和长方形,底部为锥形。槽身下部装5~7层呈网状分布互相流通的过滤管,上有条形滤孔,每层过滤管为独立过滤单元。过滤时,先把糖化醪用泵输送到已用热水预热过的过滤槽中,醪液通过两个分配器均匀分布到槽内,在滤管上形成滤层。醪液淹没滤管后,用泵抽滤。开始流出的麦汁较浑浊,用泵返回过滤槽,待麦汁清亮透明后,送入麦汁煮沸锅。抽滤时间15~20min。麦糟洗涤多用自动控制,洗涤时间20min。麦糟的排出用压缩空气和螺杆泵完成。

快速过滤槽过滤面积比传统麦汁过滤槽大3倍。因使用离心泵抽滤,增加过滤压力差,过滤速度加快,每昼夜周转次数达10~12次。其缺点是,麦汁透明度不及传统过滤槽好。

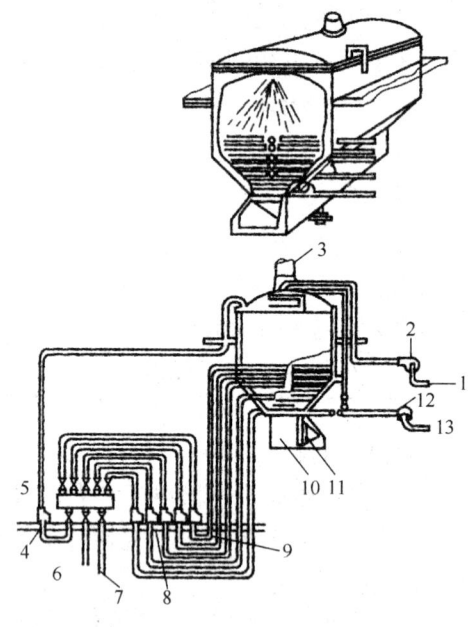

图2-52　快速过滤槽结构
1—麦汁醪管　2—麦汁醪泵　3—升气管
4—麦汁回流泵　5—麦汁受皿　6—到煮沸锅麦汁管
7—排污水管　8—麦汁泵　9—麦汁滤出管
10—麦糟排送口　11—排麦糟阀门
12—洗水泵　13—水管

四、煮 沸 锅

麦汁煮沸锅用于麦汁煮沸和浓缩,蒸发掉多余水分,使麦汁达到一定浓度,并加入酒花,使酒花中所含苦味物质和芳香物质进入麦汁中。

1. 型式与结构

麦汁煮沸锅结构型式与糊化锅基本相同,麦汁煮沸锅需容纳全部麦汁,故容积较大,锅顶上与糊化锅一样开两个人孔拉门,一个人孔单拉门,一个人孔双拉门。为观察麦汁量,锅内设有液量标尺,在锅身上部还有一圈开有小孔的喷水管,便于清洗锅壁。其他与糊化锅相同,其主要结构如图 2-53 所示。

2. 容积计算

麦汁煮沸锅形状与糊化锅相似,容积计算与糊化锅相同。先求出圆柱部分和球底部分或椭圆底部分的体积,两者相加就是全容积 V。其有效容积计算与糊化锅相同。

3. 有关参数

(1) 麦汁煮沸锅容量以过滤后进入锅中麦汁量为准,如果以 100kg 麦芽需要量作为计算单位,则麦汁煮沸锅容量需 800~900L,再加上 25%~30% 作为麦汁运动的空间。

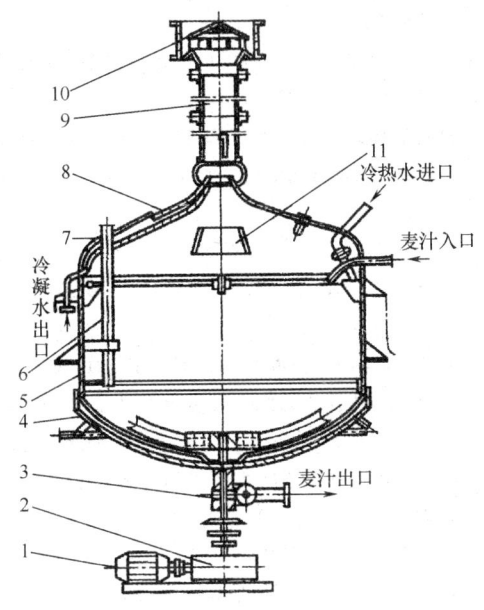

图 2-53 夹套式圆形麦汁煮沸锅
1—电动机 2—减速箱 3—出料阀 4—搅拌装置
5—锅体 6—液量标尺 7—人孔双拉门 8—锅盖
9—排气管 10—筒形风帽 11—人孔单拉门

(2) 麦汁煮沸锅内液柱高与直径之比为 1:2,一般不大于此比例。如表面积过小,液柱过高,对液体对流不利,影响蒸发量,也影响凝结蛋白质析出。

(3) 麦汁煮沸锅为帮助煮沸,同样装搅拌器,搅拌叶片转速为 20~35r/min,圆周速度为 3m/s 左右。

(4) 排气管截面积为锅内液体表面积的 1/50~1/30,即:

$$\frac{d^2}{D^2} = \frac{1}{50} \sim \frac{1}{30}$$

式中 d——排气管的直径,m

D——麦汁煮沸锅的直径,m

(5) 根据实践,每小时可蒸发水量相当于锅中物料量的 8%~10%,故在一般条件下需煮沸 1.5~2h。

思考与练习

一、名词解释

连续蒸煮糖化 间歇式蒸煮 最后一个后熟器 糖蜜稀释器 喷射加热器 连消塔 板

式热交换器

二、填空题

1. 酒精生产连续蒸煮糖化设备流程,主要有_____、_____和_____三种类型。其中_____在酒精厂最常用。
2. 连消塔是将培养基用蒸汽加热至_____的设备,分为_____和_____两类。
3. 柱式连续蒸煮流程,主要由_____、_____及_____等设备组成。

三、选择题

1. 连续蒸煮时,为使糊化醪进一步煮透,往往在蒸煮柱后要加(　　)。
A. 连消塔　B. 后熟器　C. 维持罐　D. 薄板换热器
2. 将加热后的培养基保温一段时间,以达到灭菌目的的设备是(　　)。
A. 连消塔　B. 后熟器　C. 维持罐　D. 喷射加热器
3. 糖化锅内设置的冷却装置主要是(　　)。
A. 蛇管式　B. 夹套式　C. 列管式　D. 喷淋式
4. 连续蒸煮糖化设备中蒸煮压力最低的是(　　)。
A. 罐式　B. 柱式　C. 管式
5. 适用于灭菌批量不大的培养基灭菌设备是(　　)。
A. 热压灭菌柜　B. 连消塔　C. 手提式热压灭菌器　D. 薄板换热器

四、判断题

1. 目前,国内酒精厂主要采用罐式连续蒸煮糖化设备。(　　)
2. 啤酒厂糖化车间的麦汁过滤槽属于加压过滤设备。(　　)
3. 啤酒厂糖化车间的糖化锅与糊化锅在结构原理与容量上都是一样的。(　　)
4. 在罐式连续蒸煮流程里,蒸煮罐与后熟器的区别是,前者有蒸汽加热装置,而后者没有。(　　)

五、问答题

1. 淀粉质原料间歇蒸煮与糖化有哪些特点?
2. 简述间歇蒸煮锅的结构及特点。
3. 简述糖化锅的结构和操作要点。
4. 简述连续蒸煮罐结构、特点及操作要点。
5. 柱式连续蒸煮设备有哪些特点?
6. 简述加热器和蒸煮柱结构及操作要点。
7. 管式连续蒸煮设备有哪些特点?
8. 简述连续糖化罐的结构及操作要点。
9. 简述水平式和立式糖蜜连续稀释器的结构、工作原理、特点及操作要点。
10. 培养基连续灭菌有哪些特点?常用的流程有哪几种?
11. 简述套管式连消塔的结构及特点。
12. 简述喷射加热器的结构及特点。
13. 在啤酒厂糖化车间里,糊化锅与糖化锅的相同和不同之处是什么?
14. 耕糟机的作用是什么?主要由哪几部分组成?
15. 麦汁煮沸锅的高径比对麦汁质量有何影响?为什么?

第三章　通风发酵设备

【学习目标】
1. 知识目标　了解影响气升式发酵罐性能的主要因素,塔式发酵罐的特点,文氏管自吸式发酵罐的结构、工作机理及优缺点;熟悉发酵罐机械密封的作用及结构,常用联轴器的型式,自吸式发酵罐的结构及充气原理;掌握机械搅拌发酵罐罐体结构及要求,机械搅拌发酵罐搅拌器的类型,发酵罐换热装置的类型及特点。
2. 能力目标　能够根据需要正确选择通风发酵设备的类型;掌握机械搅拌式通风发酵罐正确操作使用要点;能够正确使用与维护全自动发酵罐。

通风发酵设备是需氧生化反应设备的核心和基础。20世纪40年代中期,青霉素工业化生产和深层通风发酵技术的出现,标志着近代通风发酵工业的开始。目前,常用通风发酵设备有机械搅拌式通风发酵罐、自吸式发酵罐、气升式发酵罐、塔式发酵罐、全自动发酵罐,其中机械搅拌式通风发酵罐占主导地位。

第一节　机械搅拌式通风发酵罐

机械搅拌式通风发酵罐是利用机械搅拌器的作用,使空气和发酵液充分混合,促使氧在发酵液中溶解,保证供给微生物生长、繁殖、发酵所需要的氧气。机械搅拌式通风发酵罐,能适用于大多数生物过程,如谷氨酸、柠檬酸、酶制剂、抗生素、酵母等发酵,是标准化的通用产品。对工厂而言,选用通用设备,对不同的微生物过程具有更大的灵活性。因此,通常只有在机械搅拌式通风发酵罐的气液传递性能或剪切力不能满足生物过程时,才会考虑用其他类型的发酵罐。

机械搅拌式通风发酵罐是目前使用最多的一种发酵罐。其使用性能好、适应性强、放大容易,从小型到大型微生物培养过程都可应用,故称为通用罐。其缺点是,罐内机械搅拌剪切力容易损伤细胞,造成某些细胞培养过程减产。

一、机械搅拌式通风发酵罐的结构

机械搅拌式通风发酵罐由罐体、搅拌器、挡板、轴封、空气分布器、消泡器、传动装置、联轴器、冷却管、消泡器、人孔、视镜以及管路等构成。其外形与结构如图3-1所示。

机械搅拌式通风发酵罐,是兼具机械搅拌和压缩空气分布装置的发酵罐。目

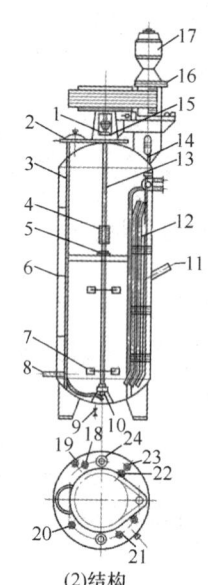

(1) 外形　　　　　　　　　　　　(2) 结构

图 3-1　机械搅拌式通风发酵罐

1—轴封　2—人孔　3—梯子　4—联轴器　5—中间轴承　6—温度计接口　7—搅拌叶轮
8—进风管　9—放料口　10—底轴承　11—热电偶接口　12—冷却管　13—搅拌轴
14—取样管　15—轴承座　16—传动带　17—电动机　18—压力表　19—取样口
20—进料口　21—补料口　22—进气口　23—回流　24—视镜

前,最大的通用式发酵罐容积可达到 1000m³。图 3-2 所示为目前工业化发酵企业中常用的各种型式的通用式发酵罐。

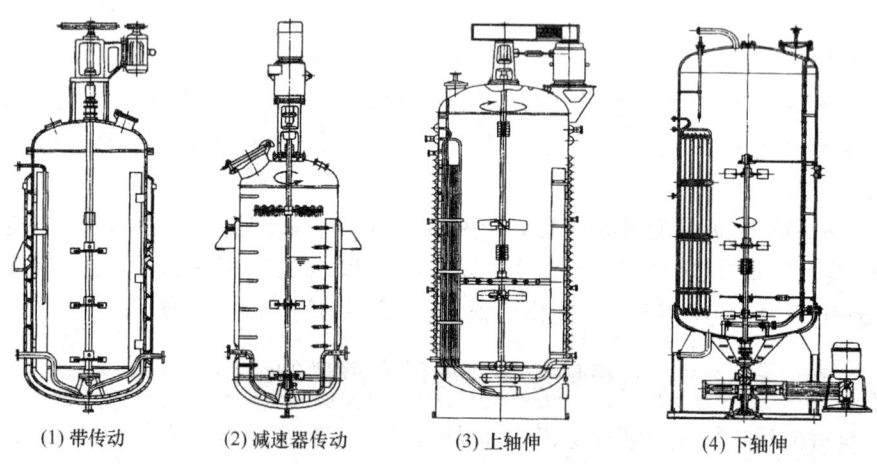

(1) 带传动　　　(2) 减速器传动　　　(3) 上轴伸　　　(4) 下轴伸

图 3-2　机械搅拌式通风发酵罐的型式

1. 发酵罐的物料流

发酵罐作为生物反应场所,必须能满足生物反应对各种条件参数的需要。发酵是放热的,反应中需要不断将放出的热量移出,反应体系温度的控制是通过性能良好的换热器实现的。夹套式换热器只适合小型罐,沉浸蛇管式适合大型罐。

发酵过程中,需要对过程及其参数监控,如温度、酸碱度、溶解氧、空气流量、尾气氧和二氧化碳、罐内压力、装料体积等。另外,发酵过程中产生的泡沫需消除,一般采用加消泡剂的方法进行消泡。因此,要在罐体上设计相应的仪器、仪表的接口和物料进口。

发酵过程是纯种培养过程,是无菌操作,进入罐内的培养基、补加物料和空气需要灭菌。在反应过程中,罐内与大气相通时,必须安装无菌呼吸器。培养基、补加物料和空气等物质经过的管道及发酵罐体,都要清洗方便、密封性好、灭菌容易。

发酵罐的物料流如图3-3所示。进行发酵罐管道综合布置设计时,根据各种物料流的性质设计相应的进出管口。

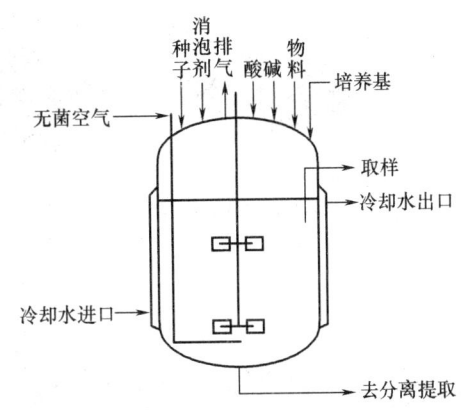

图3-3 发酵罐的物料流

2. 罐体

(1) 结构 小型发酵罐直径在1m以下,上封头用法兰与罐身相连。为便于清洗,小型发酵罐顶部设手孔。对罐径大于1m的大、中型发酵罐,封头直接焊在罐身上,顶部设快开人孔及清洗用快开手孔,罐顶装视镜及灯镜。罐顶接管包括进料管、补料管、排气管、接种管和压力表接管等。罐身接管有冷却水进出管、进空气管、取样管、温度计管和测控仪表接口。

(2) 工艺对罐体的要求 罐体由圆柱体和椭圆形或碟形封头焊接而成,材料为不锈钢。为满足工艺要求,罐体须承受一定的压力和温度,要求能耐受130℃和0.15MPa(表压)。罐壁厚度,取决于罐径、材料及耐受的压力。发酵罐内尽量减少死角,避免藏垢积污,灭菌能彻底,避免染菌。

3. 发酵罐的搅拌器与挡板

物料混合和气体在发酵罐的分散靠搅拌器和挡板实现。搅拌器使流体产生圆周运动,称为原生流。挡板用以防止搅拌产生的中心旋涡。原生流受挡板作用产生轴向运动,称为次生流。原生流速和搅拌转速成正比,次生流速近似与搅拌转速的平方成正比。因此,转速提高时,主要靠次生流加速流体的轴向混合,使传质传热速率提高。

(1) 搅拌器 搅拌器可使被搅拌液体产生轴向流动或径向流动、混合和传质,使通入的空气分散成气泡并与发酵液充分混合,使气泡破碎以增大气液界面,获得所需溶氧速率,并使细胞悬浮分散于发酵体系中,以维持适当的气-液-固(细胞)三相的混合与质量传递,同时强化传热过程。

①搅拌器的类型:常见搅拌器外形及结构如图3-4、图3-5所示。发酵罐中的机械搅拌器,分为轴向和径向推进两种型式。前者如桨叶式和螺旋桨式,后者如涡轮式。涡轮式搅拌器,按桨叶形状分为圆盘平直叶涡轮搅拌器、圆盘弯叶涡轮搅拌器、圆盘箭叶涡轮搅拌器等型式。

(1) 圆盘平直叶涡轮搅拌器　　(2) 圆盘弯叶涡轮搅拌器　　(3) 圆盘箭叶涡轮搅拌器

图3-4　几种常见搅拌器

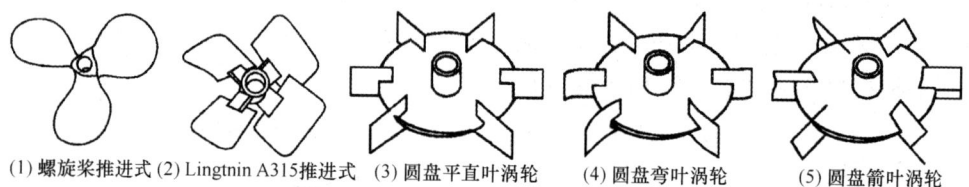

(1) 螺旋桨推进式　(2) Lingtnin A315推进式　(3) 圆盘平直叶涡轮　(4) 圆盘弯叶涡轮　(5) 圆盘箭叶涡轮

图3-5　发酵罐搅拌器叶轮结构类型

②搅拌器的特点:如图3-6所示,螺旋桨式搅拌器在罐内将液体向下或向上推进,形成轴向螺旋流动,混合效果较好,但对气泡分散效果不好。常用的螺旋桨叶数 $Z=3$,螺距等于搅拌器直径,最大叶端线速度不超过25m/s。

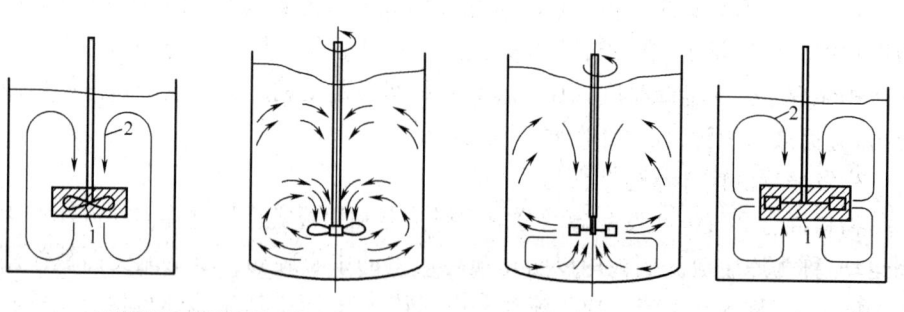

(1) 螺旋桨式搅拌器流动状态　　(2) 涡轮式搅拌器流动状态

图3-6　液体在搅拌过程中流动状态

1—充分混合区　2—总体流动

圆盘平直叶涡轮和没有圆盘的平直叶涡轮的搅拌特性差别甚微,但圆盘平直叶涡轮的圆盘可避免大气泡从轴部叶片空隙上升,保证气泡更好分散。圆盘平直叶涡轮搅拌器具有很大循环输送量和功率输出,适用于各种流体,包括黏性流体、非牛顿流体的搅拌混合。

圆盘弯叶涡轮搅拌器的搅拌流型与平直叶涡轮相似,前者的液体径向流动较强烈。因此,在相同搅拌转速时,前者混合效果较好。由于前者的流线叶型,相同搅拌转速时,输出功率较后者小。因此,在混合要求特别高、溶氧速率相对要求略低时,选用圆盘弯叶涡轮。

圆盘箭叶涡轮搅拌器,搅拌流型与上述两种涡轮相近。其轴向流动较强烈,同样转速下,造成的剪切力低、输出功率较低。

涡轮式搅拌器结构简单、传递能量高、溶氧速率高。缺点是轴向混合差,搅拌强度随搅拌轴距增大而减弱。故培养液较黏稠时,混合效果下降。常用涡轮式搅拌器的叶片数为6个,也有4个或8个的。为强化轴向混合,采用涡轮式和推进式叶轮共用的搅拌系统。为拆装方便,大型搅拌叶轮可做成两半型,用螺栓联成整体装配于搅拌轴上。

(2)挡板

①作用:是防止液面中央形成旋涡流动,改变液流方向,由径向流改为轴向流,促使液体剧烈翻动,增强湍动和溶氧传质。

②尺寸:发酵罐内通常设4~6块挡板,宽度 $B = (0.1 \sim 0.12)D$,即可达到全挡板条件。全挡板条件是指在一定转速下再增加挡板或罐内附件,轴搅拌功率不再增加而液面旋涡基本消除的最低条件,如图3-7所示。此条件与挡板数 Z,与挡板宽度 B 和罐径 D 之比有关。要达到全挡板条件,须满足下式要求:

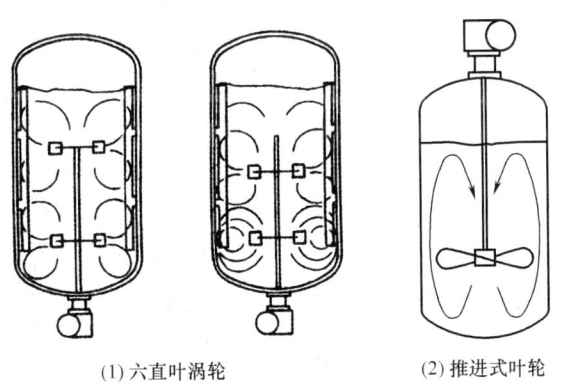

(1) 六直叶涡轮　　(2) 推进式叶轮

图3-7　全挡板条件下的搅拌流型

$$\frac{B}{D}Z = \frac{(0.1 \sim 0.12)D}{D}Z = 0.5$$

式中　D——发酵罐直径,mm

Z——挡板数

B——挡板宽度,mm

③安装要求:挡板数量及安装方式不是随意的,它们影响流型和动力消耗。发酵罐内挡板沿罐壁周向均匀分布地直立安装。液体黏度低时,挡板可紧贴罐壁,与液体环向流成直角。黏度高时,挡板离壁安装,挡板离开罐壁距离为挡板宽度的1/5至1倍。黏度更高时,将挡板倾斜一个角度,可防止黏滞液体在挡板处形成死角。罐内有传热蛇管时,挡板安装在蛇管内侧。挡板高度可改变流型,挡板上缘与静止液面齐平。液面上有轻浮不易润湿的固体物料时,需在液面上造成旋涡。这时,挡板上缘可低于液面100~150mm,挡板下缘可到罐底。

发酵罐中除挡板外,还有冷却器、通气管、排料管等装置也起挡板作用。换热装置为列管或排管时,在足够多的情况下,发酵罐内不另设挡板。

4. 空气分布装置

(1)作用 是吹入空气,并使空气均匀分布。通过改变气泡大小,改变气泡的比表面积。

(2)型式结构 空气分布装置的型式有单管式和环形管等。单管式分布装置,空气由分布管喷出上升时,被搅拌器打碎成小气泡,并与醪液充分混合,增强气液传质效果。第二种型式是开口朝下的多孔环形管,如图3-8所示。由于这种空气分布装置的空气分布效果在强烈机械搅拌的条件下,对氧的传递效果不比单孔管好,相反会造成不必要的压力损失,且物料易堵塞小孔,已很少采用。

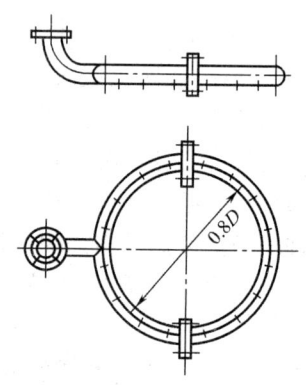

图3-8 多孔环形空气分布器

在通气量较小的情况下,气泡直径与空气喷口直径有关。喷口直径越小,气泡直径越小,氧的传质系数越大。但在通气量较大的情况下,气泡直径仅与通气量有关,而与通气出口直径无关。风管内空气流速为20m/s。

(3)空气分布装置的安装要求 单管式分布装置管口正对罐底中央,管口与罐底距离可根据溶氧情况适当调整,使空气分散效果最好。为防止吹管吹入的空气直接冲击罐底,加速罐底腐蚀,在分布装置下部装置不锈钢分散器,可延长罐底寿命。多孔环形管,环直径为搅拌器直径0.8倍时较有效。小孔直径为5~8mm,喷孔朝下,孔总面积等于通风管截面积。

5. 机械消泡装置

发酵过程中,由于发酵液中含蛋白质等发泡物质,在强烈通气搅拌下会产生大量泡沫。在通气发酵生产中,有两种消泡方法:一是加入消泡剂;二是使用机械消泡装置,即消泡器。

消泡器分为两大类:一类置于罐内,目的是防止泡沫外溢,它在搅拌轴或罐顶另外引入的轴(搅拌轴由罐底伸入时)上装上消泡桨,如耙式消泡桨;另一类置于罐外,目的是从排气中分离已溢出的泡沫,使之破碎后将液体部分返回罐内,如半封闭式涡轮消泡器。

通风发酵罐的消泡,对易起泡的发酵液,以添加油脂或合成消泡剂为主要消泡手段,辅助机械消泡。发酵罐机械消泡装置与蒸发器所用装置基本相同,通常采用耙式消泡桨或半封闭式涡轮消泡器。

(1)耙式消泡桨　是最简单实用的消泡装置。直接装在搅拌轴上,消泡耙齿底部比发酵液面高出适当高度,消泡器长度为罐径的0.65倍。耙式消泡桨结构,其安装位置与结构如图3-9所示。

 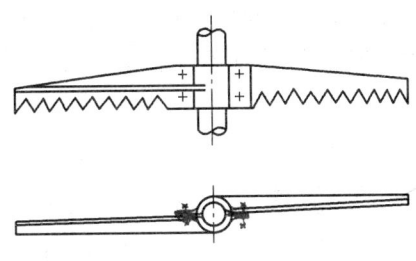

(1)耙式消泡桨安装位置　　　　(2)耙式消泡桨结构

图3-9　耙式消泡桨

(2)半封闭式涡轮消泡器　如图3-10所示,泡沫直接被涡轮打碎或被涡轮抛出撞到罐壁而破碎。对下伸轴发酵罐,在罐顶装半封闭式涡轮消泡器,在高速旋转下,可达到较好的机械消泡效果。消泡器直径为罐径的1/2,叶端线速度为12~18m/s。

机械消泡的优点是不需引进消泡剂等物质,可减少培养液性质上的改变,节省原材料,减少污染机会。缺点是不能从根本上消除引起稳定泡沫的因素。

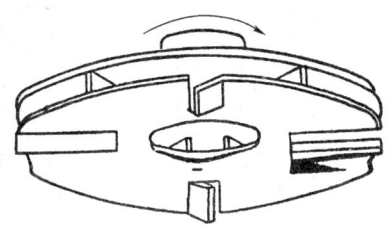

图3-10　半封闭式涡轮消泡器

6.罐的换热装置

发酵罐的换热装置如图3-11、图3-12所示。有夹套式、内(外)盘管式、立式蛇管式。容积为5m³以下的发酵罐(包括种子罐),采用夹套为传热装置。大于5m³以上的发酵罐,因夹套传热面受限而采用立式蛇管、外盘管作为传热装置。夹套的传热系数为630~1050kJ/(m²·h·℃),蛇管和外盘管的传热系数为1260~1680kJ/(m²·h·℃)。

图 3-11 发酵罐内部换热装置

为减少发酵罐内部件死角,减少泄漏机会,且易清洗,大型发酵罐采用外盘管作为传热装置。它把半圆形钢、角钢制成螺旋形,或将条形钢板冲压成半圆弧形焊在发酵罐的外壁,同时提高冷却剂流速和质量,以提高传热系数。对生产品种发酵热较大的发酵罐,安置外盘管传热面积仍不够时,罐内还要安装立式蛇管加大传热面积。发酵罐传热面积的确定,按某生产品种的发酵过程中某时刻的最大发酵热作为设计依据。对发酵热不大的生产品种,根据反应的发酵热,同时考虑培养基灭菌的冷却形式、冷却条件及要求来确定。

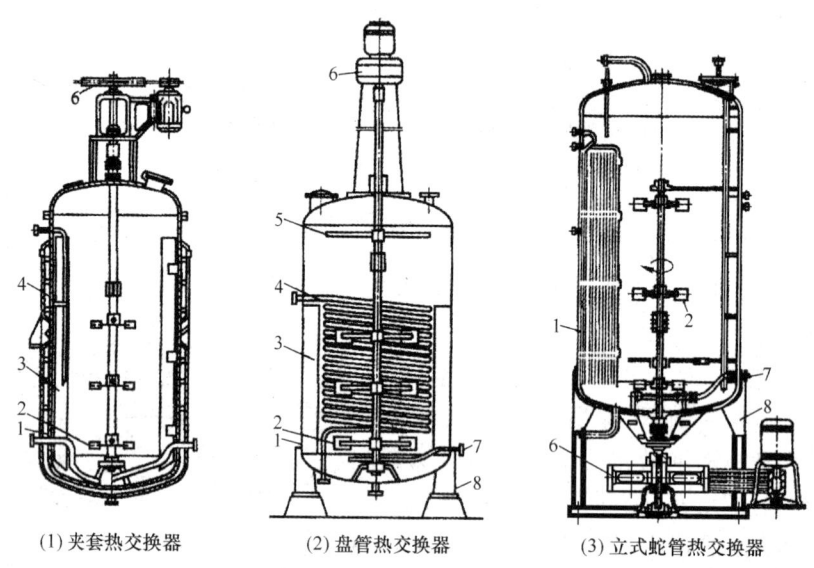

(1) 夹套热交换器　　(2) 盘管热交换器　　(3) 立式蛇管热交换器

图 3-12　发酵罐的换热装置类型

1—罐体　2—搅拌器　3—挡板　4—热交换器　5—消泡桨　6—传动机　7—通气管　8—支座

7. 轴封、联轴器和轴承

(1) 轴封

①轴封的作用:搅拌轴密封为动密封,即搅拌轴是转动的,顶盖是静止的,两个构件间具有相对运动。这时的密封要按照动密封原理设计。对动密封的基本要求是,密封可靠、结构简单、寿命长。轴封的作用是使罐顶或罐底与轴间的缝隙加以密封,防止泄漏和污染杂菌。

②轴封的结构:端面式轴向动密封,又称为端面机械轴封。有一对摩擦面的动密封,称为单端面机械密封。有两对摩擦面的动密封,称为双端面机械密封。后者有两道动密封面,密封效果好。两者结构和工作原理基本相同。如图3-13所示,为单端面机械密封结构及密封装置。其基本结构由摩擦副即动环和静环、弹簧加荷装置、辅助密封圈(动环密封圈和静环密封圈)等元件组成。密封作用,是靠弹性元件(如弹簧、波纹管等)及密封介质压力,在两个精密的平面(动环和静环)间产生压紧力,相互贴紧,并做相对旋转运动而达到密封效果。其主要作用是将较易泄漏的轴面密封改变为较难渗漏的端面(径向)密封。

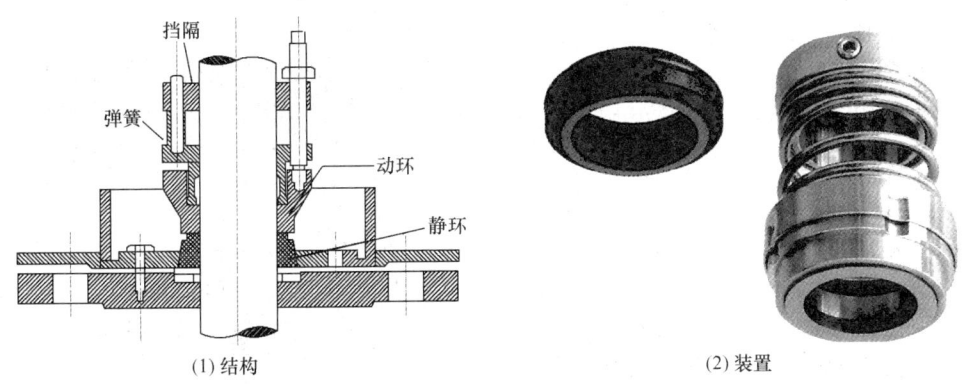

图3-13 单端面机械密封

通风发酵罐的轴封是机械动密封,属于有泄漏密封。但在其有效寿命期内,泄漏量极小。

端面式轴封的优点是:密封可靠,泄漏量极少。清洁,无死角,可防止杂菌污染。使用寿命长。较少需要调整,动环由于密封流体压力和弹簧力等推向静环方向,密封面自动保持紧密接触,因此较少需要调整。摩擦功率损耗小。轴与轴套不受磨损。结构紧凑,安装长度较短。

端面式轴封的缺点是:结构复杂,对动环及静环的表面光洁度及平直度要求高,安装要求高,拆装不便,初装成本较高。

(2)联轴器和轴承

①联轴器:联轴器的作用,是将两个独立的轴联在一起,传递运动和功率。大型发酵罐搅拌轴较长,分2~3段,用联轴器使上下搅拌轴成牢固的联接。联轴器随联接的不同要求而有各种不同的结构,基本上分为刚性联轴器和弹性联轴器两类。常用的联轴器如立式夹壳联轴器、纵向可拆联轴器、刚性联轴器、链条联轴器、弹性块式联轴器等,如图3-14所示。小型的发酵罐采用法兰将搅拌轴连接,轴的连接应垂直、中心线对正。

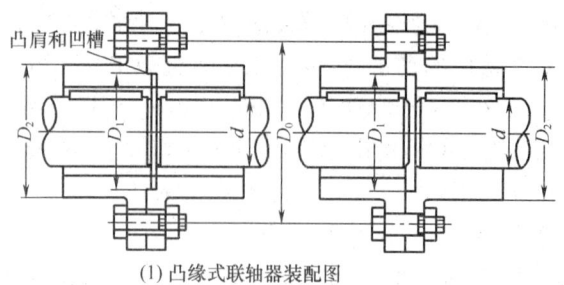

(1) 凸缘式联轴器装配图　　　　　(2) 夹壳式联轴器

图 3-14　联轴器

②轴承：为减少振动，中型发酵罐在罐内装有底轴承，大型发酵罐装有中间轴承，如图 3-15 所示，底轴承和中间轴承的水平位置能适当调节。罐内轴承不能加润滑油，应采用液体润滑的塑料轴瓦（如聚四氟乙烯），轴瓦与轴的间隙取轴径的 0.4%~0.7%。为防止轴颈磨损，在与轴承接触处的轴上增加一个轴套。

几种常用滚动轴承、滑动轴承及轴套的外形与结构如图 3-16、图 3-17、图 3-18 所示。

图 3-15　发酵罐搅拌轴的中间支撑轴承

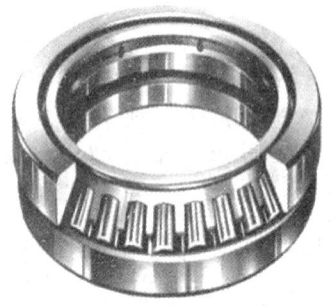

(1) 推子滚子轴承　　　　　　　(2) 向心球轴承

图 3-16　滚动轴承

8. 发酵罐的综合布置设计

根据发酵罐内物料流和控制参数的要求，可进行发酵罐综合布置设计。如图 3-19 所示，为通用式发酵罐的结构及管路综合布置。图中，发酵罐的物料进、出输送系统较复杂。大型通用发酵罐中，只对发酵过程中主要参数在线检测，其他参数通过取样检测。

 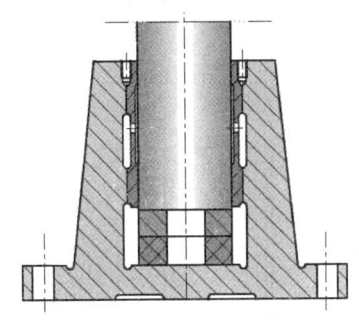

(1) 向心滑动轴承　　　　(2) 推力滑动轴承示意图

图 3-17　滑动轴承

(1) 轴套　　　　(2) 带孔轴套　　　　(3) 轴瓦

图 3-18　滑动轴承的轴套

 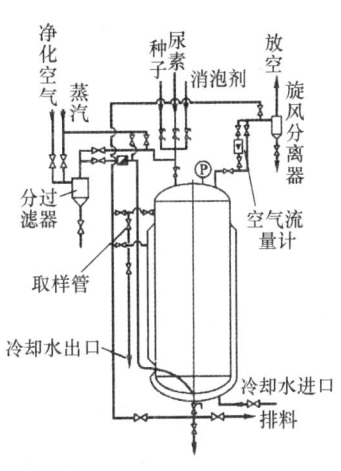

(1) 结构　　　　　　　　(2) 管路综合布置

图 3-19　通用发酵罐

二、机械搅拌式通风发酵罐的尺寸计算

1. 罐体主要尺寸比例

机械搅拌式通风发酵罐的结构和几何尺寸已趋于标准化,根据厂房条件、罐体积等在一定范围内变动。具体几何尺寸比例如图3-20所示。

2. 罐的容积计算

(1) 罐的总容积 V_0　罐的筒身(圆柱)容积为:

$$V_1 = \frac{1}{4}\pi H_0 D^2$$

椭圆形封头的容积,可查手册或按下式计算:

$$V_2 = \frac{\pi}{4}D^2 h_b + \frac{\pi}{6}D^2 h_a = \frac{\pi}{4}D^2(h_b + \frac{1}{6}D)$$

式中　h_a——椭圆短半轴长度,对于标准椭圆形封头 $h_a = \frac{1}{4}D$

　　　h_b——椭圆形封头的直边高度

　　　D——罐的内径

所以,罐的总容积

$$V_0 = V_1 + 2V_2 = \frac{\pi}{4}D^2[H_0 + 2(h_b + \frac{1}{6}D)]$$

(2) 罐的有效容积 V　发酵罐总高度为:

$$H = H_0 + 2(h_a + h_b)$$

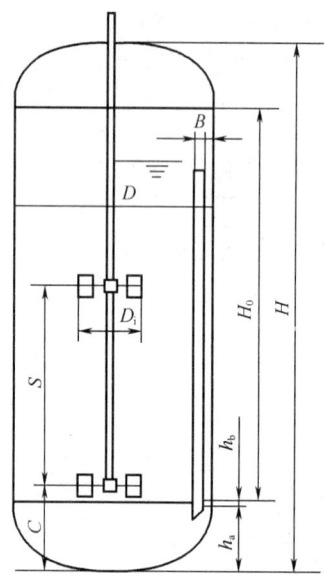

图3-20　机械搅拌式通风发酵罐几何尺寸
H—罐身高　h—液位高　H_0—罐高　D—罐内径
D_i—搅拌叶轮直径　B—挡板宽度
C—下搅拌叶轮与罐底距　S—相邻搅拌叶轮间距
$H/D = 1.7 \sim 3.5$　$D_i/D = 1/2 \sim 1/3$
$B/D = 1/12 \sim 1/8$　$C/D_i = 0.8 \sim 1.0$
$B/D_i = 1/12 \sim 1/8$　$S/D_i = 1 \sim 2.5$
$S/D_i = 2 \sim 5$　$H_0/D = 2$

液柱高度为:

$$H_L = H_0 \eta' h_a + h_b$$

式中　η'——装料高度与圆柱部分高度的比例

所以,罐的有效容积为:

$$V = V_1 \eta' + V_2 = \frac{\pi}{4}D^2(H_0 \eta' + h_b + \frac{1}{6}D)$$

(3) 罐的公称容积 V_N　对一个发酵罐的大小,用"公称容积"表示。公称容积是指罐的筒身(圆柱体)体积和底封头体积之和。故,罐的公称体容积为:

$$V_N = V_1 + V_2 = \frac{\pi}{4}D^2(H_0 + h_b + \frac{1}{6}D)$$

第二节 自吸式发酵罐

自吸式发酵罐是一种不需空气压缩机,利用机械搅拌吸气装置或液体喷射吸气装置吸入无菌空气,实现混合搅拌与溶氧传质的发酵罐。自吸式发酵罐已用于生产葡萄糖酸钙、维生素 C、酵母、蛋白酶等发酵产品。

一、自吸式发酵罐的特点

与传统的机械搅拌式通风发酵罐相比,自吸式发酵罐具有如下特点:

1. 优点

(1)无需空气压缩机及其附属设备,减少厂房占地面积。

(2)减少工厂发酵设备投资 30% 左右。如应用自吸式发酵罐生产酵母,容积酵母产量达 30~50g。

(3)设备便于自动化、连续化,降低劳动强度,减少劳动力。

(4)发酵周期短,发酵液中菌体浓度高,分离菌体后废液量少。

(5)设备耗电量小,能保证发酵所需空气,并能使气液分离细小、均匀地接触,吸入空气中 70%~80% 的氧被利用。

2. 缺点

(1)进罐空气处于负压,增加染菌机会。

(2)搅拌转速高,可能使菌丝被切断,正常生长受影响。

(3)须配备低阻力损失的高效空气过滤系统。

为克服上述缺点,可采用自吸气与鼓风相结合的鼓风自吸式发酵系统,在过滤器前加装鼓风机,适当维持无菌空气正压。这不仅减少染菌机会,而且可增大通风量,提高溶氧系数。

二、机械搅拌自吸式发酵罐

机械搅拌自吸式发酵罐是不需外接压缩空气,利用改进搅拌器结构,在搅拌过程中自行吸入空气的发酵罐,如图 3-21 所示。发酵罐关键部件是带有中央吸气口的搅拌器。国内采用的自吸式发酵罐中,搅拌器是带有固定导轮的三棱空心叶轮,三棱叶轮和导轮如图 3-22 所示。叶轮直径 d 为罐径 D 的 1/3,叶轮上下各有一块三棱形平板,在旋转方向的前侧夹有叶片。叶轮向前旋转时,叶片与三棱形平板内空间的液体被甩出而形成局部真空,将罐外空气通过搅拌器中心的吸入管吸入罐内,并与高速流动的液体密切接触,形成细小气泡后分散在液体中,气液混合流体通过导轮进入发酵液主体。导轮由 16 块具有一定曲率的翼片组成,排列于搅拌器外围,翼片上下有固定圈予以固定。三棱搅拌器各部分尺寸比例见表 3-1。

(1) ZXS-B食醋自吸式发酵罐　　(2) 机械搅拌自吸式发酵罐结构

图 3-21　机械搅拌自吸式发酵罐

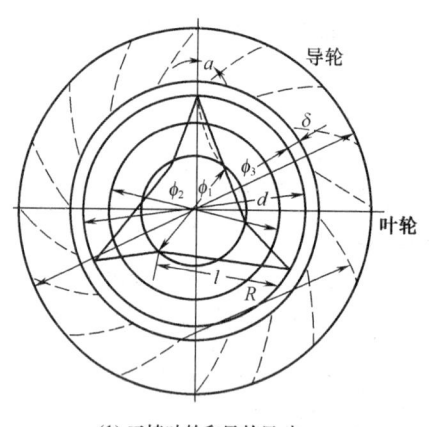
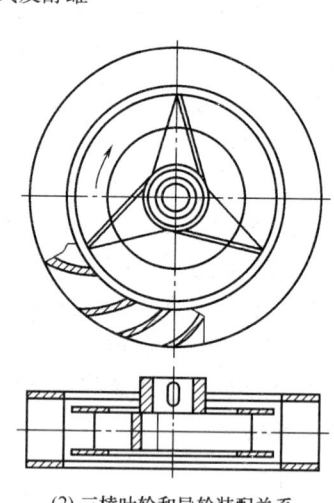

(1) 三棱叶轮和导轮尺寸　　(2) 三棱叶轮和导轮装配关系

图 3-22　三棱叶轮和导轮

表 3-1　　　　　　　　　三棱形搅拌器各部分尺寸比例

名称	符号	与叶轮比例关系	名称	符号	与叶轮比例关系
叶轮外径	d	$1d$	翼片曲率	R	$7/10d$
桨叶长度	L	$9/16d$	翼叶角	α	$45°$
交点圆径	φ_1	$3/8d$	间隙	δ	$1\sim2.5mm$
叶轮高度	h	$1/4d$	叶片厚	b	按强度计算
挡水口卷	φ_2	$7/10d$	叶轮外缘高	h_1	$h+2b$
导轮外径	φ_3	$3/2d$	导轮外缘高	h_2	h_1+2b

为保证发酵罐足够的吸气量,搅拌器转速比通用式的高。功率消耗量维持在 3.5kW/m³ 左右。虽然自吸式发酵罐消耗搅拌的功率较大,但因不需压缩空气,总动力消耗经济,为通用式发酵罐的搅拌功率与压缩空气动力消耗之和的 2/3。由于搅拌装置的转子产生的负压不是很大,自吸式发酵罐的罐压不能维持太高,在 1.96~4.9kPa。搅拌器上方的液柱压力不能过高,罐体积不宜太大。另外,为减少吸气阻力,选用过滤面积大、压降小的空气过滤器。

其缺点:①采用下伸轴,双端面轴封检修工作量大。②三棱形转子高速旋转产生的负压不大,故发酵罐放大受到限制。③搅拌转速高,可能使菌丝被搅拌器切断,使正常生长受到影响。所以,在抗生素发酵上较少采用。但在食醋发酵、酵母培养、生化曝气方面有成功使用的实例。

自吸叶轮应用:ZXS-T 型醋酸自吸式发酵通气机如图 3-23 所示。该机采用下伸轴式,合金机械密封性能稳定,是酿造食醋、乌醋、红醋、白醋、各种果醋、醋饮产品发酵设备的关键配套部件。该机优点:高效,操作简便,结构紧凑,运行平稳,寿命长。平均产酸速率达 0.20g/(100mL·h),最高达到 0.40g/(100mL·h),节能 50% 以上。

三、文氏管自吸式发酵罐

1. 结构

文氏管自吸式发酵罐如图 3-24 所示。

图 3-23 ZXS-T 型醋酸自吸式发酵罐通气机

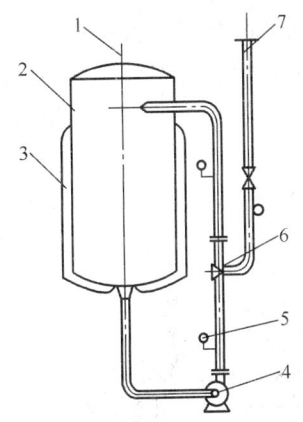

图 3-24 文氏管自吸式发酵罐
1—排气管 2—罐体 3—换热夹套
4—循环泵 5—压力表 6—文氏管 7—气管

2. 工作机理

如图 3-25 所示,文氏管中有一管径紧缩段,泵将发酵液压入文氏管中时,文氏管收缩段中液体流速增加,形成真空而将空气吸入,在管径增宽段形成涡流,使气泡分散与液体均匀混合,增加发酵液中的溶解氧,实现溶氧传质。

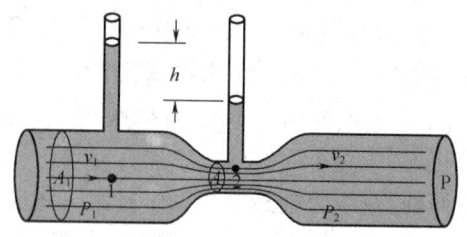

图3-25 文氏管

3. 特点

文氏管自吸式发酵罐的优点:设备简单,无需空气压缩机及搅拌器,动力消耗省;吸氧效率高,气、液、固三相混合均匀。其缺点:气体吸入量与液体循环量之比较低,对好氧量较大微生物发酵不适宜。

第三节 气升式发酵罐

气升式发酵罐是应用最广泛的生物反应设备,如图3-26所示。无机械搅拌装置,反应器结构简单、不易染菌、溶氧效率高、能耗低。目前,世界上最大型的通气发酵罐就是气升环流式,体积达3000m³。如图3-27(1)为单罐容积200m³的ALF型气升式外环流发酵罐。

气升式反应器有多种类型,有气升环流式、鼓泡式、空气喷射式等。工作原理:把无菌空气通过喷嘴或喷孔喷射进发酵液中,通过气液混合物的湍流作用而使空

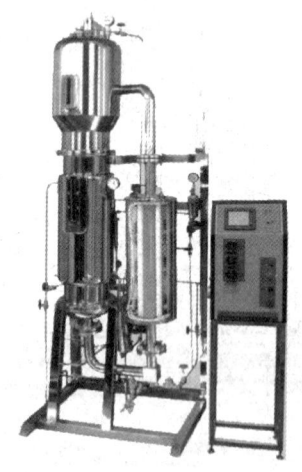
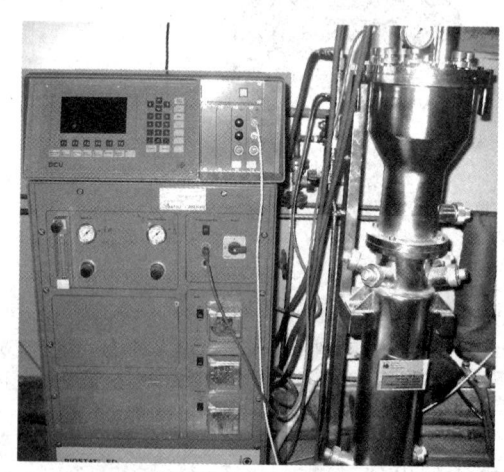

图3-26 实验室小型气升式发酵罐

(1) 200m³的ALF型气升式外环流发酵罐

(2) 大型气升式发酵罐顶端

图 3-27 气升式发酵罐

气泡分割细碎。由于形成的气液混合物密度降低故向上运动,气含率小的发酵液下沉,形成循环流动,实现混合与溶氧传质。

生物工业大量应用的气升环流式发酵罐、气液双喷射气升环流发酵罐如图 3-28、图 3-29 所示。鼓泡罐是最原始的通气发酵罐,鼓泡式反应器内没有设置导流筒,未控制液体的主体定向流动。

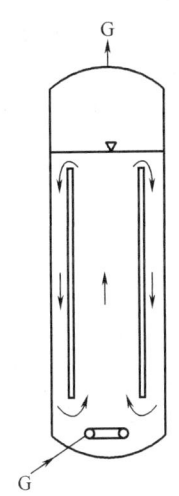

图 3-28 气升环流式反应器

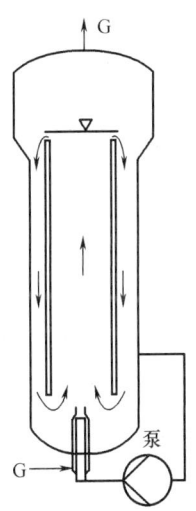

图 3-29 气液双喷射气升环流式反应器

1. 结构

根据上升管和下降管布置方式,气升式发酵罐可分为两类。

一类为内循环式,上升管和下降管在反应器内,循环在反应器中进行,结构紧凑,如图 3-30(1) 所示。多数内循环发酵罐内置同心导流筒,也有内置偏心轴导流筒或隔板的。

另一类是外循环式,下降管置于发酵罐外部,以便加强传热,如图3-30(2)所示。主要结构包括罐体、上升管、空气喷嘴等。

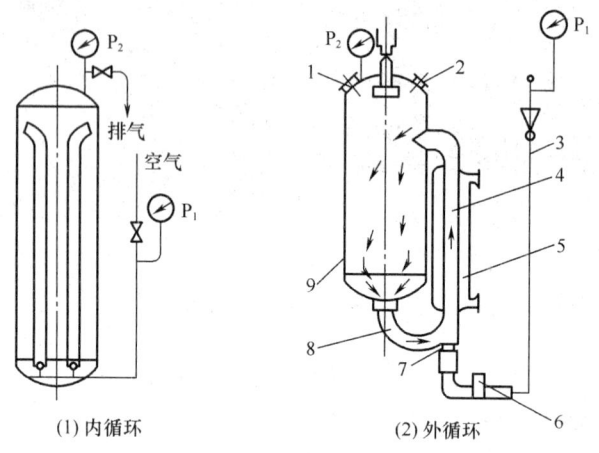

图3-30 气升式发酵罐
1—人孔 2—视镜 3—空气管 4—上升管 5—冷却管
6—单向阀 7—空气喷嘴 8—气升管 9—罐体

2. 特点

反应溶液分布均匀,气液固三相均匀混合。溶氧速率和溶氧效率较高。剪切力小,对生物细胞损伤小。传热良好,便于在外循环管路加装换热器。结构简单,冷却面积小,易于加工制造。维修、操作及清洗简便,可减少染菌机会。料液填充系数达80%~90%,不需加消泡剂。要求通风量和通风压头较高,使空气净化工段负荷增加,对黏度较大发酵液,溶解氧系数较低。

3. 工作机理

在环流管底设有空气喷嘴,空气在喷嘴口以25~30m/s速度喷入环流管。由于喷射作用,气泡被分散于液体中,借助于环流管内气-液混合物的密度与反应主体之间的密度差,使管内气-液混合物连续循环流动。罐内培养液中溶解氧,由于菌体代谢而逐渐减小,当其通过环流管时,由于气-液接触而达到饱和。

4. 性能指标

(1) 循环周期 发酵液必须维持一定环流速度以不断补充氧气,使发酵液保持一定的溶氧浓度,适应微生物生命活动需要。循环周期是指液体微元在反应器内循环一周所需平均时间,即平均循环时间。循环周期在2.5~4min。不同细胞的需氧量不同,能耐受的循环周期不同。如果供氧速率跟不上,会使菌体活力下降而降低发酵产率。如黑曲霉发酵产生糖化酶,菌体浓度为7%时,循环周期要求2.5~3.5min。如大于4min,会造成缺氧使糖化酶活力急剧下降。循环周期T_{um}用下式计算:

$$T_{um} = \frac{V_L}{V_C} = \frac{V_L}{\frac{1}{4}\pi d^2 u}$$

式中 T_{um}——循环周期，s

V_L——发酵液体积，m³

V_C——发酵液的环流量，m³

u——发酵液在循环管中的流速，m/s，取 $u = 1.2 \sim 1.4$ m/s

(2) 气液比、压差、环流量 气液比 R 是发酵液的环流量 V_C 与通风量 V_g 之比，即 $R = V_C/V_g$。通风量对气升式发酵罐的混合与溶氧起决定作用。

喷嘴前后压差 Δp 和发酵罐罐压 p_0 对环流量 V_C 有一定关系。当喷嘴直径一定、发酵罐内液柱高度不变时，压差 Δp 越大，通风量越大，相应增加了液体的循环量。

$$\Delta p = p_1 - \left(p_0 + \frac{H_L}{100}\right)$$

式中 Δp——喷嘴前后压差，MPa

p_1——喷嘴前的空气绝对压力，MPa

p_0——罐内绝对压力，MPa

H_L——液面到喷嘴口液柱高度，m

(3) 喷嘴直径 喷嘴的结构如图 3-31 所示。具有适当直径的喷嘴才能保证气泡分割细碎，与发酵醪均匀接触，增加溶氧系数。循环管径一定时，喷嘴孔径不能过大，才能保证气泡分割细碎。喷嘴直径、循环管直径与发酵罐容积关系的参考值见表 3-2。

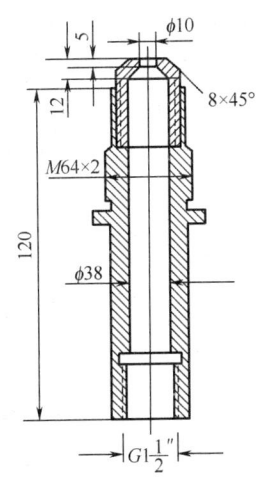

图 3-31 喷嘴的结构

表 3-2	喷嘴直径、循环管直径与发酵罐容积关系	
发酵罐容积/m³	循环管直径/mm	喷嘴直径/mm
3~4	150	5~6
5~6	175	6~7
7~8	200	8~9
9~10	220	10~10.5
10~13	300	11~12
13~15	400	12~14

环流管直径为定值时，喷嘴直径 d_0 与通风量 V_g 之间的关系也可由经验式表示：

$$V_g = 2.38 \times 10^4 d_0^{2.5} (\Delta p)^{0.6} p_0^{0.3}$$

（4）影响气升式发酵罐性能的主要因素　影响空气消耗量的因素、循环周期，须符合菌种发酵需要。

①液面到喷嘴缩孔的垂直高度：由于空气流动和空气浮力的作用，使升液管与罐之间产生压力差，使醪液不断循环。液面到喷嘴缩孔的垂直高度越大，压力差也越大，醪液循环量及空气提升能力就越大。

②液面至升液管出口高度：罐内实际液面低于升液管液体出口时，醪液循环量和升液效率都明显下降，液面越低，效率越低。罐内液面与上升管出口相平时，醪液循环量和升液效率都达到最大。液面高过上升管出口时，对提高效率没有明显影响。

③摩擦阻力对升液能力的影响：尽量缩短循环管的总长度，按最短线路安装循环管和选用阻力较小的管件，并尽量采用单管式，不采用直径较小的多管式，以减小摩擦阻力。上升管的出口在发酵罐侧壁，以切线方向与罐相接，这样管道阻力小，总扬程大大减小，可提高升液能力。

④喷嘴前后压力差对升液能力的影响：压力差增大，醪液循环量增大，因而缩短循环周期。

⑤罐内压力对升液能力的影响：罐内压力逐步升高时，醪液循环量及空气提升能力都逐步下降，但变化不大。从经济上考虑，没有特殊必要，最好采用低压操作。

⑥喷嘴直径对升液能力的影响：喷嘴较小时，醪液循环量较小。空气压力较低时，采用较大直径喷嘴。空气压力较高时，喷嘴直径可缩小。具有适当直径的喷嘴才能保证气泡分割细碎，与发酵液均匀接触，增加溶氧系数。

5. 典型气升环流式发酵罐——ICI 压力循环式发酵罐

气升环流式发酵罐因结构较简单、溶氧速率高、能耗低、便于放大设计和加工制造特大型发酵罐，自 20 世纪 70 年代以来，在单细胞蛋白生产、废水处理等领域应用十分广泛。英国伯明翰 ICI 公司的压力循环式发酵罐，是国际上最出色的代表。其公称容积达 3000m³，液柱高达 55m，通气压力高，发酵液量达 2100m³。为强化气液混合与溶氧，沿罐高度设有 19 块有下降区的筛板，防止气泡合并为大气泡。为使塔顶气液部分分离排气，顶部设气液分离部分，直径约等于塔径的 1.5 倍。设计及主要尺寸如图 3-32 所示。

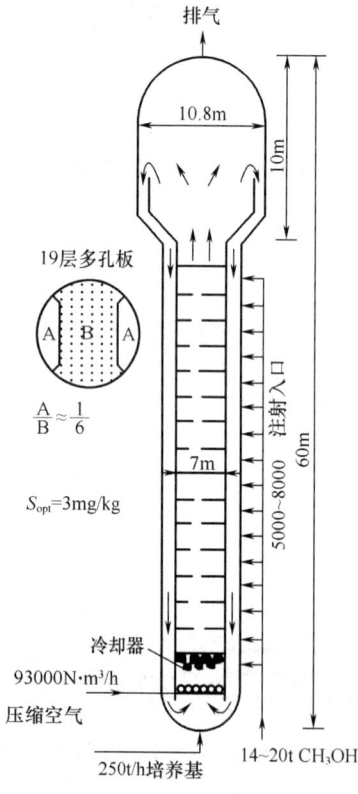

图 3-32　ICI 压力循环式发酵罐

据测定及生产运行结果可知,发酵罐中液体上升速度为0.5m/s,下降区的速度为3~4m/s。在上升管与下降区的气含率分别达52%和48%。由于液位高,饱和溶氧浓度c^*(相应温度、压力条件下饱和溶氧浓度,mol/m^3)很高,故溶氧速率可高达10kg $O_2/(m^3·h)$。相应通气功率高达6.6kW/m^3,溶氧效率为1.5kg $O_2/(kW·h)$。其他较小型的气升环流式反应器的溶氧效率约为2kg $O_2/(kW·h)$,通气功率约为$P_g/V_L=1.5kW/m^3$,溶氧速率达3kg $O_2/(m^3·h)$。为防止CO_2积聚,发酵液循环时间控制在1~3min。

气升环流式反应器,除用于酵母生产、细胞培养及酶制剂、有机酸等发酵生产外,也广泛用于废水生化处理。如BIOHOCH反应器便是典型的代表。其特点是,一个反应器内设多个气升环流管,有效容积达8000~20000m^3,具有节能、操作稳定、出水的BOD和COD低、无噪声、对环境无污染及占地面积小等优点。

第四节　塔式发酵罐

塔式发酵罐又称为空气搅拌高位发酵罐,是高径比较大的非机械搅拌式生物反应器。

塔式发酵罐是气液两相反应器,是气体鼓泡通过含有反应物或催化剂的液层,实现气液反应过程的反应器。反应器以气体为分散相,液体为连续相。通常液相中含固体悬浮颗粒,如固体培养基、微生物菌体等。

1. 结构

塔式发酵罐,如图3-33所示。反应器内流体运动状况是随分散相气速的大小而改变,分为两种。一种是均匀鼓泡流。气速较低,气泡大小均匀,浮升较规则。另一种为非均匀鼓泡流。随着气速增加,小气泡被大气泡兼并,同时造成液体循环流动。为有利于气体的分散和液体的循环,塔内装有多层水平筛板,其高径比大,液体深度大。

2. 工作原理

在塔式发酵罐中,压缩空气由塔底导入,经过筛板逐渐上升。气泡在上升过程中,带动发酵液同时上升。上升后的发酵液通过筛板上带有液封作用的导流筒下降而形成循环。导流筒下端的水平面与筛板间的空间是气液混合区,由于筛板对气泡的阻挡作用,使空气在塔内停留时间较长。同时,在筛板上大气泡被重新分散,提高氧的利用率。利用通入培养液的气泡上升时带动流体运动,产生混合效果。塔式发酵罐高径比H/D高达7,流体深度大,空气进入培养液后有较长停留时

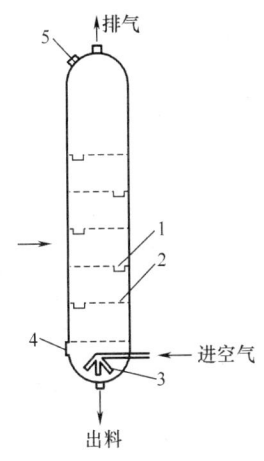

图3-33　塔式发酵罐
1—导流筒　2—筛板
3—分配器　4,5—人孔

间,并可将气体重新分散。适用于培养液黏度低、含固量少、需氧量较低的培养过程。

最简单的塔式反应器内部是空塔。塔底部用筛板或气体分布器分布气体。工作原理是,利用通入培养基中的气泡上升时带动液体产生混合,将气泡中氧供培养基中菌体使用。

3. 特点

优点:①罐身高,高径比为 6~7。②罐内装导流筒。③液位高,空气利用率高,节约空气 50%。④动力消耗少,节约动力 30%。⑤不用电机搅拌,省去轴封,容易密封,减少剪切作用对细胞的损害。⑥结构简单,造价较低。

缺点:①罐底存在沉淀物。②温度高时降温较难。

塔式发酵罐适用于多级连续发酵,有的多级连续发酵器具有 10 多层筛板,用于微生物培养。

第五节 全自动发酵罐

一、信 号 传 递

我国研制的全自动发酵罐,是通气发酵罐,罐体体积从几升至几百升。在生物制药企业,用于基因药物生产的发酵罐几乎全是进口的,发酵罐容积是数十升至数百升不等,最大的 1000L。图 3-34 是气升式四联全自动发酵罐。

图 3-34 气升式四联全自动发酵罐

1. 全自动发酵罐的组成

图3-35是全自动发酵罐装置示意图。

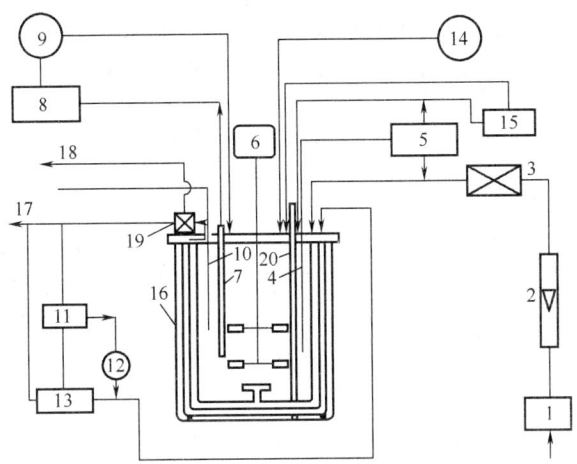

图3-35 全自动发酵罐装置示意图

1—压碎空气系统油水分离器 2—转子流量计 3—空气过滤器 4—溶氧电极 5—溶氧控制系统 6—搅拌系统 7—pH电极 8—pH控制系统 9—酸碱补加装置 10—热敏电极 11—温度控制系统 12—加热器 13—冷冻水浴系统 14—消沫装置 15—培养液流加装置 16—培养罐罐体 17—冷却水出口 18—排气 19—排气冷凝器 20—取样管

（1）罐体 实验室发酵罐的罐体由玻璃制成，中试或工业生产用发酵罐用304或316L型不锈钢制成。

（2）探测装置 典型发酵罐的探测装置有如下几种：

①温度探头：监测培养过程中温度变化。

②溶氧电极：直接浸在发酵液中，监测发酵液中溶氧变化。

③pH电极：直接浸在发酵液中，监测发酵液中pH变化。

（3）溶氧控制系统

①空气流量计：通过调节空气流量的大小来调节发酵液中溶氧水平。

②搅拌电机和搅拌联动装置：搅拌电机提供旋转动力，带动搅拌联动装置转动；后者的叶片搅动发酵液，打散气泡，增加气液接触界面，提高溶氧水平。

（4）温度控制系统 包括罐体底部冷却水管和空气出口处冷凝器上的冷却水管。由于发酵过程中会产生热量，通入冷却水可维持温度恒定。

（5）酸碱平衡装置 蠕动泵把酸性或碱性溶液泵入发酵液中，调节pH。

（6）其他装置

①接种口：通过接种口给发酵罐中接入种子液，也可在发酵过程中补充营养。

②取样口：通过取样口可从发酵罐中取出发酵液，以供检测分析。

③空压机及过滤系统：用无油空气压缩机提供输送空气的动力，空气经过高效过滤器后向发酵罐提供无菌空气。

④加热器：提供湿热灭菌蒸汽。

2. 全自动发酵罐的信号传递过程

图 3-36 是全自动发酵罐数据采集、数据处理和控制系统，形成指令等自动控制过程中各种信号的传递流程。

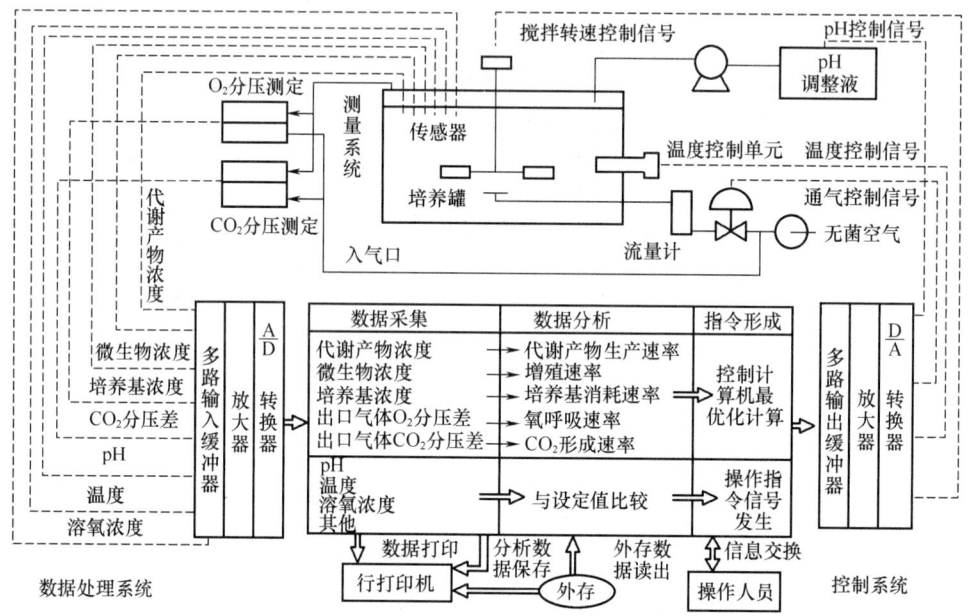

图 3-36　全自动发酵罐的信号传递流程

全自动发酵罐的信号传递系统由测量系统、数据处理系统和控制系统组成。测量系统测量出各种数据，并由变送器变换成电信号，在数据处理系统按照系统程序和用户程序的要求将数据处理成各种指令，由控制系统将指令转换成各种执行信号并发送到相应的执行器（如电动机、电磁阀、电磁铁）付诸实施。

全自动发酵罐测定的参数较多，分为物理参数、化学参数和生物参数。测定参数的方法，有就地测量、在线测量和离线测量三类。不改变反应体系的流动情况，直接用仪器测定各参数的方法，称为就地测量法。如果利用连续的取样系统与分析仪器相连，对各参数进行连续测定，称为在线测量法。通过取样系统在一定时间内取样，离开反应器进行样品处理和分析测量的方法，称为离线测量法。其中，分析测量方法包括常规化学分析法和现代仪器分析法。

在全自动发酵罐发酵过程中，常规检测参数有以下几种：

（1）物理参数　包括温度、压力、搅拌转速、搅拌功率、空气流量、黏度、浊度、料液流量等参数。

(2)化学参数 包括pH、培养基浓度、溶解氧浓度、氧化还原电势、产物浓度、废气中氧浓度、废气中CO_2浓度等参数。

(3)生物参数 包括菌丝形态、菌体浓度等参数。

二、发酵过程监控仪表

发酵过程是微生物代谢的生化反应过程,对环境条件要求严格,温度、pH、溶氧、搅拌转速、NH_4^+、金属离子、营养物浓度等因素,对发酵过程有重大影响。微生物在生长的不同阶段、生产目的代谢产物的不同时期,对环境条件有不同的要求。因此,为提高发酵水平,必须对发酵环境中各影响参数进行监测和控制,通过优化和控制发酵环境条件,提高目的产物的收率。

1. 过程检测仪表

发酵生产过程中需要对各种参数测控,用来分析检测的仪表需耐腐蚀、耐高温、耐高压和无污染,同时,反应灵敏度要高,性能要稳定。常规项目的检测仪表介绍如下:

(1)温度传感器 发酵生产过程的培养基灭菌温度或发酵过程温度的检测范围是0~150℃。温度传感器置于发酵液中,因生物反应的特殊需要,常采用金属热电阻温度传感器测量温度。

金属热电阻温度传感器的工作原理:金属电阻率随温度升高而增加,随温度降低而减小,在一定温度范围内,电阻率与温度关系呈线性,因而只要测出电阻值,就可测出温度,并通过电信号显示出来。

发酵过程生产中,常选用铂电阻温度传感器或铜电阻温度传感器。铂电阻温度传感器耐杀菌温度,耐腐蚀,精度高。铜电阻温度传感器体积大,易氧化,但价格低。图3-37所示为热电阻温度传感器。表3-3所示为热电阻温度传感器的技术指标。

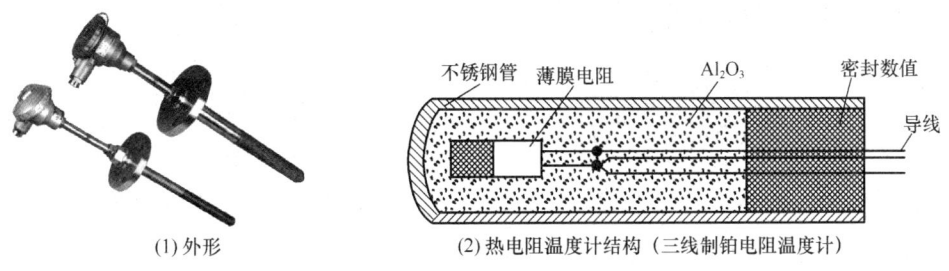

图3-37 热电阻温度传感器

(2)压力表 发酵罐的压力表是隔膜式压力表。隔膜式压力表采用间接测量结构,适用于测量黏度大、易结晶、腐蚀性大、温度较高的液体、气体中颗粒状固体介质的压力测定。隔离膜片有多种材料,以适应各种不同腐蚀性介质。图3-38为生物工业上广泛应用的隔膜式压力表。

表3-3　　　　　　　　　　热电阻温度传感器的技术指标

名称	分度号	测温范围/℃	允许偏差 Δt
镍铬-镍硅	K	0~1200	±2.5℃ 或 0.75%t
镍铬-铜镍	E	0~1122	±2.5℃ 或 0.75%t
铂电阻	Pt100	-100~500	$\pm(0.15+0.002t)$
铜电阻	Cu50	-50~100	$\pm(0.30+6.0\times10^{-3}t)$

卫生型隔膜式压力表,是由通用型压力仪表与隔膜隔离器组成一个系统的隔膜式压力表。具有在工艺现场装拆快捷方便、不易污染、容易清洗、安全可靠等优点。卫生型隔膜式压力表能满足药品生产质量规范(GMP)的要求。在制药、食品、饮水、水处理等行业对仪表有卫生要求的工艺流程中广泛应用。

隔膜表的耐蚀性,通过选择与测量介质接触部分的隔膜、法兰及密封圈的材料来保证。

隔膜材料:316、316L。法兰材料:316、316L。密封圈材料:硅橡胶、聚四氟乙烯。

为便于远距离监控,把压力表上的压力信号转换成电信号,在显示屏上显示。安装时要做到不留死角,耐热压,密封性好,要能保证反应器的无菌操作环境。

(1) Y-MF系列法兰连接式隔膜式压力表

(2) 螺母式卫生型隔膜式压力表

图3-38　隔膜式压力表

(3)液位计　最常用液位计,是电容式液位计和压差式液位计。图3-39是电容式液位计。在平行板电容器间充填不同介质时,电容大小不同,通过测量电容量的变化来检测液位、料位和两种不同液体的分界面。电容器的电容量计算公式为:

$$C = \frac{2\pi\varepsilon L}{\ln\frac{D}{d}}$$

式中 L——两极板相互遮盖部分的长度

D——圆筒形内电极的外径或圆筒形外电极的内径

ε——中间介质的介电常数

d——圆筒形内电极的内径

当 D 一定时,电容量 C 的大小与极板间的长度 L 和介质的介电常数 ε 的乘积成正比。将电容传感器插入被测物料中,电极深入物料中的深浅变化,引起电容量变化,从而检测出物料位置的高度。

将图 3-39(3)装置稍加改造,即可用于发酵罐中液位的测定。

测定泡沫高度,常用电极探针法测定。泡沫表面升高并接触电极探针时,产生电信号,通过仪表显示器即可知道泡沫的高度。

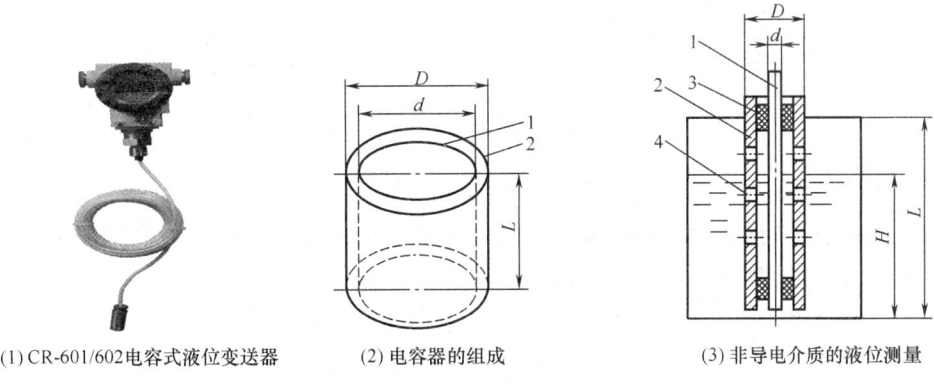

(1) CR-601/602电容式液位变送器　　(2) 电容器的组成　　(3) 非导电介质的液位测量

图 3-39　电容式液位计

1—内电极　2—外电极　3—绝缘套　4—流通小孔

(4)液体流量计　发酵过程中,测定培养基和酸、碱流量时,用椭圆齿轮流量计和科里奥利流量计,如图 3-40、图 3-41、图 3-42 所示。

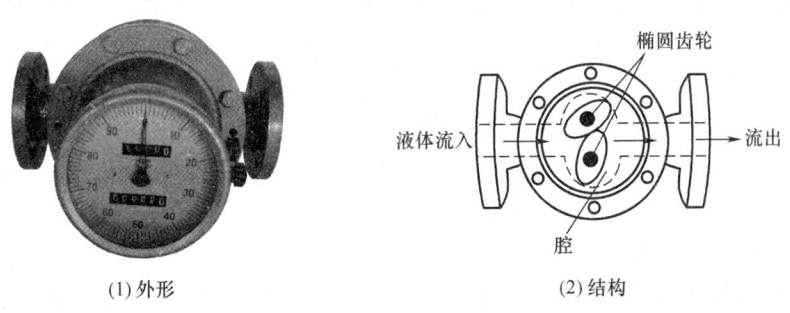

(1) 外形　　　　　　　　　　　　　(2) 结构

图 3-40　椭圆齿轮流量计

①椭圆齿轮流量计:为容积式流量计,用于精密的连续或间断地测量管道中液体的流量或瞬时流量。如图 3-41 所示,椭圆齿轮流量计是由计量箱和装在计量箱内的一对椭圆齿轮组成。

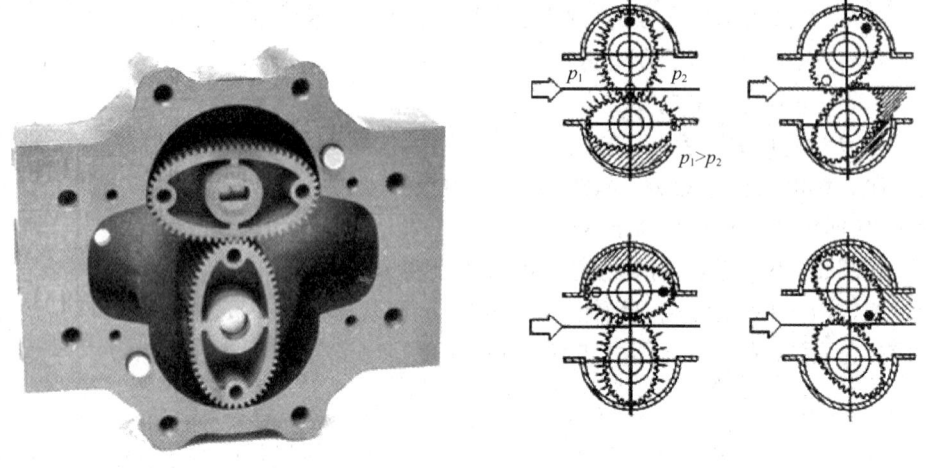

(1) 椭圆齿轮流量计内部图　　　　(2) 椭圆齿轮啮合工作关系

图 3-41　椭圆齿轮流量计原理

工作原理:传感器由测量室和探头两部分组成。液体测量在测量室内完成。测量室内有一对椭圆齿轮,在进口与出口两端液体压差作用下,一对椭圆齿轮在转轴上不停转动,测出其转数即可知道流经仪表的液体总量。

②科里奥利流量计:如图 3-42 所示,它是一种直接而精密测量流体质量流量的新型仪表,结构主体采用两根并排的 U 形管,让两根管的回弯部分相向微微振动起来,则两侧的直管会跟着振动,即它们会同时靠拢或同时张开,两根管的振动是同步的、对称的。如果在管子同步振动的同时,将流体导入管内,使之沿管内向前流动,则管子将强迫流体一起上下振动。流体为了反抗这种强迫振动,会给管子一个与其流动方向垂直的反作用力。在这种科里奥利效应力的作用下,管子振动不同步了。入口段管与出口段管在振动的时间先后上出现差异(差异是由于入口段和出口段流体流向是相反的),这是相位时间差。这种差异与流过管子的流体质量流量的大小成正比。

如果通过电路能检测出这种时间差异,就能将质量流量的大小给确定了。这种流量计也称作科里奥利直接质量流量计。它与世界上目前在用的几十种常规容积式流量计的最大不同是,它测的质量大小,使用单位是 kg/h。用质量(如 kg)作单位的流量计比用容积(如 L 或 m^3)作单位的容积式流量计要准确和恒定。因为质量是遵循守恒定律的。

上述两种流量计均有较高精度,可达到满刻度的 ±0.5%,测定范围为 $0.0015 \sim 100 m^3/h$。椭圆齿轮流量计的流量信号,可转换成电信号而被显示。

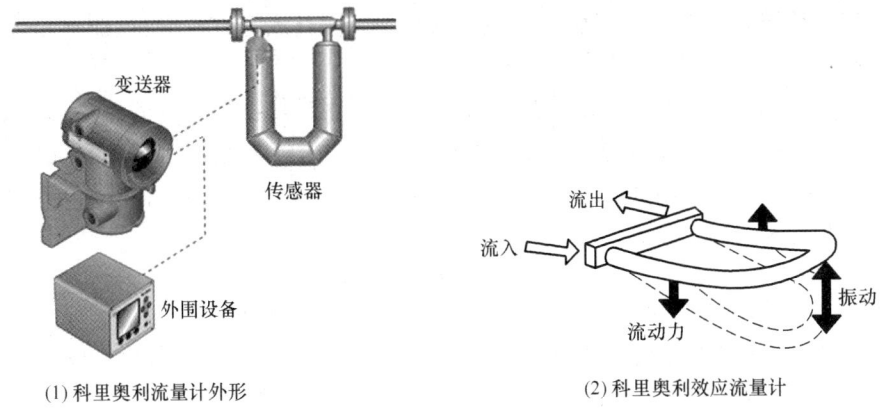

图3-42 科里奥利流量计

(5)气体流量计 检测气体的流量计有质量流量型和体积流量型两类。体积流量型用转子流量计。质量流量计是根据流体的固有性质,如质量、导电性、电磁感应和导热特性的响应而设计的。

①转子流量计:孔板流量计是利用截面积一定的孔口产生节流,由孔板前后的压力差测定流量的流量计。转子流量计是流体流经节流部分的前后压力差保持恒定,通过变动节流部分的截面积来测定流量的流量计。图3-43所示为转子流量计外形和结构。

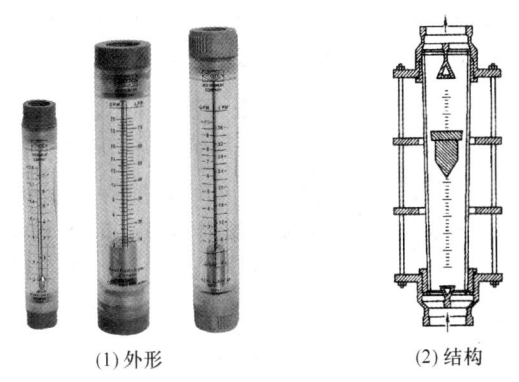

图3-43 转子流量计

转子流量计是由自下而上逐渐扩大的垂直玻璃管内装有转子(或称浮子)组成的。流体自下而上流过时,转子向上浮动,直到作用于转子的重力与浮力之差正好与转子上下的压力差相等时,转子处于平衡状态,即停留在一定的位置上。这时,读取转子停留位置处的刻度,则可得知流量。有些转子顶部边缘刻有若干斜槽,是为了使转子能在管中不上下左右摇摆,既能稳定旋转,又能停留在固定位置上。转子流量计的转子位置与流量的关系需要预先校正。

转子流量计主要用于低压下小流量的测定。因其测定方法简单、测量精度高、阻力损失小，广泛应用于制药和化工生产中。

②气体质量流量计：在发酵罐中，常用的是利用导热特性设计的流量计。如图3-44所示，没有气体流过时，沿测量管轴向的温度大体上左右对称。有气体流过时，气流进入端的温度降低，而流出端温度升高。因通过变送器，温度信号可转变为电势信号E。E的计算公式为：

$$E = Kcq_m$$

式中　　K——比例常数

　　　　c——流过气体的比热容，kJ/(kg·℃)

　　　　q_m——气体质量流量，kg/s

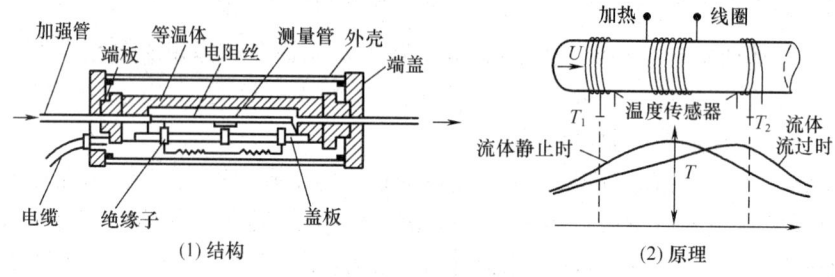

图3-44　气体质量流量计

由上式可知，输出电势与质量流量成线性关系，因而可通过电势信号测定出气体温度。这种流量计测定的流量范围是0.6~250L/h，测定精度很高。

(6)搅拌转速测定　搅拌转速测定方法有磁感应式、光感应式和测速发电机三种。前两种方法是利用搅拌轴或电机轴上装设的感应片切割磁场或光电转换信号。此信号的脉冲频率与搅拌器转速相同。如果在搅拌轴或电机轴上装一小型发电机，此发电机的输出电压与搅拌转速成线性关系，可利用输出电压大小测定转速。

(7)pH电极　发酵罐中使用复合pH电极。复合pH电极结构紧凑，耐蒸汽加热灭菌，但玻璃容易破裂，使用时要加装不锈钢保护套才能插入发酵罐中。使用过程中，电极内溶液易损失，故每批发酵灭菌操作前后都要用标准溶液校准。pH电极测定范围是0~14，精度是±(0.05~0.1)，响应时间数秒至数十秒，灵敏度为0.1s。

(8)溶解CO_2的测定　用来测定CO_2的仪器是溶解CO_2浓度测定仪，工作原理与pH计类似，不同的是电极内装的是饱和碳酸氢钠溶液，因而在高温灭菌时会发生分解，故每次灭菌后均需校准才能使用。

(9)溶氧浓度(DO)测定仪　在好氧发酵过程中,溶解氧的检测使用溶氧电极法。当发酵液里溶解的氧气接触到阴极时,将发生还原反应,从而产生电子流,所产生的电流与被还原的氧量成正比。测定出电流值大小,就可确定出发酵液中溶氧浓度。

溶氧电极的溶氧值有两种表示方法,即饱和溶氧百分数和溶氧值。饱和溶氧百分数,是以最大的溶解氧饱和浓度值为基准,发酵进程中某时刻氧浓度占最大值的百分数。溶氧值是指单体积发酵液中溶解的氧气质量,单位是 mg/L。通常溶氧电极可测定的范围是 $0 \sim 20$ mg/L,响应时间为 $10 \sim 60$ s,灵敏度为 $\pm 1\%$ FS,精度为 $\pm 1\%$ FS。FS 为溶氧电极满刻度的读数。

溶氧浓度测定仪在工作时,被测液体要有适度的流动,尽量减小滞留层厚度,并减少气泡和生物细胞在膜上积存,以保证溶氧测定准确。

(10)O_2 和 CO_2 分压的测定　在发酵罐的放空气体中 O_2 分压(浓度)的检测仪器是磁氧分析仪、极谱电位仪和质谱仪。应用最广泛的是磁氧分析仪。其测定范围是气体中氧浓度的 $0.5\% \sim 100\%$,精度为 $\pm (1\% \sim 2\%)$ FS,响应时间为数秒至数十秒,灵敏度为 $\pm (1\% \sim 2\%)$ FS。

在发酵罐的放空气体中,CO_2 分压(浓度)的测定仪器是红外线 CO_2 测定仪和 CO_2 电极。

(11)细胞浓度测定仪器　生物反应中,细胞浓度是控制微生物发酵的重要参数之一,特别是对抗生素次级代谢产物的发酵。它的大小和变化速度对细胞的生化反应都有影响。因此,测定细胞浓度具有重要意义。细胞浓度与培养液的表观黏度有关,间接影响发酵液的溶氧浓度。生产上,常根据细胞浓度来决定适合的补料量和供氧量,以保证生产达到预期水平。

细胞浓度分为全细胞浓度和活细胞浓度。发酵过程中,在线检测全细胞浓度的仪器是流通式浊度计。工作原理与分光光度计相同,在一定浓度范围内,全细胞的浓度与光密度(也称消光系数 OD)值成线性关系。若应用激光束作光源,可测定范围是 $0 \sim 200$ g/L(湿细胞),精度在 $\pm 1\%$ FS,响应时间 1s。

如果检测活细胞浓度,可通过检测 ATP 浓度来确定。

2. 智能式变送器

智能式变送器,是在普通模拟式变送器的基础上,增加微处理器形成的一种智能式检测仪表。智能变送器种类很多,结构各异。按被检测变量不同,分为智能压力变送器、智能温度变送器等。其主要功能:具有温度、静压的自动补偿功能,在检测温度时,可对非线性自动校正,具有数字、模拟两种输出方式,能实现双向通讯。可与现场总线网络和上位计算机连接,可远程通讯。通过现场通讯器,使变送器具有自修正、自补偿、自诊断及错误方式报警等多种功能。简化了调整、校准与维护过程,使维护和使用都很方便。

智能变送器由硬件和软件两大系统组成。硬件部分包括传感器、微处理器电路、输入输出电路、人机联系部件。软件部分包括系统程序和用户程序。几乎大多数变送器的组成基本上相同，只是传感器类型、电路形式、程序编码和软件功能各有所异。

智能变送器的电路系统部分包括传感器部件和电子部件。传感器可以是热电偶或热电阻的温度测定仪变送器，也可以是电容式、压力式或差压式变送器。变送器的部件均由微处理器、模－数转换或数/模转换器等组成。传感器获取某种信号被变送器转换为可显示的电信号等，从而达到检测的目的。

思考与练习

一、名词解释

全挡板条件　气升式发酵罐的循环周期　自吸式发酵罐

二、填空题

1. 按桨叶形状分，涡轮式搅拌器有_____、_____、_____等几种形式。
2. 根据生物反应过程使用的生物催化剂不同，生物反应器可分为_____和_____两种型式。
3. 在通风发酵罐中，空气分布装置的形式有_____和_____等几种。
4. 根据反应器物料的加入和排出方式的不同，生物反应器可分为_____、_____和_____。
5. 发酵罐的机械搅拌器大致分为_____和_____两种型式。
6. 机械消泡器主要有_____和_____两种，其中装在罐内的是_____，装在罐外的是_____。
7. 机械搅拌发酵罐的换热装置有_____和_____或_____三种形式，容积 $5m^3$ 以上的发酵罐多用_____。
8. 根据上升管和下降管的布置方式不同，气升式发酵罐可分为两类。一类为_____，另一类是_____。
9. 机械搅拌发酵罐轴封的作用是_____，防止_____和_____。

三、选择题

1. 目前使用最多的一种通风发酵罐是（　　）发酵罐。
   A. 自吸式　B. 气升式　C. 机械搅拌式　D. 塔式
2. 直接安装在搅拌轴上的机械消泡器是（　　）。
   A. 涡轮消泡器　B. 耙式消泡桨　C. 离心式消泡器
3. 在发酵罐内形成轴向的螺旋流动的搅拌器型式是（　　）。
   A. 圆盘平直叶　B. 螺旋桨式　C. 圆盘弯叶　D. 圆盘箭叶
4. 机械通风搅拌罐的高度与直径之比一般为（　　）。
   A. 1.7~4　B. 1.2~3　C. 2.5~6　D. 2~5

四、判断题

1. 发酵罐内设挡板的作用是防止发酵液泄漏。（　　）
2. 机械消泡器，可从根本上消除引起泡沫的因素。（　　）
3. 机械通风搅拌罐物料的混合和气体在发酵罐的分散靠搅拌器和挡板实现。（　　）

4. 自吸式发酵罐需要空气压缩机提供压缩空气。（　　）
5. 发酵罐内挡板的安装要求是，沿罐壁周向均匀分布地直立安装。（　　）
6. 当发酵液黏度较高时，挡板要求紧靠发酵罐内壁安装。（　　）
7. 当发酵罐的换热装置为列管或排管时，发酵罐内可以不另设挡板。（　　）

五、问答题

1. 搅拌发酵罐中，挡板起何作用？
2. 简述机械搅拌式通风发酵罐的特点。
3. 简述机械搅拌发酵罐中空气分布装置的形式与结构。
4. 简述机械消泡器的类型及特点。
5. 简述机械搅拌自吸式发酵罐的特点。
6. 影响气升式发酵罐性能的主要因素有哪些？
7. 简述文氏管发酵罐的工作机理及特点。
8. 简述全自动通风发酵罐的结构与工作过程。
9. 温度传感器的工作原理是什么？
10. 液体流量计量装置有哪几种？是如何工作的？
11. 转子流量计的结构、原理是什么？

第四章 厌氧发酵设备

【学习目标】

1. 知识目标 了解淀粉质原料制酒精的连续发酵的设备组成及特点,啤酒连续发酵特点、流程及设备组成;熟悉酒精捕集器的作用、类型、工作原理及结构,糖蜜原料制酒精连续发酵的设备组成、特点及操作要点;掌握酒精发酵罐的结构、特点;掌握啤酒锥形罐的结构、特点及使用要求;掌握通用罐和朝日罐的结构及特点。

2. 能力目标 掌握酒精发酵罐的操作方法;掌握啤酒锥形罐的安装、操作要点。

微生物分厌气性和好气性两大类。供微生物生存和代谢的生产设备也各不相同,有厌气发酵设备和通风发酵设备。厌气发酵设备,即不通入氧气或空气的发酵设备,最常见的是酒精发酵罐和啤酒发酵罐。

第一节 酒精发酵设备

过去由于酒精发酵罐容积较小,在设备工厂制造完毕才运到酒精厂安装调试。发酵罐大小不但取决于生产规模和发酵能力,还受车辆运载能力、运输沿途道路和桥梁承受能力、装卸能力等方面的限制。

目前,先进国家用的大型酒精发酵罐生产酒精的工艺已成熟,大型酒精发酵罐发酵失败现象已极罕见。因生物化学工程技术已能充分满足发酵全过程工艺要求。随着对发酵罐功能的深入研究和工艺生产实践经验积累,大型酒精发酵罐已在酒精厂现场制作,制造质量不断提高,不仅罐容已突破 $4000m^3$,发酵罐布局也更合理。

酒精以淀粉质或糖蜜为原料,利用酵母发酵、蒸馏等过程制得。酒精发酵方式有间歇式、半连续式和连续式三种。发酵设备分为间歇式和连续式两类。间歇式发酵设备,主要是酒精发酵罐,分为密闭式和开放式。目前,大多数工厂都采用密闭式发酵罐。

一、密闭式酒精发酵罐

从酒精发酵罐材质的使用历史看,制造酒精发酵罐的材料从木材、水泥、碳素钢发展到目前的不锈钢。罐容积从 $1m^3$,渐次升为 10、100、200、500、1000、2000、3000、$4000m^3$,其间经历约 100 年时间。其中,$500m^3$ 以上大型发酵罐,是 20 世纪 90 年代才逐渐发展起来的。图 4-1 所示为密闭式酒精发酵罐群。

图 4-1 密闭式酒精发酵罐群

从酒精发酵罐几何形状看,分为碟形封头圆筒形发酵罐、锥形发酵罐、圆筒形斜底发酵罐、圆筒形卧式发酵罐。另外,还有间歇式发酵和连续式发酵。从发酵型式上分类,有开放式和密闭式。

常见的 $500m^3$ 以下发酵罐,多设计为锥筒形发酵罐。超过 $500m^3$ 容积的发酵罐,多设计为圆筒形斜底发酵罐。美国最大的圆筒形斜底发酵罐容积达 $4200m^3$ 。改进型的圆筒形卧式发酵罐可能更有前途。因为,其高度相对较低(罐高降低、罐底部压力降低,有利酵母菌生存代谢),便于工艺操作,容积还可能增大,倾斜放置更有利于 CIP 在线清洗系统发挥作用。按综合工艺能力分析,发酵罐罐容不易再扩大。发酵罐形状从通用碟形发酵罐发展到锥形发酵罐和斜底大容积发酵罐。

碟形发酵罐是早期发酵罐的基本形状。由于醪液排出不如锥形发酵罐顺畅,加之制作大容积碟形发酵罐封头比锥形发酵罐锥体难度大,所以,现在大型发酵罐已很少有碟形发酵罐设计。

锥形发酵罐由于对支撑地基强度要求高,目前很难做到超过 $800m^3$ 的锥形发酵罐。斜底发酵罐由于地基容易处理,只要把斜底角度处理适当,发酵罐罐底处理平坦光滑,也相当于变形的锥形发酵罐,最大斜底发酵罐已设计成 $4200m^3$ 以上,而且运行情况良好。

密闭式发酵罐用钢板制成,钢板厚度视发酵罐容积而异,采用 4~8mm 厚钢板。罐身呈圆柱形,罐身径高比 1:(1.1~1.4)。上下封头为圆锥形或碟形。罐内冷却装置为盘管,盘管数量取每立方米发酵醪不少于 $0.25m^2$ 的冷却面积。盘管分上下两组安装,并加以固定。有在罐顶用淋水管或淋水围板使水沿罐壁流下,达到冷却发酵醪目的。对于容积较大的发酵罐,两种冷却形式可同时采用。对地处南方的酒精厂,因气温较高,故应加强冷却措施。有的工厂在发酵罐底部设置吹泡器,以便搅拌醪液,使发酵均匀。罐顶设 CO_2 排出管和加热蒸汽管、醪液输入管。管路设置应尽量简化,一管多用,减少管道死角,防止杂菌污染。大发酵罐的顶端及侧面设人孔,以便清洗。

1. 密闭式酒精发酵罐的结构

酒精发酵罐的筒体为圆柱形,上下封头为碟形或锥形,如图4-2所示。酒精发酵过程中,为回收CO_2及带出的酒精,发酵罐宜采用密闭式。罐顶设人孔、视镜及CO_2回收管、进料管、接种管、压力表、测量仪表接口管等。罐底装排料口和排污口,罐身上下部装取样口和温度计接口。对大型发酵罐,为便于维修和清洗,在近罐底处装设人孔。

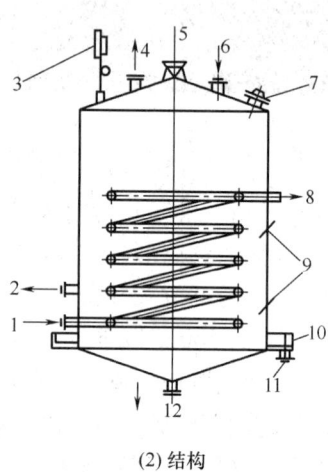

(1) 外形　　　　　　　　　　　(2) 结构

图4-2　酒精发酵罐

1—冷却水入口　2—取样口　3—压力表　4—CO_2气体出口　5—喷淋水　6—料液及酒母入口　7—人孔
8—冷却水出口　9—温度计　10—喷淋水收集槽　11—喷淋水出口　12—排料口和排污口

发酵冷却装置,对中小型发酵罐,多采用罐顶喷水淋,罐外壁表面进行膜状冷却。对大型发酵罐,采用罐内装冷却盘管或罐内盘管和罐外壁喷洒联合冷却装置。为避免发酵车间潮湿和积水,在罐底部沿罐体四周装有积水槽。

2. 洗涤装置

(1) 发酵罐水力洗涤器　如图4-3所示。它由一根两头装喷嘴的喷水管组成,两头喷水管弯成一定弧度,喷水管上均匀钻一定数量的小孔,喷水管水平安装,借活络接头与供水管连接。

发酵罐水力洗涤器工作原理,是借喷水管两头喷嘴以一定喷出速度形成反作用力,使喷水管自动旋转,将喷水管内洗涤水由喷水孔均匀喷洒在罐壁、罐顶和罐底上,达到水力洗涤的目的。

发酵罐水力洗涤器的特点:①结构简单。②操

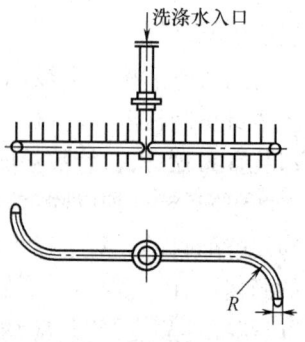

图4-3　发酵罐水力洗涤器

作方便,改善劳动强度,提高工作效率。③在水压不大的情况下,水力喷射强度和均匀度都不够理想,以致洗涤不彻底,大型发酵罐更明显。

(2)发酵罐水力喷射洗涤装置 如图4-4所示。一根直立空心分配管,沿轴向安装于罐中央,分配管上按一定间距均匀钻有 $\Phi 4 \sim 6mm$ 小孔,孔与水平成20°角,喷水管借助活络接头,上端和供水管、下端和垂直分配管连接。垂直分配管上端装水力洗涤器。

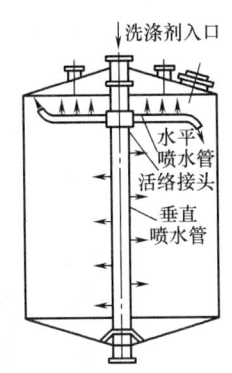

图4-4 发酵罐的水力喷射洗涤装置

发酵罐水力喷射洗涤装置的工作原理,是洗涤水在较高压力(0.6~0.8MPa)下,由喷水管两端喷嘴喷出,喷水管以48~56r/min自动旋转,高压水喷射到罐壁上。垂直分配管也以同样水流速度喷射到罐壁和罐底,在短时间内迅速完成洗涤作业。

发酵罐水力喷射洗涤装置的特点:在水力洗涤器基础上,增加垂直分配管,加强对罐壁和罐底的洗涤功能,提高洗涤效果。

3. 酒精发酵罐的操作要点

(1)进料前,先检查罐的阀门是否关闭,压力表是否正常。
(2)用泵将冷却好的糖化醪送入发酵罐,并检查醪液温度。
(3)按要求的量接入酒母成熟醪,一般一次(加满法)接入量为10%。
(4)间歇发酵温度30~34℃,超过34℃要冷却降温。
(5)发酵过程中要采用酒精捕集器回收酒精,做好CO_2利用工作。
(6)对发酵成熟醪指标进行测定和分析,发酵时间为58~72h,通常60多小时发酵完毕。

发酵酒精度一般为8%~10%(体积分数),好的可达10%~12%。通过对成熟醪液分析,可发现生产中存在的问题,采取相应措施。

4. 酒精发酵罐中发酵液循环原理

酒精发酵罐发酵时,罐内不同高度的发酵液CO_2含量不同,形成CO_2含量梯度。罐底CO_2气泡密集程度较高,醪液密度小,罐上部CO_2气泡密集程度低,醪液密度大。于是,底部发酵液具有上浮提升能力。同时,上升CO_2气泡对周围液体也具有拖拽力。拖拽和液体上浮的提升力一起形成气体搅拌作用,使发酵液在罐内循环。因此,酒精发酵罐不配置机械搅拌器。但发酵罐体积大时,可配置侧向搅拌装置。

5. 酒精发酵罐的主要计算

(1) 发酵罐总体积 V

$$V = \frac{V_0}{\eta}$$

式中　V_0——进入发酵罐内醪液量，m^3
　　　η——装满系数，$\eta = 0.85 \sim 0.90$

(2) 发酵罐个数确定　发酵罐数目为：

$$N = \frac{nt}{24} + 1$$

式中　N——发酵罐个数，个
　　　n——每日使用的发酵罐个数，个
　　　t——发酵罐周转时间，h
　　　1——成熟醪贮罐数，个

二、酒精捕集器

发酵过程中，随 CO_2 带走酒精的损失量为 0.5% ~ 1.2%。为回收这些酒精，工厂采用在发酵车间设置酒精捕集器的方法。常用捕集器有泡罩塔式、填料式、复合式三种。

1. 酒精捕集器的作用原理

利用酒精易被水吸收溶解的特征，含酒精的 CO_2 混合气与水接触时，所含酒精蒸气被水吸收，成稀酒精溶液，达到回收的目的。

2. 酒精捕集器的结构

(1) 泡罩塔式酒精捕集器　其结构与酒精蒸馏塔相似，由 5 ~ 7 块单泡罩塔板组成，层板距 150 ~ 180mm，每层泡盖数可为单个，也可采用多个。

(2) 填料式酒精捕集器　实际是个填料吸收塔，如图 4 - 5 所示。由一个中间圆筒体、上下为椭圆封头组成。内部装有上下两块筛孔板，在下层筛板上，堆放一定厚度的陶瓷环、玻璃或焦炭块。器身下有 CO_2 进口，上有水进口。器顶有 CO_2 出口，器底有水封排出口。

(3) 复合式酒精捕集器　如图 4 - 6 所示。它由两部分组成，上部是一节筛板塔，下部是膜冷凝器。器身冷凝段有冷却水进出口，器身底部有 CO_2 进口，上盖有水进口和 CO_2 出口，下盖有淡酒出口。

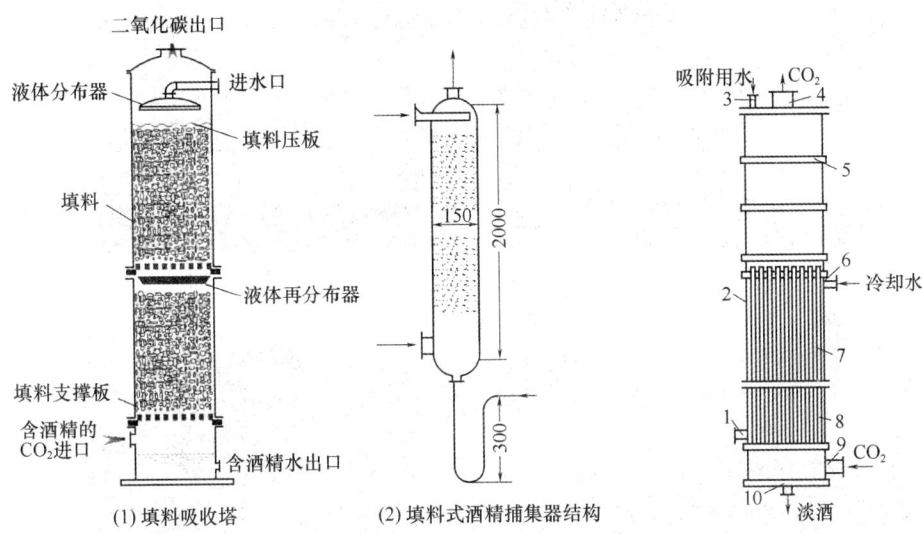

图4-5 填料式酒精捕集器

图4-6 复合式酒精捕集器
1—冷却水出口 2—膜冷凝器 3—水进口
4—CO_2出口 5—筛板塔
6—冷却水进口 7—列管 8—列管间隙
9—CO_2进口 10—淡酒出口

第二节 啤酒发酵设备

自2002年,我国啤酒产量首次超过美国成为世界第一啤酒生产大国后,啤酒产量保持年均10%增长的速度发展。2013年,我国啤酒产量为5061.54万kL。国际上,啤酒工业的发展趋势是大型化和自动化;工艺上趋于缩短生产周期,提高整体经济效益。在啤酒工艺基本成熟的情况下,啤酒生产装备的影响比其工艺影响大。因此,啤酒行业竞争,最直接的表现是啤酒企业对装备的快速更新和技术提升。我国啤酒企业装备的整体水平提高很快,大型啤酒企业的装备水平已达到国际同行业先进水平。

近年来,啤酒发酵设备向大型、室外、联合的方向发展。大型化的目的是:①使啤酒质量均一化。②由于啤酒生产罐数减少,使生产合理化,降低主要设备投资。

图4-7为啤酒发酵容器的变迁历史。啤酒发酵容器的变迁过程分为三个方面。一是发酵容器材料的变化。材料由陶器向木材→水泥→金属材料演变。现在的啤酒生产,后两种材料都在使用。我国新建啤酒厂,发酵罐使用不锈钢。二是由开放式发酵容器向密闭式转换。小规模生产时,糖化投料量少,啤酒发酵容器放在室内,开放式,上面没盖子。对发酵管理、泡沫形态的观察和醪液浓度测定等较方

(1) 啤酒发酵木桶

(2) 砖水泥结构啤酒发酵槽

(3) 碳素钢/不锈钢卧式啤酒发酵罐

(4) 碳素钢圆筒体锥底发酵罐

(5) 600m³不锈钢啤酒发酵罐

图4-7　啤酒发酵容器的变迁历史

便。随着啤酒生产规模的扩大，投料量越来越大，发酵容器开始大型化，并变为密闭式。从开放式转向密闭发酵的最大问题是发酵时被气泡带到表面的泡盖的处理，如图4-8所示。开放发酵便于撇取，密闭容器人孔较小，难以撇取，可用吸取法分离泡盖。三是密闭容器的演变。开始是在开放式长方形容器上面加穹形盖子的密闭发酵罐槽，随着技术革新过渡到用钢板、不锈钢或铝制的卧式圆筒形发酵罐。后来出现的是立式圆筒体锥底发酵罐。这

图4-8　开放式发酵槽与泡盖

种罐是20世纪初期瑞士的奈坦(Nathan)发明的,称为奈坦式发酵罐(奈坦罐)。

目前使用的大型发酵罐是立式罐,如奈坦罐、联合罐、朝日罐等。由于发酵罐容量增大,清洗设备也有很大改进,大都采用CIP自动清洗系统。

一、圆筒体锥底发酵罐

20世纪20年代,德国工程师发明立式密封圆筒体锥底发酵罐,简称锥形罐。由于当时生产规模小而未引起重视。20世纪50年代,二战后各国经济得到发展,啤酒工业不断发展,产量骤增。这使原有传统啤酒发酵方法和设备不能满足需要。人们纷纷开始研究新的啤酒发酵工艺并经过多年的改进,大型的锥形发酵罐从室内走向室外。我国从20世纪70年代中期开始采用这项技术,露天锥形发酵罐容积大、占地少、设备利用率高、投资省,便于自动控制,被广大啤酒企业所使用,代替了冷藏库式的传统发酵。目前,全国新建和改建的啤酒厂,都采用露天锥形罐发酵。

1. 结构特点

如图4-9所示,圆筒体锥底发酵罐(简称锥形罐)具有锥形底,锥底角60°~90°,在主发酵期后方便酵母回收。为保证啤酒良好的过滤性,酵母多采用凝聚性能好的菌株。罐体设冷却夹套,冷却能力满足工艺降温要求。罐的柱体部分设2~3段冷却夹套,锥体部分设一段冷却夹套。这种结构有利于酵母沉降和保存。锥形罐是密闭罐,可回收CO_2,也可进行CO_2洗涤。既可作发酵罐,又可作贮酒罐。发酵罐中酒液的自然对流比较强烈,罐体越高,对流作用越强。对流强度与罐体形状、容量大小和冷却系统的控制有关。锥形罐具有相当高度,凝聚性较强的酵母易沉淀,而凝聚性差的酵母需借助其他手段分离。锥形罐不仅适用于下面发酵,也适用于上面发酵。在山东,很多啤酒厂使用锥形罐生产上面发酵的小麦啤酒。

锥形罐的尺寸过去并没有严格规定,高度可达40m,直径超过10m。随着发酵理论不断完善和酿酒技术不断进步,为满足啤酒质量要求,锥形罐须按照规范精心设计制造。

酵母不但承受液压,还承受气压。如果再考虑CO_2浓度,即CO_2浓度梯度因素,酵母的生理性能无疑会受到较大影响。另外,锥形罐高度过高,发酵液对流过强,影响啤酒质量。因此,罐内液位高度是一个重要参数。它不仅影响发酵副产物的组成,同时也影响酵母活性和生理代谢。罐体高径比应根据工艺要求确定。

锥形罐发酵分为一罐法和两罐法。一罐法发酵是指将传统的主发酵和后发酵阶段都放在一个发酵罐内完成。这种方法操作简单,啤酒发酵过程中不倒罐,避免在发酵过程中接触氧气。罐的清洗方便,消耗洗涤水少、省时、节能,国内多数厂家采用一罐法发酵工艺。两罐法发酵又分两种:一种是主发酵在发酵罐进行,后发酵和贮酒阶段在贮酒罐中完成。另一种是主发酵、后发酵在一个发酵罐进行,在贮酒罐中完成。两罐法比一罐法操作复杂,但贮酒阶段的设备利用率较高,国内只有少数厂家采用这种发酵方法。

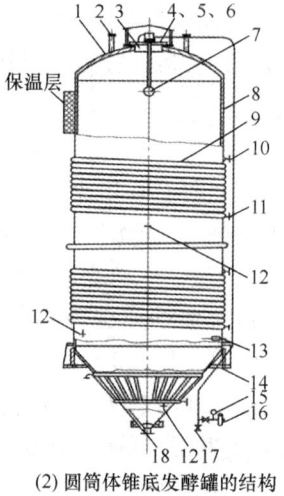

(1) 施工中的锥形发酵罐　　(2) 圆筒体锥底发酵罐的结构

图 4-9　圆筒体锥底发酵罐

1—顶盖　2—通道支架　3—人孔　4—视镜　5—真空阀　6—安全阀　7—自动清洗装　8—罐身
9—冷却套　10、11—冷媒出口　12—温度计　13—采样阀　14—罐底　15—压力表
16—CO_2 出口　17—压缩空气、洗涤用水进口　18—麦汁进口、酵母和啤酒出口

2. 锥形罐的技术要求

圆筒体锥底发酵罐，直径 D 与圆筒体高度 H 之比范围较大，$D:H = 1:(5\sim6)$ 均可取得良好发酵效果。但罐体不宜过高，特别是在未设酵母离心机的情况下。不然，酵母沉降困难，影响过滤。国内目前设备情况为 $D:H = 1:(2\sim4)$。锥角采用 60°～80°，可兼顾设备，有利于酵母的排除及节约材料。罐的容量根据糖化麦芽汁产量的总体积，再加 20% 容量。原因是，考虑发酵泡沫空间，即罐的填充系数。时间控制在 12～15h 充满一罐。

冷却夹套的制冷量，应满足生产工艺要求。冷媒用液氨或乙二醇以及 20%～30% 酒精溶液。在设备中，冷却夹套的结构有多种，有扣槽钢、扣角钢、扣半圆钢、冷却层内带导向板、罐外加液氨管、长形薄层螺旋环形冷却管等，较理想的是长形薄层螺旋环形冷却管。如图 4-10 所示，为不同罐外冷却结构型式。

罐体的保温材料采用聚氨酯泡沫塑料、脲醛泡沫塑料、聚苯乙烯泡沫塑料（阻燃材料）或膨胀珍珠岩、矿棉等。保温材料厚度 100～200mm，具体厚度依气候条件选定。外部加装保护层，如镀锌薄钢板、薄铝板或薄不锈钢板，既美观又有保护作用。

3. 锥形罐内的对流和热交换

（1）CO_2 的作用　发酵液的对流主要是 CO_2 的作用结果。由于容器较大，不同高度的发酵液 CO_2 含量不同，整个锥形罐中形成一个 CO_2 含量梯度。发酵液中，

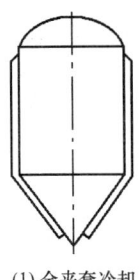 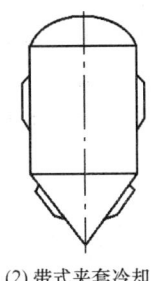 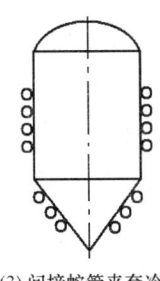 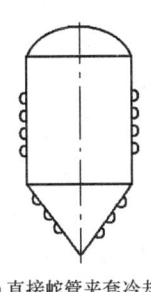

(1) 全夹套冷却　　(2) 带式夹套冷却　　(3) 间接蛇管夹套冷却　　(4) 直接蛇管夹套冷却

图 4-10　不同罐外冷却结构型式

CO_2 浓度大,相对密度就小。发酵液中,CO_2 浓度小,相对密度就大。罐下部 CO_2 的密集程度高,上部的 CO_2 含量小。于是,下部相对密度较小的发酵液,就具有上升的提升力。同时,CO_2 气泡上升时,对周围液体具有一种拖拽力。拖曳力和提升力的共同作用,形成了气体搅拌作用,使罐的发酵液得到循环,促进发酵液的混合和热交换。

(2) 冷却的作用　冷却操作时,啤酒温度发生变化,引起罐内发酵液对流循环。

(3) 人工充入 CO_2 的作用　在发酵后期,为加强冷却时酒液自然对流,人工充入 CO_2,强化酒液循环,加快啤酒成熟,除去酒液中生青味(CO_2 喷射环的位置高于酵母层位置,送入纯 CO_2)。在罐顶设 CO_2 回收总管,将回收的 CO_2 送入处理站。

4. 锥形罐的机械洗涤

大型发酵罐和贮酒设备都设有机械洗涤装置,为 CIP 自动清洗系统,如图 4-11 所示。在罐内设有喷射或喷淋装置,安装位置在喷出液体最有力地射到罐壁结垢最严重的地方。另外,还有相应的其他设备,如碱液罐、热水罐、甲醛罐及循环泵和管道。碱液可反复使用,浓度达不到要求时可添加。使用时,碱液温度不超过 75℃,浓度 3% ~ 5%,可同时加入洗涤剂。用泵经管道送往发酵罐或贮酒罐中的高压旋转喷射装置,在物理作用和碱液等化学作用下,使污垢迅速溶解,达到清洗效果。洗涤后碱液流回到碱液罐,每次循环时间不少于 5min。然后,再分别用热水、清水,按工艺要求进行清洗。

图 4-11　啤酒 CIP 自动清洗系统

5.辅助设备及自动控制

辅助设备包括洗涤液贮罐、甲醛贮罐、热水贮罐、空气过滤器、泵、CO_2回收及处理装置。

锥形罐的容量大而高,人工操作不便,对温度、工作压力及液位显示等技术控制是利用自动控制系统来完成的。

6.安装及使用要求

(1)罐体焊接后,罐内壁焊缝必须磨平抛光至$R_a \leqslant 0.8\mu m$,抛光方向与CIP自动清洗系统水流方向一致。

(2)设备安装后,罐内及夹套分别试水压,水压为294kPa。

(3)冷媒进口管装压力表和安全阀,进口冷媒的压力应小于196kPa。排出管上应装有止回阀。如有几条进出口管,可分别集中在一总管上输送。

(4)对露天大罐,现场加工后,须安装于固定支座上,同时考虑防震、保温、防风载荷等因素。

(5)罐体的锥部应置于室内,酒液出口离地面高度要方便操作。洗涤剂贮罐、甲醛贮罐、泵和自动控制装置安装于室内,并对室内地面和墙面做技术处理,做到防腐、卫生。露天部分设置操作台,方便操作,并多为两排型式。

(6)圆筒体锥底罐的容量应和糖化设备的容量相应配合,最好在12~15h连续满罐。满罐时间过长,啤酒的双乙酰含量将显著提高,会延长整个生产周期。锥形罐容量要与包装能力相适应,最好能将一罐酒当天包装完,保证成品啤酒的质量。

(7)酵母的添加以分批添加为好。一次添加酵母,操作比较方便,发酵起发快,污染机会少。但一次添加酵母后,在以后几批麦汁加入时,酵母易移至上层,形成上下层酵母不均匀的现象。

(8)若采用一罐法发酵,酵母回收分三次进行。第一次在主发酵完成时,第二次在后发酵降温之前,第三次在滤酒前。前两次回收的酵母浓度高,可选留部分作为下批接种用。留用的酵母如不洗涤,可采用循环泵送或通风排除酵母中CO_2,使酵母保持良好的生理状态。

(9)滤酒时罐底部的浑酒先不排出,锥底设一出酒短管,长度高出浑酒液面即可,使滤酒时上部澄清良好的酒先排出。最后才将底部浑酒由罐底出口引出,也有在罐体中部设酒液排出管的。

(10)出酒时用脱氧水将阀出口及管道充满,减少吸氧。出酒后,立即开启CIP自动清洗系统。

(11)阀多采用手动碟阀、远控碟阀或带泄漏识别功能的阀。

7.锥形罐的容量和数量

(1)锥形罐的容量 与每天生产的冷麦芽汁量相适应,最大不超过每天生产的冷麦芽汁量。装满一罐时间在12~15h。罐的有效容量是每批冷麦芽汁的整数倍,罐的容量系数取80%~85%。

(2) 锥形罐的数量　用下式计算：

$$n = \frac{TN}{A} + 3$$

式中　n——锥形罐数量，个

T——发酵时间，周

A——每个锥形罐可装的麦汁批数

N——每周的糖化次数

3——考虑进出料等周转时间、清洗时间和发酵时间可能延长，需要的罐数，个

对一罐法发酵工艺，发酵周期宜在 14~28d。

二、联　合　罐

在美国出现的一种叫 Universal 型的发酵罐，称为联合罐，结构如图 4-12 所示，具有较浅的锥底，高径比为 1:(1~1.3)，能在罐内进行机械搅拌，并具有冷却装置。这种发酵罐在日本得到推广，称为 Uni-Tank，意为单罐或联合罐。联合罐在发酵生产上的用途与锥形罐相同，用于前后发酵，也能用于多罐法及一罐法生产。因而它适合多方面的需要，故称其为通用罐。

1. 结构

联合罐主体是一圆柱体，由 7 层 1.2m 宽的钢板组成，总表面积 378m²，总体积 765m³。联合罐是由带人孔的薄壳垂直圆柱体、拱形顶及有足够斜度除去酵母的锥底组成。如果锥底的角度较小

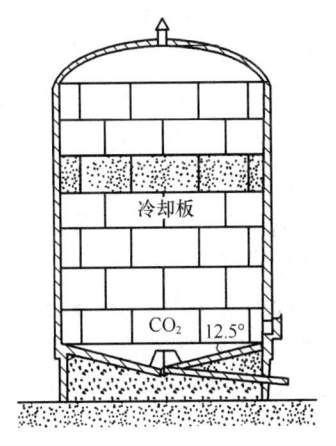

图 4-12　联合罐

而造成罐总高增加是一种不必要的浪费，因为增大了罐造价。联合罐的基础是钢筋混凝土圆柱体，其外壁约 3m 高、20cm 厚。基础圆柱体壁上部形状是按照罐底斜度确定的。有 30 个铁锚均匀埋入圆柱体壁中，并与罐焊接。圆柱体与罐底间填入坚固结实的水泥砂浆，在填充料与罐底间留 25.4cm 厚的空心层绝热。基础的设计要求是按照耐压不超过 0.2MPa 且能经受住里氏 10 单位的地震。

联合罐的罐体要进行耐压试验，在全部充满的罐中加压 7.031kPa。联合罐大多数用不锈钢板制作。为降低造价，不设计成耐压罐（CO_2 饱充是在罐中进行，否则应考虑适当的耐压）。在美国及欧洲，联合罐用普通钢板制造，在钢板焊完后磨光表面，在罐内表面涂衬涂料，涂料涂布厚度 0.5~1.0mm，涂料涂布后在室温下聚合而固化。采用一段位于罐中上部的双层冷却板，传热面积要能保证在发酵液的开始温度为 13~14℃情况下，在 24h 内能使其温度降低 5~6℃。冷却夹套采用液氨或乙二醇冷却，能在发酵时控制品温。即便发酵旺盛阶段每 24h 下降 3 度巴林

的外观糖度,也能使啤酒保持一定温度。正常传热系数下,罐容780m^3,罐冷却面积27m^2就能控制住温度。

罐体采用15cm厚的聚尼烷作保温层。聚尼烷是泡沫状,外面包盖能经风雨的铝板。为加强罐内流动、提高冷却效率及加速酵母沉淀,罐中央内安设一CO_2注射圈,高度恰好在酵母层之上。CO_2在罐中央向上注入时,引起啤酒运动,使酵母浓集于底部出口处,同时,啤酒中不良挥发性组分被CO_2带着逸出。罐顶设安全阀,必要时设真空阀,还设CIP自动清洗系统。

联合罐可采用机械搅拌,也可通过对罐体精心设计达到搅拌作用。

2. 联合罐的特点

(1)由于冷却夹套位于设备中上部,冷却时中上部液体温度下降得快,密度增加,麦汁沿罐壁下降,底部酒液从罐中心上升,形成对流,使酒温能很快下降。

(2)为加强酒液冷却时自然对流和除去啤酒生青味、加速啤酒成熟,在冷却同时由喷射环通入CO_2,充入CO_2程度由酒温和CO_2静压决定。冷却完毕后CO_2含量为0.4%~0.45%。

(3)由于酒液运动,使出口处酵母浓度增加,便于酵母回收。

(4)发酵罐操作时,前半罐麦汁需通风,后半罐麦汁不需通风。发酵温度准确控制在(13±0.5)℃。发酵4天完毕,保持2~3天,加速连二酮的还原,再冷却降温并分离酵母。

(5)啤酒质量与传统法生产的啤酒无明显差异。生产时间缩短约1/2,设备利用率高,投资费用低。

(6)清洗方便,自动控制,动力及冷耗少,啤酒损失少。

三、朝 日 罐

朝日罐,又称朝日单一酿槽,是1972年日本朝日啤酒公司试制成功的前后发酵合一的室外大型发酵罐。它采用高速离心技术,解决了酵母沉淀困难,大大缩短了贮藏啤酒成熟时间。

1. 朝日罐的结构

朝日罐如图4-13所示。朝日罐是用4~6mm的不锈钢板制成的斜底圆柱型发酵罐,为罐底微倾斜的平底圆柱形罐,径高比为1:(1~2)。罐身外部和底部设有冷却夹套,其中罐身为两段冷却夹套,用乙二醇或液氨为冷媒。罐内设有可转动的不锈钢出酒管,其出口位于液柱中央,可使放出的酒液中CO_2含量较均匀。罐外设有高速离心机、循环泵和薄板换热器。朝日罐在日本和世界各国广为采用。

2. 朝日罐的特点

朝日罐与锥形罐具有相同的功能,但生产工艺不同,其特点如下:

(1)进行一罐法生产,可加速啤酒的成熟,提高设备利用率。

(2)采用高发酵度、低凝聚性酵母。

(3) 发酵液循环时分离酵母,减少发酵液损失。

(4) 利用循环泵把罐内发酵液抽出送进循环,可使酒液中更多 CO_2 排出,除去啤酒生青味,加速啤酒成熟。

(5) 利用薄板换热器解决了主发酵到后发酵贮酒温度的自动控制。

(6) 利用离心机可更好除去热凝固物,更方便地分离酵母。

(7) 清洗方便,自动控制,减少清洗,设备投入及生产成本较低。

(8) 产品风味与传统方法无显著差异。

(9) 较传统的生产方法,CO_2 含量低,电耗较大。

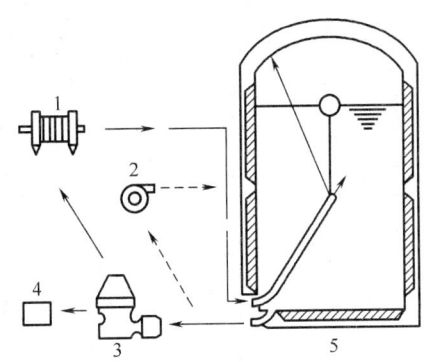

图 4-13　朝日罐
1—薄板换热器　2—循环泵　3—高速离心机
4—回收酵母　5—朝日罐体

四、CIP 清洗系统

1. CIP 清洗系统的组成

啤酒发酵罐的容量逐步增大,发酵罐大部分安装在室外,原来清洗方法已不适用,需采用自动化喷洗装置。采用较多的是 CIP 清洗系统。CIP 系统为就地清洗系统。

图 4-14 是大型发酵罐与产品输送站及 CIP 清洗管的连接流程。由于大罐建在室外,所以连接管道长且主管径大,为 150mm。如果在大罐中加澄清剂,会在罐底形成沉渣层,故在罐出料处设沉渣阻挡器 5,同时为了能放尽罐底存液,出料处应设双重出口 6。罐底沉渣固形物具有一定的经济价值,应回收,所以在洗罐时尽可能少用水冲出沉渣,以免稀释。两罐具有倾斜平底,双重出口安装于倾斜底低处,罐顶有喷洗液进口及通气管 4。

图 4-14 表示大罐与啤酒进出站 13、清洗剂分配站 12 及 CIP 循环单位之间的关系。啤酒进出站,是嫩啤酒(麦汁)进入管、啤酒输出管及清洗液返回管间的连接,它位于罐出口底下,可用 U 形管在啤酒进出管与清洗管之间进行任意连接。通气管的出口应在低于罐出口的位置,由橡皮管与清洗液返回管线相连接。CIP 循环单位设在酒库内,包括微型开关 7(控制清洗液的进出)、控制盘 8、CIP 供应泵 9、污水泵 10、水箱 11。控制盘通过仪表来控制清洗液的温度、水位及罐的充满与放空等程序。清洗液进出阀和通气管上的通气阀 15 的控制与 CIP 系统的控制装置有关,可在清洗操作开始前先将通气阀开启。清洗液返回管线的位置是在通气管末端之下,这样可在 CIP 清洗操作时保证通气管能得到有效清洗。通气阀位置应在罐内的清洗液的液位之上,可防止清洗后由于罐的冷却而造成真空,因为它可

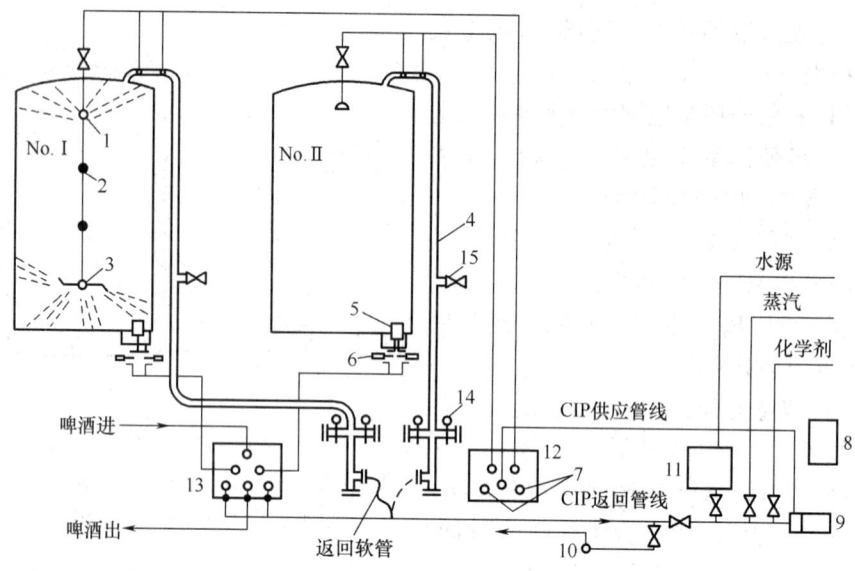

图 4-14 大型发酵罐与产品输送站及 CIP 清洗管的连接流程
1—固定喷头 2—滑动接头 3—回转喷头 4—通气管 5—沉渣阻挡器 6—双重出口
7—微型开关 8—控制盘 9—CIP 供应泵 10—污水泵 11—水箱 12—清洗剂分配站
13—啤酒进出站 14—压力调节阀 15—通气阀

无阻地补入空气。通气管下部还具有压力调节阀 14。CIP 清洗工作程序是自动控制进行的,从控制盘上可通过仪表记录下温度、压力及时间等参数。

2. CIP 清洗工艺

CIP 清洗系统的清洗程序分为 7 个步骤。

(1)预冲洗 在罐底的沉渣放一半后进行。每次预冲洗时间 30s,进行 10 次,通过回转喷嘴进行,每次冲洗后有 30s 排出时间,主要排去底部沉渣。

(2)在罐底被冲干净后,用定量的水充入 CIP 的供应及返回管线,改变系统进行碱预洗,自动将清洗剂加入供水中,使清洗剂成为一种氯化的碱性洗涤剂,总碱度为 3000~3300mg/kg,用这种碱液循环 16min。在此期间 CIP 供应泵吸引端注入蒸汽,使清洗液温度维持在 32℃ 左右。

(3)中间清洗 用 CIP 循环单位的水罐来的清水冲洗 4min。

(4)从气动器来的空气流入罐顶的固定喷头,进行 3 次清水喷冲,每次 30s,从罐顶沿罐四周冲洗下来。

(5)进行碱喷冲 用总碱度为 3500~4000mg/kg 的氯化碱液喷冲,碱液温度 32℃ 左右,喷冲循环 15min。

(6)用清水冲洗,将残留于罐表面及管线中的碱液冲洗干净。

(7)最后用酸性水冲洗循环,中和残留的碱性,放走洗水,使罐保持弱酸状况。至此完成全部清洗过程。

进行大型罐清洗工作的关键设备是喷嘴(喷头)。喷嘴分为两种,一种是固定喷嘴,位于罐的上部,如图4-15所示。另一种是回转喷嘴,位于罐的下部,如图4-16所示。

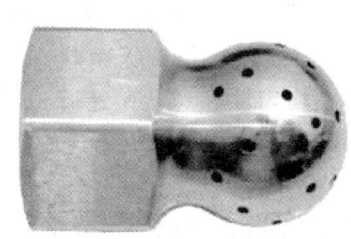

图4-15　固定喷头　　　　　　　　图4-16　回转喷嘴

固定喷头位于罐顶1.2m处,回转喷嘴位于罐底以上2.4m处。固定喷头是低容量低压的球形喷头。在进行基本操作前,用特殊的回转喷嘴除去罐底的固形物残渣。固定喷头位于50mm的清洗液供应管上,在喷头圆柱体部位联合一套管形阀,以控制清洗时从喷孔出去的清洗液的流量,也可控制进入底下回转喷嘴中清洗液的量。通过活管(滑动接头),用几根50mm的管子支撑回转喷嘴,它带有推动喷嘴,位于回转喷嘴的伸长臂上,喷嘴在聚四氟乙烯轴承上回转喷洗时,对罐底残渣产生刮冲作用。两种喷嘴都是不锈钢的,能自我清洗。回转喷嘴转速15~20r/min。两种喷嘴清洗液的流量为750L/min。

上述CIP系统是固定式。它可与一个至数个发酵罐连接,罐数越多,连接越繁杂,使用管线越多。目前也有使用活动CIP系统的工厂。CIP清洗液供应及返回管线不做固定连接,CIP循环单位装于手推轮车上。使用时,推至要清洗的大罐底侧,用橡皮软管使CIP循环单位与大罐洗液进出口临时连接成循环系统。一台CIP循环单位可用于数个发酵罐而不需使用众多的固定的连接管线,但操作劳动强度较大,自动化的程度受影响。

第三节　连续发酵设备

间歇发酵是微生物在一个罐内完成4个阶段的培养过程,而微生物在其前后两个非旺盛生长时间相当长。因此,必然导致发酵周期长,发酵罐数多,设备利用率低。例如,以淀粉质为原料日产1t(96%,体积分数)的酒精,需要发酵罐容量38~48m^3,啤酒需更大。

假如在发酵罐内连续不断流加培养液,同时连续不断排出发酵液,使发酵罐中微生物一直维持在生长加速期,同时又降低代谢产物的积累,缩短发酵周期,提高设备利用率。这就是20世纪50年代后发展起来的一种新型发酵技术,即连续发酵。

连续发酵具有培养液浓度和代谢产物含量相对稳定,从而保证产品质量和产量稳定的优点。同时,又具有发酵周期短、设备利用率和产量较高、节省人力和物力以及生产管理稳定、便于自动化生产等优点。

尽管连续发酵具有上述优点,但是在实际发酵工业中,连续发酵还未能全部代替传统的间歇发酵。因为,连续发酵试验和生产中,遇到了长期连续发酵过程中微生物突变和杂菌污染的问题,欲保持长期无菌状态,技术上尚有困难。此外,发酵液在连续流动过程中,不均匀性和丝状菌在管道中流动困难,以及对微生物动态活动规律缺乏足够认识。目前还不能根据连续发酵理论完全控制和指导生产。

但是,连续发酵的优越性依旧不可忽视。在连续发酵稳定状态条件下,根据微生物生长和代谢间某些数学关系,作为过程运转和控制的基础,从而可选定过程控制参数。运用连续发酵的基本理论,可人为控制微生物定向培养,进而研究微生物生理及代谢作用。这些均是控制发酵过程中极为重要的问题。

连续发酵的优点:微生物在整个发酵过程中始终维持在稳定状态,细胞处于均质状态。在此前提下,可用数学方式和实验公式表示连续发酵在稳定状态条件下,微生物生长速度、代谢产物、底物浓度和流加速度间的关系。借以选定过程控制参数,如稀释速率、串联罐数、停留时间等。这对于研究微生物生理变化及其应用起促进作用。

连续发酵方式是从单罐连续发酵发展到多罐串联连续发酵。尽管型式不同,连续发酵过程中菌体和培养液都处于均质流动状态。因此,连续发酵的基本理论仍以连续发酵动力学为主。

一、酒精连续发酵设备

酒精连续发酵是在发酵罐内连续不断流加培养液,同时连续不断排出发酵液,使发酵罐中微生物始终保持在生长加速期。培养液浓度和代谢产物含量具有相对稳定性。微生物发酵过程中,一直维持在稳定状态。这不仅缩短了发酵周期,还提高了设备利用率。目前,我国连续发酵方式,一般采用多罐串联连续发酵。

1. 糖蜜原料制酒精的连续发酵设备流程

(1)糖蜜连续发酵的设备组成如图4-17所示。其发酵流程如图4-18所示。糖蜜连续发酵由8~9个发酵罐串联组成。通常第1、2罐称

图4-17 糖蜜原料连续发酵生产酒精的设备

为酒母繁殖罐,第3、4罐称为主发酵罐,第5、6、7罐称为后发酵罐,第8、9罐为轮流使用的计量贮罐。

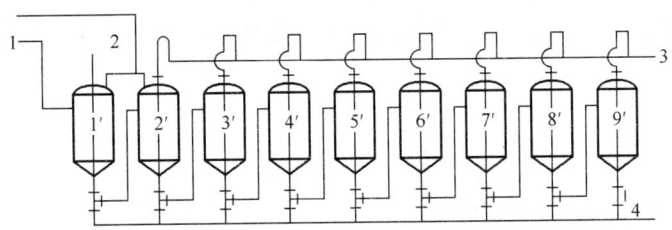

图4-18 糖蜜原料制酒精连续发酵流程
1—糖液 2—酒母 3—CO_2 4—成熟醪

（2）糖蜜连续发酵工艺流程 如图4-19所示,采用大罐连续发酵,螺旋板式换热器罐外冷却新技术。大罐连续发酵占地面积小,投资少,操作方便,便于自动控制,大大减少刷罐水量。采用螺旋板式换热器罐外冷却提高了设备利用率,并减少了设备内的死角。发酵灭菌采用蒸馏废热水代替蒸汽杀菌,节约蒸汽总用量的8%。蒸馏采用五塔(六段)式差压蒸馏,生产优级食用酒精和特级食用酒精。

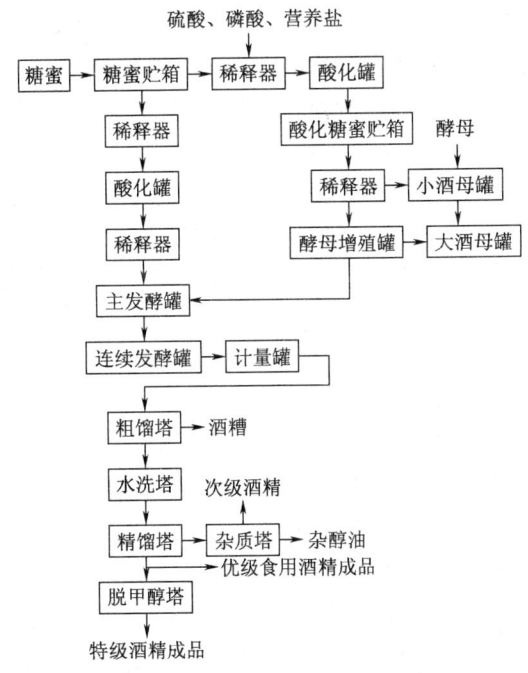

图4-19 糖蜜连续发酵工艺流程

(3)糖蜜连续发酵设备的特点

①连续发酵时,酵母随醪液流动,改善酵母生长和发酵条件,提高酵母活力,增加发酵率,发酵率达到85%~89%。

②采用高浓度糖液,不需加酸酸化,不仅提高发酵液中酒精含量,还节约硫酸用量。

③节约大量水、压缩空气和燃料,减轻劳动强度。

④采用自动测量系统,大大提高劳动生产率。

(4)糖蜜连续发酵设备的操作要点 糖蜜连续发酵过程中,保持整个系统的稳定是进行正常发酵的关键。要保持系统稳定,首先要保持各发酵罐中酵母细胞密度稳定。

①维持第1罐的酵母数:酵母和糖蜜同时连续流加入第1罐,在罐内通入适量空气,或增大酵母接种量,维持第1罐内工艺要求的酵母量。

②连续发酵的控制

a.稀释比的确定:稀释比 D,是流加速度 F 与发酵罐或罐组首罐(即流加糖化醪的罐)有效容积 V 之比,即 $D = F/V$。已知连续发酵稳定的前提是,稀释比 D 等于酵母细胞密度 μ。控制好合适的 D 值,在操作过程中,控制流加速度是连续发酵控制中最重要的措施。

b.滑流和滞留的防止:滑流是指后进醪先流出。滞留是指先进醪后流出。滑流现象,会造成醪液发酵不完全。防止滑流的方法是发酵罐组的罐数不得少于6只。罐数越多,滑流几率越少。滞留现象是造成连续发酵污染的主要原因之一。防止滞留主要从设备结构上采取措施,发酵罐直径不宜太大、用锥形底的罐、没有死角等。

c.污染的防止:对杂菌污染的控制,是决定连续发酵成败的关键。防止方法,主要是加酸酸化、控制pH、加抗生素或防腐剂、预防性灭菌、污染源的消除等。

d.CO_2 气塞的防止:CO_2 气塞,是指在溢流管的某一部位积留 CO_2,堵塞溢流管的现象。防止方法,是在安装溢流管时,注意不要在上部进口处造成可能形成 CO_2 气塞的部位。

e.流加罐的温度,要维持在30~33℃。

③结束放料:按目前的流程装置和工艺条件,连续发酵周期可达20天,甚至更长。结束时,则贮存于每罐的发酵液,先从末罐按逆向顺序依次排出,送入蒸馏塔蒸馏,空罐依次进行清洗灭菌待用。

2.淀粉质原料制酒精连续发酵设备流程

(1)淀粉质连续发酵设备组成 淀粉质连续发酵流程如图4-20所示。由11个发酵罐组成,前3只为酒母繁殖罐,最末2只为计量罐,其余为主、后发酵罐。

(2)淀粉质连续发酵设备的特点

①缩短发酵时间,提高设备利用率。

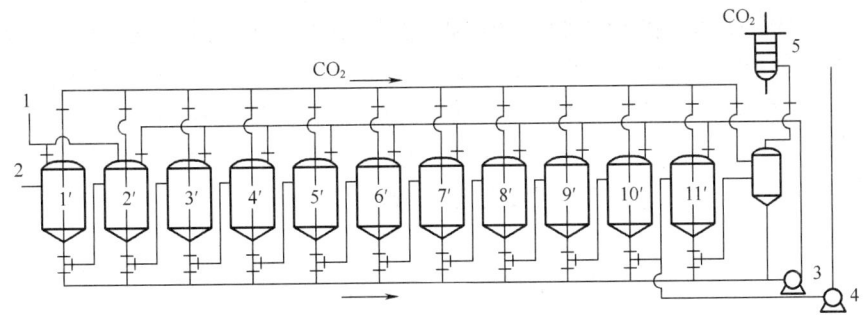

图4-20 淀粉质连续发酵设备
1—糖液 2—酒母 3—换罐泵 4—成熟醪泵 5—洗涤器

②连续发酵时发酵液处于流动状态,为酵母生长繁殖创造有利条件,发酵率达92.5%以上,淀粉出酒率达55.6%以上。

③整个发酵过程在密闭容器内进行,减少杂菌污染和酒精损失。

④有利于酒精生产过程的连续化和自动化。

由于淀粉质原料连续发酵技术要求高,卫生条件十分严格,操作不易控制,使用的工厂不多。

二、啤酒连续发酵设备

1. 啤酒连续发酵的特点

啤酒连续发酵的特点,是采用较高发酵温度,保持旺盛的酵母层,使麦汁在较短时间内发酵。连续发酵在发达国家均有采用。

(1)优点 生产操作稳定,便于管理,产品比较均一,易于自动控制。连续发酵在发酵罐中不断流加培养液,同时不断排出发酵液,两者均衡。因此,发酵罐内微生物始终维持旺盛的发酵阶段。培养液中细胞浓度和底物浓度保持一致,能充分发挥微生物的作用,提高收得率。生产周期短,设备利用率高,生产费用低。节省劳动力和减少清洗费用。酒花利用率高,节约啤酒花的用量。CO_2回收率高,啤酒损失少。

(2)缺点 耗冷量大,对啤酒酵母品种有要求,存在酵母变异。生产灵活性差,一套设备只能生产一种产品。麦汁须严格灭菌,管理要求高,易污染。必须控制氧化味。

2. 啤酒连续发酵的流程及设备

(1)搅拌式多罐型啤酒连续发酵设备 发酵罐内装搅拌器,酵母悬浮酒液中,连续溢流出的酒液将酵母带走,使发酵罐中的酵母浓度始终不太高。分三罐式和四罐式。

①三罐式连续发酵设备的组成:其工艺流程及设备如图4-21所示,发酵罐为

不锈钢材料。

②三罐式连续发酵设备的操作要点：麦汁冷却后，经过板式杀菌器灭菌，使 20~21℃冷却麦汁进入柱式供氧器充氧，进入二级发酵罐 5（需氧），加入酵母，搅拌均匀进行发酵。发酵度达到 50% 左右时，进入酵母分离罐 6，待发酵度达到要求后，在酵母分离罐 6 中冷却，使酵母沉淀。酵母从罐底排出，CO_2 从罐的上部排出，啤酒从侧管溢流，送入贮酒罐贮存，成熟后过滤罐装。

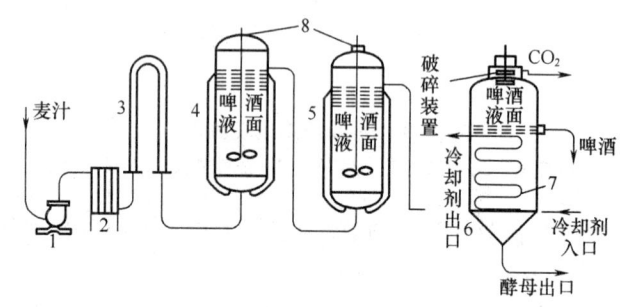

图 4-21 搅拌式三罐啤酒连续发酵工艺流程
1—泵 2—板式杀菌器 3—柱式供氧器 4——级发酵罐 5—二级发酵罐
6—酵母分离罐 7—蛇管 8—传动装置

(2) 塔式连续发酵设备 塔式连续发酵设备塔内不设搅拌装置，酵母大部分保留在塔底部，形成酵母柱，溢流中的酵母浓度远低于塔内酵母浓度。

①塔式连续发酵生产流程及设备组成：如图 4-22、图 4-23 所示。

②塔式连续发酵生产的操作要点

a. 麦汁的准备：将贮存罐中的麦汁，经薄板换热器灭菌、冷却、充氧后，从塔底进入发酵塔，塔内装有多孔板，使麦汁均匀地分布到塔内各截面。

b. 开始发酵：麦汁进入塔内，一边上升，一边发酵，直到满塔为止。此时，塔底形成沉积酵母层，当达到要求的酵母浓度梯度后，用泵连续泵入无菌麦汁，调节麦汁流量，使其到达塔顶时恰好达到要求的发酵度（注：麦汁开始时流速较慢，一周后可达到全速操作）。

c. 正常生产及控制：发酵温度通过塔身周围三段夹套或盘管冷却来控制，冷却媒介用液氨或乙二醇溶液。发酵一定时间后，酵母会发生自溶，此时，在塔底排出部分老酵母，发酵仍可继续进行。为保证酵母柱疏松度，须常从塔底通入 CO_2。

d. 流出的嫩啤酒，经酵母分离器分离酵母后，再经薄板换热器冷却至 -1℃，然后送入贮酒罐内，充 CO_2 后，贮存 4 天左右，再过滤灌装（注：塔顶圆柱体直径增大作为沉降酵母的离析器装置，可减少酵母随啤酒溢流而损失，使酵母浓度在塔身形成稳定的梯度，以保持恒定代谢状态）。

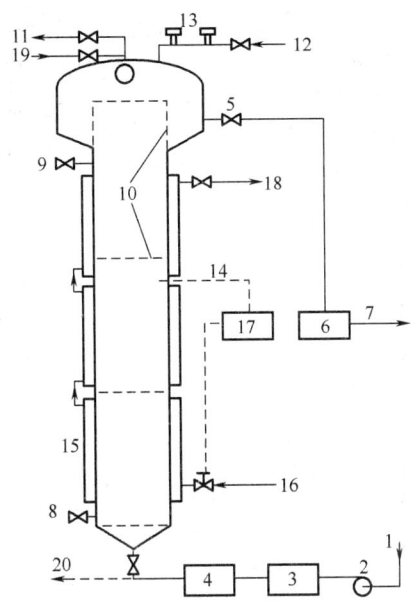

图 4-22　塔式连续发酵生产流程

1—麦汁进口　2—泵　3—流量计　4—薄板换热器　5、7—嫩啤酒出口　6—酵母分离器
8、9—取样阀　10—折流器　11—CO_2 出口　12—蒸汽入口　13—压力/真空装置
14—温度计　15—冷却套　16—冷媒入口　17—温度记录控制系统　18—冷媒出口
19—CIP 设备　20—洗涤剂出口

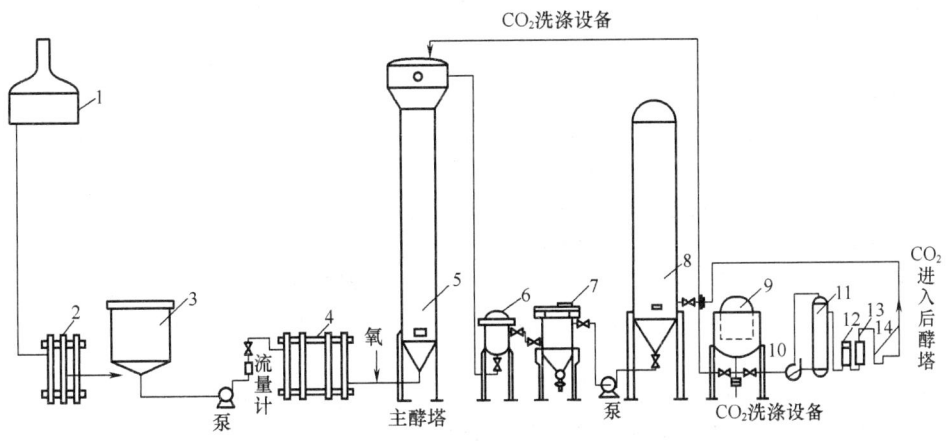

图 4-23　塔式连续发酵设备组成

1—麦汁澄清罐　2—冷却器　3—麦汁贮槽　4—灭菌器　5—塔式发酵罐　6—热处理槽
7—酵母分离器　8—锥形后酵罐　9—CO_2 贮槽　10—CO_2 压缩机　11—洗涤器
12—气液分离器　13—活性炭过滤器　14—无菌过滤器

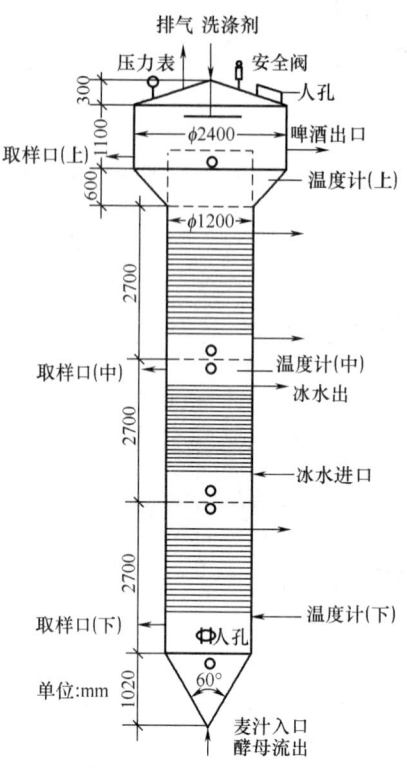

（3）啤酒连续发酵的主要设备

①塔式主发酵罐的结构：啤酒塔式发酵罐如图4-24所示。

②啤酒酵母分离器的结构：见碟式离心机。

图4-24 啤酒塔式发酵罐

思考与练习

一、名词解释

滞留　滑流　CIP清洗系统　连续发酵设备　酒精捕集器　CO_2梯度

二、填空题

1. 在酒精发酵系统中，常用酒精捕集器有_____、_____、_____三种类型。

2. 常用啤酒发酵罐有_____、_____和_____。

3. CIP清洗系统在罐内设有_____或_____，安装位置在喷出液体最有力地射到罐壁结垢最严重的地方。还有相应的其他设备，如_____、_____以及_____和_____等。

三、选择题

1. 目前大多数酒精厂都采用(　　)。

A. 自吸式发酵罐　B. 伍氏罐　C. 密闭式发酵罐　D. 开放式发酵罐

2. 目前，国内外广泛使用的啤酒发酵设备是(　　)。

A. 圆筒体锥底发酵罐　B. 朝日罐　C. 联合罐　D. 气升罐

3. 密闭式酒精发酵罐罐体形状是(　　)。

A. 塔形　B. 花盆形　C. 圆柱形　D. 六棱形

4. 制造密闭式酒精发酵罐的材料是(　　)。

A. 铝板 B. 陶瓷 C. 钢板 D. 玻璃钢
5. 目前,国内圆筒体锥底发酵罐的径高比是( )。
A. 1:(5~6) B. 1:(2~4) C. 1:(3~5) D. 1:(5~7)
6. 圆筒体锥底发酵罐的清洗方式是( )。
A. 人工清洗 B. 超声波清洗 C. 喷淋清洗 D. CIP 自动清洗
7. 常用的酒精捕集器型式,有以下哪三种( )。
A. 泡罩塔式 B. 填料式 C. 复合式 D. 喷淋式
8. 可以进行 CO_2 回收的发酵罐是( )。
A. 圆筒锥底啤酒罐 B. 密闭式酒精发酵罐 C. 开放式酒精发酵罐
9. 圆筒体锥底发酵罐的冷却方式是( )。
A. 列管冷却 B. 夹套冷却 C. 喷淋冷却 D. 蛇管冷却
10. 密闭式酒精发酵罐封头形状是( )。
A. 球形 B. 椭球形 C. 锥形或碟形 D. 平盖

四、判断题
1. 圆筒体锥底啤酒发酵罐一般安装在露天。( )
2. 酒精捕集器是利用活性炭的吸附作用来回收酒精的。( )
3. 圆筒体锥底啤酒发酵罐既可作发酵罐用,也可作贮酒罐用。( )
4. 圆筒体锥底啤酒发酵罐是一种好氧发酵设备。( )
5. 中小型酒精发酵罐通常只用表面冷却。( )
6. 圆筒体锥底啤酒发酵罐的缺点是酒液澄清速度慢。( )
7. 锥底罐的容量必须最大不超过每天生产的冷麦芽汁的量。( )
8. 啤酒厂的啤酒杀菌机就是一种典型的高温瞬时杀菌设备。( )
9. 中小型酒精发酵罐通常只用蛇管冷却。( )
10. 密闭式酒精发酵罐是一种厌氧发酵设备。( )
11. 圆筒体锥底发酵罐本身没有冷却夹套,需进行罐外冷却。( )
12. 酒精捕集器是利用酒精易被水吸收溶解的特点来回收酒精的。( )
13. 酒精的连续发酵技术已经广泛应用于国内的酒精生产中。( )
14. 圆筒体锥底发酵罐只能用于下面发酵啤酒的生产。( )
15. 圆筒体锥底啤酒发酵罐的锥底要求安装在室内。( )

五、问答题
1. 试以图说明密闭式酒精发酵罐的结构、特点及操作要点。
2. 举例说明酒精捕集器的结构及作用原理。
3. 简述糖蜜原料制酒精连续发酵设备的组成、特点及操作要点。
4. 简述酵母扩大培养设备的结构、特点及操作要点。
5. 试以图说明啤酒大容量发酵罐的结构、特点、安装要求及操作要点。

第五章　固态发酵生物反应器

【学习目标】
1. 知识目标　了解固态发酵基础理论、固态发酵反应器的设计要求、固态发酵反应器的应用现状；熟悉浅盘式、压力脉动生物反应器的结构、特点；掌握固定床、流化床、转鼓式、搅拌式固态发酵生物反应器的结构、特点。
2. 能力目标　掌握浅盘式、压力脉动生物反应器正确使用维护的要点；掌握固定床、流化床、转鼓式、搅拌式固态发酵生物反应器正确使用维护的要点。

第一节　概　　述

微生物发酵方法分为两类：一类是液体深层发酵，一类是固态发酵。固态发酵是最古老的生物技术之一。固态发酵又称为固体发酵，是指微生物在一定温度与湿度的固体培养基上生长、繁殖和代谢的发酵过程。利用固态培养基进行发酵的设备，称为固态发酵生物反应器。

一、固态发酵理论

1. 固态发酵的基本特征及主要特点

（1）固态发酵的基本特征　是以固态底物作为发酵过程的碳源和能源，在接近无自由水的状况下进行发酵反应。其主要表现为：

①固态湿培养基含水率50%左右，也有含水率在30%~70%的。底物为固态且几乎不溶于水。

②微生物在接近自然条件下，主要附着在培养基颗粒表面上生长。

③微生物生长和代谢所需的氧，主要来自气相，且传递速率较快。

④固态发酵为非均相反应体系，检测和控制困难，可用于工程设计的参数较少。

（2）固态发酵的主要特点　固态发酵与液态发酵的最大区别，是固态发酵的底物几乎不溶于水，液态发酵的底物大部分溶于水。

①优点：原料多为天然基质或废渣，来源广泛，价格低廉。生产中产生废水和废渣少，环境污染小。设备较简单，技术较容易掌握，后处理方便。产物浓度较高，能耗较少，生产成本低。

②缺点：由于有些菌种不适宜在固相中培养，故菌种选择性小。大规模生产时传质和传热受到限制，散热比较困难。天然原料成分复杂，时有变化，影响发酵生

成物的质量和产量。生产过程中,工艺参数较难检测和控制。工艺操作劳动强度较大。发酵速度慢,生产周期较长。

2. 固态发酵的传质

固态发酵的培养基有固体、液体和气体三种形式。对于固体培养基,微生物必须粘附在培养基上,所需水分常高于固态底物所含水分。因此,必须用潮湿空气或喷淋方法补充水分。培养基为液态时,培养基需在微生物颗粒表面形成液膜,并时时更新。有时培养必须或完全应用气态底物,如有机废气的处理。

固态发酵的传质主要是氧的传递,在固态发酵过程中,氧的传递方式是:氧从主流气体穿过液膜到达附着在固体基质上的菌体表面,再扩散进入固体底物颗粒内微孔,然后被微孔内壁微生物利用。其传递途径和增强传递的途径有:

(1) 固态发酵过程中,缺乏流动的水,又没有液相混合,因此通气是氧传递的主要途径。

(2) 减少颗粒直径,增加氧传递的界面面积。

(3) 颗粒内的传质,主要是氧的扩散和微生物分泌酶对固体基质的降解。

3. 固态发酵的传热

微生物生长过程中,释放的能量一部分供细胞成分的合成和微生物其他的活动消耗,其余能量以热的形式释放,产生热量大小与代谢活力成正比。固态发酵中产生的热量,由于固体基质的导热性差,过程缺乏有效混合,基质层的内外会有显著的温度差别。高温影响微生物生长和产物生成,低温会造成代谢活性不足,因此,固态发酵温度控制非常重要。在固态发酵反应器中,温度主要靠调节通气速率来控制。

二、固态发酵生物反应器的设计要求

(1) 生物反应器的材料必须坚固、耐腐蚀,并对发酵过程的微生物无毒。

(2) 能防止发酵过程污染物进入,同时控制发酵过程的有机体释放到环境中。

(3) 能有效进行通风调节、混合和热交换,控制温度、水活度、气体的氧浓度等操作参数,以满足微生物生长代谢的要求,保证所需产品的产量和质量。

(4) 能通过有效混合维持基质床层内部的均匀性,使温度梯度最小化。

(5) 在保证质量的前提下,生物反应器制造费用应尽量低。同时应考虑安装、使用维修时的费用,以降低生产成本。

三、固态发酵生物反应器的应用

1. 固态发酵生物反应器在资源环境中的应用

近年来,固态发酵领域的研究及其在资源环境中的应用有了很大进展。主要表现在生物农药、生物燃料、生物转化、生物修复及生物解毒等方面的应用。

(1) 生物农药　生物农药既不污染环境,又能杀死害虫。利用固态发酵生产真菌杀虫剂的方法与液态发酵相比,不仅生产成本降低,而且药物对害虫的毒力也有所提高。

(2)生物燃料 用于农业生产的残渣进行固态发酵生产生物燃料,主要为乙醇。乙醇是可再生能源,而纤维素原料是地球上资源最丰富、每年可再生的有机物质。利用固态发酵技术,把再生资源转化为有较高价值的物质,可减轻人类面临的能源、环境危机。

(3)生物转化 固态发酵中,一个重要应用领域就是利用微生物转化农作物及其废渣,提高其使用价值,减少对环境的污染。生物转化利用的菌株,一般为白腐菌。例如,用固态发酵方法改善木薯的营养价值,以木质纤维素作物剩余物生产饲料。

(4)生物修复 利用微生物及其代谢过程来修复人类长期生活和生产污染、破坏的局部环境。固态生物技术是环境修复的有益工具。

(5)生物解毒 有些农业生产残渣含有对人体有毒副作用的化合物,对这些残渣的有效利用非常困难。最近,利用固态发酵方法已成功地解决了木薯皮、油菜籽粉、咖啡浆、咖啡皮等残渣的解毒问题。

2. 固态生物反应器在其他领域的应用

固态发酵,可用来生产许多有价值的物质。例如,利用谷物或谷物残余物及其他农副产物或加工下脚料,生产发酵食品、酶、色素、抗生素、有机酸和风味化合物等产品。目前,固态发酵生物反应器在其他领域的应用主要有:

(1)生产生物活性化合物 如黄曲霉素、曲霉素、赤霉素、头孢菌素、四环素等。

(2)生产酶制剂 如纤维素酶、木聚糖酶、脂肪酶、谷氨酸酶、植酸酶等。

(3)生产有机酸 如柠檬酸、反丁烯二酸、乳酸、五倍子酸等。

(4)生产其他化合物 如L-谷氨酸、色素、胡萝卜素、黄原胶、乙醇等。

第二节 固态发酵生物反应器

按照固体培养方式不同,用于固态发酵生物反应器可归类为六种型式:浅盘式、固定床、流化床、转鼓式、搅拌式生物反应器以及压力脉动发酵生物反应器。

一、浅盘式生物反应器

1. 结构

浅盘式生物反应器如图5-1所示。反应器为一个长方形密闭的反应室。室上方有2只空气吹风机、空气过滤器、湿度调节器、加热器、空气出口。室左侧有紫外灯管、水压阀。室右侧有循环管、空气吹风机、空气入口。室内有托盘支持架及若干托盘,托盘由木料、金属或塑料等制成,底部打孔以保证通风良好。

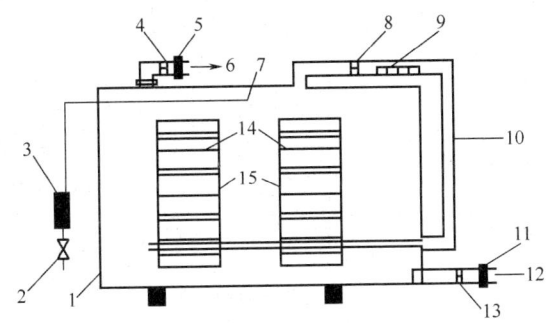

图 5-1 浅盘式生物反应器
1—反应室 2—水压阀 3—紫外光管 4、8、13—空气吹风机
5、11—空气过滤器 6—空气出口 7—湿度调节器 9—加热器
10—循环管 12—空气入口 14—托盘 15—托盘支持架

2. 特点
(1)结构简单,制造容易,投资少,能耗较低,易规模化生产。
(2)没有强制通风装置。
(3)占地面积大,消耗人力多,劳动强度较大。
(4)传质和传热受扩散和传导的限制,影响了浅盘床层的能力。

3. 操作要点
(1)培养基经灭菌、冷却、接种后装入托盘,最大厚度为15cm,将托盘放在密室的架子上。
(2)托盘在架上逐层放置,每层托盘间留有适当空间,以保证通风。
(3)发酵过程中,应严格控制密室的湿度、温度,由循环的冷(热)空气进行自动调节。

4. 适用场合
适用于固相发酵工艺中固体曲制备,特别适合酒曲的制造。

二、固定床生物反应器

1. 结构
固定床生物反应器如图 5-2 所示。
(1)通风曲槽培养室 如图 5-3 所示。通风曲槽培养室为一个长 10～12m、宽 8m、高 3m 的房间,墙壁结构为砖木、砖或钢筋水泥,门窗可换气或调节温、湿度。室内安装曲槽框架,有蒸汽管或蒸汽散热片,用于保温。另有排风扇,以利与自然通风一起降温。装有鼓风机,该机的送风管从曲槽下方进入。室上方有排风管。
(2)通风培养池(箱) 由木材、砖石、水泥板、钢板或钢筋混凝土等类材料制成。培养池(箱)可砌成半地下式或地面式,一般长 8～10m、宽 1.5～2.5m、高 0.5m 左右。培养池(箱)底部有风道,在道的两旁有 10cm 左右的边,以便安装

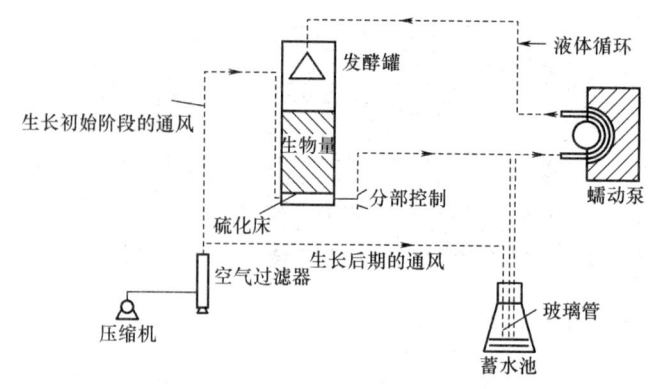

图 5-2 固定床生物反应器

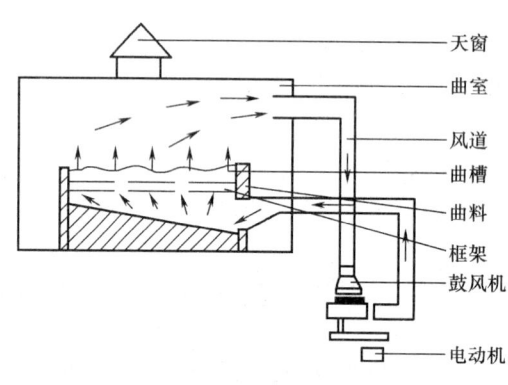

图 5-3 通风曲槽培养室

竹帘、有孔塑料板或不锈钢筛板等假底。培养池安装有鼓风机等配套设施。

2. 特点

为静置式反应器，采用动力通风，有利于控制反应床中的环境条件，能调节温度和空气风速，除去热量效果比较好，基本解决了料层中心缺氧和温度过高的问题。生产环境较差，不利于发酵工艺的控制，进出料人工操作，劳动强度大，工作效率低。

3. 操作要点

进料前将池室清洗打扫干净，并检查鼓风机等是否正常。将灭菌、冷却、接种后的培养基均匀铺入曲槽内，厚度为 30cm 左右。开鼓风机通风，并打开排风道，同时观察池室的温度和湿度。在反应过程中，通过调节温度和空气风速，控制池室的温度、湿度。

4. 适用场合

适用于对混合是有害的固态发酵过程，如真菌孢子等；也可用于葡萄糖淀粉酶、纤维素酶、单细胞蛋白、酱油等调味品、乙醇的发酵。

三、流化床生物反应器

通过流体的上升运动，使固体颗粒维持在悬浮状态进行反应的装置，称为流化床生物反应器。流化床生物反应器型式很多，有圆柱形、圆锥形、圆柱扩口形等。

1. 结构

圆柱扩口形流化床生物反应器的结构如图5-4所示。器身圆柱体,下为圆锥形,上为圆柱圆锥形扩口,扩口圆柱直径为器身柱体的1倍。扩口作用是防止固体颗粒流失。口上有平盖,并留有排气口。器身圆柱与圆锥连接处装有穿孔分布器。从上盖伸入一根空气进口管,管口至圆柱的下部接有分布器。下锥底有进料口,并有转子流量计。上扩口圆柱侧面有料液出口。

2. 特点

(1)流化床利用流体(液体或气体)的能量使颗粒处于悬浮状态,控制比较容易,颗粒与流体的混合较充分。传热传质性能好,床层压力降小,且温度较均匀。

(2)流化床生物反应器不存在床层堵塞、高的压力降、混合不充分等问题。

(3)固体颗粒的磨损较大。

3. 操作要点

(1)液固流化时,液体从设备下方流入,通过分布器,进入颗粒物料层,其流速应能使固体颗粒流态化。

(2)以气体为流化剂时,空气(好氧)和氮气(厌氧)可以直接从反应器底部进入。操作时,要防止腾涌和沟流两种不正常流化状态,如图5-5所示。

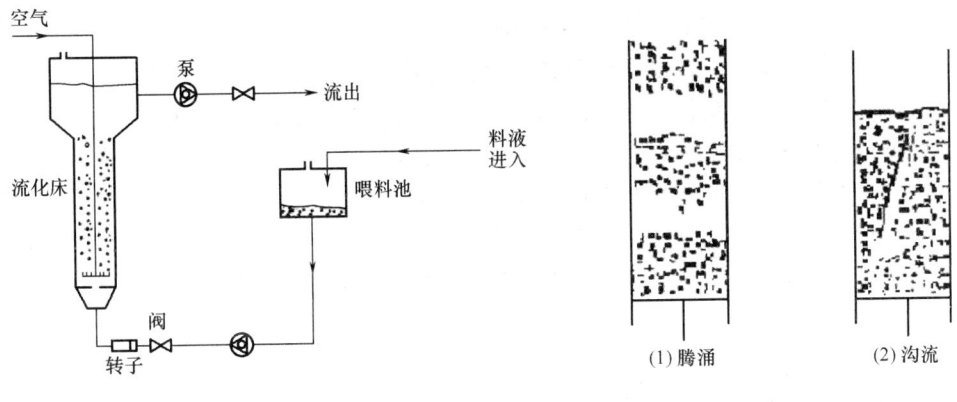

图5-4 流化床生物反应器

图5-5 气固完全流化时的两种不正常流化状态

(3)在流化阶段,压力降不随流速而改变,自流速达到临界流速起,压力降维持恒定。

(4)在流化过程中,操作速度保持在起流速度(开始流化时的流体速度)与带起速度(颗粒将被带出床层的速度)之间,不应小于起流速度的3倍。

4. 适用场合

可用于絮凝微生物、固定化细胞反应过程、固定化酶以及固体基质的发酵,如固体基质制曲过程(气固流化床)、用絮凝性酵母酿造啤酒(液固流化床)、单细胞蛋白、酵母、乙醇生产、废水的硝化和反硝化等。

四、转鼓式生物反应器

1. 结构

转鼓式生物反应器是由基质床层、气相流动空间和转鼓壁等组成的反应系统,如图5-6所示。转鼓体为圆柱形,两端平封头,并与空心管轴连接。在鼓一端空心管轴外装有旋转联轴器和接合器,管通入鼓内并弯向一侧至另一端形成空气通道,在通道上有一定数量约为鼓半径长的空气喷嘴。鼓体外侧离两封头一定距离处装有辊子,以便转动。

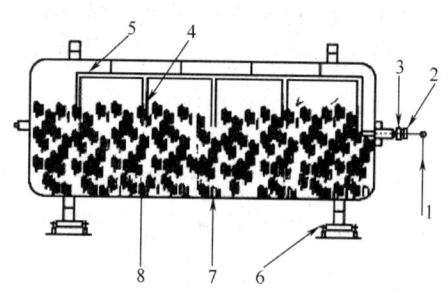

图5-6 转鼓式生物反应器
1—空气入口 2—旋转联轴器 3—接合器
4—空气喷嘴 5—空气通道 6—辊子
7—转鼓 8—固体培养基

2. 特点

(1)转鼓基质床层由处于滚动状态的固体培养基颗粒构成,一般含水量在50%左右,也有含水量30%或70%的。

(2)转鼓的转速很低,只有2~3r/min,对菌体的剪切力小。

(3)转鼓反应器可以防止菌丝体与反应器黏连。

(4)转鼓旋转不仅使筒内的基质达到较好混合,还改善了传质和传热状况,使菌体所处的环境比较均一。

(5)能满足通风和温度控制的要求。

3. 操作要点

(1)将配好的培养基经灭菌冷却,接种后装入转鼓内,一般为反应器总体积的10%~40%。

(2)开启转鼓,使其以较低速度转动,并通入空气。

(3)在发酵过程中,注意培养温度,控制好空气流速。

4. 适用场合

适用于酒精、制曲、酶、植物细胞培养、根霉发酵大豆及丹贝生产等。

五、搅拌固态发酵生物反应器

1. 结构

反应器有卧式的,也有箱式的。连续混合的水平桨混合反应器,是一个搅拌固态发酵生物反应器,如图5-7所示。反应器体为圆柱形、平封头、外全部为夹层。器内搅拌为水平单轴,多个搅拌桨叶平均分布于轴上,叶面与轴平行,相邻两叶相隔180°。搅拌轴与减速机、搅拌电动机相连,构成搅拌传动系统。器体有空气进出口、夹层冷却水进出口、温度探针。

2. 特点

(1) 反应器体的夹层,可进行降温,传热效果较好。

(2) 有搅拌器,固体颗粒温、湿度均匀,空气接触较好,改善了菌体生长和代谢环境。

(3) 反应器可用于不同的生产目的,并可以同时控制温度和湿度。

(4) 由于热只能通过器壁移出,因此用于大规模生产的效率很低。

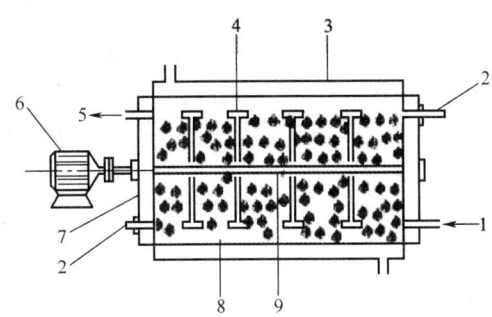

图5-7 水平桨混合反应器
1—空气进口 2—温度探针 3—水夹套 4—桨
5—空气出口 6—搅拌电动机 7—反应器
8—固体培养基 9—搅拌轴

3. 操作要点

(1) 将配好的培养基经灭菌冷却接种后,进入反应器。

(2) 开动搅拌器,同时通入空气。

(3) 在发酵过程中注意温度、湿度的变化,并通过控制空气流速和夹层冷却水进行调节。

4. 适用范围

适用于单细胞蛋白、酶和生物杀虫剂等生产。

六、压力脉动固态发酵生物反应器

压力脉动固态发酵新技术及其设备是固体发酵技术的一个新发展。该项技术具有较普遍的应用价值,并处于国际领先水平。

1. 结构

压力脉动发酵系统由两部分组成,如图5-8所示。

(1) 空气调节系统 主要设备有空气调节罐、换热器、水雾化处理装置、空气流量计、膜过滤器,通过对压缩空气的温度、湿度调节和除菌,使进入发酵罐的空气达到相对无菌。

(2) 发酵罐系统 由夹套、隔板、压力表、安全阀及压力控制装置、温度控制系统等组成。另有蒸汽通道,以便实罐灭菌。

2. 特点

它是由生命系统和环境系统组成的特定空间,而不是单一的装置。

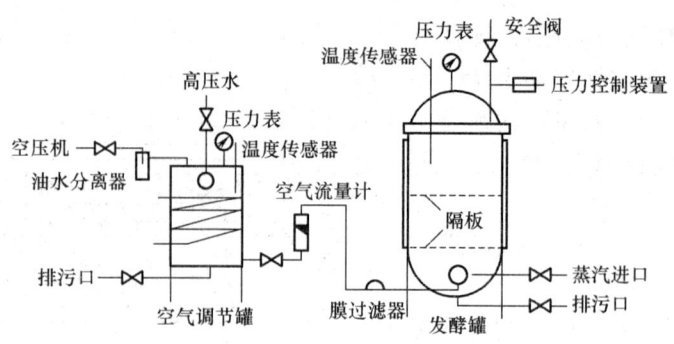

图 5-8　压力脉动发酵系统

3. 操作要点

主要操作是,用无菌空气对密闭低压容器的气相压力施以周期性脉动。

罐体气相压力通过灭菌空气充压与泄压。峰压值一般为 1350 kPa,谷压一般为 1030 kPa,峰压和谷压时间随发酵时间变化,设定周期一般为 15 min,根据需要确定。

4. 适用场合

适用于抗生素、酶制剂、食品添加剂、有机酸、生物农药和生物肥料的生产。

思考与练习

一、名词解释

沟流　固态发酵　浅盘式生物反应器　流化床生物反应器　转鼓式生物反应器　搅拌固态发酵生物反应器

二、填空题

1. 固态发酵的培养基有_____、_____和_____三种形式。
2. 固态发酵主要应用于_____、_____、_____、_____及_____等方面。
3. 搅拌固态发酵生物反应器有_____,也有_____。
4. 流化床反应器形式很多,有_____、_____、_____等。

三、选择题

1. 微生物生长过程中,释放的能量一部分为细胞成分的合成和微生物其他的活动消耗,其余能量以热的形式释放,产生热量大小与代谢活力成(　　)。

A. 正比　B. 反比　C. 线性关系　D. 二次曲线关系

2. 转鼓式反应器,是由基质床层、气相流动空间和转鼓壁等组成的(　　)。

A. 反应系统　B. 发酵罐　C. 反应釜　D. 转子

四、判断题

1. 通过流体上升运动,使固体颗粒维持相互压紧状态进行反应的装置,称为流化床反应器。(　　)

2. 流化床利用液体或气体的能量使颗粒处于向前运动状态,颗粒与流体的混合较充分。(　　)

3.压力脉动固态发酵新技术及其设备,是固体发酵技术的一个传统技术。(　　)

五、问答题

1.固态发酵有何特点？与液态深层发酵有何区别？

2.固态发酵生物反应器的设计有何要求？

3.简述浅盘式生物反应器的结构、特点、操作要点及适用场合。

4.简述固定床生物反应器的结构、特点、操作要点及适用场合。

5.简述流化床生物反应器的结构、特点、操作要点及适用场合。

6.简述转鼓式生物反应器的结构、特点、操作要点及适用场合。

7.简述搅拌固态发酵生物反应器的结构、特点、操作要点及适用场合。

第六章 动、植物细胞(组织)培养反应器

【学习目标】
1. 知识目标 了解动、植物细胞培养装置的应用,动物细胞培养装置主要类型;熟悉动、植物细胞培养装置的特点,植物细胞培养装置的类型;掌握动、植物细胞培养装置的结构。
2. 能力目标 正确使用与维护动、植物细胞培养装置。

动、植物细胞培养是指动物或植物细胞在体外条件下进行培养繁殖,此时细胞虽然生长与增多,但不再形成组织。动、植物细胞培养具有以下特点:

(1)动物细胞没有细胞壁,大多数哺乳动物细胞需要附着在固体或半固体表面上才能生长繁殖,即贴壁培养。

(2)动物细胞对培养基的营养要求非常苛刻,只能在含多种氨基酸、维生素、无机盐、糖和血清等营养成分的培养液中才能很好生长。

(3)动物细胞对培养环境条件十分敏感,对培养液温度、pH、溶氧浓度等条件比微生物培养要求要严格得多。

(4)动物细胞无细胞壁保护,所以培养过程中对搅拌产生的液体剪切力很敏感,强烈的机械搅拌与通气鼓泡引起的液体剪切力对动物细胞都会有一定程度损伤,易导致细胞破裂。

(5)植物细胞具有细胞壁的保护,故可像微生物一样在液体中悬浮培养,但对液体剪切力的耐受性比微生物低。

(6)动、植物细胞的生长比微生物缓慢得多,而且只有在高细胞密度条件下才能得到一定浓度的产物,所以培养所需时间比微生物培养时间长。

(7)动、植物细胞的培养条件非常适合杂菌生长,所以动植物细胞的培养系统需要严格的防污染措施。

第一节 动物细胞培养反应器

一、动物细胞贴壁培养反应器

大部分动物细胞需附着在固体或半固体表面上才能生长,细胞在载体表面生长并扩展成单一薄层,所以贴壁培养又称为单层培养。动物细胞贴壁培养反应器有多种。

1. 滚瓶培养

传统的动物细胞培养采用滚瓶培养。将如图6-1(1)所示的滚瓶装入培养液,接种后放到滚瓶机上,使滚瓶缓慢旋转,如图6-1(2)所示。动物细胞在滚瓶内壁贴壁生长繁殖,通过一定时间培养后将细胞收获。例如,有的生物制品工厂使用4~30L滚瓶进行动物细胞贴壁培养生产疫苗。

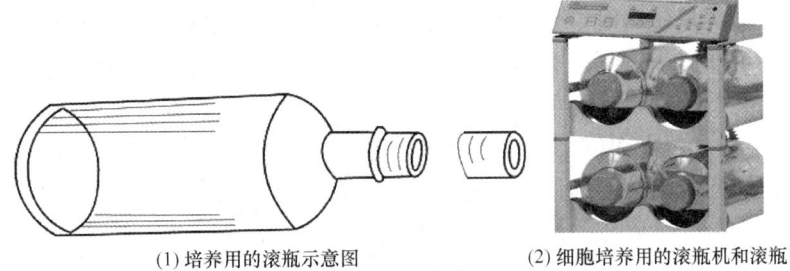

(1) 培养用的滚瓶示意图　　　　(2) 细胞培养用的滚瓶机和滚瓶

图6-1　培养用的滚瓶

滚瓶培养的特点:①滚瓶内表面与体积之比较小,为0.35左右,因而生产能力较低。②采用手工操作,劳动强度大。③不适用于动物细胞的大规模培养。

2. 中空纤维培养装置

近年来,开发的中空纤维培养装置如图6-2所示。培养装置由若干根中空纤维管组成,每根中空纤维管内径200μm,壁厚50~70μm。中空纤维管管壁是半渗透性的多孔膜,O_2与CO_2小分子物质可自由通过膜双向扩散,大分子有机物不能透过。动物细胞贴附在中空纤维管外壁上生长,可很容易获得营养物质和氧的供应。该装置内可安装上千根中空纤维管,其生长表面积与体积的比值可达40,溶氧传质速率高,为大规模动物细胞培养创造了条件。

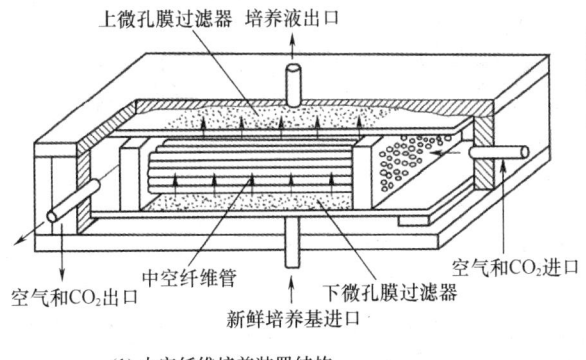 

(1) 中空纤维培养装置结构　　　　(2) 单皮层中空纤维膜丝

图6-2　中空纤维培养装置

中空纤维培养装置的特点:①灭菌要求严格。若因操作不当而污染杂菌,整个装置无法通过灭菌再生,经济损失较大。②生长表面积与体积比值大。③溶氧传质速率高。

二、通气搅拌式动物细胞悬浮培养反应器

各种搅拌细胞培养反应器的主要区别在于搅拌器结构。根据动物细胞培养的特点,要求搅拌器转动时剪切力小,混合性能好。少数动物细胞如杂交瘤细胞、肿瘤细胞等,可像微生物那样在通气搅拌反应器内悬浮培养。由于这类动物细胞缺乏细胞壁保护,若用机械搅拌通风发酵罐培养,当液体受到搅拌桨叶搅动时,液体间剪切力往往会过大而使细胞受到破损。此外,由于培养液中含有动物血清等高蛋白质成分,通气搅拌会引起泡沫过多,给培养操作带来困难。

图6-3是带帆形搅拌器的灌注系统培养装置,容积4~40L。反应器的帆形搅拌桨是用尼龙丝编织而成的。搅拌轴旋转采用磁力驱动,转速为20~50r/min。氧气通过插入溶液中的硅胶管扩散到培养液内,使液体维持一定的溶氧浓度。

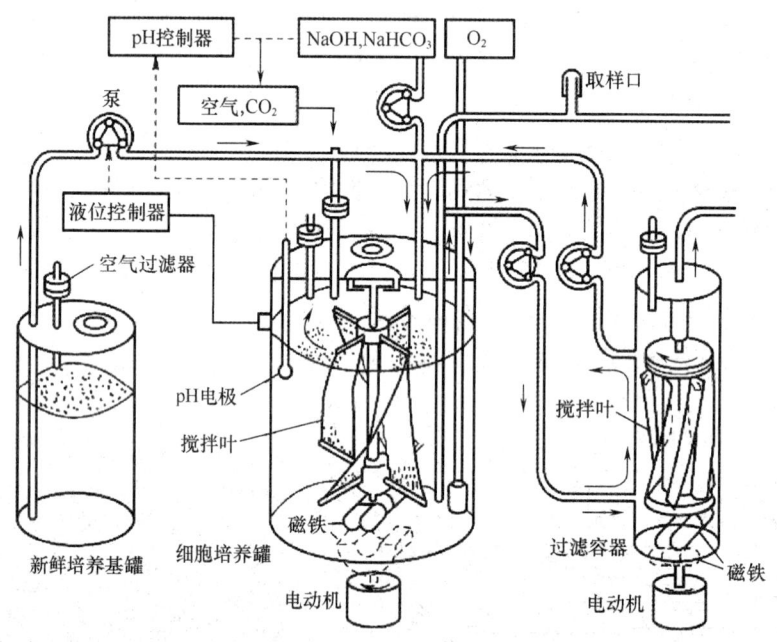

图6-3 带帆形搅拌器的灌注系统培养装置

该装置操作时,新鲜培养液连续流加,流出的培养液经离心式过滤器分离细胞后被排出。因此,培养系统称为灌注系统。

近年来,中试及工业规模的动物细胞悬浮培养反应器得到开发和应用。已有$10m^3$规模的动物细胞培养装置用于生产杂交瘤单克隆抗体。有的普通发酵罐通过

改进,也可用于动物细胞悬浮培养。主要改进搅拌装置和通气装置。用螺旋桨搅拌器取代圆盘涡轮式搅拌器,搅拌转速控制在 10r/min 左右,以减小搅动时液体间的剪切力。用扩散渗透通气装置取代传统的通气管。此外,用装有振动混合搅拌器的生物反应器也可用于动物细胞悬浮培养。生物工程中,常用的动物细胞悬浮培养反应器如图 6-4 所示。

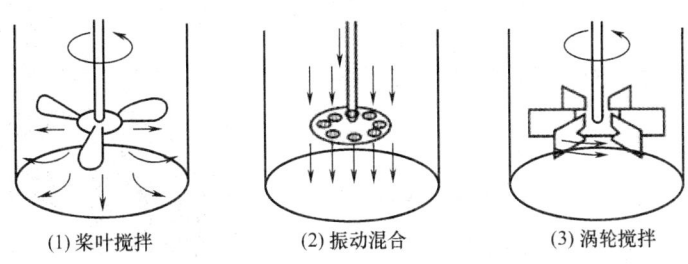

(1) 桨叶搅拌　　　(2) 振动混合　　　(3) 涡轮搅拌

图 6-4　常用动物细胞悬浮培养反应器

三、气升式动物细胞培养反应器

气升式动物细胞培养反应器,在动物细胞培养中取得很大成功。与搅拌式生物反应器相比,气升式反应器的优点是:①气升式反应器中产生的湍动缓和而均匀,剪切力较小。②反应器内无机械运动部件,细胞受损伤力较小。③反应器通过直接喷射空气供氧,氧传递速率高。④反应器内液体循环量大,细胞和营养成分能均匀地分布在培养基中。例如,气升式动物细胞培养反应器可用来培养杂交瘤细胞生产单克隆抗体,工艺流程如图 6-5 所示。先用容积为 1L 的转瓶进行培养,然后接种到 10L 培养罐,培养 2~3d。细胞密度达到 10^6 个/mL 时,接种到 100L 培养罐中。最后接种到 1000L 培养罐中大规模培养。从 10L 到 1000L 培养,共需 17d 时间,可生产单克隆抗体 100g。

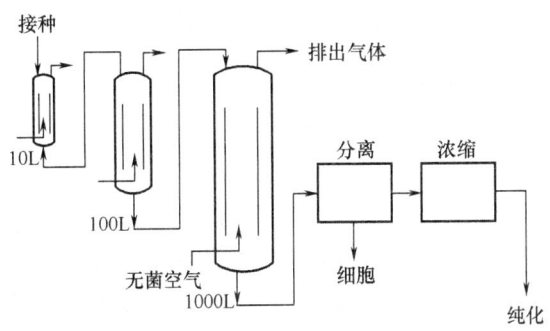

图 6-5　1000L 动物细胞培养流程图

在气升式反应器中,溶氧控制可通过自动调节进入空气的速率来实现。pH 通过在空气中加入 CO_2 或加入 NaOH 来控制。在低血清和小通气量培养条件下,产生泡沫不多。如有必要,可采用专用消泡剂消泡。培养过程中,通过无菌取样、细胞计数,可对细胞生长情况进行监测,也可通过测定氧消耗等方法对细胞生长情况间接测定。

计算机控制的全自动 20L 气升式动物细胞培养反应器如图 6-6 所示。全自动气升式动物细胞培养系统为全密闭结构,混合气体从培养器底部的管道输入,气体沿培养器中央内管上升。一部分气体从培养器顶部逸出,另一部分气体被引导沿培养器的内缘下降,直达培养器底部与新吹入气体混合而再度上升。这样,借助气体上下循环搅动培养器内的细胞,使之不贴壁。通过计算机程序控制混合气体组分,维持培养液内一定的溶氧和 pH。

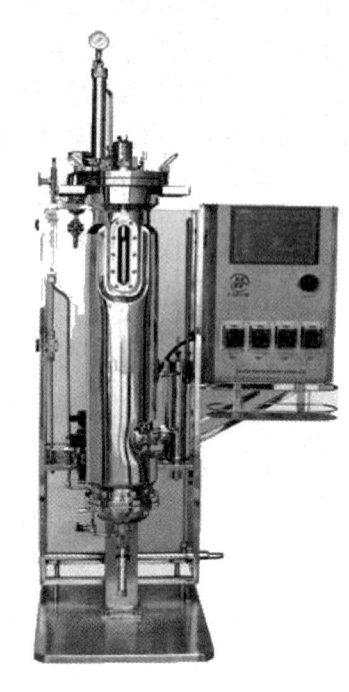

图 6-6 20L 气升式动物细胞培养反应器

该系统的优点:①没有运动部件,对细胞损伤小。②系统完全密封,不易污染,便于无菌操作。③结构简单,操作方便。④便于放大生产。⑤氧的转换率高,可较好满足细胞生长要求。

四、动物细胞微囊培养系统

把生物活性物质、完整的活细胞或组织包在薄的半透膜中,称为微囊技术。微囊技术操作过程如图 6-7 所示。

在无菌条件下,将活性细胞或生物活性物质悬浮在 1.4% 的海藻酸钠溶液中。通过特制的成滴器,让含细胞的悬浮液形成一定大小的液滴,滴入氯化钙溶液中,形成内含活细胞的胶化小珠。每个胶化小珠,再用长链氨基酸聚合物多聚赖氨酸包被,形成坚韧、多孔、可通透的外膜。膜孔大小可根据需要改变。重新胶化的小珠,使成胶物质从多孔膜流出。活细胞或生物活性物质留在多孔外膜内,放入气升式培养系统中繁殖。微囊内的活细胞由于有半透性微囊外膜,可防止污染和物理损伤。营养物质和氧可通过膜孔进入囊内,细胞代谢的小分子产物可排出囊外,分泌的大分子产物不能透过膜孔,积聚在微囊内。微囊内细胞由于得到充分营养,可获得高达 1.4×10^8 个/mL 的细胞密度。细胞密度大,分泌物产量高。该系统培养

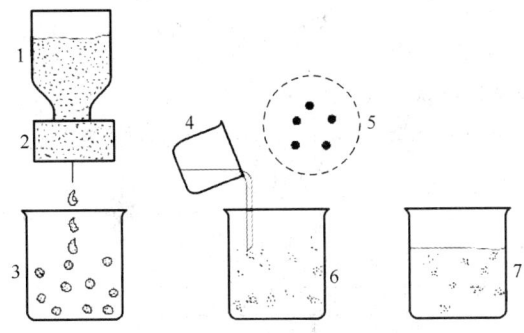

图6-7 微囊技术操作过程
1—悬浮细胞胶状液 2—成滴器 3—胶化小珠 4—包被溶液
5—显微镜下胶囊 6—多孔微胶膜 7—完成操作后的微囊

周期为2~3周。抗体浓度高,可达1~10mg/mL,为常规培养的50~100倍。收集培养过的小珠,离心沉淀,用生理盐水洗涤,除去黏附的培养液,再用生理盐水洗涤。用物理方法破碎小珠,离心去除小珠碎片和细胞,抗体留在上清液中。其起始纯度为40%~75%,经过纯化可得到纯度在95%以上的产品。

微囊培养系统的优点:①细胞密度大。②单位体积产物浓度高。③分离纯化操作简便。④抗体活性、纯度高。

缺点:①微囊技术成功率比较低。②培养液用量大。③微囊内部分死亡细胞会对产物产生污染。

五、动物细胞大载体培养系统

动物细胞大载体培养系统如图6-8所示,是新型的动物细胞大规模培养装置。其主要部件配置先进,如溶解氧、pH测定及培养液输入和产物收获均由计算机程序控制调节。培养器外面套以水浴玻璃缸加温。混合气体从培养器底部输入使细胞悬浮培养,通气量大而对细胞损伤小。大载体由海藻酸钠构成,海藻酸钠含有重复排列的葡糖醛酸和甘露糖醛酸,在钙溶液中形成适宜于附着的网络状凝胶珠。收集细胞时,可用Na-EDTA和柠檬酸钠使细胞从凝胶中分离出来。

大载体的制备过程:配制50mmol/L氯化钙溶液,经蒸汽高压灭菌后,由输入泵注入培养器中1750mL。将收集的细胞悬液体积25mL,注入到930mL无菌低黏度的海藻酸钠凝胶中充分混匀。通过喷珠装置,根据需要的速度,利用输入泵将细胞混合液喷珠于氯化钙溶液中,使大载体的直径控制在2.6mm左右。喷珠结束后,抽出氯化钙溶液,另注入生理盐水洗涤2次,最后注入2000mL培养液进行气升式悬浮培养。

系统优点:①操作控制方便,可随机取样检测。②附着细胞密度高。③消耗用品价格低廉,产物收获量大,有明显经济效益。

缺点:系统不具有细胞分泌产物的浓缩装置。

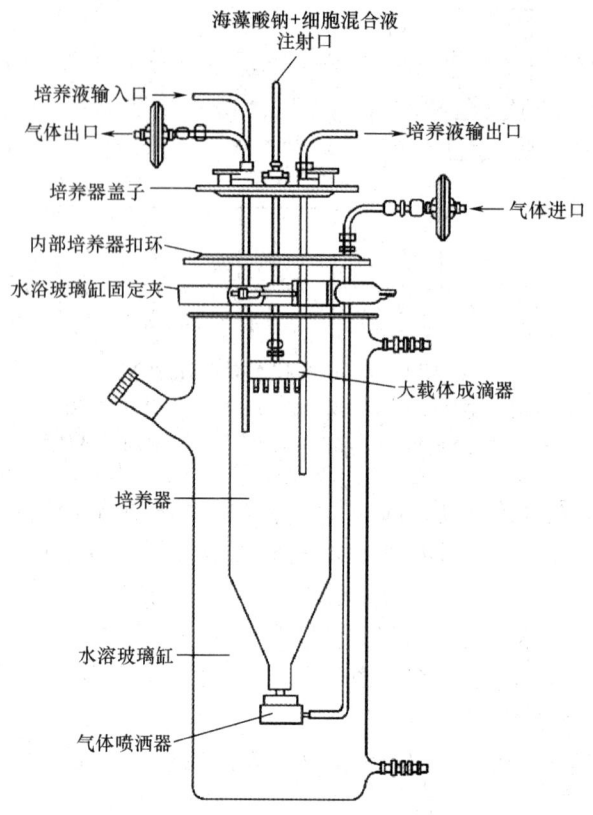

图6-8 大载体动物细胞培养系统

六、动物细胞微载体悬浮培养反应器

动物细胞微载体悬浮培养的基本原理是利用固体小颗粒作载体,细胞在载体表面附着,通过连续搅拌使其悬浮于培养液中,并进行单层生长、繁殖。由于扩大了细胞附着面,能充分利用生长空间和营养液,大大提高了细胞生长效率和产量。

这种培养方法具有显著优点:①具有较大比表面积。②生长环境均一,培养条件易于控制,培养规模容易放大。③兼具贴壁培养和悬浮培养优势,属于均相培养。④取样和细胞计数简单。⑤细胞和培养液易于分离。⑥大规模培养只需对机械搅拌式或气升式培养系统稍加改进即可。⑦适合于培养原代细胞、二倍体细胞株。

微载体悬浮培养要解决三个关键技术问题:①具有合适的搅拌,使微载体在培养液内悬浮循环流动,又不因过高剪切力使细胞受到破坏。②不能像传统发酵罐那样,用空气在培养液内鼓泡充氧,只能用特殊方式传递氧,以满足所需溶氧浓度。③在培养液中严格控制pH,要求pH控制误差小于0.05。

典型的动物细胞微载体悬浮培养反应器有以下几种:

1. 微珠动物细胞悬浮培养生物反应器

用微珠作载体,使单层动物细胞生长于微珠表面,可在培养液中悬浮培养。该微珠可用葡聚糖凝胶、聚丙烯酰胺或甲壳质等制成,微载体球直径为 40~120μm,经生理盐水溶胀处理后,直径为 60~280μm。用于动物细胞培养的微载体颗粒直径要均匀,径差小于 20~25μm。溶胀后的载体相对密度稍大于培养液相对密度,要求密度在 1.03~1.05g/mL,以便在反应器内经缓慢搅拌后,微载体能悬浮于培养液中。图 6-9 为培养后的葡聚糖凝胶微载体显微照片。

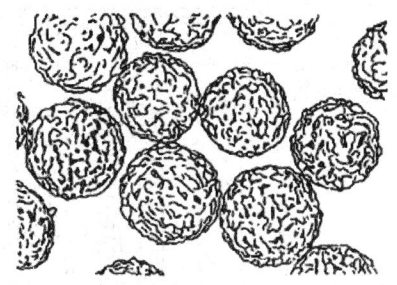

图 6-9 培养后的葡聚糖凝胶微载体显微照片

2. 带中空纤维束的动物细胞微载体悬浮培养反应器

图 6-10 是带中空纤维束的动物细胞微载体悬浮培养反应器,径高比为 1.2~1.5,培养液通过下层螺旋桨搅拌器被缓慢地搅动循环,转速在 0~80r/min,使动物细胞微载体在培养液中处于悬浮状态。反应器最大的特点是用直径 2.5mm 的聚四氟乙烯中空纤维管作为通气供氧装置。空气在管内,氧分子通过半透性管壁渗透到培养液中,供给动物细胞生长。这种通气供氧方式,在培养液中不会产生气泡,可避免损坏动物细胞。该装置氧传递能力达 30mg/(L·h)。若在中空纤维管束中通入纯氧,传递能力还可提高。

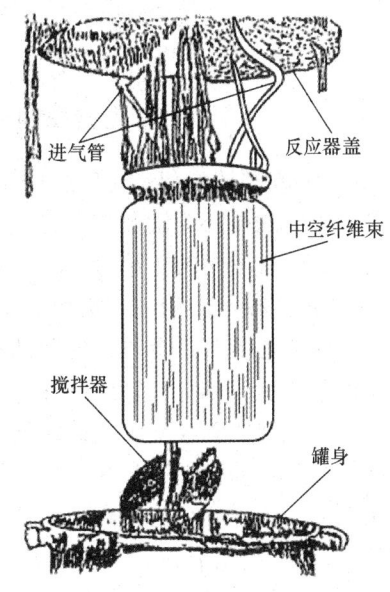

图 6-10 带中空纤维束的动物细胞微载体悬浮培养反应器

3. 气腔式动物细胞微载体悬浮培养反应器

气腔式动物细胞微载体悬浮培养反应器如图 6-11 所示。反应器内有个可旋转的圆筒,圆筒上部设有 3~5 个中空导向搅拌桨叶,圆筒外壁上用 200 目(孔径约 75μm)的不锈钢丝网焊成一个环状气腔,气腔下面有一圈气体环状分布管。

反应器运转时,圆筒由轴联动一起以 0~50r/min 转速旋转。培养液由于中空导向搅拌桨叶的搅动作用,液体与微载体悬浮液由圆筒下部吸入,从中空导向搅拌

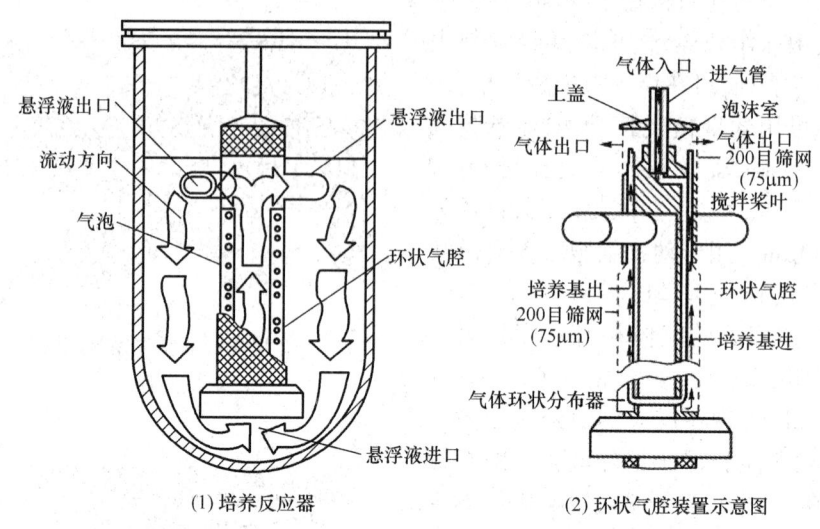

图6-11 气腔式动物细胞微载体悬浮培养反应器

桨叶流出,形成循环流动。在气腔内气体由分布管鼓泡,气体溶于液体中,依靠气腔丝网外液体的循环流动及扩散作用,使溶于液体的气体成分均匀分布到反应器内。使用200目丝网的作用,是保证微载体不进入气腔,气泡也不流入培养悬浮液中,避免气泡直接与动物细胞接触。

该反应器还带有一个进入气腔的混合气体(O_2、N_2、CO_2和空气)调气系统,用于自动控制溶氧和pH。该反应器操作较方便,转速控制稳定。

4. 锥形气腔式动物细胞微载体悬浮培养反应器

锥形气腔式动物细胞微载体悬浮培养反应器如图6-12所示。其外壳是圆锥形筒体,圆锥形筒体内装有一个可旋转的塑料丝网气腔。气腔尖端部带有推进式搅拌叶(螺旋桨搅拌器),靠螺旋桨翻动,使培养液循环流动,也使微载体悬浮于培养液中。在塑料丝网气腔内,有一圈气体鼓泡管,同样也有四种气体通过配比调节来控制培养液的pH和溶氧浓度,以满足动物细胞生长所需要的条件。

通过对动物细胞培养装置的性能比较可看出,如果动物细胞微载体悬浮培养反应器能很好解决氧传递问题,该反应器是一种能比较容易控制和放大的装备。

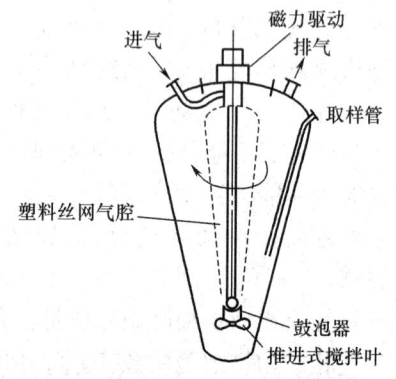

图6-12 锥形气腔式动物细胞微载体悬浮培养反应器

第二节 植物细胞(组织)培养反应器

植物是人类赖以生存的重要条件,为人类提供食物、药品、香料、色素等。地球上有75%的人以植物作为治病、防病的药物来源。人口过度增长和对植物需求急剧增加,造成人类对天然植物药资源的掠夺性开发,许多植物药的天然资源已经枯竭。植物栽培的收得期较长,使得靠大面积人工栽培提取药物的方法满足市场需求也不可行。运用植物细胞培养技术生产有用的代谢产物,开辟了植物资源合理利用的新途径,成为生物工程领域的重要内容。

广义的植物细胞培养技术,包括植物器官、组织、细胞以及原生质体培养,并以此发展起来的各种植物细胞培养技术。植物细胞(组织)培养反应器的研制,是植物细胞培养技术向工业规模发展的关键。不同植物细胞的生理、代谢方式不同,培养方式也不同。

一、植物细胞培养过程的特点

虽然微生物培养中许多技术可用于植物细胞培养,但由于植物细胞本身固有特性,如细胞大小、细胞块形状、培养液黏度等,要建立适合于植物细胞培养的装置,必须了解植物细胞的有关性质。

1. 细胞培养液的性质

植物细胞比微生物大得多,在低倍光学显微镜下能很容易观察到它的形态。如烟草细胞比微生物细胞大 50~100 倍,细胞体积要膨大 10^5~10^6 倍,细胞在培养液中所占体积高达 40%~50%。细胞培养过程中,细胞形态有明显变化。以间歇培养为例,在培养初期,多半是较大的游离细胞。接着便开始分裂,随着分裂,原来较大细胞分裂成一个个较小细胞。同时,较小细胞就聚集成细胞块。在生长停止后,细胞便生长,块状细胞就游离分散。

因此,植物细胞培养液的黏度与微生物发酵液表现得明显不同,它随细胞浓度增加而显著上升。烟草细胞对数生长期的培养液黏度为培养初期的 30 倍。

2. 植物细胞培养中的传递状态

在植物细胞大规模液体培养中,为供给必要的氧,须通气和搅拌。这在工业规模生产中,是影响生产成本的重要因素。培养的烟草细胞氧消耗的最大值为 0.6mmol/[g(干重)·h],而微生物深层培养时氧的消耗速度为 1.5~8mmol/[g(干重)·h]。可见,植物细胞培养的需氧量要低得多。

在通气搅拌反应器中,氧传递效率用液膜体积系数 $k_L a$ 表示。起始 $k_L a$ 和最终细胞浓度的关系如图 6-13 所示。图中可看出,$k_L a$ 值在 $10h^{-1}$ 以下时,培养细胞量和 $k_L a$ 值成正比。$10h^{-1}$ 这样的 $k_L a$ 值与微生物培养的 $k_L a$ 值相比要低得多。

$k_L a$ 值过大对细胞增殖未必有好处,因 $k_L a$ 值过大时氧传递效率过高,使培养细胞的主要挥发性代谢物(如CO_2)被强制除去而降低细胞增值速度,从而导致细胞浓度降低。因此,如果在k_La值高的操作条件下通入一定量CO_2对细胞量的增大是有效的。

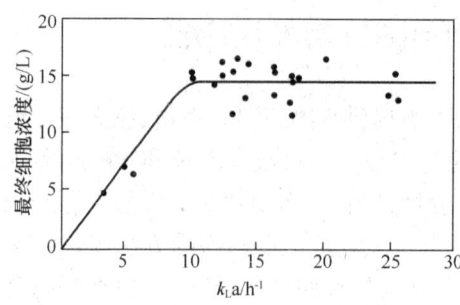

图6-13 起始k_La和最终细胞浓度的关系
(培养144h)

二、植物细胞培养反应器

植物细胞培养主要采用悬浮培养和固定化细胞培养系统。悬浮培养所用的生物反应器有机械搅拌式反应器和非机械搅拌式反应器。固定化细胞培养反应器有填充床反应器、流化床反应器和膜反应器等。

1. 悬浮培养生物反应器

(1)机械搅拌式反应器 机械搅拌式反应器采用机械搅拌器使溶质均匀混合,优点是能获得较高k_La值($>100h^{-1}$),而植物细胞培养所需k_La值为5~20h^{-1}。因此,认为机械搅拌式反应器应用于植物细胞培养存在的主要问题是:植物细胞的细胞壁对剪切的耐受力差,经改进的搅拌式反应器能够适应植物细胞培养的要求。桨形板搅拌器既能满足植物细胞溶氧需求,搅拌剪切强度又不会对细胞造成伤害。平叶形搅拌器加挡板与气升式反应器相当,较适合于植物细胞培养。仅从剪切对细胞造成伤害、抑制植物细胞生长和次级代谢物合成考虑,对搅拌器加以改进,可减小搅拌过程的剪切力,使搅拌式反应器能更广泛应用于植物细胞培养。

图6-14为机械搅拌式植物细胞培养装置。反应器容积$20m^3$,搅拌叶直径为罐体直径的1/2,在低通气条件下,通入经PVA过滤器除菌的无菌空气。

这种植物细胞培养装置的特点:①由于大多数植物细胞并不需要太高溶氧系数,而在较低k_La值时机械搅拌式反应器单位体积消耗功率比非机械搅拌式反应器高。②反应器搅拌轴给无菌密封带来困难。③不同细胞株对剪切敏感程度不同,即使使用同一细胞株,随细胞龄的增加,对剪切敏感程度也会提高。④由于多数植物次级代谢产物往往在细胞生长后期产生,因此尽管机械搅拌式反应器已成功用于植物细胞培养,但如何更好应用于次级代谢产物的生产还需要进一步研究。

(2)气体搅拌式反应器 如图6-15所示。它是利用通入空气作为通气和搅拌的生物反应器,主要有鼓泡式反应器、气升式反应器。气升式反应器又分为外循环和内循环两种型式。

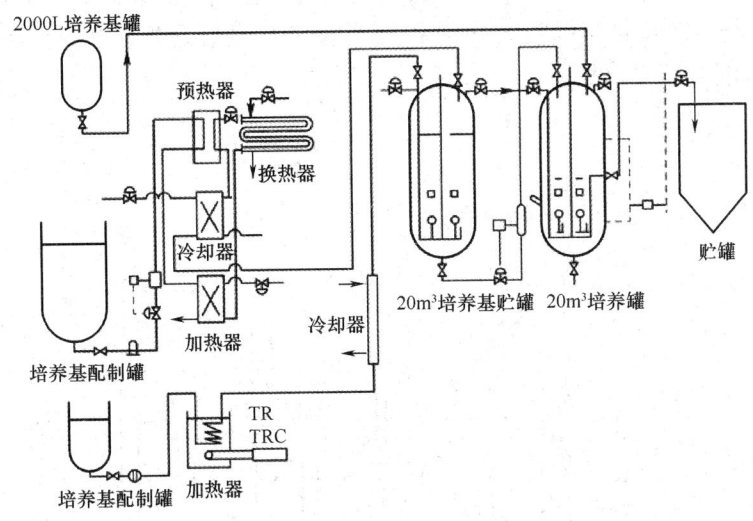

图6-14 20m³植物细胞培养装置流程图

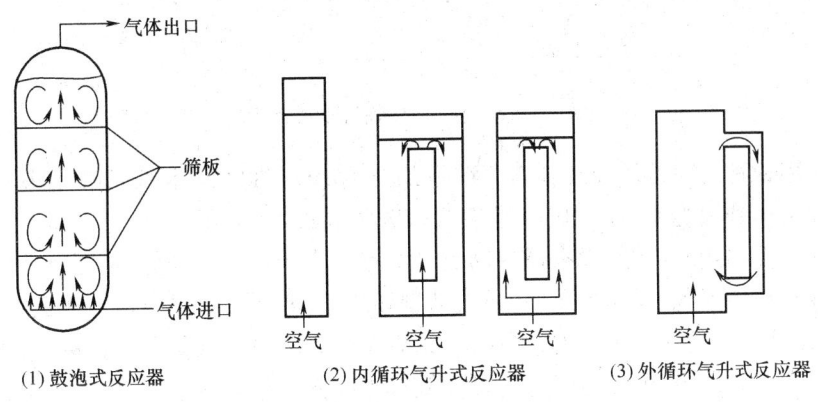

(1) 鼓泡式反应器　　(2) 内循环气升式反应器　　(3) 外循环气升式反应器

图6-15 气体搅拌式反应器

需氧培养的反应器,首先须解决氧传递问题。对于低、中等需氧系统,气体搅拌通常比机械搅拌更有效。气体搅拌式反应器中,氧传递系数变化主要取决于单位体积气液接触表面积,该值又取决于气泡大小和总气体持有量(气体占有体积与反应器总体积之比)。气泡大小取决于气体分布器设计、流型及培养基的特性。增加气体流速可增加气体持有量和氧传递系数,但气体流速增加会受到泡沫等问题的限制,必要时可通过修改反应器内部结构以促进氧传递。

气体搅拌式反应器特别适于植物细胞生长与次级代谢产物生成,气体搅拌式反应器的设计有许多改进。图6-16为新疆紫草细胞培养,为气升内错流式植物细胞培养。其优点:①能适应植物细胞培养周期长,及培养液随培养进程而蒸发减少的生物反应过程。②可抑制气泡聚合,减弱气泡在液面破裂时产生的冲击力对细胞的损伤。③可提高降液区气含率,消除降液区缺氧现象,并强化混合与氧传递,大大降低反应器高度。

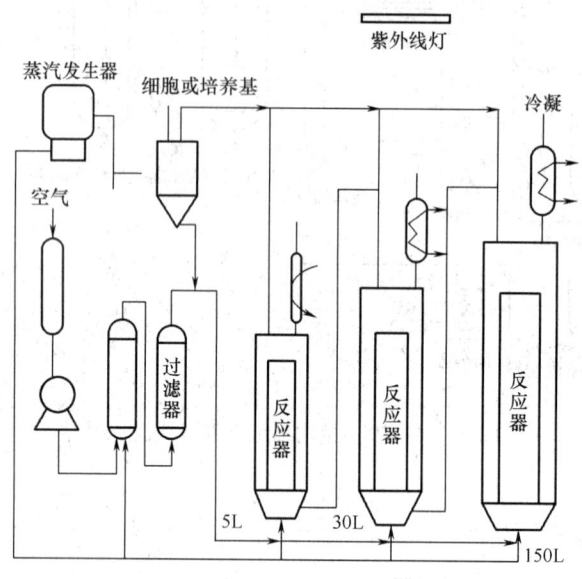

图6-16 新疆紫草细胞培养流程

使用这种反应器培养新疆紫草细胞,培养结束时细胞量达到12g(干重)/L,紫草宁含量达到细胞干重的10%,是天然植株含量的2~8倍。

气体搅拌式反应器,没有搅拌轴更易保持无菌,但往往因搅拌强度较低使培养物混合不均。因此,须大量通气,输入动量和能量,保证反应器内培养液良好传质、传热,并保证不出现死角。但过量通气易驱除培养液中二氧化碳和乙烯,对细胞生长反而有阻碍作用,因而有时也需要降低气体成分传质系数。同时,由于植物细胞摄氧速率较低,过高溶氧对植物细胞合成次级代谢产物不利。这是气体搅拌式反应器应用中应特别要注意的。鼓泡柱式反应器氧传递能力较大,气升式反应器因流体不断循环而混合效果较佳。

气体搅拌式反应器与机械搅拌植物细胞培养罐比,有如下优点:①结构简单。②造价低。③无轴封装置,灭菌方便。④传氧效率高。⑤液体流动时剪切应力低。⑥能耗及操作费用低。⑦可用通气速率来控制细胞生长速率。

2. 固定化细胞生物反应器

植物细胞培养的最大问题是培养中的细胞遗传和生理的高度不稳定性。由于细胞间的不一致性,培养过程中高产细胞系往往出现低产率和产生其他代谢物。固定化细胞培养可在一定程度上克服这种倾向。固定化细胞系统比悬浮培养更适合于植物细胞团培养。另外,固定化细胞包埋于支持物内,可消除或极大减弱流质流动引起的切变力。细胞在一个限定范围内生长也可导致一定程度的分化发育,从而促进次级代谢产物的产生。此外,还便于连续操作。固定化细胞反应器已用于辣椒、胡萝卜、长春花、毛地黄等植物细胞的培养。

(1)填充床反应器 如图 6-17 所示。在反应器中,细胞固定于支持物表面或内部,支持物颗粒堆叠成床,培养基在床层间流动。填充床中单位体积细胞较多,由于混合效果不好常使床内氧传递、气体排出、温度和 pH 控制较难,如支持物颗粒破碎还易使填充床阻塞。

(2)流化床反应器 如图 6-18 所示。利用流体(液体或气体)的能量,使支持物颗粒处于悬浮状态。反应器混合效果较好,但流体切变力和固定化颗粒碰撞常使支持物颗粒破损。另外,流体动力学复杂,使其放大困难。用藻酸纤维固定化植物细胞的循环流化床反应器如图 6-19 所示。

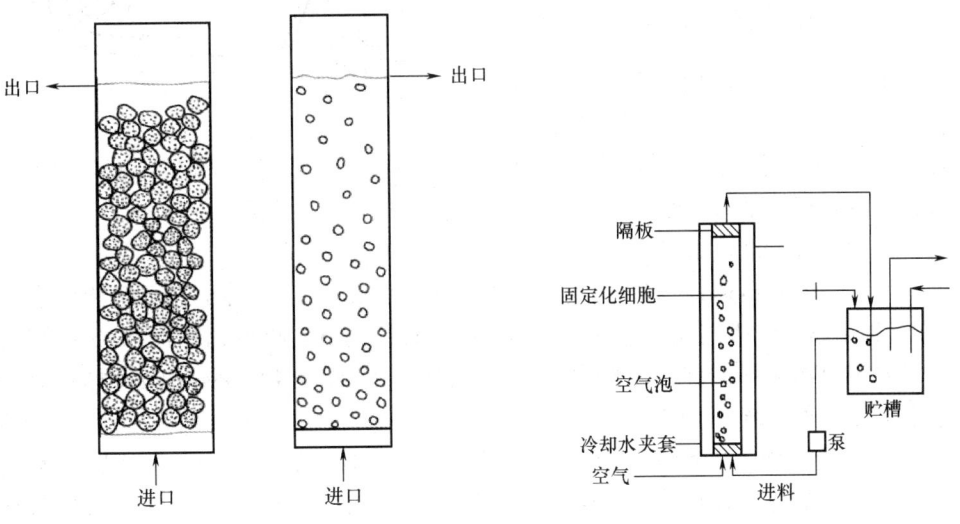

图 6-17 填充床反应器　　图 6-18 流化床反应器　　图 6-19 用藻酸纤维固定化植物细胞的循环流化床反应器

(3)膜反应器 膜固定化是采用具有一定孔径和选择透过性的膜固定植物细胞。营养物质可通过膜渗透到细胞中,细胞产生的次级代谢产物通过膜释放到培养液中。膜反应器有中空纤维固定化细胞膜反应器和螺旋卷绕固定化细胞膜反应器。中空纤维固定化细胞膜反应器如图 6-20 所示。细胞保留在装有中空纤维的管中,例如,利用中空纤维固定烟草细胞生产酚类物质,利用中空纤维反应器进行胡萝卜和矮牵牛细胞的固定化培养等。

螺旋卷绕固定化细胞膜反应器如图 6-21 所示,它是将固定有细胞的膜卷绕成圆柱状。

膜反应器的优点:①操作压力下降较低。②流体动力学易于控制。③反应器

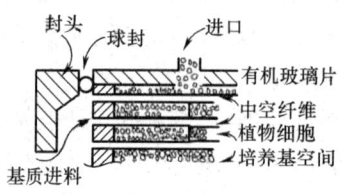 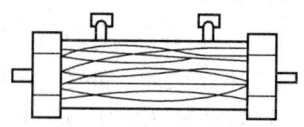

图 6-20 中空纤维固定化细胞膜反应器

易于放大。④可提供均匀的培养条件。⑤可进行产物分离以解除产物反馈抑制。缺点是,构建膜反应器成本较高。

三、植物组织培养反应器

植物次级代谢产物的合成,常与植物细胞分化程度有关。利用高度分化的植物器官、组织培养,提高目的产物含量。根、枝、叶、胚、发状根以及冠瘿组织等的大规模培养系统,有以下几种。

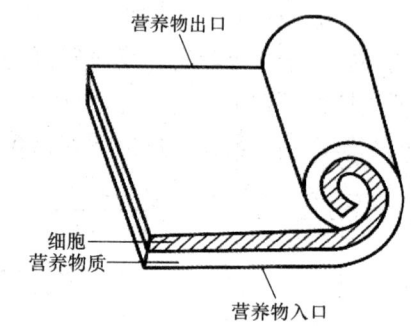

图 6-21 螺旋卷绕固定化细胞膜反应器

1. 发状根大规模培养

发状根生长迅速,遗传性稳定,生化特性不易改变,以及易于进行遗传操作的特点,越来越受到人们重视。这一培养系统对传统药材更重要,因为约 1/3 传统药材来源于植物根部。目前,已在人参、丹参、甘草、黄芪等 40 多种植物材料中建立了发状根培养系统。

发状根培养对象是相互连接的非均匀物质。因此,流体动力学性质明显不同于悬浮培养细胞。大规模发状根培养反应器有多种,以气升式效果较好。例如,利用 20m³ 气升式反应器培养人参发状根已开发成商品。图 6-22 为流化床反应器培养黄花蒿发状根流程示意图。

2. 小植物的大规模快速繁殖

通过传统的快速繁殖技术,已经获得许多种植物再生株,如水稻、玉米、香蕉。但传统方法需要成百上千培养容器来生产大批植株,劳动强度大、费用高。大规模悬浮培养技术进行植物的快速繁殖,是一项十分有用的培养技术。

采用组织培养反应器进行植物快速繁殖,有两条途径:①形成不定芽,即从植株茎尖诱导不定芽后,在反应器中大规模培养不定芽或不定根。②形成胚状体,即从植株外植体诱导胚性愈伤组织,进而得到体胚,然后在反应器中大规模培养体胚,最终制成人工种子。例如,草莓、矮牵牛、香蕉苗、百合、唐菖蒲等的茎、芽、微小块茎、体细胞胚、小植物和合成种子的大规模培养等。培养反应器种类有两大类,即机械搅拌式反应器如旋转鼓式、旋转过滤器式等,非机械搅拌式反应器

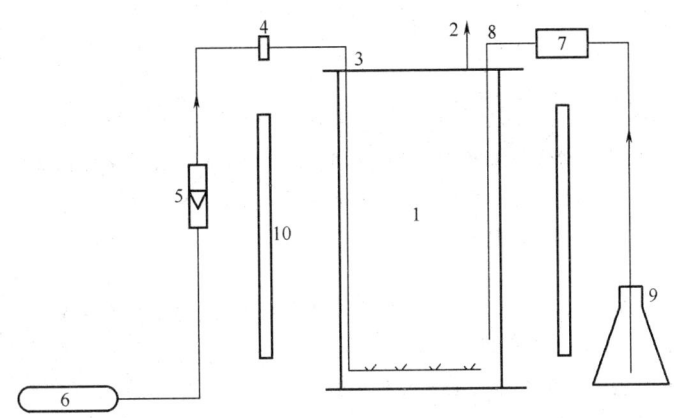

图6-22 流化床反应器培养黄花蒿发状根流程示意图
1—反应器 2—空气出口 3—空气入口 4—空气过滤器 5—流量计
6—空气贮罐 7—蠕动泵 8—无菌水入口 9—无菌水贮槽 10—荧光灯

如气升式、气泡柱式、交叉通气式等。

适用于香蕉等植物的浅层循环式植株快速繁殖器如图6-23所示,植物组织(体细胞植株)的根部浸没于浅层培养液内,而长出的芽和叶则露于空气中,培养液采用循环泵循环流动,使根部周围培养液不断更新,保证养分的连续供应。在反应器体3内安装若干层托板4,植物组织种芽放在托板4上,培养液贮放于壳体下部,经培养液出口管2由循环泵送至培养液进口管5,加入首层托板,在托板中形成浅液层连续流动,并逐层往下流,最后回流至壳体下部进入下一循环。无菌空气由空气分布管7通入培养液中鼓泡,使培养液中有足够的溶解氧,湿空气由壳体顶部排气口6排出壳体,同时将植物呼出废气带走,换以新鲜空气。反应器及培养液温度通过通入空气控制温度,温度传感器1将培养液温度通过转换器9反馈到温度调节器8中,温度调节器根据温度设定值和反馈值,确定加热或冷却空气,从而达到控制培养液温度的目的。

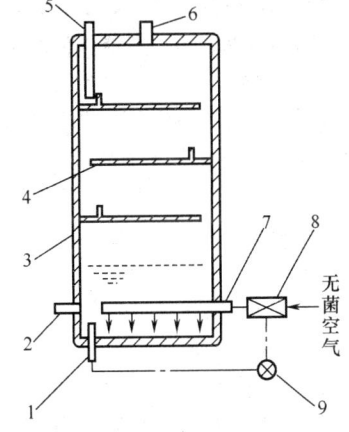

图6-23 浅层循环式植株快速繁殖器
1—温度传感器 2—出口管 3—反应器体
4—托板 5—进口管 6—排气口
7—空气分布管 8—温度调节器 9—转换器

思考与练习

一、名词解释

滚瓶培养　中空纤维培养装置　气升式细胞培养反应器　动物细胞微囊培养系统　悬浮培养生物反应器　气体搅拌式反应器　填充床反应器　流化床反应器　中空纤维固定化细胞膜反应器　螺旋卷固定化细胞膜反应器

二、填空题

1. 大部分动物细胞需附着在＿＿＿＿或＿＿＿＿才能生长,细胞在载体表面生长并扩展成单一薄层。所以,贴壁培养又称为单层培养。
2. 各种搅拌细胞培养反应器的主要区别在于＿＿＿＿。
3. 大载体培养系统,是一种新型的＿＿＿＿。

三、选择题

1. 中空纤维培养装置是由若干根中空纤维管组成,每根中空纤维管的内径为(　　)μm,壁厚为(　　)μm。
   A. 100　50～80　B. 120　60～90　C. 180　50～80　D. 200　50～70
2. 动物细胞微载体悬浮培养的基本原理,是利用(　　)作为载体,细胞在载体的表面附着,通过连续搅拌使其悬浮于培养液中,并进行单层生长、繁殖。
   A. 气泡　B. 固体小颗粒　C. 液滴　D. 气泡包裹的小颗粒
3. 用于动物细胞培养的微载体颗粒直径要均匀,径差小于(　　)μm。
   A. 20～25　B. 6～9　C. 14～36　D. 20～80
4. 植物细胞培养所用的生物反应器,主要有机械搅拌反应器和(　　)反应器。
   A. 真空吸气反应器　B. 非机械搅拌　C. 微型气升式反应器　D. 液体搅拌反应器

四、判断题

1. 气升式细胞培养反应器,在动物细胞培养中取得了很大成功。(　　)
2. 把生物活性物质、完整的活细胞或组织包在薄的半透膜中,即称为胶囊技术。(　　)
3. 微囊内的活细胞由于不具有半透性微囊外膜,故可以防止污染和物理损伤。(　　)
4. 锥形动物细胞微载体悬浮培养反应器,是一个圆锥形筒体,圆锥形筒体内装有一个可旋转的塑料丝网气腔。(　　)
5. 膜反应器的膜固定化是采用具有一定孔径和选择透过性的膜固定植物细胞。(　　)

五、问答题

1. 简述动、植物细胞培养装置各自的特点。
2. 动物细胞培养装置主要有哪些类型?其结构如何?
3. 植物细胞培养装置主要有哪些类型?其结构如何?

第七章 酶反应器与微藻培养生物反应器

【学习目标】

1. 知识目标 了解酶反应器与化学反应器及发酵反应器的区别,酶反应器在生物工程中的应用;掌握酶反应器的结构、特点及适用场合,微藻培养生物反应器的类型、结构原理及适用场合;熟悉常用酶反应器的工作原理。

2. 能力目标 掌握常用酶反应器正确操作维护的要点;掌握常用微藻培养生物反应器正确操作维护的要点。

以酶作催化剂进行反应所需的设备,称为酶反应器,即游离酶、固定化酶或固定化细胞催化反应的容器。酶反应器不同于化学反应器,它只在低温、低压条件下才能发挥作用,而且反应时的耗能和产能也较少。酶反应器不同于发酵反应器,它不表现自催化方式,即细胞的连续再生。但酶反应器和其他反应器一样,都是根据它的产率和专一性进行评价的。

酶反应器类型很多,根据几何形状和结构,分为罐式、管式、膜式或片式等。按进、出料方式,分为分批式、半分批式和连续式三类。酶反应器型式、操作方式、特点及使用场合见表7-1。

表7-1　　　　　　　　酶反应器的型式及其特征

酶类型	型式	操作方式	基本特征
游离酶	搅拌罐式	分批、半分批	反应器内的溶液用搅拌器进行机械混合
	超滤膜式	分批、半分批、连续	用透析膜、超滤膜、中空纤维等,只允许低分子化合物通过,而酶不能通过,适用于大分子底物
固定化酶	搅拌罐式	分批、半分批、连续	用搅拌器搅拌、固定化酶或固定化微生物粒子悬浮于溶液中,粒子保留在罐内
	固定床式	连续	将固定化酶或固定化微生物粒子填充在塔内,底物溶液由下向上通入
	流化床式	分批、连续	靠溶液流动促使固定化酶或固定化微生物粒子在床内激烈搅动、混合
	膜式	连续	膜状或片状的固定化酶或固定化微生物反应器,其组件型式有中空酶管、螺旋板、旋转圆盘、平板型等
	鼓泡塔式	分批、半分批、连续	将固定化酶或固定化微生物颗粒悬浮于鼓泡塔中,粒子在保留塔内,适用于有气体参与的反应

第一节　游离酶反应器

食品、发酵及制药工业中常用的酶,大多数是价格低廉、纯度不高的,用于催化大分子化合物水解的酶类。由于这些水解酶类的底物多数是黏稠(如淀粉溶液)或不溶于水的颗粒,难以用固定化酶反应进行处理,所以游离酶反应器在工业生产中的应用还相当广泛。

一、搅拌罐式酶反应器

搅拌罐式酶反应器是目前较常用的游离酶反应器,它由容器、搅拌器及保温装置等组成。有时在容器壁上装设挡板,促进反应物混合。其外形与示意图如图7-1所示。

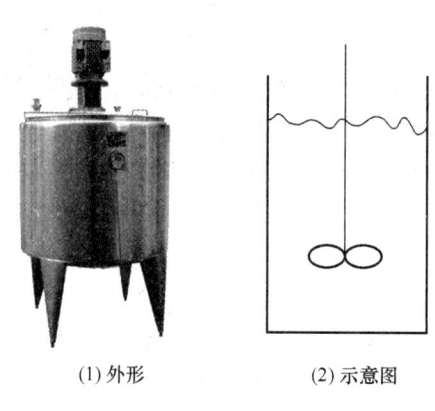

图7-1　搅拌罐式酶反应器

搅拌罐式酶反应器分为分批式、半分批式两类。分批式是先将酶和底物一次性加入反应器,在适当温度下反应,反应达一定程度时,将反应物全部取出。半分批式是将底物缓慢加入反应器中,反应进行到一定时间后,将全部反应物取出。实际生产中,反应出现底物抑制时,需采用半分批式操作。

搅拌罐式反应器的特点:①不能进行酶的回收利用,在反应结束后通过加热或其他方法,使酶变性除去。②结构简单,不需特殊设备。③只适用于小规模生产。

二、超滤膜式酶反应器

常用超滤膜式酶反应器,结构如图7-2所示。这种型式反应器,酶处于水溶液状态。由于膜对蛋白质类大分子物质是非透过性的,因此,只允许小分子产物透过,酶被截留回收重新利用,可节约用酶量,特别适用于价格较高的酶。

反应器优点:①用于分批操作,也可连续操作。连续操作,即一边连续地将底物加到反应器中,一边连续地排出生

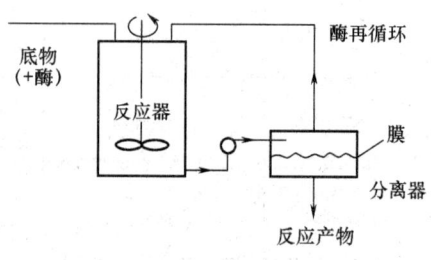

图7-2　超滤膜式酶反应器

成物。②用于这类反应器的膜,有超滤膜和透析膜等。膜的形状有平板状、管状、螺旋状和中空纤维状。③可用于胶体状态或不溶性底物。④产物对酶有抑制作用时,此装置较合适。

其缺点:①酶的长期操作稳定性差。②酶易在超滤膜上吸附,引起损失。③酶易在膜表面发生浓缩极化现象。

第二节 固定化酶反应器

一、搅拌罐式酶反应器

搅拌罐式酶反应器有分批式酶反应器和连续流搅拌罐式酶反应器两种。分批式酶反应器结构如图7-3所示。分批式酶反应器在用离心或过滤沉淀方法回收固定化酶的过程中易造成酶的失效损失。

连续流搅拌罐式酶反应器如图7-4所示。反应器内容物的混合是充分、均匀的。反应器出口装上过滤器使酶不流失,也可用尼龙网罩住固定化酶,再将袋安装在搅拌轴上进行反应。有时作为磁性固定化酶粒,借助磁吸方法滞留。有时把固定化酶固定在容器壁上或搅拌轴上。为达到有效混合,也可把多个搅拌罐串联起来组成串联反应器组。

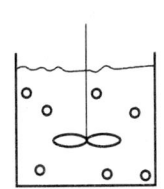
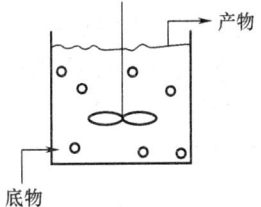

图7-3 分批式酶反应器　　图7-4 连续流搅拌罐式酶反应器

搅拌罐式酶反应器的优点:①结构简单。②温度、pH容易控制。③适用于受底物抑制的反应。④传质阻力较低,能处理胶体状底物及不溶性底物。⑤固定化酶易更换。⑥内容物的混合均匀。

缺点:①反应效率较低。②载体易被旋转搅拌桨叶的剪切力所破坏。③搅拌功率消耗大。

二、固定床式酶反应器

固定床式酶反应器也称为填充床酶反应器,如图7-5所示。将颗粒状或片状等固定化酶填充于固定床内,底物按一定方向以恒定速度通过反应器,是一种单位体积催化剂负荷量多、效率高的反应器。工业上多数采用此类反应器。与全混流反应器相反,有另一类理想的、没有返混的反应器,称为活塞流反应器。在其横截面上液体流动速度完全相同,沿流动方向,底物及产物的浓度逐渐变化,但同一横切面上浓度一致。因此,称为活塞反应器。高(长)径比较大的管式反应器,接近于活塞流反应器。

固定床式酶反应器可使用高浓度催化剂,反应产生的底物和抑制剂可从反应器中不断流出。由于底物浓度沿反应器长度逐渐增高,因此与全混流反应器相比,可减少产物抑制作用。但存在下列缺点:①温度和pH难以控制。②底物和产物会产生轴向浓度梯度。③清洗和更换部分固定化酶较麻烦。④床内有自压缩倾向,易堵塞。⑤床内压力降相当大,底物在加压条件下才能加入。

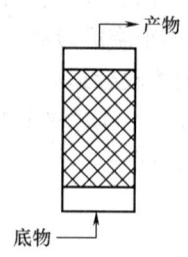

图7-5　固定床式酶反应器

三、流化床式酶反应器

流化床式酶反应器如图7-6所示。它是一种装有较小颗粒的垂直塔式反应器,形状为柱形、锥形等。

底物以一定速度由下向上流过,使固定化酶颗粒在浮动状态下进行反应。流体混合程度可认为是介于全混流和活塞流之间的。

流化床式酶反应器优点:①具有良好传质及传热性能,pH、温度控制及气体的供给较容易。②不易堵塞,适用于处理黏度高的液体。③能处理粉末状底物。④即使应用细粒子催化剂,压力降也不会很高。

缺点:①需保持一定的流速,运转成本高,难以放大。②流化床空隙体积大,酶浓度不高。③底物高速流动使酶冲出,降低转化率。

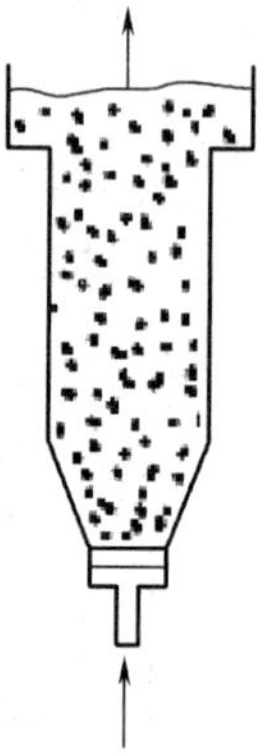

图7-6　流化床式酶反应器

使底物进行循环是避免催化剂冲出、使底物完全转化成产物的一种方法。另一种方法是使用几个流态化床组成的反应器组,或使用锥形流态化床。流态化床中酶的阻截与搅拌罐式酶反应器相同。

四、膜式酶反应器

由膜状或板状固定化酶组装的反应器,均称为膜式反应器。用固定化酶膜组成的平板状或螺旋状反应器、转盘型反应器、空心酶管和中空纤维膜反应器等,属于此类反应器。立型平板式酶反应器如图7-7所示。螺旋卷式酶反应器如图7-8所示。

平板式和螺旋卷式酶反应器的优点:①压力降小。②膜面清晰。③放大容易。

缺点是,反应器内单位体积催化剂有效面积较小。

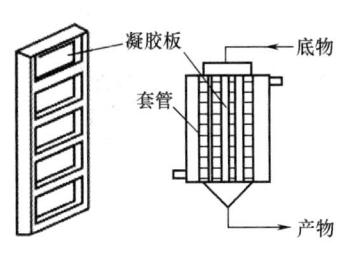
图7-7 立型平板式酶反应器

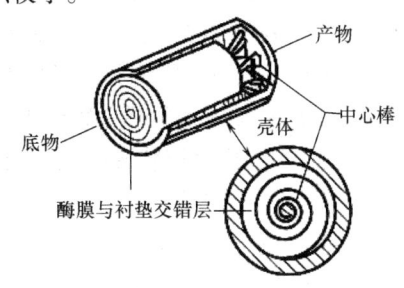
图7-8 螺旋卷式酶反应器

转盘式酶反应器如图7-9所示。转盘式固定化酶反应器以包埋法为主,制备成固定化酶凝胶薄板(成型为圆盘状或叶片状)。然后,把许多圆盘状(或叶片状)凝胶板装配在旋转轴上,并把整个装置浸在底物溶液中。此类反应器更换催化剂方便。

反应器有立式和卧式两种。卧式反应器是1/3浸泡在底物溶液中,剩余2/3被通入的气体所占领,适用于需氧反应,或当反应会产生挥发性生成物或副产物(此类物质对酶有害)时,有害产物可被气体带走。此反应器广泛用于废水处理装置。

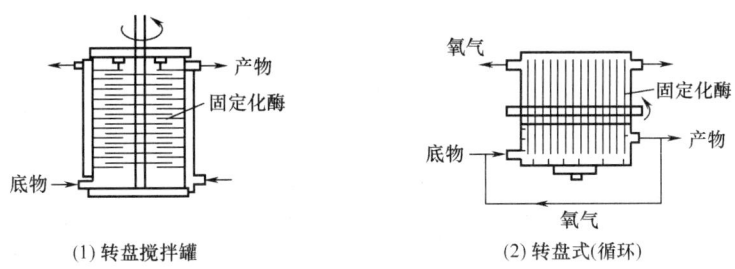

图7-9 转盘式酶反应器

空心酶管反应器如图7-10所示。酶固定在细管内壁上,底物溶液流经细管时,只有与管壁接触的部分才进行酶反应。管内径1mm左右。管内流动属层流。这种反应器除工业上应用,更多是与自动分析仪器组装在一起,用于定量分析。

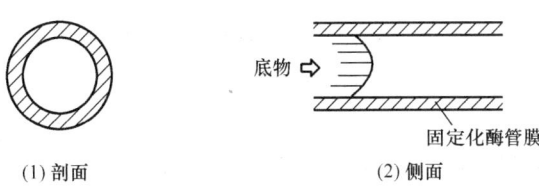

图7-10 空心酶管反应器

中空纤维酶反应器如图 7-11 所示。它由数千根醋酸纤维制成的中空纤维(内径 200~500μm,外径 300~900μm)组成。内层紧密、光滑,具有一定分子质量截留值,可截留大分子物质,而允许不同的小分子物质通过。外层为多孔海棉状支持层,酶被固定在海绵支持层中;或相反,内层为海棉状,外层为光滑。

反应器形状为管或列管式。中空纤维可承受较大压力,通过正常超滤程序将底物压过内壁,与海棉状介质上的酶起反应。滤过的溶液可根据反应条件排放或循环使用。根据工艺条件不同,中空纤维膜反应器分为反冲式和反循环式。反冲式是反应液自纤维外室压入;反循环式是根据压力差在纤维的上部底物由内向外流动,而下半部则由外反流入内。

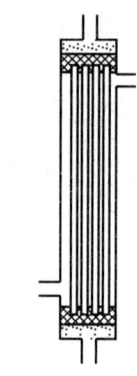

图 7-11 中空纤维酶反应器

五、鼓泡塔式酶反应器

在反应中,涉及气体吸收或产生,反应最好采用鼓泡塔式酶反应器,或三相流化床反应器,其结构如图 7-12 所示。无载体固定化新鲜菌体的反应器也采用塔式酶反应器,把固定化酶放入反应器内,底物与气体从底部通入。通常,气体进入反应器前后,经过气体分散板得到充分分散,有时甚至和循环液从底部以切线方向进入,促使反应器流动状态符合要求。

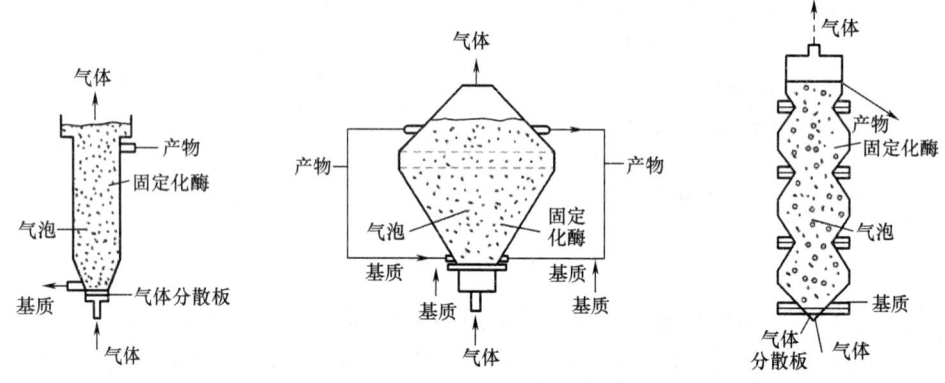

图 7-12 鼓泡塔式酶反应器

第三节 微藻培养生物反应器

藻类可作为保健食品、绿色食品和低热量、低脂肪食品,以其独特风味和营养价值,越来越引起发达国家的重视。世界上已知微藻有 10000 种左右,普遍富含蛋白质、β-胡萝卜素、α-亚麻酸、ω-多不饱和脂肪酸、虾青素、多糖等多种生理活性成分,具有抗肿瘤、抗病毒、抗真菌、防治心血管疾病等生理保健功能。

微藻能有效利用光能、CO_2和无机盐类,合成蛋白质、脂肪、碳水化合物及多种高附加值生物活性物质。培养微藻可生产健康食品、食品添加剂、动物饲料、生物肥料及其他天然产品。

与传统农作物相比,开发微藻资源具有许多优点:①效率高、能耗低。②生长速度比普通农作物快。③容易收获和加工。④可生产出极有生理价值的化合物。⑤适于土地贫瘠或高盐碱度地区生长。⑥生产简单、投资少,容易被不同操作水平养殖者掌握。

分子遗传学和基因工程研究证实,大肠杆菌的载体和启动因子往往可适用于蓝藻,尤其是单细胞蓝藻的转基因,使蓝藻基因工程得到较快发展。利用藻类为宿主的基因产物的生产日益受到关注,因此,微藻培养受到广泛重视。

微藻的高密度培养是实现微藻资源开发利用的关键,构建适合微藻生长的光生物反应器,是实现微藻高密度培养的重要课题。微藻培养,有开放式大池培养和密闭式生物反应器培养两种方式。

一、开放式大池培养系统

开放式大池培养系统是最古老、最简单的藻类培养系统,它包括天然大池和人工大池两种形式。

天然大池不加任何特殊装置,费用低,但不能进行纯培养,光照、温度等无法控制。

人工开放式培养用水泥池,再附加搅拌、二氧化碳控制等装置。足够的二氧化碳供应和较适宜的培养条件,可提高光合效率和细胞浓度。最突出的特点是技术简单、投资低廉及操作简便,在螺旋藻、小球藻和盐藻大规模培养中取得了良好效果。但开放式培养存在易受污染、培养条件不稳定、单位体积产率低、下游处理成本高、不易保持纯种培养等缺点。而且产品单一、多以藻粉为主,缺乏应有的后加工、深加工及应用研究。虽有许多尝试改进该系统,但对大部分有开发价值的微藻,特别是基因工程微藻,开放式培养并不适宜。

二、密闭式生物反应器

密闭式生物反应器配光照、二氧化碳供应、搅拌和温度控制系统。除能采集光源外,其他很多方面与传统微生物发酵用生物反应器相似。培养条件稳定,可无菌操作,易进行高密度培养,具有较大面积体积比,受光面积大,光能利用率较高。目前,密闭式反应器有多种型式,如管式、板式光纤光生物反应器。

1. 管式光生物反应器

管式光生物反应器,是应用最普遍的光生物反应器之一,它将透明材料制成的管道装配成不同型式,借助外部光照条件进行工厂化藻类培养。含微藻的培养液,通过泵或空气升液器作用,在管道中循环流动。由于二氧化碳通过泵进入藻液后在管道中流动,与藻液接触时间长,因而 CO_2 利用率高。

管式反应器分为垂直管式、倾斜可调管式、水平管式等多种型式。水平管式采用泵循环、气升循环等方式混合,多数采用自然光,有的采用人工光源。

(1) 气升式光生物反应器 如图 7-13 所示,由罐体、气体提升管、内光源密封管、热交换装置、气体分布器、内外光源等部分组成。罐体、气体提升管和内光源密封管由耐热玻璃制作,可进行蒸汽消毒。日光灯管作为内外光源。

气升内环流光生物反应器培养螺旋藻,效果优于静置和机械搅拌式反应器,最大细胞干重达 3.64g/L。罐体直径 182mm,高 1000mm,提升管直径 131mm,高 600mm。内光源管直径 45mm。总体积 15L,工作体积 13L。提升管底部设有可替换的不锈钢烧结板制成的圆形气体分布器,空气和 CO_2 定量混合后由此进入反应器中,形成均匀、细小的气泡,具有较高气液传质面积。罐体内设热交换装置,维持培养温度。

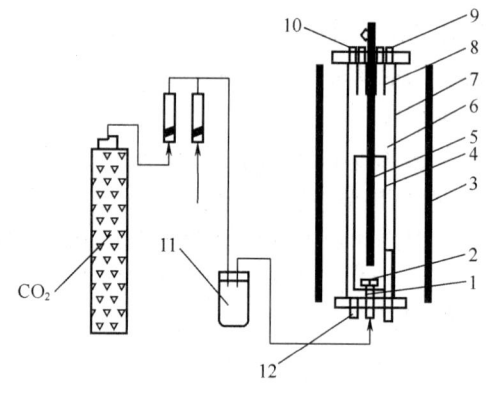

图 7-13 气升式光生物反应器
1—换热器 2—气体分布器 3—外光源 4—内光源密封管
5—内光源 6—气体提升管 7—反应器罐体
8—在线检测探头 9—进料和接种孔 10—空气排放口
11—空气 CO_2 混合室 12—收集取样口

反应器配置溶氧、pH、温度等在线监测系统,几何参数:高径比为 5.5,提升管截面积/下降截面积为 1.1,气体分布器直径为 50mm,气体分布器孔径为 80μm,光照面积与体积的比值为 $50m^2/m^3$。

(2) 气升式循环磁处理光生物反应器 由光生物反应器主体和相应供气、光源、磁处理、热交换、加料、收获及检测和控制系统组成。反应器主体采用可耐高温消毒的硼硅玻璃制作,包括气升管道、下降管和除气室三部分。

实验采用的可调恒定磁处理装置如图 7-14 所示(实际应用中用永磁铁代替),磁极间距 2cm;通过手柄调节电流强度改变磁场强度。采用 40W 荧光灯作光源。控制仪表上可控制温度和 pH,温度利用循环水热交换器由电磁阀自动控制,pH 由二氧化碳通过电磁阀自动调节。由安装在除气室中的温度传感器、pH 电极、溶氧电极通过二次仪表显示读出温度、pH 与 DO,由记录仪输出。由空气过滤器通入纯净空气,通气量从转子气体流量计读出。受光区光照面积与培养体积之比为 $222.33m^2/m^3$,只需 40L/h 的较小通气量即可获得良好的混合效果,培养过程中,溶液溶氧水平能维持在4mg/L左右。

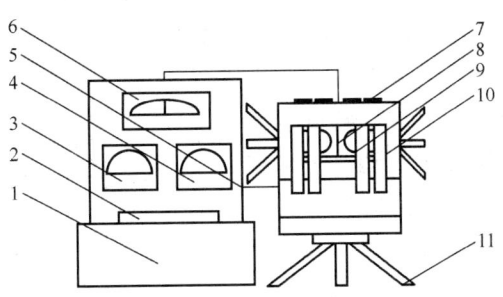

图7-14 气升式循环磁处理光生物反应器
1—变压器 2—调整器 3—电表 4—伏特计 5—电线 6—磁强记录仪
7—卷 8—探针 9—铁制蒸馏器 10—外壳 11—支架

运行结果表明,工作体积为12L的分批培养螺旋藻,最大细胞干重为2.4g/L。该生物反应器独特的外环流结构特点和循环磁处理效果,可实现微藻生长过程的反复强化。将磁处理技术应用于微藻培养,在一定程度上开辟了微藻高密度培养的新途径。

(3)气升式螺旋管式光生物反应器 如图7-15所示。使用前,反应器、热交换装置、脱气装置以及另外的一些管道系统最初用自来水清洗,然后用0.2%的次氯酸钠循环洗涤,最后用蒸馏水洗去有机物及一些无机残余物。培养时,培养物量下降时,可用蒸馏水补足到原来的体积。为防止起泡,可加入消泡剂。

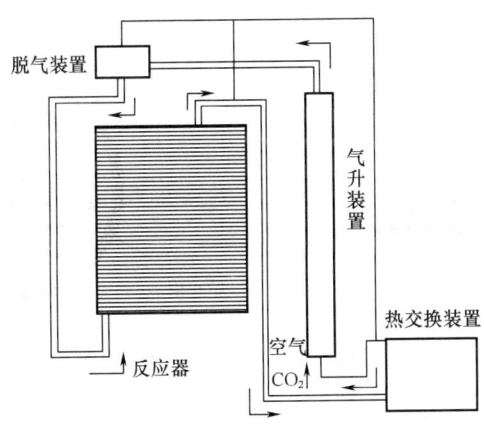

图7-15 气升式螺旋管式光生物反应器

2. 板式光生物反应器

板式光生物反应器由透明玻璃或有机玻璃板制成,可根据太阳光强度及入射方向的变化,调节最适宜的采光方向,增大透光率。反应器内部的藻液混合常采用两种方式,一种是气升式混合,另一种是鼓泡式混合。反应器由光源、循环装置、板式反应器、控温系统、培养介质与 CO_2 供给系统组成。反应器采用太阳光或卤素灯,光强通过调节光源与反应器的距离或光辐射入射方向控制。

图 7-16 为平板式光生物反应器。反应器结构简洁,可随意调节放置角度以获得最佳取光效果,容易加工制造。可根据需要设计不同的光径及操作条件,容易控制,使其成为具有良好使用价值的光生物反应器。

3. 光纤光生物反应器

利用光导纤维的光传递性质,氙灯作为光源安装在反应器外,光纤安置在培养

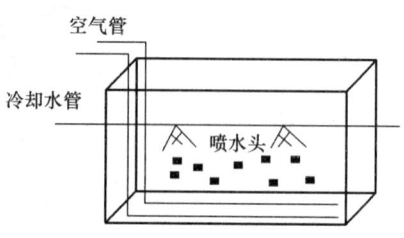

图 7-16 平板式光生物反应器

液中,并使它与反应器内部的光分散系统相匹配,使光线均匀地从内部照射藻液。由于光传播途径的缩短,使光更充分被细胞利用。作为光源的氙灯在反应器外部,因而反应器不受氙灯散热影响。系统采用超滤技术,不断分离产物,补充新鲜培养液,达到高密度培养目的,最大生物量达 10g/L。使用中空纤维作为气体交换装置, CO_2 和 O_2 交换率更高。氙灯与太阳光谱几乎相同,但效率较低。采用发光二极管作为光源的生物反应器,可大大提高光源效率。光纤光生物反应器如图 7-17 和图 7-18 所示。

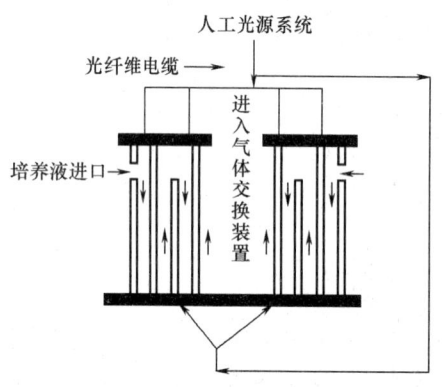

图 7-17 光纤光生物反应器侧面

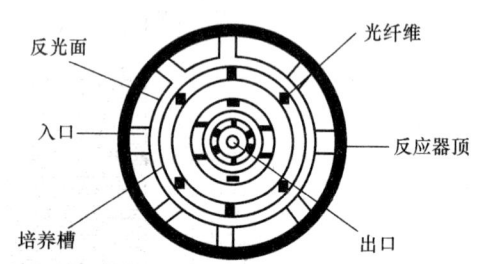

图 7-18 光纤光生物反应器顶部

4. 溢流喷射光生物反应器

实验室小型溢流喷射光生物反应器如图 7-19 所示。包括浅层溢流光生物反应器、溢流喷射器、贮槽、循环系统、热交换系统和参数控制系统。反应器外形为扁平箱式,内部有多层交叉分布的隔板,隔板一端设挡板,使藻液在隔板上形成一层浅液层,靠溢流作用逐层向下流动。采用溢流喷射装置对藻液搅拌和通气,气液混

合均匀,简化流程和设备,已成功从8L放大到100L。

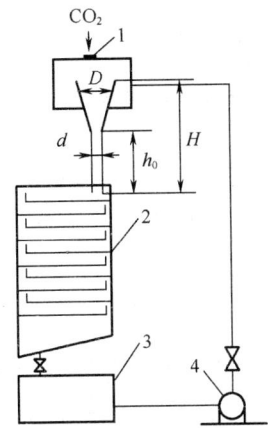

图7-19　8L溢流喷射光生物反应器

1—溢流喷射器($D=60mm, d=20mm, H=990mm, h_0=160mm$)
2—浅层溢流光生物反应器(长300mm,宽100mm,高330~360mm)
3—贮槽　4—循环泵

思考与练习

一、名词解释

游离酶反应器　固定化酶反应器　微藻培养生物反应器

二、填空题

1. 以酶作催化剂进行反应的设备,称为_____,即_____、_____或_____催化反应的容器。

2. 酶反应器类型很多,根据几何形状和结构分为_____、_____、_____或_____等。

3. 搅拌罐式酶反应器,有_____和_____两种。

4. 流化床式酶反应器,是一种装有较小颗粒的_____,形状为_____、_____等。

5. 密闭式反应器,装配有_____、_____和_____系统。

三、选择题

1. 固定床式酶反应器,也称为填充床酶反应器。它将(　　)等固定化酶填充于固定床内,底物按一定方向以恒定速度通过反应床。

A. 颗粒状或片状　B. 颗粒状以及糊状　C. 颗粒状及棒状　D. 片状及棒状

2. 由膜状或板状固定化酶组装的反应器,均称为(　　)。用固定化酶膜组成的平板状或螺旋状反应器、转盘型反应器、空心酶管和中空纤维膜反应器等,都属于此类反应器。

A. 膜状反应器　B. 膜式反应器　C. 板状反应器　D. 固定反应器

3. (　　)是利用光导纤维的光传递性质,将氙灯作为光源安装在反应器外,将光纤直接安置在培养液中,并使它与反应器内部的光分散系统相匹配,使光线均匀地从内部照射藻液。

A. 激光生物反应器　B. 可见光生物反应器　C. 自然光生物反应器　D. 微光生物反应器

四、判断题

1. 食品、发酵及制药工业中常用的酶,大多数都是价格昂贵、纯度高的,用于催化大分子化合物水解的酶类。(　　)

2. 超滤膜式酶反应器中,酶处于水溶液状态。(　　)

3. 转盘型固定化酶反应器以包埋法为主,制备成固定化酶凝胶薄板(成型为圆盘状或叶片状)。(　　)

4. 气升式循环磁处理光生物反应器,主要由光生物反应器主体和相应的供气、光源、磁处理、热交换、加料、收获以及检测和控制系统组成。(　　)

五、问答题

1. 什么是酶反应器？可分为哪几类？
2. 常用的游离酶反应器有哪几种？各有何特点？
3. 常用的固定化酶反应器有哪几类？各有何特点？分别适用于何种场合？
4. 酶反应器与化学反应器有何区别？试做简要说明。
5. 酶反应器与发酵反应器有何区别？试做简要说明。
6. 简述常用酶反应器结构及特点？
7. 举例说明酶反应器在生物工程中的应用情况。
8. 微藻培养生物反应器主要有哪些类型？其结构如何？

第八章 细胞破碎与分离设备

【学习目标】

1. 知识目标 了解细胞破碎方法的应用现状,各主要细胞破碎设备的特点;熟悉非机械法细胞破碎的作用机理及适应性,各主要细胞破碎设备的结构;掌握机械法细胞破碎的作用机理及适应性,各主要细胞破碎设备的工作过程。

2. 能力目标 掌握珠磨机正确使用维护的要点;掌握高压匀浆器正确使用维护的要点。

随着基因工程和技术的发展与应用,越来越多具有重大价值的生物工程产品已被应用到生活中。有些生物产品不在发酵液内,而存在于生物质的细胞内部,特别是大多数用基因重组技术得到的工程菌发酵。要提取这些目的产物,须先破碎细胞,使产物得以释放,才能进一步提取。因此,细胞破碎是提取胞内产物的关键步骤。

细胞破碎是为破坏细胞外围使细胞内含物释放出来。微生物的细胞外围通常包括细胞壁和细胞膜。细胞膜使细胞内外保持一定的浓度差。它主要由蛋白质和脂质组成,强度较差,易受渗透压冲击而破碎。因此,细胞破碎主要阻力来自细胞壁。为高效破碎细胞,需了解细胞组成与结构及各种细胞破碎方法和常用细胞破碎设备。

第一节 细胞破碎原理

细胞破碎是用物理、化学、酶或机械方法来破坏细胞壁或细胞膜的方法。细胞破碎的方法主要有化学法和机械法两大类。

一、细菌细胞壁

细菌细胞壁坚韧而略具弹性,包围在细胞周围,使细胞具有一定外形和强度,占细胞干重的 10% ~25%。

革兰阳性菌与革兰阴性菌细胞壁的化学组成和结构不同。革兰阳性菌的细胞壁较厚,为 20~80nm,只有一层,由肽聚糖组成(占 40% ~90%),其余是多糖和胞壁酸。肽聚糖是大分子聚合体,由若干个 N - 乙酰葡萄糖胺和 N - 乙酰胞壁酸及少数氨基酸短肽链组成的亚单位聚合而成。短肽连接在 N - 乙酰胞壁酸残基上,相邻短肽交叉相连形成机械强度很大的多层网状结构,其中 75% 肽聚糖亚单位相互交联,网格致密坚固。

革兰阴性菌的细胞壁组成和结构,比革兰阳性菌更复杂。其结构层次明显,分为内壁层和外壁层。内壁层较薄,为 2～3nm,由肽聚糖组成;外壁层较厚,为8～10nm,由脂蛋白和脂多糖组成。革兰阴性菌细胞壁的肽聚糖结构与革兰阳性菌相同,只是单层网状结构,它们只有30%的肽聚糖亚单位彼此交联,故其网状结构不及革兰阳性菌的坚固,显得较疏松。

二、酵母菌细胞壁

酵母菌细胞壁厚约 1.2μm,不及革兰阳性菌细胞壁坚韧。幼龄酵母菌的细胞壁较薄,有弹性,以后逐渐变厚、变硬。可能仅有部分厚度对细胞壁刚性和强度起重要作用。

酵母细胞壁由特殊的酵母纤维素构成,其主要成分是葡聚糖(30%～34%)、甘露聚糖(30%)、蛋白质(6%～8%)和脂类(8.5%～13.5%),真菌所具有的几丁质含量因种而异,甚至有的含量为零。

细胞壁结构分为三层。最里层为葡聚糖层,构成细胞壁的刚性骨架,使细胞具有一定形状。葡聚糖的相对分子质量为 240000,是分支多糖聚合物。外层是甘露聚糖层,也是分支糖聚合物。葡聚糖层与甘露聚糖层间靠中间的蛋白质交联起来,形成网状结构。近10%的甘露聚糖的侧链通过磷酸二酯键与磷酸连接。

同细菌细胞壁一样,酵母细胞壁破碎阻力主要决定于壁结构交联的紧密程度和厚度。

三、霉菌细胞壁

霉菌细胞壁厚度为 100～250nm,由多糖组成(80%～90%),其次含有较少蛋白质和脂类。除少数水生低等霉菌的细胞壁中含纤维素外,大多数霉菌的细胞壁由几丁质构成。它与纤维素结构很相似,只是每个葡萄糖上第二碳原子和乙酰氨基相连,而在纤维素结构中与羟基相连。由于霉菌细胞壁中含有几丁质或纤维素的纤维状结构,其强度比细菌和酵母菌的细胞壁有所提高。

总之,细胞壁的组成及它们间相互关联程度,决定着细胞壁的形状和强度,这又是细胞破碎难易的主要因素。不同种细胞壁,组成和结构差异很大,这是由各自遗传信息、培养生长环境和菌龄决定的。此外,霉菌的细胞壁结构还随培养过程中机械搅拌作用的强弱而变化。只有充分了解这些,才能根据实际情况,制定出简单、合理、经济的细胞破碎方案。

四、细胞破碎和产物释放原理

细胞破碎采用各种机械破碎法和化学破碎法,或两者结合。机械破碎中,细胞所受机械作用力,主要有压缩力和剪切力。化学破碎又称化学渗透,利用化学或生化试剂(酶)改变细胞壁或细胞膜的结构,增大胞内物质的溶解速率;或完全溶解细胞壁,形成原生质体后,在渗透压作用下使细胞膜破裂而释放胞内物质。

第二节 细胞破碎方法

一、细胞破碎目的

微生物代谢产物大多分泌到胞外,如大多数小分子代谢物、部分酶蛋白等。有些目标产物如大多数酶蛋白、脂类和部分抗生素等存在于胞内,需进行细胞分离收集菌体或细胞后,进行细胞破碎,使目标产物选择性地释放出来,然后进一步纯化。

二、细胞破碎方法分类

1. 机械法的作用机理及适应性

为粉碎微生物细胞,常选择机械方法。因为处理量大,破碎速度较快。采用这些方法,细胞受到由高压产生的高剪切力,但大多数情况下要采取冷却措施,以除去由于消耗机械能而产生的过多热量,防止生化物质破坏。机械法细胞破碎的作用机理及适应性见表8-1。

表8-1 机械法细胞破碎的作用机理及适应性

	分类	作用机理	适应性
机械法	珠磨法	固体剪切作用	可达较高破碎率,可较大规模操作,大分子目的产物易失活,浆液分离困难
	高压匀浆法	液体剪切作用	可达较高破碎率,可大规模操作,不适合丝状菌和革兰阳性菌
	超声破碎法	液体剪切作用	对酵母菌效果较差,破碎过程升温剧烈,不适合大规模操作
	X-press法	固体剪切作用	破碎率高,活性保留率高,对冷冻敏感的目的产物不适合

(1)高压匀浆法 见下节。
(2)珠磨法 见下节。
(3)撞击破碎法

①撞击破碎法的原理:细胞是弹性体,比刚性固体粒子难破碎。将弹性细胞冷冻成刚性球体,降低了破碎难度,撞击破碎正是基于这样的原理。

②撞击破碎法的操作:细胞悬浮液以喷雾状高速冻结,冻结速度为数千℃/min,形成粒径小于$50\mu m$的微粒子。高速载气,如氮气,流速约$300m/s$,将冻结的微粒子送入破碎室,高速撞击撞击板,使冻结的细胞发生破碎。

③撞击破碎法的特点:细胞破碎仅发生在与撞击板撞击瞬间,细胞破碎均匀,可避免反复受力发生过度破碎。细胞破碎程度可通过无级调节载气压力(流速)

控制,避免细胞内部结构破坏。

④撞击破碎法的应用:用于细胞器,如线粒体、叶绿体等回收。撞击破碎适用于微生物细胞和植物细胞破碎。

(4)超声波破碎法　利用液相剪切力破碎细胞。

①超声波破碎法的原理:在超声波作用下液体发生空化作用,空穴的形成、增大和闭合产生极大冲击波和剪切力,使细胞破碎。

②超声波破碎法的特点:超声波破碎很强烈,适用于多数微生物破碎,有效能利用率低,破碎过程产生大量热,对冷却要求苛刻。故不易放大。主要用于实验室规模的细胞破碎。

③超声波破碎法的影响因素:声强、声频、温度、时间、离子强度、pH、细胞类型。

2. 非机械法的作用机理及适应性

许多非机械方法都适用于微生物细胞破碎,包括酶解、渗透压冲击、冻结 – 融化、热处理、化学法溶胞等,其中某些方法的应用是有限制的。非机械法细胞破碎的作用机理及适应性见表 8 – 2。

表 8 – 2　　　　　　非机械法细胞破碎的作用机理及适应性

	分类	作用机理	适应性
非机械法	酶溶法	酶分解作用	具有高度专一性,条件温和,浆液易分离,溶酶价格高,通用性差
	化学渗透法	改变细胞膜的渗透性	具有一定选择性,浆液易分离,但释放率较低,通用性差
	渗透压法	渗透压剧烈改变	破碎率较低,常与其他方法结合使用
	冻结 – 融化法	反复冻结 – 融化	破碎率较低,不适合对冷冻敏感的目的产物
	干燥法	改变细胞膜渗透性	条件变化剧烈,易引起大分子物质失活

(1)化学和生物化学渗透法

①酸碱处理:调节 pH,改变蛋白质的荷电性质,提高产物的溶解度。

②化学试剂处理:用表面活性剂或有机溶剂(甲苯)处理细胞,增大细胞壁的通透性,降低胞内产物的相互作用,使之容易释放。

③酶溶:利用溶解细胞壁的酶处理菌体细胞,使细胞壁受部分或完全破坏后,再利用渗透压冲击等方法破坏细胞膜,进一步增大胞内产物的通透性。

酶溶的优点:操作温和,选择性强,酶能快速破坏细胞壁,不影响细胞内含物的质量。酶溶的缺点:酶的费用高,限制了它在大规模生产中的应用。

化学渗透法与机械破碎法相比的特点:速度低,效率差,化学试剂或生化试剂的添加形成新污染,给后续分离纯化增添麻烦。但化学渗透法选择性高,胞内产物的总释放率低,可有效抑制核酸释放,料液黏度低,有利于后处理。

(2)物理渗透法

①渗透压冲击法:将细胞置于高渗透压的介质中,使之脱水收缩,达到平衡后,将介质突然稀释或将细胞转置于低渗透压的水或缓冲溶液中,在渗透压作用下,外界的水向细胞内渗透,使细胞变得膨胀,膨胀到一定程度,细胞破裂,内含物随即释放到溶液中。适用于不具有细胞壁或细胞壁强度较弱的细胞的破碎。

②冻结-融化法:冻结-融化法适用于较脆弱的菌体。

原理:在冷冻过程中使细胞膜的疏水键结构破裂,增加细胞的亲水性;冷冻时胞内水结晶形成冰晶粒,引起细胞膨胀而破裂。

操作:将细胞急剧冻结至$(-20 \sim -15)$℃,使之凝固,在室温下缓慢融化。冻结-融化操作反复多次,使细胞受到破坏。

缺点:反复冻融会使蛋白质变性,从而影响活性蛋白质回收率。

三、目的产物的选择性释放原则

(1)目的产物在细胞膜附近时,采用较温和的方法(酶溶等)。目的产物在细胞质内时,采用强烈的机械破碎法。

(2)若提取产物与细胞膜或细胞壁相结合时,可采用机械法和化学法相结合的方法,以促进产物溶解度的提高或缓和操作条件,但要保持产物的释放率不变。

四、细胞破碎方法的应用现状

随着重组DNA技术广泛应用,生物技术发生了质的飞跃。很多基因工程产物都是胞内物质,须将细胞破壁,使产物释放,才能进一步提取。因此,细胞破碎是提取胞内产物的关键步骤,破碎方法得当与否,直接影响到提取产品的产量、质量和生产成本。

以上细胞破碎方法,各有优势和局限性。机械法因高效、价廉、简单,广泛用于工业中,但敏感性物质失活的问题、碎片去除以及杂蛋白太多等问题还有待解决。非机械法条件温和,有利于目标产物的高活力释放回收,但破碎效率较低,产物释放速度低、处理时间长,不适用于大规模细胞破碎的需要。因此,在实际应用中,尽量考虑全面,组合选择最科学、有效的方法。

第三节 细胞破碎设备

一、珠磨机

1. 结构

水平搅拌式珠磨机如图8-1所示。珠磨机的主体是立式或卧式圆筒形腔体。磨腔内装钢珠或小玻璃珠,以提高碾磨能力。卧式珠磨破碎效率比立式高,因为立式机中向上流动的液体在某种程度上会使研磨珠流态化,降低其研磨效率。

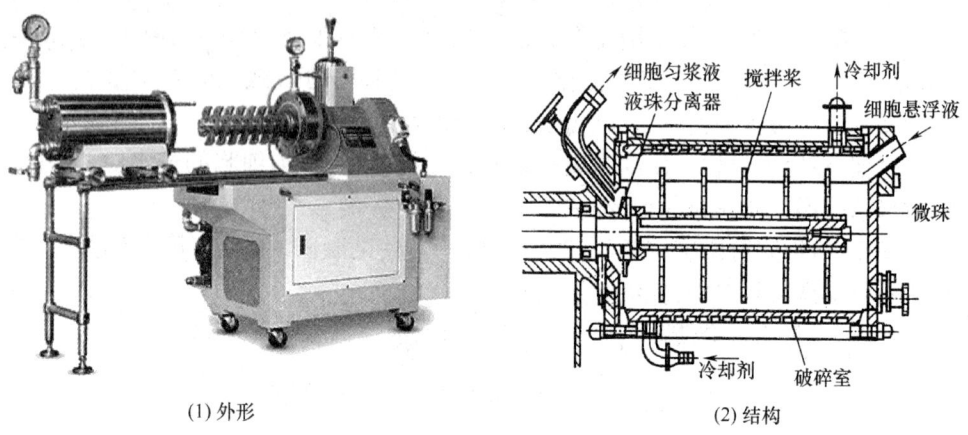

(1) 外形　　　　　　　　　　　　　(2) 结构

图 8-1　水平搅拌式珠磨机

2. 工作原理

工作时,进入珠磨机的细胞悬浮液在搅拌桨作用下与极细的玻璃珠充分混合,高速转动,由于研磨作用,使细胞破碎,释放出内含物。在珠液分离器的协助下,玻璃珠留在破碎室内,浆液流出,从而实现连续操作。这是最有效的一种细胞物理破碎法。珠磨机破碎细胞分为间歇和连续操作。

3. 特点

珠磨磨碎过程的有效能利用率仅为1%左右。破碎过程产生大量热能,易造成某些活性物质失活。设计时要考虑换热问题,在破碎室装有夹套冷却装置。

珠磨的细胞破碎效率随细胞种类而异,适用于绝大多数真菌菌丝和藻类等微生物细胞的破碎。与高压匀浆法相比,影响破碎率的操作参数较多,操作过程的优化设计较复杂。

4. 影响珠磨机细胞破碎效果的主要因素

影响珠磨机细胞破碎效果的主要因素:①搅拌器转速。②料液循环流速。③细胞悬浮液浓度。④玻璃珠的装置结构。⑤玻璃珠的粒径。⑥温度。

珠体大小以细胞大小、浓度及连续操作时不使珠体带出作为选择依据。

5. 操作注意的问题

珠磨法细胞破碎可采用间歇或连续操作,设备种类很多。细胞破碎效率因细胞种类而异,但均随搅拌速度和悬浮液停留时间的增大而增大。特别重要的是,对于特定细胞,存在适宜的珠径,使细胞破碎率最高。

二、高压匀浆器

1. 结构

高压匀浆器由高压泵和匀浆阀两部分组成,外形与内部结构如图 8-2 所示。

(1) 外形

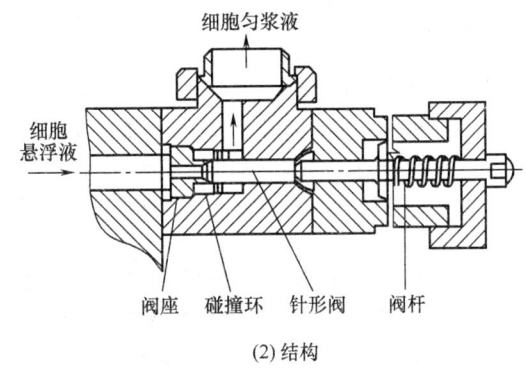
(2) 结构

图 8-2　高压匀浆器

2. 工作原理

细胞悬浮液在高压作用下,使细胞悬浮液经阀座与阀杆间的小环隙中喷出,速度达 1000~1500m/s,高速喷出后撞击到碰撞阀组件之一的冲击环上,产生三种效应:空穴效应、撞击效应、剪切效应。经三种效应处理过后,物料粒径可均匀细化到 100nm 以下,破碎率大于 95%。

细胞壁是细胞的机械屏障,稍有破坏就会造成细胞膜的破坏,胞内物质在渗透压作用下释放出来,从而造成细胞的完全破坏。操作压力为 50~70MPa。

3. 特点

高压匀浆法与珠磨法相比,其特点是:①操作参数少,易于确定,适合于大规模操作。②需要配备专门的换热器进行级间冷却,而且细胞悬浮液需经 2~4 次循环处理。③不适于易造成堵塞的团状或丝状真菌、较小的革兰阳性菌及含有包涵体的基因工程菌,因为包涵体质地坚硬,易损伤匀浆器。

4. 影响高压匀浆器破碎细胞效果的主要因素

影响高压匀浆器破碎细胞效果的主要因素有:①操作压力。②温度。③悬浮液通过匀浆器的次数。

增大压力和增加破碎次数可提高破碎率,但压力增大到一定程度后,对匀浆器的磨损较大。

思考与练习

一、名词解释

细胞破碎　珠磨法　高压匀浆器　超声破碎法　珠磨机

二、填空题

1. 细胞破碎是指用_____、_____、_____或_____方法来破坏_____或_____的方法。
2. 机械破碎中,细胞所受机械作用力主要有_____和_____。
3. 非机械方法适用于微生物细胞破碎,包括_____、_____,_____和_____、_____、_____等,其中某些方法的应用是有限制的。
4. 珠磨机的主体,一般是_____或_____圆筒形腔体。

三、选择题

1. 细胞破碎,是为了破坏细胞外围使(　　)释放出来。
   A. 细胞内含物　B. 细胞核　C. 细胞质　D. 染色体
2. 细胞是(　　),比一般刚性固体粒子难以破碎。
   A. 弹性体　B. 刚体　C. 柔软体　D. 极易破碎体
3. 将细胞冷冻使其成为(　　),降低了破碎难度,撞击破碎正是基于这样的原理。
   A. 软性球体　B. 刚性球体　C. 半立体球体　D. 冰晶体
4. 在(　　)作用下,液体发生空化作用,空穴的形成、增大和闭合产生极大的冲击波和剪切力,使细胞破碎。
   A. 冲击力　B. 剪切力　C. 超声波　D. 次声波

四、判断题

1. 细胞破碎是提取胞内产物的关键步骤。(　　)
2. 化学破碎,又称化学渗透。(　　)
3. 利用化学或生化试剂(酶)改变细胞壁或细胞膜的结构,增大胞内物质的溶解速率;或完全溶解细胞壁,形成原生质体后,在渗透压的作用下使细胞膜破裂而释放胞内物质。(　　)
4. 冻结-融化法,是在冷冻过程中使细胞膜的疏水键结构破裂,从而增加细胞的疏水性。(　　)
5. 高压匀浆器的破碎原理是,细胞悬浮液在高压作用下,使细胞悬浮液经阀座与阀杆之间的小环隙中喷出,速度可达到(　　)。
   A. 100~300m/s　B. 300~600m/s　C. 800~1200m/s　D. 1000~1500m/s
6. 高压匀浆器的操作压力,通常为(　　)。
   A. 60~100MPa　B. 50~70MPa　C. 100~200MPa　D. 500~700MPa

五、问答题

1. 简述珠磨机的特点。
2. 简述高压匀浆器的特点。
3. 简述细胞破碎的目的。

第九章　沉降设备

【学习目标】

1. 知识目标　了解自由沉降与干扰沉降的区别,沉降操作在生物工程中的应用;熟悉重力沉降与离心沉降的区别,典型沉降设备的构造、工作原理、特点及其适用场合;掌握沉降操作的基本概念,沉降速度及影响因素,离心分离因数。

2. 能力目标　掌握重力沉降设备正确使用维护的要点;掌握离心沉降设备正确使用维护的要点。

生物工程中,常接触到各种混合物。混合物有的是均相混合物,有的是非均相混合物。非均相混合物,是在物系内部存在两种以上的相态,如悬浮液中含不溶颗粒,乳浊液中含不溶性珠滴,含尘气体中有固体颗粒等。固体颗粒、珠滴,称为分散相或分散物质。气体、液体,称为连续相或分散介质。连续相与分散相不能混溶,静置后易分层,因而可采用机械方法等将两相分开。分离非均相体系的方法,有沉降分离和过滤分离。沉降分离和过滤分离,都是生物工程中常用的基本技术。

第一节　颗粒的性质

沉降是利用液固间的密度差异,在重力场或离心力场中的速度差实现液固分离的过程。因此,密度差越大,越有利于分离。重力场或离心力场越大,越有利于分离。据推动力不同,沉降分重力沉降和离心沉降。重力沉降推动力小、分离效率低,很少在工业上应用。离心沉降在液固沉降分离中占据绝对主导地位。

沉降过程可理解为流体绕过颗粒的运动,或是颗粒在流体中的运动。不同于质点运动,颗粒在运动过程中除受重力外,还受到浮力和拽力的影响。拽力是颗粒相对于流体运动时受到的阻力,它与流体流速、流体黏度、流体密度、固体颗粒直径(颗粒均假设近似为球形)有关。

非均相体系的不连续相常是固体颗粒。不同条件和过程将形成不同性质的固体颗粒,且组成颗粒的成分不同,理化性质不同,所以在分离操作过程中要采用不同工艺,因而须认识颗粒的性质。

一、颗粒的特性

按照颗粒的机械性质分为刚性颗粒和非刚性颗粒。泥砂、石子、无机物颗粒,属于刚性颗粒。刚性颗粒变形系数很小,而细胞是非刚性颗粒,形状易随外部空间条件改变而改变。常将含有大量细胞的液体归属于非牛顿型流体。因这两类物质力学性质不同,生产中采用不同的分离方法。按颗粒形状分为球形颗粒和非球形颗粒。

二、颗粒群的特性

由大小不同的颗粒组成的集合,称为颗粒群。在非均相体系中,颗粒群包含一系列直径和质量都不相同的颗粒,呈现连续系列的分布,可用标准筛进行筛分,得到不同等级的颗粒。

(1)颗粒群的平均粒径。

(2)颗粒的密度　颗粒间有空隙,所以颗粒密度分为真密度和堆积密度。颗粒的真密度是只计算颗粒群的真实体积所得到的密度。堆积密度是由颗粒真实体积与空隙体积之和计算得到的密度,又称为表观密度。可利用密度的大小对颗粒在非均相体系中的运动状态进行分析。

第二节　重力沉降

一、重力沉降的基本概念

颗粒受到重力加速度的影响而沉降的过程,称为重力沉降。如含泥砂的河水在静置后,泥砂受重力影响而沉降,河水可澄清。重力沉降是分散相颗粒在重力作用下,与周围流体发生相对运动,并实现分离的过程。

颗粒的沉降速度是指颗粒相对于周围流体的沉降运动速度。影响重力沉降速度的因素很多,如颗粒形状、大小、密度,流体的种类、密度、黏度等。

1. 自由沉降

为便于讨论,先以表面光滑的刚性球形颗粒作为研究对象。若混合物中颗粒间相距较远,互不干扰,分离设备的尺寸足够大,颗粒的沉降过程可认为不受周围颗粒和器壁的影响,称为自由沉降。

2. 自由沉降速度及影响因素

设颗粒的直径为 d,密度为 ρ_s。当它在密度为 ρ、黏度为 μ 的静止液体中做沉降运动时,不但受到阻力作用,还受流体浮力作用。对于一定的颗粒和流体,重力和浮力是恒定的,而流体对颗粒的阻力则随颗粒与流体间相对运动速度的增大而增大。颗粒开始沉降时,由于重力大于浮力和阻力之和,故颗粒做加速沉降运动。在加速沉降过程中,颗粒运动速度越来越大,阻力随之增大。当三力达成平衡时,颗粒开始做匀速沉降运动。此时,颗粒相对于流体的运动速度为沉降速度,用 u_t 表示,计算公式为:

$$u_t = \sqrt{\frac{4d(\rho_s - \rho)g}{3\zeta\rho}}$$

式中 ζ——阻力系数

在计算沉降速度时,首先要确定阻力系数ζ。阻力系数ζ可表示为雷诺准数Re_t的函数:

$$\zeta = f(Re_t)$$

而

$$Re_t = \frac{du_t\rho}{\mu}$$

球形颗粒自由沉降时ζ与Re_t的关系为:

层流区($10^{-4} < Re_t \leq 1$)　　　$\zeta = \dfrac{24}{Re_t}$

过渡区($1 < Re_t < 10^3$)　　　$\zeta = \dfrac{18.5}{Re_t^{0.6}}$

湍流区($10^3 < Re_t < 2 \times 10^5$)　　　$\zeta = 0.44$

三个区域的重力沉降速度公式分别为:

层流区(斯托克斯定律)　　　$u_t = \dfrac{d^2(\rho_s - \rho)g}{18\mu}$

过渡区(艾伦定律)　　　$u_t = 0.153\left[\dfrac{gd^{1.6}(\rho_s - \rho)}{\rho^{0.4}\mu^{0.6}}\right]^{\frac{1}{1.4}}$

湍流区(牛顿定律)　　　$u_t = 1.74\sqrt{\dfrac{d(\rho_s - \rho)g}{\rho}}$

由上述沉降速度公式可知,影响重力沉降速度的主要因素有颗粒直径、两相密度差、分散介质黏度及重力加速度。固体颗粒直径越大,沉降速度越快。两相密度差越大,沉降速度越快。在层流区和过渡区,分散介质黏度越小,沉降速度越快。

3. 实际沉降速度及影响因素

当颗粒为非球形时,实际沉降速度低于球形时的沉降速度。颗粒浓度比较高时,颗粒间发生相互摩擦、碰撞,使沉降速度下降,称为干扰沉降。在其他条件相同情况下,干扰沉降速度小于自由沉降速度。容器尺寸较小时,器壁会使颗粒受到的阻力增加,使沉降速度下降。

二、重力沉降的设备

1. 沉降室

工业上的沉降室,分为立式和卧式两种。

(1)立式沉降室　如图9-1所示,它由立式圆筒和锥体组成。沉降室的设计根据风量和颗粒沉降速度确定容器横截面的尺寸。所设计的横截面积,应使气流上升速度远小于颗粒沉降速度,保证颗粒下沉而不被上升气流从上方出口带出。

(2)卧式沉降室　卧式沉降室与立式沉降室的区别在于气流在室内做水平流动,而不是上升流动。沉降室主体为长方形箱体。含尘气体从沉降室的扩压管进入后,由于流通截面扩大,气体流速逐渐减慢,使尘粒在气体离开沉降室前有足够时间沉降到室底。最后,气体经一段渐缩管从另一端出口排出,如图9-2所示。

只要在气体通过沉降室的时间内,颗粒能够沉降到沉降室的底部,颗粒就能够被分离。

图9-3为多层沉降室。含尘气体以很小的速度沿水平方向流动,尘粒便落在隔板上。经过一定时间后,从沉降室的除尘口将隔板上的尘粒取出。

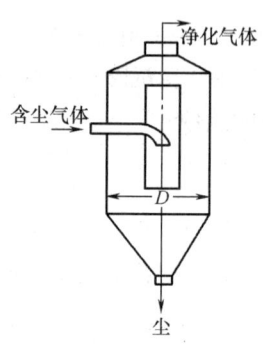

图9-1 立式沉降室

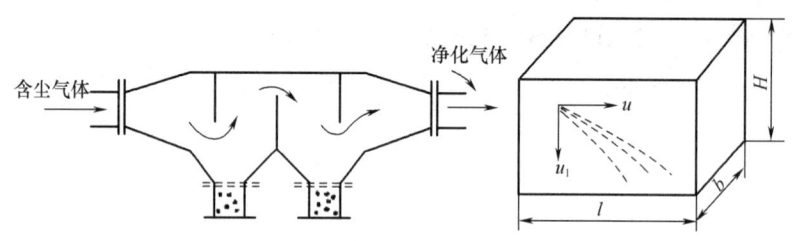

图9-2 卧式沉降室

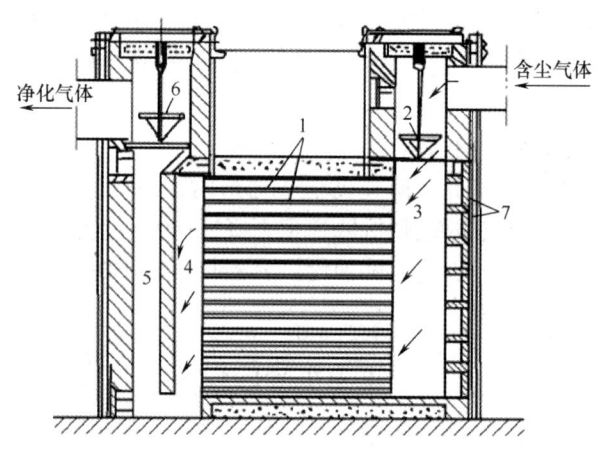

图9-3 多层沉降室

1—隔板 2、6—调节阀门 3—气体分配道 4—气体积聚道 5—气道 7—除尘口

多层沉降室能有效提高生产能力,用于颗粒直径大于$40\mu m$的含尘气体的初步净化。

2. 连续式沉降槽

连续式沉降槽,进料及清液和沉淀的卸出均为连续操作。生产中常用的连续式沉降槽为带锥底的圆形浅槽,如图9-4所示。槽体直径有10m以上的。上部有溢流管口供清液排出,中部有进料管口3供悬浮液进入,底部有出口管供增浓液排出,已增浓的悬浮液用齿型转耙将其刮送到槽底中心处,由泵连续排出。原料液由进料管口3送至液面以下进入,悬浮颗粒下沉并沿径向散开,而清液上流至溢流口排出。

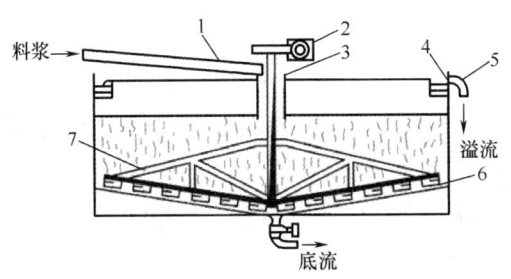

图9-4 连续式沉降槽
1—进料槽道 2—转动机构 3—进料管口 4—溢流槽 5—溢流管 6—叶片 7—转耙

连续式沉降槽的功能除使悬浮液增稠外,还可获得澄清的液体。

第三节 离心沉降

非均相混合物中,细小颗粒在重力作用下的沉降速度非常缓慢。为加速分离,人为使混合物做高速旋转,利用惯性离心力使固体颗粒迅速沉降实现分离的操作,称为离心沉降。由重力沉降速度公式可知,若d、ρ_s、ρ、μ一定,则颗粒的重力沉降速度u_t一定。换言之,对一定的非均相物系,重力沉降速度是恒定的,人们无法改变其大小。因此,分离要求较高时,用重力沉降很难实现。此时,若采用离心沉降,可大大提高沉降速度,使分离效率提高,设备尺寸减小。

一、离心沉降的基本概念

1. 离心沉降速度

流体围绕中心轴做圆周运动时,便形成惯性离心力场。现对其中一个颗粒的受力与运动情况加以分析。设颗粒为球形颗粒,直径为d,密度为ρ_s,旋转半径为R,圆周运动的线速度为u_t,流体密度为ρ,且$\rho_s > \rho$。颗粒在圆周运动的径向上将同时受到三个力的作用,即惯性离心力、向心力和阻力。其中,惯性离心力方向是从旋转中心指向外周,向心力方向沿半径指向中心,阻力方向与颗粒运动方向相反,沿半径指向中心。三个力的大小分别为:

惯性离心力为: $\dfrac{\pi}{6}d^3\rho_s\dfrac{u_t^2}{R}$

向心力为：
$$\frac{\pi}{6}d^3\rho\frac{u_t^2}{R}$$

阻力为：
$$\zeta\frac{\pi}{4}d^2\frac{\rho u_t^2}{2}$$

在离心沉降过程中，颗粒在三个力作用下沿径向沉降，沉降速度即为颗粒与流体的相对速度 u_r。三个力平衡时，若沉降处于斯托克斯区，离心沉降速度的计算式为：

$$u_r = \frac{d^2(\rho_s - \rho)}{18\mu} \times \frac{u_t^2}{R}$$

比较可知，离心沉降速度与重力沉降速度的计算式形式相同，只是将重力加速度 g（重力场强度）换成离心加速度 u_t^2/R（离心力场强度）。重力场强度恒定，离心力场强度随半径和切向速度而定，即可人为控制和改变，这就是离心沉降的优点。

2. 离心分离因数

对离心分离设备，把离心加速度 a 与重力加速度 g 之比，称作离心分离因数，用 K_c 表示。

要提高离心分离因数 K_c，可通过增大半径 R 和转速 n_s 来实现，由于对设备强度、制造、操作等方面的考虑，常采用提高转速并适当缩小半径的方法来获得较大的 K_c。

离心分离因数是反映离心沉降速度的重要参数，通过调节离心加速度可获得不同的离心分离因数 K_c。因此，离心沉降比重力沉降具有更强的适应能力和分离能力。

尽管离心沉降速度大，分离效率高，但离心分离设备较重力沉降设备复杂，投资费用大，需消耗能量，操作严格且费用高。因此，不能认为对任何情况采用离心沉降都优于重力沉降。如对分离要求不高或处理量较大的场合采用重力沉降更经济合理，先用重力沉降再进行离心沉降。

二、离心沉降的设备

1. 旋风分离器

（1）结构　如图9-5所示。上部为圆筒形，下部为圆锥形，各部件尺寸均与圆筒直径成比例，如图中所标注。

$$h = \frac{D}{2} \quad B = \frac{D}{4} \quad D_1 = \frac{D}{2} \quad H_1 = 2D \quad H_2 = 2D \quad S = \frac{D}{8} \quad D_2 = \frac{D}{4}$$

（2）工作原理　含尘气体由圆筒上部进气管沿切线方向进入，受器壁约束而向下做螺旋运动。在惯性离心力作用下，颗粒被抛向器壁，与气流分离，再沿壁面落至锥底的排灰口。净化后的气体在中心轴附近由下向上做螺旋运动，最后由顶部排气口排出。气体在旋风分离器内的运动情况如图9-6所示。把下行的螺旋形气流称为外旋流，上行的螺旋形气流称为内旋

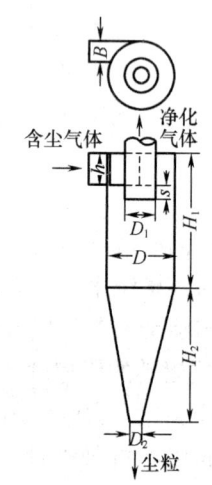

图9-5　标准型旋风分离器

流。内、外旋流气体的旋转方向相同。外旋流上部为主要除尘区域。

(3) 旋风分离器的特点　旋风分离器的优点：①结构简单，造价低廉。②没有运动部件。③操作范围广。④分离效率高。

其缺点：①不适用于处理黏度较大、含湿量较高及腐蚀性较强的粉尘。②气流量的波动对除尘效果及设备阻力影响较大。

2. 旋液分离器

(1) 结构　旋液分离器又称为水力旋流器，是利用离心沉降原理从悬浮液中分离出固体颗粒的设备。主体设备是由圆筒和圆锥两部分组成，如图9-7所示。由于固、液间密度差比固、气密度差小，所以旋液分离器的结构特点是直径小而圆锥部分长。

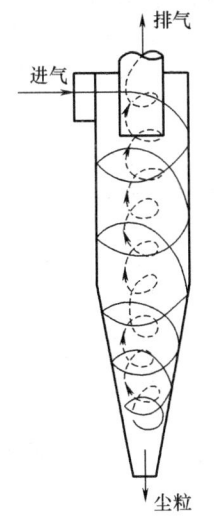

图9-6　气体在旋风分离器内的运动情况

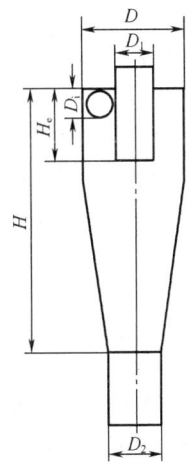

图9-7　旋液分离器

(2) 工作原理　悬浮液经入口管沿切线方向进入圆筒，向下做螺旋运动，增浓液从底部排出管排出，称为底流。清液或含有微小颗粒的液体成为上升的内旋流，从顶部的中心管排出，称为溢流。

(3) 特点　旋液分离器的优点：①直径小而圆锥部分较长，在一定的切向进料速度下，小直径的圆筒有利于增大惯性离心力，提高沉降速度。②锥形部分加长，可增加液流的行程，延长悬浮液在器内的停留时间。

其缺点是，颗粒沿壁面快速运动会对器壁产生磨损。

(4) 适用场合　①悬浮液增浓。②不同粒度或不同密度的颗粒分级。③互不相溶液体的分离。④气液分离。

思考与练习

一、名词解释

非均相混合物　分散相　连续相　沉降分离　过滤分离　比表面积　真密度和堆积密度　自由沉降　干扰沉降

二、填空题

1. 沉降是利用_____的密度差异,在_____或_____中的速度差而实现液固分离的过程。
2. 根据推动力不同,将沉降分为_____和_____。
3. 按照颗粒的机械性质,分为_____和_____。
4. 影响重力沉降速度的因素很多,如_____、_____、_____,_____、_____、_____等。
5. 沉降室常用于_____的沉降分离。工业上的沉降室分为_____和_____两种。
6. 旋液分离器又称为_____,是利用离心沉降原理从_____中分离出_____的设备。

三、选择题

1. 颗粒的表面积与其体积之比,称为(　　)。
   A.比体积　B.比表面积　C.表面积　D.体积比
2. 由于颗粒之间有空隙,所以,颗粒的密度分为(　　)和堆积密度。
   A.实密度　B.空隙密度　C.真密度　D.含隙密度
3. 堆积密度是由颗粒真实体积与空隙体积之和计算得到的密度,又称为(　　)。
   A.表观密度　B.外形密度　C.实际密度　D.真实密度
4. 对于离心分离设备,通常把离心加速度与重力加速度之比称作(　　)。
   A.离心力因数　B.离心因数　C.离心分离因数　D.离心力常数

四、判断题

1. 在均相体系中,颗粒群包含一系列直径和质量都不相同的颗粒,呈现出一个连续系列的分布,可用标准筛进行筛分,得到不同等级的颗粒。(　　)
2. 只要在气体通过沉降室的时间内,颗粒能够沉降到沉降室的底部,颗粒就能够被分离。(　　)
3. 连续式沉降槽,其进料及清液和沉淀的卸出均为连续操作。(　　)
4. 当分离要求较高时,用重力沉降也能实现。(　　)
5. 若采用离心沉降,可大大提高沉降速度,使分离效率提高,设备尺寸减小。(　　)

五、问答题

1. 自由沉降与干扰沉降有何不同?
2. 影响重力沉降速度的主要因素有哪些?试做具体分析。
3. 常用的重力沉降设备有哪几种?各有何特点?
4. 离心沉降与重力沉降有何异同?
5. 影响重力沉降速度的主要因素有哪些?试做具体分析。
6. 常用的离心沉降设备有哪几种?各有何特点?
7. 什么是离心分离因数?如何提高离心分离因数?

第十章 过滤设备

【学习目标】

1. 知识目标　了解助滤剂的作用及基本要求,滤饼过滤及深层过滤的机理,过滤操作的基本程序;熟悉过滤介质的作用与要求,过滤操作的推动力与阻力,强化过滤速度的基本途径;掌握过滤操作的基本概念、板框压滤机、硅藻土过滤机、转鼓式真空过滤机的结构、工作原理、特点、操作要点及适用场合。

2. 能力目标　掌握板框式压滤机、板式压滤机、硅藻土过滤机、转鼓式真空过滤机正确使用与维护的要点。

在推动力作用下,使液固或气固混合物中的流体通过多孔性介质,固体颗粒被截留,实现固体与流体分离的操作,称为过滤。本章讨论悬浮液的过滤分离。

第一节　过滤速度的强化

悬浮液的过滤是利用一种或多种能让液体自由通过而不让固体微粒通过的多孔性介质,在压力差作用下使悬浮液分离的操作。在过滤操作中,液体穿过介质孔道,固体颗粒被截留在介质上。

能让液体通过而不让固体微粒通过的多孔性物质,称为过滤介质。待滤的悬浮液,称为滤浆。截留在过滤介质上的固体物质,称为滤饼。透过滤饼和过滤介质的澄清液体,称为滤液。

一、过滤机理

按固体颗粒被截留的情况,过滤操作分为两大类,即滤饼过滤和深层过滤。

1. 滤饼过滤

悬浮液中所含固体颗粒较大,含量较高,过滤过程中,固体颗粒沉降于过滤介质的表面形成滤饼。颗粒直径小于过滤介质孔径时,开始会有少量颗粒穿过过滤介质使滤液液浑浊,但进入过滤介质孔道的颗粒会迅速搭架在孔道中,形成架桥现象,使小于介质孔道直径的颗粒也能被拦截。随着固体颗粒逐渐堆积,过滤介质上形成滤饼,滤饼过滤如图10-1所示。此后,滤饼也起过滤介质作用。滤饼过滤适用于处理固体含量较高的悬浮液。

2. 深层过滤

深层过滤是固体颗粒并不形成滤饼,而是沉积于较厚的粒状过滤介质床层内部的过滤操作。若悬浮液中固体颗粒很小,且含量较低,可用较厚颗粒床层作为过滤介质过滤。由于悬浮液中颗粒尺寸比过滤介质孔道直径小,颗粒随流体进入长而弯曲的孔道时,靠静电及分子间作用力吸附在孔道壁上,过滤介质床层上无滤饼形成。这种过滤称为深层过滤,如图 10-2 所示。深层过滤,适用于生产能力大而悬浮液中颗粒小、含量甚微的场合。

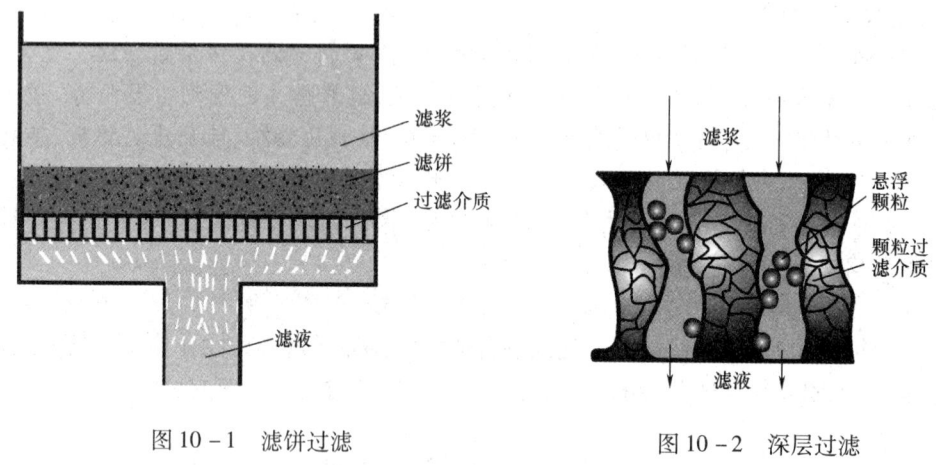

图 10-1　滤饼过滤　　　　　　图 10-2　深层过滤

二、过滤介质

1. 过滤介质的作用

（1）促使滤饼形成。

（2）支承滤饼。

2. 过滤介质的基本要求

（1）具有多孔性。

（2）流动阻力小。

（3）耐腐蚀。

（4）易于清洗消毒。

（5）耐热。

（6）具有足够的机械强度。

（7）具有适当的表面活性,便于卸除滤饼。

（8）安全,无毒。

（9）不易滋生微生物。

3. 常用过滤介质的种类与选择

（1）滤布　是品种最多、用途最广的过滤介质。过滤性能取决于材质、织法、滤浆温度和成分。滤布的材料构成是棉、毛、丝、麻等天然纤维和各种化学合成纤维,如图 10-3 所示。

普通棉纤维具有较好强度,价格低廉,但只能在不超过 100℃ 条件下使用。温

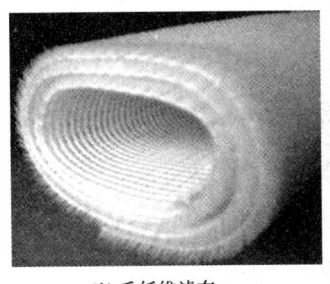  

(1) 毛纤维滤布　　　　(2) 丙纶滤布　　　　(3) 聚丙烯树脂(PP)无纺布

图 10-3　滤布的材料构成

度较高时,迅速丧失其强度,且不耐腐蚀。毛织滤布的截留能力稍逊于棉织滤布,弹性优于棉织滤布,但价格稍贵。丝的耐酸稳定性相当于毛,耐碱稳定性则介于棉毛间。丝织滤布对悬浮液中固相颗粒有令人满意的截留性,对液相有足够的渗透性。但丝织滤布表面较光滑,对固体颗粒黏附作用较小,不利于悬浮液中微小固体颗粒的完全清除。合成纤维是利用空气、煤、石油、天然气、水等经过化学合成与机械加工制造的,具有很高机械强度、耐热、耐化学腐蚀,对微生物具有稳定性。因此,应用非常广泛。

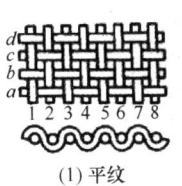  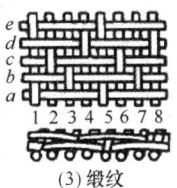 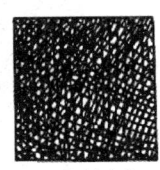

(1) 平纹　　　　(2) 斜纹　　　　(3) 缎纹　　　　(4) 非制造类

图 10-4　滤布的织法

图 10-4 为滤布的织法。滤布织法有三种:平纹、斜纹及缎纹。此外,还有非制造类或无纺布。平织可得到最紧密的滤布构造,孔隙最小。缎纹织滤布的孔隙最大。斜纹织滤布的孔隙大小居中。平纹织滤布孔隙最小,所以颗粒截留性最好,且价格便宜,但易堵塞。斜纹织滤布的截留能力和发生堵塞的程度居中,抗摩擦能力很强,过滤速度大。缎纹织滤布孔隙最大,在三种基本织法中,截留能力最低,但滤饼剥离性好,堵塞少。

(2) 滤网　金属滤网如图 10-5 所示,滤网的材质是不锈钢或黄铜,也有莫涅耳镍铜合金、青铜、镍,甚至碳素钢。采用金属材质,滤网具有耐磨性、耐高温性和耐腐蚀性等特点。此外,工作中不出现收缩和延伸现象,使用寿命长。金属丝网表面光滑,不易堵塞。但价格比纤维滤布贵。

滤网可用不同粗度的线材,采用平纹织法和斜纹织法制造出各种滤网。滤网常用在叶滤机和转鼓过滤机上,除给助滤剂层提供良好表面进行助滤剂过滤外,还可在无助滤剂情况下使用。

(1) 不锈钢冲孔网

(2) 金属编织滤网

图 10-5　金属滤网

（3）刚性多孔介质　如图 10-6 所示,刚性多孔介质是用陶瓷、塑料、金属等粉末烧结而成的。烧结时加入黏结剂,也可不加,通过控制原料粉末细度、温度、压力及烧结时间,得到孔隙均匀、渗透性各异的刚性多孔介质。刚性多孔介质形状有筒状、盘状和板状。圆筒状元件适于加压过滤,板状适于重力过滤和真空过滤。

(1) 多孔铝

(2) 多孔陶瓷环

图 10-6　刚性多孔介质

（4）松散固体介质　如图 10-7、图 10-8、图 10-9 所示,有硅藻土、珍珠岩（粉）、细沙、活性炭、白土等。填充于过滤器内,用于澄清过滤,最常用是硅藻土。硅藻土性质优良:不与酸碱反应,化学性质稳定,不改变液体组成;形状不规则,孔隙大且多孔,具有很大吸附表面;无毒且不可压缩,形成的过滤层不会因操作压力变化而阻力发生变化。因此,是一种良好助滤剂。硅藻土过滤介质有三种用法:深层过滤介质、预涂层、助滤剂。

（5）过滤介质的选择

①良好的过滤介质应满足的要求:过滤阻力小,滤饼容易剥离,不易堵塞。耐高温、耐腐蚀、强度高、容易加工,易于再生,价廉易得。过滤速度稳定,符合过滤机理,适应过滤机的型式和操作条件。

②选择时应考虑的因素:选择过滤介质,首先要了解过滤目的,其次要掌握如

(1) 硅藻土矿　　　　　(2) 硅藻土　　　　　(3) 硅藻土显微结构

图 10-7　硅藻土

  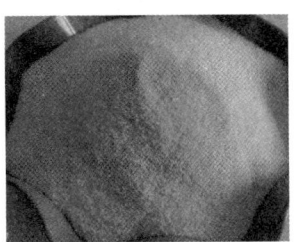

(1) 珍珠岩颗粒　　　　(2) 膨胀珍珠岩　　　(3) 膨胀珍珠岩粉

图 10-8　珍珠岩与珍珠岩粉

(1) 白土矿　　　　　　(2) 白土粉

图 10-9　白土

下数据资料:固体颗粒性质,包括颗粒尺寸、形状及相对密度大小。颗粒尺寸是根据介质能截留的最小颗粒选择合适过滤介质的依据,见表 10-1。液体的性质包括液体酸碱性、温度、黏度和相对密度。滤浆性质,包括固液比、颗粒的聚集作用、黏度。滤饼性质包括滤饼比阻力、可压缩性、洁净性、松散性、可塑性。生产率,了解生产率,有助于确定合适的过滤推动力。

③过滤介质选择方法:过滤介质种类繁多,过滤机型式多种多样,滤浆性质及分离条件、目的各不相同,使过滤介质选择并非轻而易举。正确选择过滤介质,一靠经验,二靠实验。在充分了解必要数据资料后,遵循选择介质的顺序,选出满足条件的介质。

表 10-1　　　　　　　各类过滤介质能截留的最小颗粒

介质的类型	举例	截留的最小颗粒/μm
滤布	天然及人造纤维编织滤布	10
滤网	金属丝编织滤网	>5
非织造纤维介质	纤维为材料的纸 玻璃纤维为材料的纸 毛毡	5 2 10
多孔塑料	薄膜	0.005
刚性多孔介质	陶瓷 金属陶瓷	1 3
松散固体介质	硅藻土 膨化珍珠岩	<1 <1

三、滤饼的可压缩性与助滤剂

1. 滤饼的可压缩性

根据构成滤饼的颗粒特性,滤饼分为不可压缩滤饼和可压缩滤饼两类。颗粒如果是不易变形的坚硬固体,当滤饼两侧压力差增大时,颗粒形状和颗粒间空隙不发生明显变化,单位厚度滤饼层的阻力视为恒定,这类滤饼称为不可压缩滤饼。滤饼两侧压力差增大时,颗粒形状和颗粒间空隙有明显变化,单位厚度滤饼层的阻力随压力差增高而加大,这种滤饼称为可压缩滤饼。

2. 助滤剂

（1）作用　为减小可压缩滤饼阻力,将某种大小均匀、质地坚硬的另一种固体颗粒混入滤浆,或预涂于过滤介质表面形成疏松滤饼层,使滤液流动畅通。这种预混合或预涂的粒状物质构成了滤饼的骨架,称为助滤剂。

（2）基本要求　使滤饼形成较高孔隙率、良好渗透性及较低流动阻力。不与悬浮液发生化学反应,不溶于液相中。

（3）适用场合　助滤剂用于以滤液为产品而对滤饼不加利用的场合。

（4）常用助滤剂　生物工程中,常用助滤剂有硅藻土、膨化珍珠岩粉、活性炭、纤维粉末等。

四、过滤操作条件的优化

1. 过滤方程

悬浮液过滤分离速度,取决于其物理性质和操作条件,由化工原理可知,过滤方程为:

$$\frac{\mathrm{d}V}{\mathrm{d}t} = \frac{\Delta pF}{\mu(r_0 l + R)}$$

式中　　V——滤液体积，m^3

　　　　t——过滤时间，s

　　　　r_0——滤饼的质量比阻，$1/m^2$

　　　　l——滤饼层厚度，m

　　　　R——滤布阻力，$1/m$

　　　　μ——滤液黏度，Pa·s

　　　　Δp——过滤压力差，Pa

　　　　F——过滤面积

上式表明，过滤速度与过滤面积、过滤压力差成正比，与滤液黏度、滤饼质量比阻、滤饼层厚度成反比。因此，只有改善悬浮液物理性质、操作条件，才能优化操作。

2. 改善悬浮液的物理性质

主要是降低滤液黏度，减少滤饼体积比阻力及滤饼层厚度。加热是降低滤液黏度最有效的方法。过滤操作中，如果操作条件允许，尽可能采用加热过滤。有些悬浮液还可用其他方法降低黏度。如啤酒糖化中，加入适量 β-葡萄糖苷酶，β-葡萄糖苷酶的降解作用可降低麦汁的黏度。

滤饼的体积比阻力与滤饼毛细孔直径、毛细孔弯曲因子有关。增大滤饼毛细孔直径，减少毛细孔弯曲因子，有利于降低滤饼的体积比阻力。工业生产中常用的方法是，在悬浮液中加入絮凝剂，使细小胶体粒子架桥长大，形成大孔径滤饼层。加入固体助滤剂可降低滤饼层的可压缩性，使毛细孔弯曲因子变小。

对固体含量较大的悬浮液，过滤前采用重力沉降和离心沉降方法分离出大部分粒子，再进行过滤操作。这样，可使滤饼层厚度减小，提高过滤速度，延长过滤周期。

3. 优化操作条件

优化操作条件的目的是提高过滤速度。对不可压缩滤饼，滤饼体积比阻力为常量，过滤压差大，推动力大，过滤速度快。此情况下，在过滤介质、过滤设备允许的机械强度范围内，尽可能采用加压过滤。然而，发酵液过滤形成的滤饼常是高度可压缩的，在一定压力差范围内，提高压力差有利于加大过滤速度，但压力差超过某值后，继续增加压力差反而降低过滤速度。

工业上，若整个过滤过程都在恒压下进行，则在过滤刚开始时，过滤速度太快，滤布表面会因无滤饼层而使较细颗粒堵塞介质孔道而增大过滤阻力。而过滤快终了时，过滤速度又会太慢。若整个过程均保持恒速，则过程末期压力势必很高，导致设备泄漏或动力负荷过大。为克服这一问题，工业上常用的操作方式是，过滤开始时采用较小压差作推动力，逐渐升压到指定压差下进行恒压操作。

五、典型过滤操作程序

1. 过滤阶段

此阶段有两种操作方式,恒速过滤和恒压过滤。多数情况下,过滤初期采用恒速过滤,当压力升至某值后,则转而采用恒压过滤。此后,当过滤进行到一定时间,滤饼沉积到相当厚度,过滤速度变得很慢,此时应停止加入悬浮液,并进入下一阶段操作。

2. 滤饼洗涤

滤饼中常残留很多滤液,须对滤饼洗涤。洗涤时,让清水或其他洗液在同样推动力作用下穿过滤饼,残留滤液为洗液所排除。

3. 滤饼脱湿

洗涤完毕,有时需滤饼脱湿。可利用压缩空气吹过滤饼,也可采用热空气干燥或机械挤压办法,除去或减少滤饼中残留洗液。

4. 滤饼卸除

将滤饼从滤布上卸下。卸料尽可能干净彻底,最大限度回收滤饼,并减小下一循环过滤阻力。

六、过滤速度的强化

生物工业生产中,发酵液成分复杂且目的产物浓度低,黏度大,滤饼可压缩性大。这些特性使发酵液的过滤分离相当困难。因此,一方面对发酵液进行预处理,改善流体性能,提高过滤速度。另一方面,选择适当过滤介质和操作条件。

1. 发酵液预处理

生物工程中,常采用下列方法对发酵液进行预处理。

(1)加热法 把发酵液加热到所需温度并保温一定时间,加热可降低发酵液黏度,并能使蛋白质变性凝固,改善发酵液操作特性。如图10-10所示为麦芽汁的黏度-温度曲线,由12°Bx麦芽汁的黏度-温度曲线可见,糖化醪在78℃时,黏度是40℃时的1/2,在78℃过滤比在40℃过滤速度可提高一倍。但此法只适于对热较稳定的生化物质。

(2)调节pH 生物工业中,常用调节pH的方法对发酵液进行预处理,调节发酵液pH至蛋白质等电点是除去蛋白质的有效方法。蛋白质这样的两性物质,在等电点下,溶解度最小,如图10-11所示。

(3)加入凝聚剂和絮凝剂 采用凝聚和絮凝技术能有效改变细胞、细胞碎片及蛋白质等胶体粒子的分散状态,使其聚集成较大颗粒,有利于提高过滤速度。另外,还能有效除去杂蛋白和固体杂质,提高滤液质量。

常见絮凝剂是聚丙烯酰胺类衍生物。其优点:①用量少。②絮凝体粗大。③分离效果好。④絮凝速度快。⑤适用范围广。缺点:存在一定毒性。

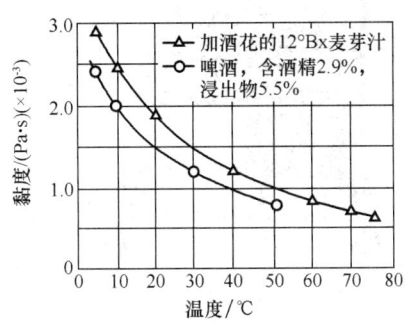
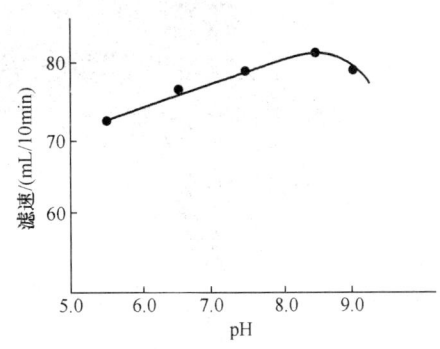

图 10-10　麦芽汁的黏度-温度曲线　　　图 10-11　pH 对过滤速度的影响

聚丙烯酸类阴离子絮凝剂,无毒,可用于发酵液中。也可采用天然有机高分子絮凝剂,如多聚糖类胶黏物、海藻酸钠、明胶、骨胶、壳聚糖等。

(4)加入助滤剂　助滤剂的使用方法有两种:在过滤介质表面预涂助滤剂;直接加入发酵液。也可两种方法同时兼用。

2. 增大过滤床层两侧的压力差 Δp

在不考虑介质阻力的条件下,过滤速度与过滤床层两侧压力差 Δp 成正比。对可压缩滤饼,Δp 达到某值时,若继续增大,不会导致过滤速度进一步提高。不仅如此,在过滤开始时,最忌突然增大 Δp,使滤速无可挽回地降低下来。原则上开始应在很低的 Δp 下过滤,Δp 的提高应缓慢进行。

第二节　主要过滤设备

生物工程中,过滤设备种类很多,结构各异。按操作连续化程度,过滤设备分为间歇式和连续式。按过滤操作推动力,分为常压过滤机、加压过滤机和真空过滤机。

一、板框压滤机

1. 结构及工作原理

板框压滤机是间歇操作的加压过滤设备。它由多块带凹凸纹路的滤板与滤框交替排列组装于机架上而构成,如图 10-12、图 10-13、图 10-14 所示。

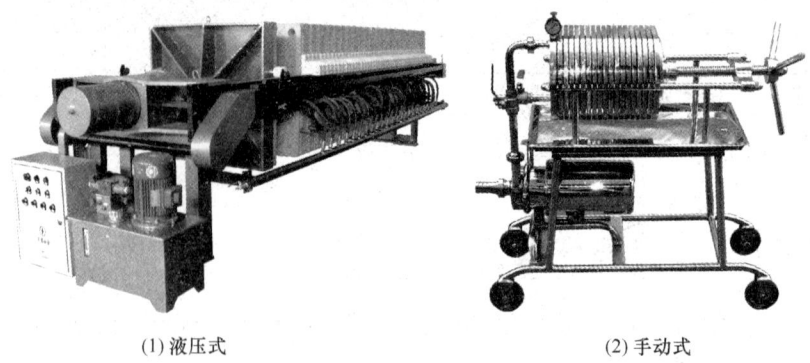

(1) 液压式　　　　　　　　(2) 手动式

图 10-12　板框压滤机

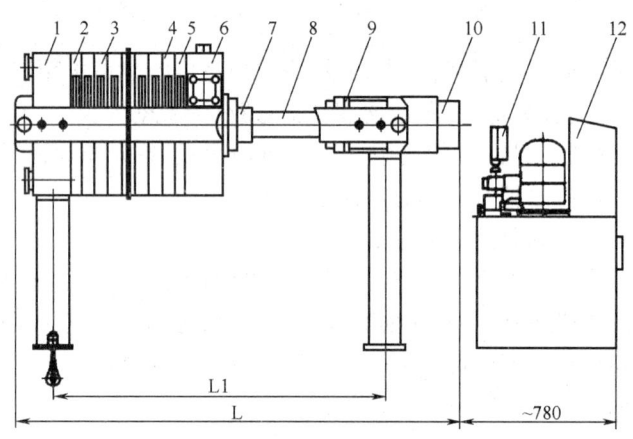

图 10-13　板框压滤机的结构

1—止推板　2—头板　3—滤板　4—滤布　5—尾板　6—压紧板　7—横梁
8—活塞杆　9—液压缸座　10—液压缸　11—液压站　12—电控箱

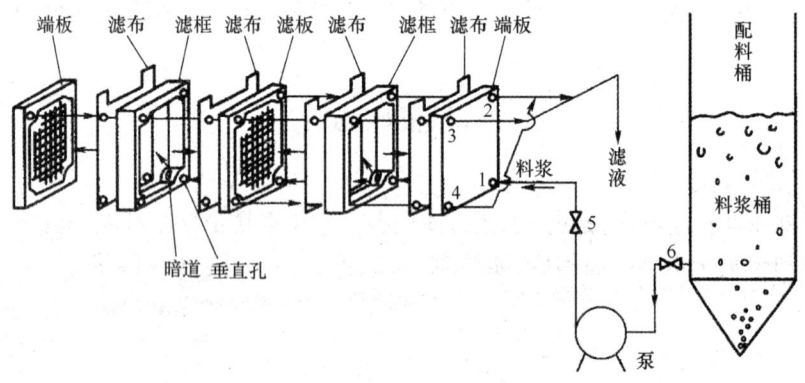

图 10-14　板框压滤机过滤过程

1—料浆通道　2、3、4—滤液通道　5、6—阀

板框压滤机的滤板和滤框多做成正方形,装合时,为便于区别,在板和框的外缘设计不同数目的小钮:在外缘有一个钮的,称为过滤板。有两个钮的,称为滤框。有三个钮的,称为洗涤板。安装时,按照钮的记号 1 - 2 - 3 - 2 - 1 - 2……顺序排列。

滤板和滤框的结构如图 10 - 15、图 10 - 16 所示。滤板表面上有棱状沟槽,凸者起支撑滤布作用,凹者形成滤液流动的通道。板、框间隔滤布。在板、框及滤布的两个上角都开有小孔,装合后构成两条通道,一条悬浮液通道,一条洗涤水通道。在滤框的一个上角开有暗孔与悬浮液通道相通,在洗涤板上角有暗孔与板两侧相通,洗液可由此孔流入框内。过滤板和洗涤板的一个下角都装有滤液的出口阀。

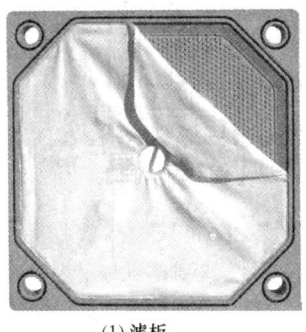
(1) 滤板

(2) 滤框和滤板

图 10 - 15　滤板与滤框

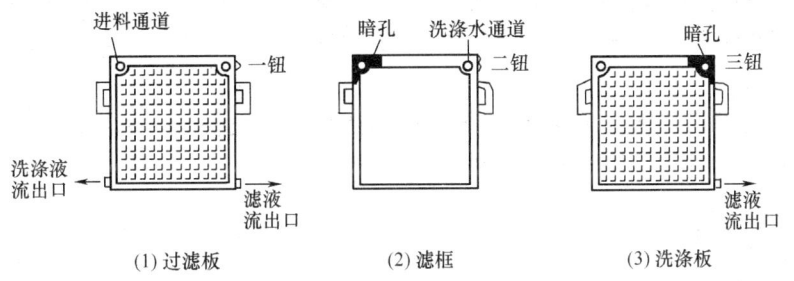

图 10 - 16　明流式板框压滤机的滤板和滤框

图 10 - 17(1)为悬浮液过滤的路径。操作时,悬浮液在压力作用下经悬浮液通道和滤框的暗孔进入滤框的空间内,滤液透过滤布,沿板上沟槽流下,汇集于下端,经滤液出口阀流出,固体微粒被截留在框内形成滤饼。图 10 - 17(2)为洗涤液的路径。洗涤时,将洗涤板下端的出口旋塞关闭。洗涤水经洗涤水通道和暗孔进入洗涤板,然后透过滤布和滤饼的全部厚度,自过滤板下角的洗涤液出口阀流出。洗涤结束后,旋开压紧装置并将板和框拉开,卸出滤饼,清洗滤布,整理板、框,重新组装,进入下一操作循环。

压紧装置的驱动有手动、液压自动两种。板、框尺寸较大,需要较大压力时,采用液压传动压紧方式。

滤液排出方式有暗流与明流。若滤液不宜暴露在空气中,需将各板流出滤液汇集于总管后送出,称为暗流式。若滤液从每块滤板底部的滤液出口阀直接排出,称明流式,如图10-17所示。明流式便于观察各块滤板的工作情况,若某板出口滤液浑浊,即可关闭该出口旋塞,以免影响全部滤液质量。

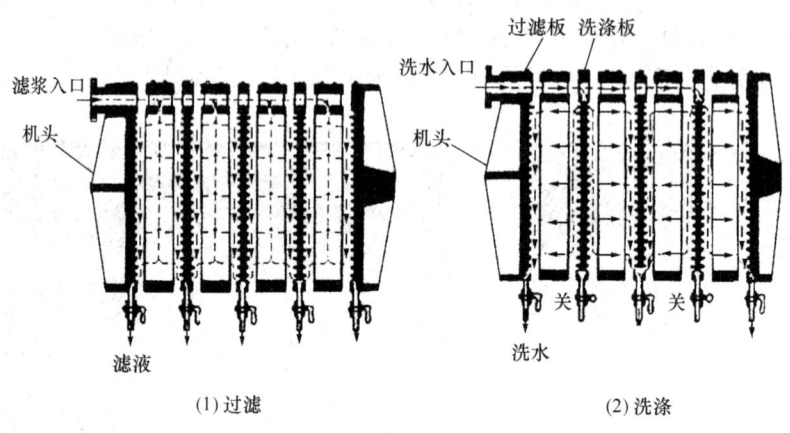

图10-17 明流式板框压滤机的过滤和洗涤

国产板框压滤机系列标准代号,有BMS、BAS、BM、BA,B为板框,M为明流,A为暗流,S为手动。如型号为BMS20/635-25的压滤机,表示手动明流式板框压滤机,过滤面积$20m^2$,框内每边长635mm,框厚25mm。

2. 特点

板框压滤机的优点:①结构简单,制造方便,附属设备少。②占地面积较小而过滤面积较大。③操作压强高。缺点:①生产效率低。②劳动强度大。③滤布损耗较快。

3. 适用场合

板框压滤机适用于黏度较大、固体颗粒粒度较细且压缩性较大的悬浮液的过滤。

4. 操作要求

(1)检查准备

①开车前,对各部件进行检查,并将滤框、滤板、滤布清洗干净。

②按规定顺序安装好滤板、滤框,铺好滤布,注意保持平整,切勿折叠,进料孔必须在一条直线上,滤布不能挡住进料孔。

③开动电动机,使压紧机运行数次,检查是否有问题。然后开动自动顶压杠,使所有滤板、滤框和滤布互相接触,松紧适宜。

④如需添加助滤剂,应将调好的助滤剂浆液用泵打入压滤机,持续5min,以形成助滤层。

(2)正常操作

①预热排气:压滤机装毕,将规定温度的热水泵入,预热压滤机并排出机内空气。静置20~30min后,排出预热水,泵入滤浆。

②循环调整:用泵将滤浆打入压滤机,循环流动。若滤液浑浊,可回流至料槽,直至滤液清亮后不再回流。若澄清度符合规定指标,停止循环,并逐步升压至规定压力。

③压滤操作:开启进料阀门向滤框送料,同时打开各出口旋塞。待所有板框滤布腔内充满滤浆后,缓慢开顶杠,进行压滤。

操作时注意:观察压力表读数,不得超压使用(操作压力300~500kPa)。观察滤液澄清度,发现浑浊或带有滤渣,应停车及时检查滤布,如有破损,立即更换。经常检查滤框和滤板有无裂纹和变形,管路有无泄漏。

④滤饼洗涤:过滤完毕后,停止进料,立即泵入热水洗渣。洗涤时先关闭进料阀和洗涤板下角的滤液出口旋塞,再打开洗涤水进口阀,洗涤滤饼。

⑤滤饼卸除:洗涤符合要求后,松开顶杠,将框拉开,卸出滤饼,清洗滤布和滤板、滤框。

⑥装机待用:清洗完毕后,重新装合,准备下个循环。

5. 维护与保养

(1)经常检查顶杠、横梁、机架磨损和腐蚀情况,发现问题及时处理。

(2)经常检查各传动部件润滑情况。

(3)压滤机停用时,应冲洗干净,传动机应保持整洁,无油垢。

(4)基础应保持牢固,地脚螺栓不松动。

6. 常见故障及处理方法

板框压滤机常见故障及处理方法见表10-2。

表10-2　　　　　　板框压滤机常见故障及处理方法

异常现象	产生原因	处理方法
板框漏液	1. 板框有裂纹或变形 2. 滤布没上好,没压紧 3. 滤框和滤板边缘磨损或腐蚀	1. 更换变形板框 2. 重新上滤布,压紧 3. 更换新滤板或滤框
滤液澄清度不合格	1. 没有做好循环调整 2. 滤布破损	1. 重新进行循环调整 2. 更换滤布
顶杠弯曲	1. 中心偏斜 2. 导向架装配不正 3. 顶紧力过大	1. 更换顶杠或找正 2. 调整找正 3. 适当降低压力

7. 安全操作要点

(1)按照操作规程操作,正确使用劳保用品。料液有腐蚀性时,要预防化学灼伤。

(2)板框压滤机不能超压使用,顶杠压力不能过大。

(3)装合时,注意洗涤板、滤板和滤框的排列顺序,不能装错。

(4)操作电器要小心,手不能潮湿。

二、板式压滤机

常见的凹腔板式压滤机及其滤板,如图 10-18、图 10-19 所示,也称为箱式压滤机。全部由滤板并列组合而成,即滤板具有板和框的双重作用。滤板通常为凹面形圆盘,滤板两侧各有一凸出边框,当两块滤板合拢时,中间内腔即形成滤箱。每块滤板两侧覆以滤布,利用螺旋活接头将滤布紧贴于板的凸缘平面上。这样可将滤箱空间分隔成滤布与板面间的滤液空间及滤布外部的滤浆空间。

图 10-18 凹腔滤板

过滤时,料液经滤板中央进料孔进入滤浆空间,滤渣沉积于滤布上形成滤饼,滤液穿过滤布进入板面沟槽内,并从下部孔道流出。

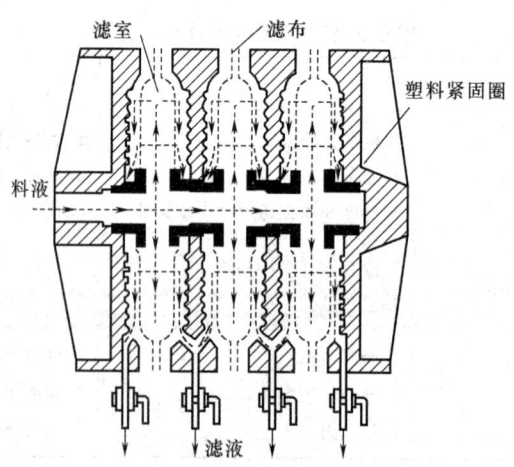

图 10-19 凹腔板式压滤机结构原理

板式或板框式压滤机结构简单,价格低,过滤面积大,耐受压力高,动力消耗小,适用于较难处理物料的过滤,使用较广泛。但压滤机不能连续操作,劳动强度大,辅助操作时间长,滤布易损坏。目前,有半自动和全自动压滤机。

三、自动板框式压滤机

图 10-20 是立式全自动板框压滤机,图 10-21 所示为 IFP 自动板框压滤机工作原理。自动板框压滤机,结构与普通板框压滤机大体相同,只是板与框各有 4 个角孔,滤布是首尾封闭的整体,并配有自动控制操作系统。

过滤时,悬浮液从板框上部两个角孔形成的通道并行压入滤框,滤液穿过滤框两侧的滤

图 10-20 立式全自动板框压滤机

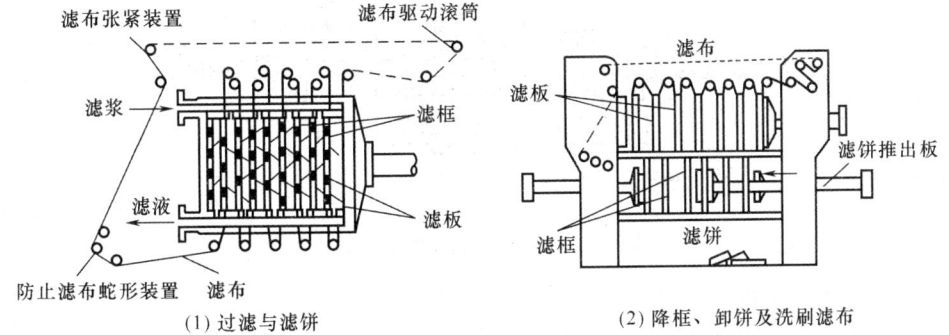

图 10-21 IFP 自动板框压滤机工作原理

布,沿滤板表面的沟槽流入下部角孔形成的通道,滤饼在滤框内形成。洗涤滤饼也按过滤流向进行。洗饼完毕,油压机将板框拉开,并使滤框下降。然后开动滤饼推板,框内滤饼将以水平方向推出落下。传动装置带动环形滤布绕一系列转轴旋转,以达到洗涤滤布的目的,最后使滤框复位,重新夹紧,完成一个操作周期。全部操作在 10min 内完成。

自动板框压滤机的特点:①板框压紧、卸饼、清洗等操作可自动完成。②劳动强度小。③辅助操作时间短。

四、硅藻土过滤机

硅藻土过滤机广泛应用于啤酒生产中凝固物分离和成熟啤酒过滤操作。还用于葡萄酒、清酒及其他含低浓度细微蛋白质胶体粒子悬浮液的过滤操作。按滤除颗粒大小,选择不同粒度分布的硅藻土作预涂层。

硅藻土过滤机型号很多,特点是体积小,过滤能力强,操作自动化。硅藻土过滤机分为三种类型:板框式、叶片式和柱式。

1. 板框式硅藻土过滤机

板框式硅藻土过滤机与板框式压滤机没有本质差别。该机是早期产品,操作方便且稳定,至今仍流行。其结构与板框压滤机相似,如图10-22所示。它是滤板和滤框交替排列,在过滤介质前放置涂有硅藻土的金属丝网。以硅藻土过滤介质代替滤布,使用特制的多孔隙滤纸板夹持在板和框之间,作为硅藻土层的支撑物,每一过滤周期结束后需更换新的滤纸板和硅藻土。

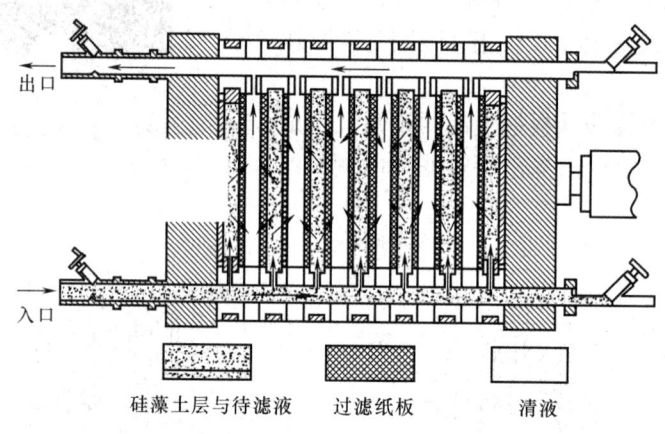

图10-22 板框式硅藻土过滤机

2. 叶片式硅藻土过滤机

叶片式硅藻土过滤机分为两种:垂直叶片式和水平叶片式。

(1)垂直叶片式硅藻土过滤机 如图10-23所示。它包括:顶部为快开式顶盖,底部有一条水平滤液汇集总管,两者间垂直排列许多扁平滤叶。每张滤叶下部有一根滤液导出管,将内腔与滤液汇集总管连接。

正反两面紧覆细金属网的滤框。骨架是管子弯制成的长方形框。中央平面上夹着一层大孔格粗金属丝网,在其两面紧覆以细金属丝网(400~600目),作为硅藻土涂层支持介质。

过滤时顶盖紧闭,啤酒与硅藻土混合液泵入过滤器,以制备硅藻土涂层。混合液中的硅藻土颗粒被截留在滤叶表面的细金属网上面,啤酒穿过金属网流进滤叶内腔,再从总管流出。浊液反流,直到流出的啤酒澄清为止。此时表明,预涂层制备完毕,接着可过滤啤酒。

过滤结束后,压出器内啤酒,然后反向压入清水,使滤饼脱落,自底部卸出。

(2)水平叶片式硅藻土过滤机 也称水平圆盘式硅藻土过滤机,如图10-24所示,是20世纪80年代兴起的一种压滤机,过滤介质可选硅藻土、珍珠岩粉或活性炭。通过水平圆盘式硅藻土过滤机的分离,能使直径1~3μm的菌体及固体微

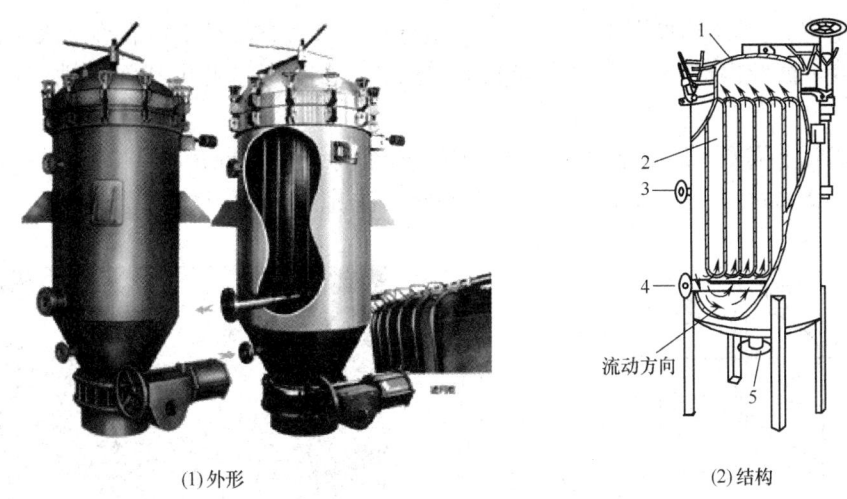

图 10-23　垂直叶片式硅藻土过滤机
1—顶盖　2—滤液　3—滤液出口　4—滤液进口　5—卸渣口

粒100%截留,更好保留原液的特性,浊度值达0.5EBC以下,不仅内在质量好,外观更符合要求。水平圆盘式硅藻土过滤机过滤面积为 $0.4 \sim 20 m^2$。广泛应用于果酒、保健酒、葡萄酒、饮料、糖浆、酱油醋、食品添加剂及医药和化工等行业液态制品的澄清过滤。

图 10-24　水平圆盘式硅藻土过滤机
1—带视镜的罐体　2—清液流出空心轴　3—过滤单元　4—间隔环　5—小支脚架　6—压紧装置
7—剩余残液的过滤圆盘式　8—下部入口　9—带分配器的上部进口　10—清液主出口
11—残清液出口　12—排气口　13—液压装置　14—液压系统电动机　15—轴密封
16—轴环清洗刷/排放口　17—废硅藻土排出套管　18—废硅藻土排出装置　19—喷洗装置

①构造:其结构如图 10-25 所示。过滤机在垂直空心轴上装有许多水平排列的滤叶。滤叶内腔与空心轴内腔相通,滤液从滤叶内腔汇集到空心轴,从底部排出。

滤叶上侧是一层细金属丝网,作为硅藻土预涂层的支持介质,中央夹着一层大孔格粗金属丝网,作为细金属丝网的支持物。滤叶下侧是金属薄板。

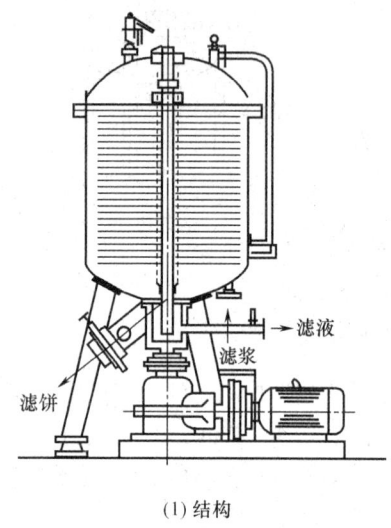

(1) 结构

(2) 外形

图 10-25　水平叶片式硅藻土过滤机

②过滤原理:过滤时,首先在过滤盘上形成硅藻土预涂层,如图 10-26 所示。过滤液体经硅藻土预涂层时,杂质被阻挡。纯净液体经管状或片状间隙及颗粒间的间隙通过过滤层,起到过滤作用。随过滤时间推移,预涂层上被滤掉的杂质越来越多,将阻塞过滤通道。因此,在使用水平圆盘式硅藻土过滤机过滤的过程中,需对进入过滤罐的被过滤的液体,通过硅藻土添加泵即隔膜式计量泵添加一定剂量相应粒度的硅藻土,维持正常过滤。如果使用水平圆盘式硅藻土过滤机过滤时需脱色,还需加入一定比例的活性炭。

第一预涂层:在 0.2~0.3MPa 压力下,将脱氧水或已滤过的酒与一定数量的粗土混合,以循环方式进行预涂,形成压力稳定的基础预涂层。第一次预涂非常关键,虽不起过滤作用,但起支撑作用。这次预涂层,粗硅藻土用量为 $0.7 \sim 0.8 kg/m^2$,约为整个预涂量的 70%。

第二预涂层的作用,是使最先滤出的酒液清亮。这次预涂仍然用脱氧水或已滤酒和过滤介质,硅藻土较细,有过滤活性。这样既截留浑浊物质,又防止过滤机堵塞。预涂层要均匀分布,否则导致啤酒液流速不稳定,甚至产生浑浊。

总预涂用土量为 $0.8 \sim 1 kg/m^2$,预涂层厚为 2~3mm。预涂过程需 15~20min。预涂结束后,过滤开始。要不断添加过滤介质,更新滤层,保持滤层通透性,

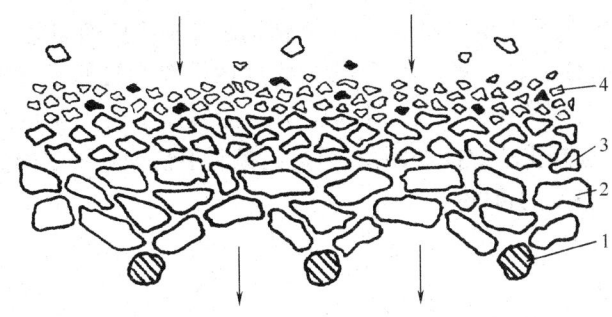

图 10-26 硅藻土预涂
1—过滤支撑材料 2—第一预涂层 3—第二预涂层 4—连续补料层

使流量恒定。必须保证流量恒定,因为液体压力和液流不均匀会使筛面上的过滤桥被破坏,滤出酒就会变浑浊。流量均匀与否,取决于过滤机进口和出口压差。

③操作规程:操作方式与垂直叶片式硅藻土过滤机大致相同。只是在过滤结束后,在反向压入清水后,开动空心转轴,在离心力作用下,更容易卸除滤饼。

机器开动前,先检查并清除机器四周有碍机器运转操作的障碍物,加入1%的温清洁剂和相应的冷清洁剂。然后,按照操作要求,滤层预敷程序把输液泵打开5~10min,同时打开计量泵和搅动器。

向过滤器和计量器里注入水和过滤剂,打开阀门,用滤液进行滤层预敷。

预敷滤层后,在计量器内注入未滤液体,打开阀门,再打开输液泵和计量泵。慢慢开启调节阀,启动电机进行滤清。

过滤过程完成后,清除沉渣,把过滤器及滤片冲洗干净。

④特点:过滤周期长、效率高,过滤质量稳定,滤液损失少。自动化程度高,结构紧凑,配置齐全,操作方便,移动灵活,易于维护,安全可靠。锥形滤盘水平放置,坚固可靠,不易变形,使用寿命长,过滤形成滤饼稳定,过滤液澄清,不易掉渣。液体过滤在全封闭优质不锈钢抛光容器和卫生管路系列中进行,无泄漏,无环境污染,过滤过程自动化程度高,有利于达到液体的安全过滤和清洗卫生性的要求。可间歇过滤,滤饼不会脱落,有利于生产安排,过滤时不受停电等因素影响。清洗滤网不用拆卸滤盘,可在机体内进行。滤盘旋转时,自动排渣,卸渣干净利索,适应各种黏度的物料精密过滤。硅藻土添加泵为隔膜式计量泵,结构简单,计量准确,可根据滤液浑浊程度,随时调节硅藻土等助滤剂的添加量。

3. 柱式硅藻土过滤机

柱式滤管是柱式硅藻土过滤机的主体部分。柱式过滤机的结构如图10-27所示。使用如图10-28所示的柱式滤管作为过滤介质。柱式滤管由不锈钢制成,关键部件是将不锈钢圆环套在Y形的金属棒上。不锈钢圆环的底面扁平,顶面有8个凸起的扇形。扇形凸起高度为0.05~0.08mm,Y形金属棒上开有3条U形槽,两头有螺纹。在Y形金属棒上,将一不锈钢圆环扁平底面与另一不锈钢圆环凸起有扇形的顶面,依次一一套合后,用带内螺纹的端盖和过滤机管板连接接头,分别旋在开槽的中心柱两头螺纹上,将套在Y形金属棒上的不锈钢圆环位置固定。调节端盖与管板连接接头之间的距离,可适当控制不锈钢圆环之间的间隙,达到调节柱式滤管过滤精度的目的。

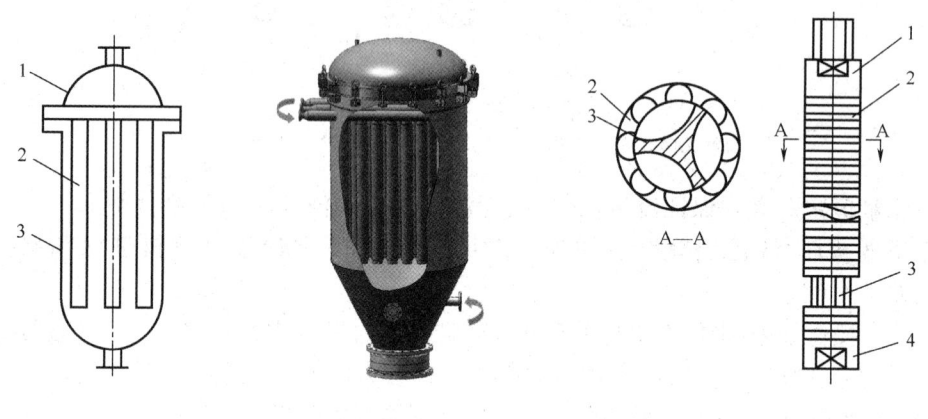

图10-27　柱式硅藻土过滤机
1—封头　2—柱式滤管　3—壳体

图10-28　柱式滤管
1—管板连接接头　2—不锈钢环
3—Y形金属棒　4—端盖

在柱式过滤机的柱式滤管上制备硅藻土涂层时,将悬浮液所含硅藻土和液体做垂直于柱式滤管面的同向流动。硅藻土沉积在柱式滤管(不锈钢圆环)的外表面之上形成预涂层,悬浮液中的液体在过滤推动力作用下穿过预滤层,滤液沿中心Y形金属棒的U形槽排出机外,再携带硅藻土进行循环,直到滤液澄清为止。

在进行正常过滤时,相当浑浊的啤酒做垂直于柱式滤管面的同向流动,啤酒中剩余的酵母菌、胶体沉淀物及存在的细菌沉积在柱式滤管外表面上预涂层的表面,啤酒在过滤推动力作用下穿过柱式滤管,沿U形槽排出机外。

该机的优点是,滤层在柱上,不易变形脱落,滤柱为圆形,其过滤表面积会随滤层的增加而增加。

五、转鼓式真空过滤机

1. 结构与操作

转鼓式(转筒式)真空过滤机是连续操作过滤设备,流程如图10-30所示。其主体是一个由筛板组成的可转动的水平圆筒,如图10-29、图10-31所示。圆筒外表面有一层金属丝网,网上覆盖滤布。圆筒内沿径向被筋板分隔成若干个扇形格室,每个格室有吸管与空心轴内的孔道相通,空心轴内的孔道沿轴向通往位于轴端并随轴旋转的转动盘上,转动盘与固定盘紧密配合,构成一个特殊的旋转阀,称为分配头,如图 10-32 所示。分配头的固定盘上分成若干个弧形空隙,分别与减压管、洗液贮槽及压缩空气管路相通。转鼓旋转时,借分配头作用,扇形格内分别获得真空和高压,可依次进行过滤、洗涤、吸干、吹松、卸渣等操作。

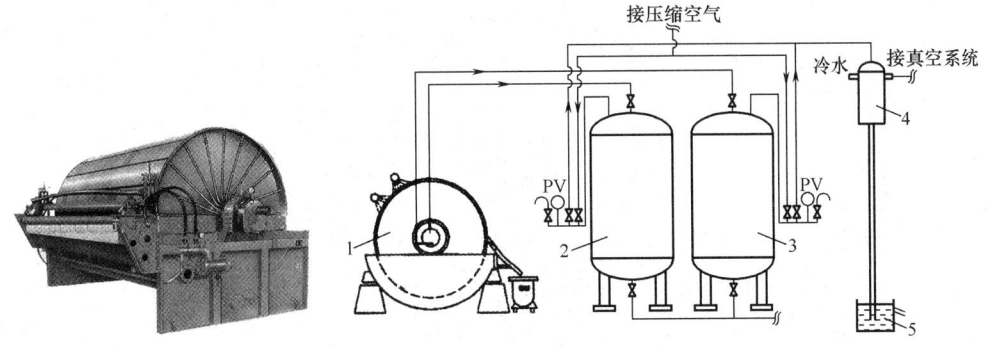

图 10-29 转鼓式真空过滤机外形图

图 10-30 转鼓式真空过滤机流程
1—转鼓式过滤机 2—洗涤液贮罐 3—滤液贮罐
4—混合冷凝器 5—水池

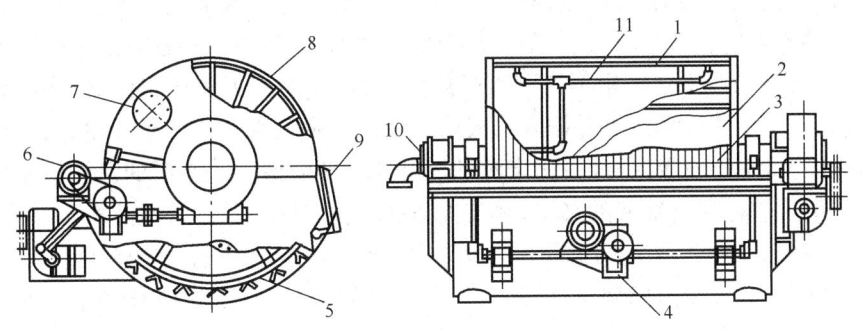

图 10-31 转筒式真空过滤机
1—转鼓 2—滤布 3—金属网 4—搅拌器传动装置 5—摇摆式搅拌器
6—传动装置 7—手孔 8—过滤室 9—刮刀 10—分配阀 11—滤液管路

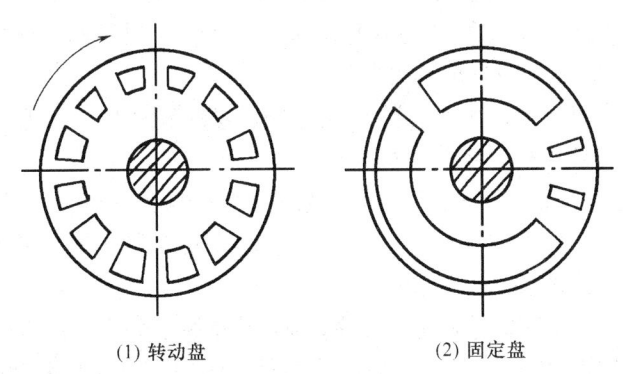

(1) 转动盘　　　　　　　　(2) 固定盘

图 10-32 转筒式真空过滤机的分配头

转筒在装有悬浮液的槽内做低速回转,下半部浸在悬浮液内。全部转鼓表面分几个区域。图10-33为转筒式真空过滤机操作示意图。

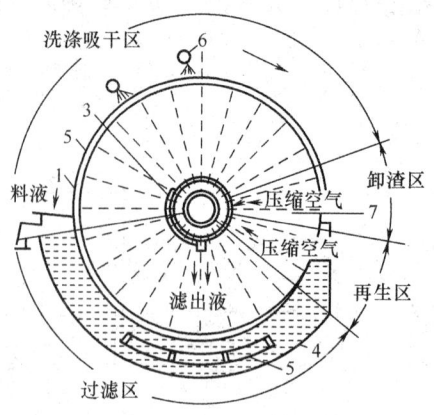

图10-33 转筒式真空过滤机操作示意图
1—转鼓 2—过滤室 3—分配阀 4—料液槽 5—摇摆式搅拌器 6—洗涤液喷嘴 7—刮刀

(1)过滤区 浸在悬浮液内的各扇形格与真空管路接通时,格室内为负压。滤液经过滤布进入格室内,经分配头被吸出,在滤布上形成一层逐渐增厚的滤饼。

(2)洗涤与脱水区 扇形格刚离开液面时,格室内仍为负压,使滤饼中的残留液被吸尽,与过滤区滤液一并排入滤液槽。洗涤水由喷水管喷洒于滤饼上,扇形格内为负压,将洗出液吸入,经过固定盘的槽缝通向洗液槽。洗涤后的滤饼借扇形格室内的负压进行残留洗液的吸干,并与洗涤区的洗出液一并排入洗液槽。

(3)卸渣及再生区 扇形格同压缩空气管相接通,压缩空气经分配头从扇形格内部吹向滤渣,使其松动,以便卸料。扇形格靠近刮刀时,滤渣被刮落下来。滤渣被刮落后,可由扇形格内部通入空气或蒸汽,将滤布吹洗干净,重新开始下一循环的操作。转鼓式真空过滤装置如图10-34所示。

2. 特点和应用范围

转筒式真空过滤机的优点:①吸滤、洗涤、卸饼、再生连续化操作。②机械化程度较高。③适用于中等粒度、黏度不太大的悬浮液。④通过调节转鼓转速来控制滤饼厚度和洗涤效果。⑤滤布损耗小。

不足之处:①过滤推动力小,滤液不易抽干,滤饼湿度大。②辅助设备多,且加工制造复杂,投资费用高。③耗电量大。

转鼓式真空过滤机,压缩空气反吹不仅有利于卸除滤饼,也可防止滤布堵塞。由于空气反吹管与滤液管为同一根,所以反吹时会将滞留在管中的残液回吹到滤饼上,增加滤饼含湿率,通常为20%~70%。

转鼓式真空过滤机适用于过滤各种物料,但辅助设备多,投资大,适用于温度较高的悬浮液,但温度不能过高,以免滤液的蒸汽压过大使真空失效。由于真空过

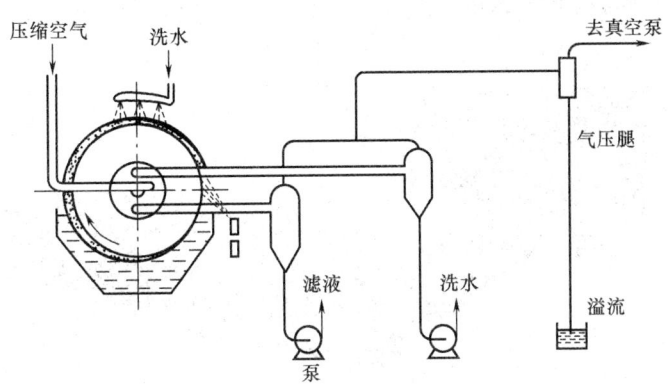

图 10-34 转鼓式真空过滤装置

滤,推动力小,最大真空度不超过 80kPa,一般为 0.27~67kPa。

3. 型号、参数及型式

(1) 型号与参数　转筒真空过滤机的过滤面积,有 1、5、20、40m² 等规格。国产最大过滤面积约为 50m²,型号有 GP 及 GP-X 型。GP 型为刮刀卸料,GP-X 型为绳索卸料,直径为 0.3~4.5m,长度为 0.3~6m。如型号为 GP2-1 型过滤机,其中 2 表示过滤面积 2m²,1 表示转鼓直径 1m。滤饼厚度保持在 40mm 以内,对难以过滤的胶状料液厚度可小于 10mm。对菌丝体发酵液,过滤前在滚筒面上预涂一层 50~60mm 厚的硅藻土。过滤时,可调节滤饼刮刀,将滤饼连同一薄层硅藻土一起刮去,每转一圈,硅藻土约刮去 0.1mm,使过滤面不断更新。

(2) 型式　转鼓式真空过滤机除常用的多室式外滤面过滤机外,还有多种型式。下面介绍单室式和内部给液式两种。

① 单室式转鼓真空过滤机:将空心轴内部分隔成对应于各工作区的几个室,空心轴外部用隔板焊成与转鼓内壁接触的两个部分,一部分通真空,一部分通压缩空气。空心轴固定不转动,转鼓旋转时与空心轴各室相连通,形成不同工作区。

单室式转鼓真空过滤机,不分室、不用分配间,结构简单,机件少。但转鼓内壁要求精确加工,否则不易密合,而引起真空泄漏。设备真空度较低,适用于悬浮液中固体含量较少、形成滤饼较薄的场合。

② 内部给液式转鼓真空过滤机:过滤面在转鼓内侧,加料、洗涤、卸渣等均在转鼓内进行。设备结构紧凑,外部简洁,不需另设料液槽,可减轻设备自重,没有料液搅拌器,只需一套传动装置,对易沉淀的悬浮液非常适用。缺点是,工作情况不易观察,检修不便。

六、带式真空过滤机

带式真空过滤机是充分利用物料重力和真空吸力实现固液分离的设备,外形和工作原理如图 10-35、图 10-36 所示。工作过程包括加料、真空行程、返回行程、洗涤、吸干、卸渣、清洗滤布。

图10-35 带式真空过滤机外形

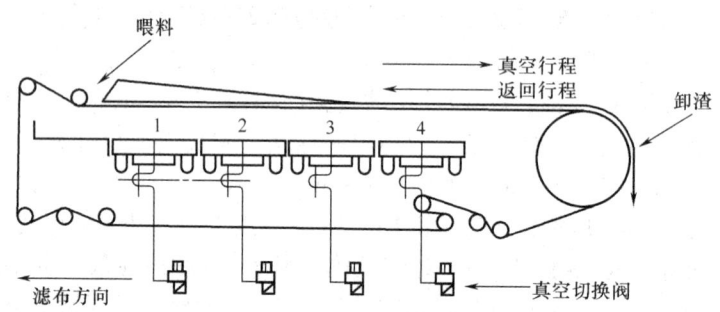

图10-36 带式真空过滤机工作原理
1—过滤区 2—吸干区 3—洗涤区 4—洗后吸干区

1. 真空行程

过滤开始时,真空切换阀开启真空,经过集液管连通滤室,使滤室形成真空,料浆从高位槽经阀门,由折板式加料斗均匀分布在滤带上。由于真空吸力作用,滤带紧贴在滤盘上,在真空吸力作用下抽滤,滤带与滤盘同步前移。滤盘运行到设定位置感应到感应开关时,真空切换阀关闭真空。这时大气切换阀接通大气,滤盘改变方向,进行返回行程。

2. 返回行程

滤盘返回过程中,运动到设定的返回行程终点时,滤盘感应到另一个感应开关,真空切换阀动作,关闭大气接通真空。同时,真空滤盘随滤布前移,开始真空行程。无论是真空行程还是返回行程,滤带始终向前运动,便实现了带滤机的连续工作。

3. 洗涤、吸干、卸渣

过滤、洗涤、吸干在真空行程中分段同时进行,各区段间用隔离器分开,集液系统可与此相对应分别集液。

滤饼的排卸在过滤机的前端，利用头轮处滤饼曲率半径的变小和刮料钢丝及薄片刮刀，将滤饼从滤带上剥离卸除，滤布经清洗再生后，再加料连续进行过滤程序。

思考与练习

一、名词解释

过滤速度的强化　过滤介质　滤浆　滤饼　滤液　滤饼过滤　深层过滤

二、填空题

1. 根据构成滤饼的颗粒特性，滤饼可分为_____、_____两大类。
2. 过滤介质的选择应同时从_____、_____、_____、_____等方面考虑。
3. 按照固体颗粒被截留的情况，过滤操作可分为两大类，即_____和_____。

三、选择题

1. 属于加压过滤设备的是（　　）。
A. 板框压滤机　B. 硅藻土过滤机　C. 转鼓式真空过滤机　D. 带式真空过滤机
2. 生产纯生啤酒采用的过滤方法是（　　）。
A. 超滤　B. 板框压滤　C. 转鼓吸滤　D. 离心分离
3. 属于吸滤设备的是（　　）。
A. 板框压滤机　B. 硅藻土过滤机　C. 转鼓式真空过滤机　D. 带式真空过滤机

四、判断题

1. 砂滤棒过滤器适用于用水量较小、原水中固体杂质含量较小的场合。（　　）
2. 板式压滤机是从板框式压滤机发展而来的。（　　）
3. 硅藻土过滤机是除膜过滤之外的常规过滤手段中，过滤最细的过滤机。（　　）
4. 滤网和滤布不属于过滤介质。（　　）
5. 真空过滤的推动压差不超过 0.1MPa。（　　）

五、问答题

1. 什么是过滤？有何意义？
2. 简述过滤介质的作用、要求及选择方法。
3. 什么是助滤剂？有何要求？常见的使用方法有哪几种？
4. 简述过滤操作的推动力是什么。根据推动力来源不同，过滤操作可分为哪几类？
5. 简述过滤操作的基本程序。
6. 试提出强化过滤速度的可行性措施。
7. 试以图说明板框压滤机的组成、结构、工作原理、操作要点及有关注意事项。
8. 简述硅藻土过滤机的类型及其工作原理。
9. 如何结合生产实际选择过滤设备？

第十一章　离心分离设备

【学习目标】
1. 知识目标　了解离心机常见异常现象及处理方法,离心分离操作在生物工程中的应用;熟悉离心机的种类,离心过滤及离心分离的基本原理;掌握常用离心机的结构、工作原理、特点。
2. 能力目标　掌握离心分离设备正确使用与维护要点。

第一节　离心分离的基本理论

一、离心分离原理

离心分离是利用惯性离心力作用实现非均相混合物分离的操作。离心分离包括:一种是让被分离的非均相混合物以切线方向进入圆形容器内,使其做高速旋流运动而产生惯性离心力,如旋风分离器、旋液分离器。一种是通过设备本身的高速旋转使其内部物料产生惯性离心力,如离心机。

离心机是实现气、液、固三相分离的专用设备。它与旋风(液)分离器的区别在于,离心机由设备本身的旋转产生离心力。离心机可产生很大离心力,因此,对在重力沉降器中不能很快沉降或根本不能沉降的粒子,可利用离心力将其分离。虽然较高的离心力不能改变小颗粒间的相对沉降速度,但能够克服布朗运动和自然对流的影响。加压过滤方法不能除去的小颗粒,可用离心过滤方法分离。

离心机的结构型式较多,但其主要构件均为快速旋转的转鼓。根据分离原理的不同,离心分离分为离心沉降、离心过滤和离心分离。

二、离心机的类型

1. 根据离心分离因数分类
(1) 常速离心机　分离因数 $K_c < 3000$,转鼓直径较大,转速较低。适用于颗粒直径在 0.01~1.0mm 的悬浮液的分离或物料的脱水。
(2) 高速离心机　$3000 < K_c < 50000$,转鼓直径较小,长度较大,通常是沉降式或分离式。适用于含极细颗粒的低浓度悬浮液及乳浊液的分离。
(3) 超高速离心机　$K_c > 50000$,适用于极不易分离的超细微粒悬浮系统和高分子的胶体悬浮液。

2. 根据操作原理分类

(1) 过滤式离心机　转鼓壁上有孔,借助离心力作用实现过滤分离。如三足式离心机、上悬式离心机、卧式刮刀离心机、活塞推料离心机等。转速为 1000～1500r/min,分离因数不大,适用于易过滤的晶体悬浮液和较大颗粒悬浮液的分离。

(2) 沉降式离心机　转鼓壁上无孔,借助离心力作用实现沉降分离,用于分离不易过滤的悬浮液。

(3) 分离式离心机　转鼓壁上无孔,具有极高转速,达 4000r/min 以上,分离因数在 3000 以上。用于乳浊液分离和悬浮液增浓或澄清。

3. 根据操作方式分类

(1) 间歇式离心机　卸料时须停车或减速,采用人工或机械方法卸出物料,如三足式离心机。特点是,可根据需要延长或缩短过滤时间,满足物料最终含水量要求。

(2) 连续式离心机　整个操作过程均可实现连续化,如螺旋卸料沉降式离心机、活塞推料离心机。

第二节　离心分离的设备

一、过滤式离心机

1. 三足式离心机

(1) 结构及工作原理　三足式上卸料离心机和三足式液压过滤离心机如图 11-1、图 11-2 所示。离心机安装在由机体固定的三个支脚上,故称为三足式。支脚固定在地基上,在支脚上借助弹簧将离心机外壳悬挂起来,使整个机体被弹性支撑住,处于挠性状态。物料在转鼓内分布不均匀时,转鼓能自动调整,因而振动大大减小,起减振作用。这种离心机的主轴粗短,能保持良好的刚性,机器高度降低,有利于从上盖加料及卸料。

图 11-1　三足式上卸料离心机

(2) 三足式离心机的特点　优点:①对分离物料的适应性强,用于各种不同浓度和不同固相颗粒粒度的悬浮液分离。对细粒极难分离的悬浮液在无合适分离设备时,可用三足式离心机处理。②在低速下或停车后卸滤渣,对结晶晶粒破碎小。③设备安装在弹性悬挂支承上,重心低,降低了因加料和刮刀卸料造成的偏心载荷引起的振动。④结构简单,制造与安装方便,操作维修易于掌握。⑤转鼓完全置于

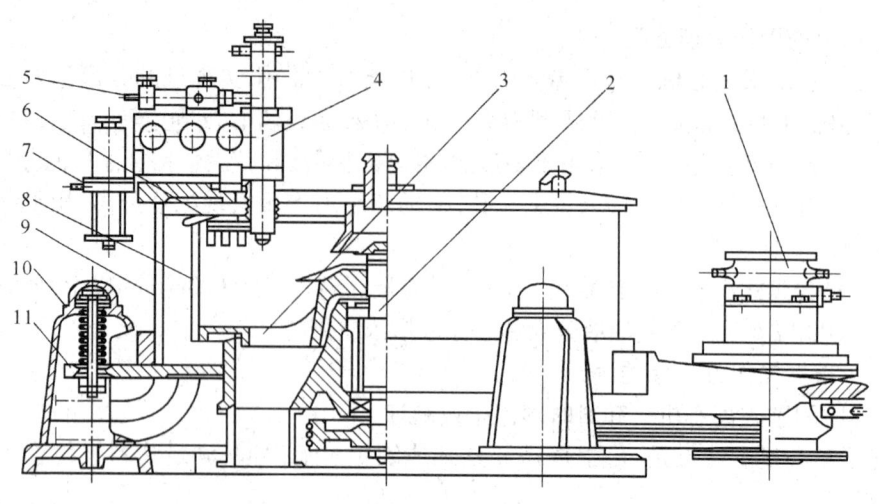

图 11-2 SXY-1000 型三足式液压过滤离心机
1—油马达 2—主轴 3—转鼓底 4—刮刀装置 5—旋转油缸 6—拦液板
7—升降油缸 8—转鼓壁 9—壳体 10—弹性悬挂支撑装置 11—底盘

静止的机壳内,易实现密闭操作。

缺点:①人工上部卸料需要繁重体力劳动,不过有的设备做了改进,能达到自动卸料。②轴承与传动装置均在转鼓的下部,操作不方便,液体可能漏入发生腐蚀。

2. 离心力自动卸料离心机

(1)结构及工作原理　离心力自动卸料离心机的构造,为一倒圆锥形转鼓支承在机壳内的立轴上,立轴由电动机通过传动装置从下部驱动,结构如图 11-3 所示。

(1) 结构　　　　　(2) 圆锥形转鼓筛篮

图 11-3 离心力自动卸料离心机
1—悬浮液 2—水 3—滤液 4—滤渣

悬浮液从上部进料管进入圆锥形转鼓底部中心,靠离心力均匀分布在转鼓壁上,滤液穿过覆以滤网的转鼓从滤液收集罩的下部排出。固体颗粒被截留形成滤渣,滤渣靠离心力作用克服与滤网间的摩擦力,沿转鼓锥形斜面向上移动,经过洗涤段,最后从顶端甩出至滤渣收集罩内,从底部排渣口排出。

(2)特点 结构简单,生产能力大,进料、分离、洗涤、干燥工序均在全速运转方式下连续操作。分离效果受悬浮液浓度和固体颗粒大小影响较大。在各种结晶产品的分离和淀粉分离中应用较多。

二、沉降式离心机

1. 卧式刮刀卸料沉降离心机

(1)结构及工作原理 卧式刮刀卸料沉降离心机的外形与结构,如图11-4、图11-5所示。悬浮液加入转鼓底部,在沿转鼓壁向外返流过程中,固体颗粒在圆筒形液环内沿径向沉降,最后到达转鼓内壁。分离液经转鼓拦液盖溢流入机壳,由排液管排出。转鼓内壁上沉渣逐渐积厚,有效容积减小,液体轴向流速增大,在转鼓内停留时间减小。细小颗粒来不及完全沉降时,分离液澄清度降低。至不符合要求时,停止加料,用机械刮刀卸出沉渣。

图11-4 卧式刮刀卸料沉降离心机的外形

(2)特点 分离因数较大。生产能力大,悬浮液处理量达 $18m^3/h$。

2. 螺旋卸料沉降式离心机

螺旋卸料沉降离心机如图11-6、图11-7所示。转鼓支承在两端的主轴承座上,螺旋输送器(螺旋)借助于两端的轴承装在转鼓内,转鼓壁与螺旋叶片外端面留有微量间隙。转鼓与螺旋维持一定的转速差,以便由螺旋将转鼓内的沉渣推送出转鼓。被分离的悬浮液从加料管1连续进入螺旋4的加料仓,经加速后从进料孔5进入转鼓7。在离心力作用下,固相颗粒沉降在转鼓壁形成沉渣,借助螺旋运动推送到转鼓小端的排渣孔

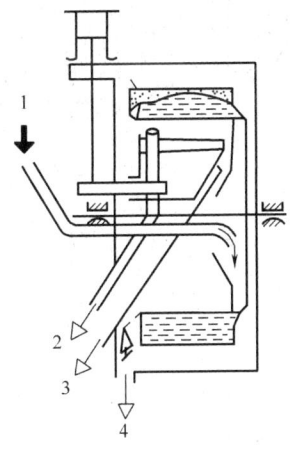

图11-5 刮刀沉降离心机的结构
1—进料 2—清液 3—沉渣 4—溢流

12，落入机壳6中排出。被澄清的分离液沿螺旋叶片通道经转鼓大端的溢流孔11溢出转鼓。

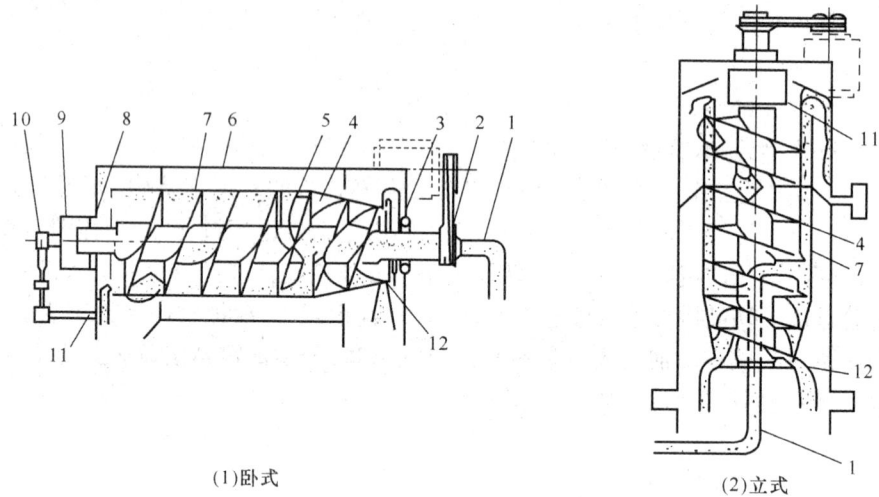

图11-6 螺旋卸料沉降式离心机结构
1—加料管 2—V带轮 3—右轴承 4—螺旋 5—进料孔 6—机壳 7—转鼓
8—左轴承 9—差速器 10—过载保护装置 11—溢流孔 12—排渣孔

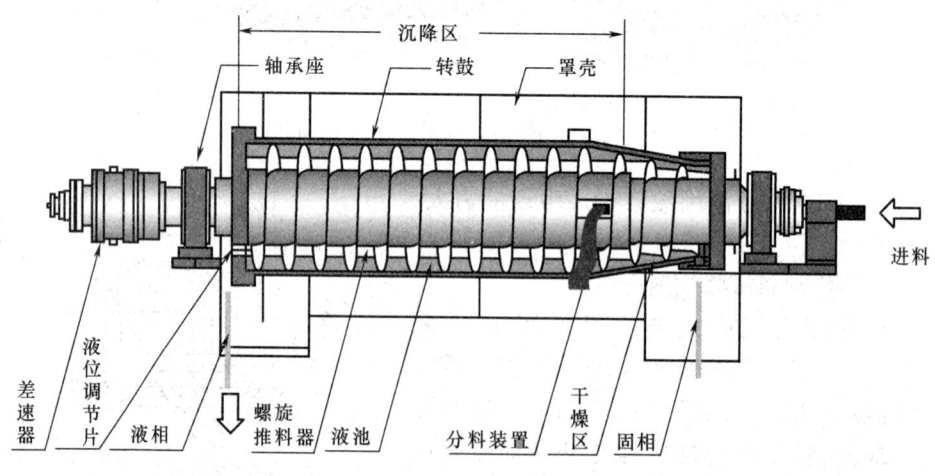

图11-7 卧式螺旋卸料沉降式离心机

根据对悬浮液分离要求的不同，可通过调整螺旋离心机的操作参数如加料量、转鼓转速、转鼓与螺旋的转速差，或改变其结构参数如转鼓大端的溢流孔直径，从而改变分离效果。

三、分离式离心机

1. 管式高速离心机

(1)结构及工作原理 管式高速离心机是能产生高强度离心力场的离心机外形与结构如图11-8所示。管式离心机由机身、机头组件、集液盘组件、滑动轴承组件、电机传动组件等组成。电机高速旋转,经皮带、压带轮传动将动力传递给机头上的皮带轮和主轴,主轴带动转鼓绕轴线高速旋转,在转鼓内形成强大的离心力场。物料由底部进料口射入转鼓内,在离心力作用下,料液进行分层运动。

(1)外形

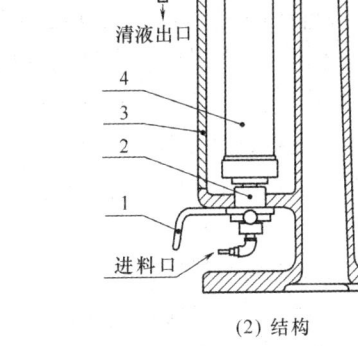
(2)结构

图11-8 管式高速离心机
1—手柄 2—滑动轴承组件 3—机身门 4—转鼓组件 5—集液盘组件 6—保护套 7—主轴
8—机头组件 9—压带轮组件 10—皮带 11—电机传动组件 12—防护罩 13—机身

液固分离型(GQ型):质量轻的液体在转鼓中心,流动到转鼓上部甩出并通过集液盘回收。质量重的固体沉积在转鼓内壁上,待停机后人工卸料。

液液固分离型(GF型):密度大的液体形成外环,密度小的液体形成内环,流动到转鼓上部,通过调整调节环大小,使轻重两种液体分离甩出,分别从两个积液盘回收。微量的固体沉积在转鼓内壁上,待停机后人工卸料。

管式高速离心机的工作原理如图11-9所示。管式高速离心机具有一个细长而高速旋转的转鼓,转鼓直径为70~160mm,长度与直径之比为4~8。加长转鼓的目的,在于延长物料在转鼓内的停留时间。转速高,为15000r/min,分离因数大,达50000,为普通离心机的8~24倍。因此,分离强度高,用于乳浊液分离和含有细微颗粒的悬浮液的澄清。

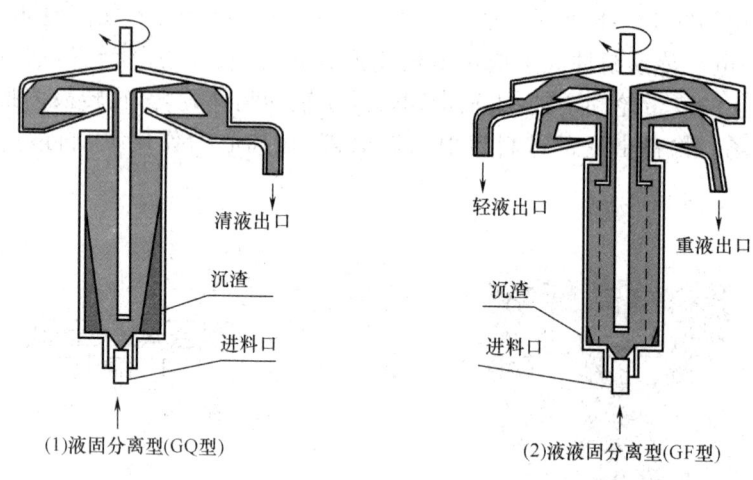

图11-9 管式高速离心机工作原理

离心机启动后,料液由进料管进入转鼓底部,在转鼓内从下向上流动的过程中,由于轻、重组分密度不同而分成内、外两液层。外层为重液,内层为轻液,到达顶部后,轻液与重液从各自溢流口排出。轻液通过轴周围环状挡板溢流出,重液通过转鼓前端的内径可更换的环状溢流堰外面引出。

为使转鼓内料液能以与转鼓相同转速随转鼓高速旋转,转鼓内常设有十字型挡板,对液体加速。

(2)特点　管式高速离心机的优点:①分离强度高,能分离普通离心机难以处理的物料。②结构紧凑。③密封性好。

其缺点:①容量小。②生产能力低。

(3)主要用途　用于生物医学、中药澄清、菌体回收、血液制品、植物提取、保健食品、饮料、化工等行业的液固或液液固分离。管式高速离心机是目前用离心法进行分离物料的最理想设备之一。特别对液固相相对密度差小、黏度大、固体粒径细且含量低、物料腐蚀性强等物料的提取、浓缩、澄清尤为适用。

(4)管式高速离心机主要技术参数　见表11-1。

表11-1　　管式高速离心机主要技术参数

型号	转鼓内径/mm	转鼓容积/L	转鼓转速/(r/min)	最大离心力/g	通水能力/(t/h)	电机功率/kW	电压/V	重量/kg	外形尺寸/mm
GQ145	145	11	14000	15900	2	3	380	750	760×640×1610
GQ125	125	8	15000	15720	1.5	3	380	650	730×630×1600
GQ105	105	6	16000	15050	1.2	3	380	500	700×450×1600
GQ105B	105	6	16000	15050	1.2	3	380	500	700×450×1600
GF105	105	6	16000	15050	1.2	3	380	500	700×450×1600
GQ105F	105	6	16000	15050	1.2	3	380	500	700×450×1600
GQ75	75	2	20000	16700	0.2	1.5	380	200	660×390×1200
GQ75B	75	2	20000	16700	0.2	1.5	380	200	660×390×1200

注：1. GQ为液固分离型；GF为液液固分离型；B为机身外壳为不锈钢；F为密闭防爆。
2. 管式高速离心机实际生产能力视物料特性和分离要求而定。

2. 碟式离心机

(1) 结构及工作原理　图11-10是碟式离心机的外形与结构示意图。碟式离心机是高速离心机,利用转鼓内一组锥形碟片和转鼓高速旋转产生强大离心力来工作,悬浮液在相邻两碟片通道内流动。由于碟片间隙很小,只有0.5~2.5mm,颗粒沉降距离极短,形成薄层流动。悬浮液中细小颗粒或两种液体在极短时间内被分离。在碟式分离机中,有一浅而宽的转鼓以中等速度在固定的机壳内旋转。转鼓直径较大,为150~300mm,下部驱动,轴安装在上面,转速为5500~10000r/min。在转鼓内部有一中心套管,终端有碟片夹持器,上装有一叠倒锥形碟片。混合液自进料管进入,随轴旋转的中心套管向下降落。在下部液体因离心力作用进入碟片空间,此后的流动路径因碟片结构而异。

(1) 碟式离心机外形

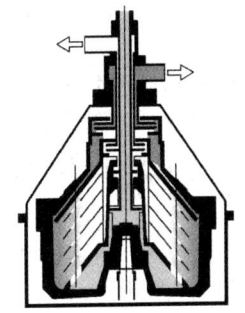
(2) 两种密度的液体分离

图11-10　碟式离心机

有两种不同结构的离心机。一种是乳浊液离心机,如用于牛奶分离奶油的离心机,如图 11-11、图 11-12(2)所示。每一碟片上有相隔 120°的三个孔眼,每片内面相隔 120°固定一突起,分离牛奶其高度为 0.3~0.4mm,分离酵母为 0.8~1.0mm,以此形成碟片间隙。料液经孔眼通道向上流动,在碟片间隙内因离心力而被分离。重液向外周流动液,轻液向中心流动。由此在间隙中产生两股方向相反的流动液。轻液沿下碟片的外表面向转轴流动,重液沿上碟片的内表面向周边方向流动。在流动中,分散相不断从一流层转入另一流层,两液层的浓度和厚度随流动均发生变化。在中心套管附近,轻液在分离碟片下面从间隙穿出后沿中心套管与分离碟片间形成的沟道中流出。在碟片间流动的重液,被抛向鼓壁而后向上升起,并进入分离碟片与锥形盖的空隙而排出。

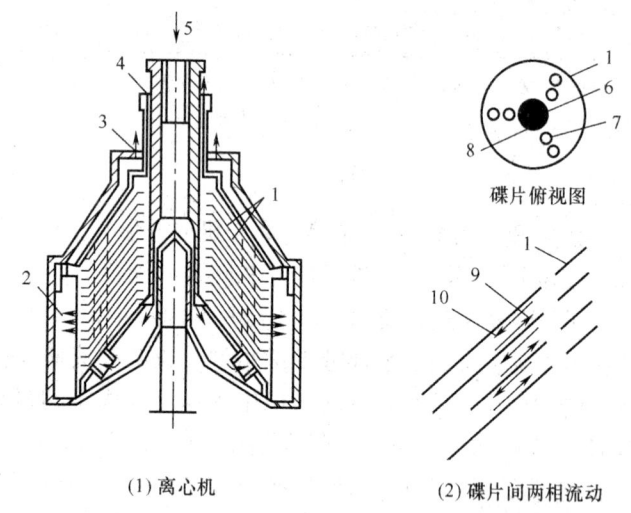

图 11-11　碟式离心机的工作原理
1—碟片　2—隔板　3—重液出口　4—轻液出口　5—进料　6—进料管
7—进料孔　8—轻液排出通道　9—轻液流　10—重液流

另一种是澄清式离心机如图 11-12(1)所示。结构与分离式基本相同,不同的是只有一个排出口供液体排出。碟片上无孔,底部的分配板将液体导向转鼓边缘。分离后的液体沿碟片间隙向中央流动,固体沉积于转鼓壁处,由人工间歇排出。

碟式离心机的分离是靠若干碟片组成的碟片组件来实现的。碟片数量由离心机的处理能力决定,两相邻碟片的距离,与被处理物料的颗粒的粒度和分离要求有关。

(2)碟式离心机的特点　转速高,分离因数大,能很好实现乳浊液离心和高分散悬浮液的澄清。碟式离心机的生产能力大,自动化程度高。

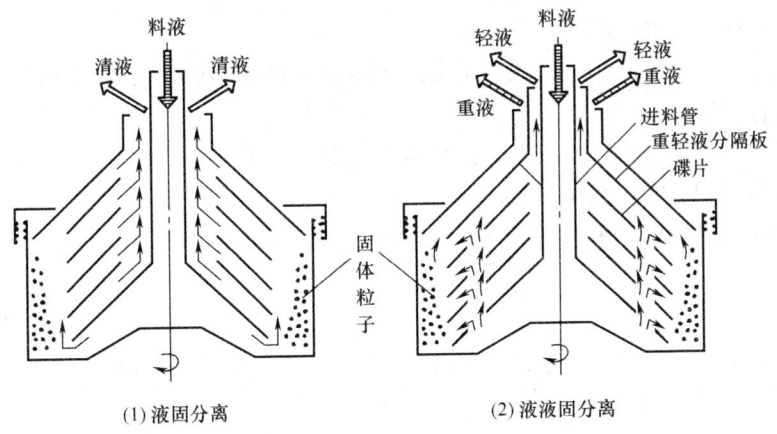

图 11-12 碟式离心机液固分离与液液固分离原理

应用范围广,广泛用于食品、化工、医药等工业部门。在食品工业中,乳品、油类、啤酒、酵母、油脂、淀粉、味精等分别都已有专用的碟式离心机。

第三节 离心机的运行与维护

一、离心机的基本操作程序

1. 检查准备
(1) 检查转鼓是否平衡。
(2) 启动润滑泵,检查各注油点,确认已注油。
(3) 将刮刀调至规定位置。
(4) 检查刹车手柄位置是否正确。
(5) 液压系统先进行单独试车。
(6) "假"启动,即短暂接通电源开关并立即停车,检查转鼓旋转方向是否正确,并确认无异常现象。
(7) 检查离心机各紧固点、仪表,确保齐全、可靠,油路、水路畅通,安全设施符合要求。

2. 开车
(1) 驱动离心机主电动机。
(2) 调节离心机转速,使其达到正常操作转速。
(3) 缓慢打开进料阀,使之均匀进入转鼓。

3. 正常操作
(1) 经常检查转鼓内滤饼厚度和含水分程度,以便随时调节。

(2)经常检查各传动部位的轴承温度,检查各连接螺栓是否松动,有无杂声和振动,注意电流是否正常。

(3)若运行时振动不大,投料后振动加剧,应检查物料分布是否均匀,有无漏料或塌料现象。

(4)严格执行操作规程,不允许超负荷运行。卸料要均匀,避免因产生偏心运转而导致转鼓与机壳摩擦产生火花。

(5)若发生断电、强烈振动和较大的撞击声,应紧急停车,以防造成重大设备事故。

4. 停车

(1)逐步关闭进料阀,使其逐渐减少进料,直到完全停止进料。

(2)将滤网上滤渣冲洗干净。

(3)停主电动机,待离心机停止运转,则停止润滑泵和水泵运行。

二、离心机的保养与维护

(1)检查运转时有无杂声和振动、轴承温度是否低于65℃、电机温度是否小于90℃、密封状况是否良好、地脚螺栓有无松动等。

(2)严格执行润滑规定,经常检查油箱、油位、油质、润滑是否正常。

(3)转鼓要按时清洗,清洗时先停止进料,将自动改为手动,再打开冲洗水阀门,将整个转鼓洗净。不得停机冲洗,以免水漏进轴承室。

(4)离心机停车时,应让其自然停止,不得轻易使用紧急制动装置,更不要频繁启动离心机。

(5)经常擦试设备,保持设备清洁。

三、常见异常现象及处理方法

离心机常见异常现象及处理方法见表11-2。

表11-2　　　　　　　　离心机常见异常现象及处理方法

异常现象	产生原因	处理方法
振动大	1. 加料不均匀 2. 转鼓磨损,失去动平衡 3. 主轴弯曲或转鼓偏心大 4. 轴承损坏或间隙过大 5. 地脚螺栓松动	1. 调节加料量 2. 校验平衡 3. 调直和检修 4. 更换或调整 5. 检查紧固
跑料	1. 筛孔堵塞,过滤效率下降 2. 进料太快,超过生产能力	1. 清理堵塞 2. 控制进料量

续表

异常现象	产生原因	处理方法
刮刀动作不灵活	1. 换向阀失灵 2. 油压不足或油路泄漏 3. 油泵或油缸磨损,油压下降	1. 修理或更换 2. 检查油路和过滤器 3. 检修和更换部件
轴承温度过高	1. 安装不当 2. 润滑油供应不足	1. 重新安装 2. 增加注油量
电流增高	1. 负荷过大 2. 转动部件卡住	1. 控制加料量 2. 检查传动部件
滤液夹有杂物	1. 筛网或滤布有破损 2. 密封部位泄漏	1. 检查、修复或更换 2. 检查、修复

四、安全操作要点

（1）离心机的盖子在未盖好前,禁止启动。

（2）禁止在离心机运转时用手或其他工具伸入转鼓接取物料。

（3）进入离心机内进行人工卸料、清理或检修时,须切断电源,取下保险,挂上警告牌,同时还应将转鼓与壳体卡死。

（4）禁止以任何物体、任何形式强行使离心机停止运转,机器在未停稳之前,禁止人工铲料。

（5）严禁超负荷运行。

（6）操作电气设备,手要干燥,脸部不能对准开关。

思考与练习

一、名词解释

离心分离　离心过滤　离心沉降

二、填空题

1. 离心机是实现_____、_____、_____分离的专用设备。

2. 离心力自动卸料离心机,为_____支承在机壳内的_____上,_____由电动机通过传动装置从下部驱动。

3. 螺旋卸料沉降式离心机,_____支承在_____上,_____借助于两端的轴承装在_____内,转鼓壁与螺旋叶片外端面留有_____。

三、选择题

1. 常速离心机的分离因数 $Kc < ($ 　　$)$,转鼓直径较大,转速较低,适用于颗粒直径为（　　）mm 的悬浮液的分离或物料的脱水。

A. 3000　0.01～1.0　B. 6000　0.1～1.0　C. 8000　0.001～0.10　D. 12000　0.001～0.01

2. 高速离心机的分离因数为( )，转鼓直径较小，长度较大，通常是沉降式或分离式。
A. $3000 < Kc < 50000$ B. $3000 < Kc < 5000$ C. $1000 < Kc < 15000$ D. $5000 < Kc < 10000$

3. 超高速离心机的分离因数为( )，适用于极不易分离的超细微粒悬浮系统和高分子的胶体悬浮液。
A. $Kc > 10000$ B. $Kc > 5000$ C. $Kc > 8000$ D. $Kc > 15000$

四、判断题

1. 过滤式离心机的转鼓壁上无孔，借助离心力的作用实现过滤分离。( )
2. 沉降式离心机的转鼓壁上有孔，借助离心力的作用实现沉降分离。( )
3. 分离式离心机的转鼓壁上无孔，具有极高转速，分离因数在3000以上。( )

五、问答题

1. 什么是离心分离？
2. 离心分离有何意义？
3. 离心分离设备的分类方法有哪几种？试做具体说明。
4. 试以图说明常用离心分离设备的结构、工作原理及特点。
5. 如何根据非均相混合物的特点选择离心分离设备？
6. 试比较离心过滤、离心沉降及离心分离的异同点。
7. 离心机常见异常现象有哪些？试分析其原因。
8. 举例说明离心分离操作在生物工程中的应用。

第十二章　膜分离设备

【学习目标】

1. 知识目标　了解膜分离技术在生物工业、食品工业生产中的应用情况；熟悉膜组件的基本要求，常用膜组件的种类及特点；掌握超滤、反渗透、电渗析等操作的基本原理、工艺流程、特点及操作要点。

2. 能力目标　掌握超滤设备正确使用与维护的要点；掌握反渗透设备正确使用与维护的要点。

膜分离是利用天然或人工合成的具有选择透过性的高分子薄膜，以外界能量或浓度差、电位差为推动力，对双组分或多组分的溶质和溶剂进行分离、分级、提纯和浓缩的一种分离方法。膜分离方法起步于20世纪60年代，发展迅速，已广泛应用于生物化工、食品、医药、环保等领域。

第一节　概　述

在一定流体相中，有一薄层凝聚相物质，把流体相分隔成两部分，这一薄层物质称为膜。膜本身是均匀的一相或是由两相以上凝聚物质所构成的复合体。被膜分隔开的流体相物质是液体或气体。膜的厚度在0.5mm以下。

一、膜分离技术

膜分离技术是用半透膜作为选择障碍层，允许某些组分透过而保留混合物中其他组分，达到分离目的的技术。膜分离技术设备简单、操作方便、无相变、无化学变化、处理效率高和节能，它作为一种单元操作，日益受到极大重视。

液体中，含有生物体、可溶性大分子和电解质等复杂物质。发酵液中可能存在的主要成分见表12-1。

表12-1　　　　　　　　　发酵液中可能存在的主要成分

组分	分子质量/u	尺寸大小/nm
酵母和真菌	—	$10^3 \sim 10^4$
细菌	—	$300 \sim 10^4$
胶体	—	$100 \sim 10^3$
病毒	—	$30 \sim 300$

续表

组分	分子质量/u	尺寸大小/nm
蛋白质	$10^4 \sim 10^6$	2~10
多糖	$10^4 \sim 10^6$	2~10
酶	$10^4 \sim 10^6$	2~10
抗体	$300 \sim 10^3$	0.6~1.2
单糖	200~400	0.8~1.0
有机酸	100~500	0.4~0.8
无机离子	10~100	0.2~0.4

图12-1是按照分离的粒子或分子大小分类的各种分离过程。由图12-1可知,5种主要膜分离过程覆盖一个相当宽范围的粒子大小。通常,沉淀、过滤存在澄清不彻底、工作量大、时间长等缺点。离心、超离心有投资运行费用高、操作与维修困难等问题。在分离浓缩步骤中,可用离子交换、蒸发、色谱等手段,但存在处理量及有些物质对热与化学环境敏感等问题。膜分离技术由于具有以下优点,使其能在生物产品分离、提取与纯化过程中发挥作用。

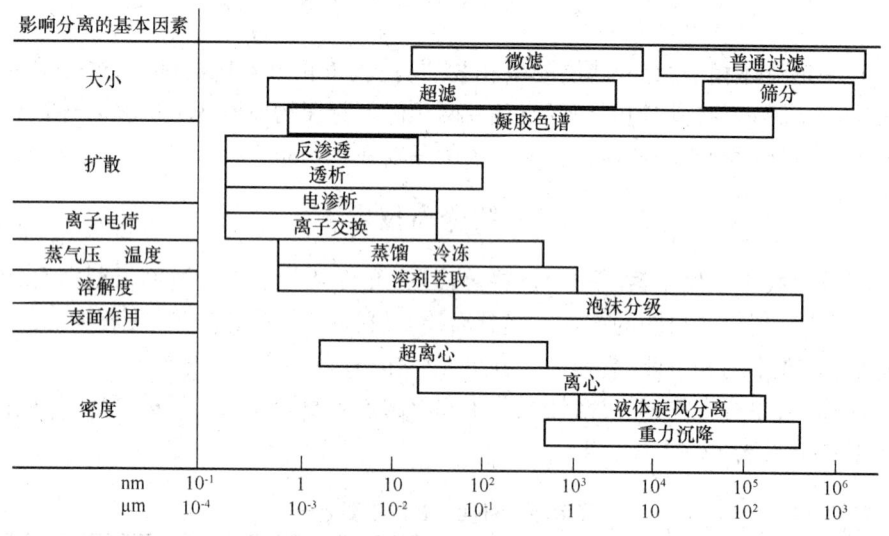

图12-1 各种分离法及适用范围

(1)处理效率高,设备易于放大。
(2)可在室温或低温下操作,适宜于热敏物质分离浓缩。
(3)化学与机械强度最小,减少失活。
(4)无相转变,节能。

(5)有相当好的选择性,可在分离、浓缩的同时达到部分纯化的目的。

(6)选择合适膜与操作参数,可得到较高回收率。

(7)系统可密闭循环,防止外来污染。

(8)不外加化学物,透过液(酸、碱或盐溶液)可循环使用,降低成本,并减少对环境的污染。

用于生物工程处理的各种膜分离技术分离范围见表12-2。驱动力、分离粒子范围和应用对象有所不同。

表12-2　　　　　　　各种膜分离技术分离范围

膜过程	分离机制	分离对象	孔径/nm
粒子过滤	体积大小	固体粒子	>10000
微滤	体积大小	0.05~10μm 的固体粒子	50~10000
超滤	体积大小	1000~1000000u 的大分子,胶体	2~50
纳滤	溶解扩散	离子、相对分子质量<100 的有机物	<2
反渗透	溶解扩散	离子、相对分子质量<100 的有机物	<0.5
渗透蒸发	溶解扩散	离子、相对分子质量<100 的有机物	<0.5

二、膜的分类

膜材料种类多,制备条件各不相同,因此膜的分类方法也很多。常用分类方法有四种,即按膜的性质、结构、用途和作用机理分类。

1. 根据制膜原料的属性分

(1)有机膜　几乎大部分的膜技术都依赖于合成的聚合物膜,即依赖有机高分子化合物。制膜材料有两大系列。

①改性天然产物:如醋酸纤维素、丙酮-丁酸纤维素、硝酸纤维素。

②合成产物:如聚酰胺、磺化聚砜、聚砜、全氟砜、聚偏氟乙烯、聚丙烯酸。

(2)无机膜　无机膜的优点:热稳定性高。无老化问题,使用寿命长。分离极限和选择性可控制。可反向冲洗。

无机膜的缺点:易碎,需加工成特殊构造。投资费用高。常因密封材料缘故,膜本身的热稳定性不能得到充分利用。

无机膜分几种类型:

①金属膜:金属粉末为原料,涂装成管式组件,烧结而制成。

②玻璃膜:由海绵状结构联结的微孔构成,如硼硅玻璃或含有微量铝的碱金属硼硅酸盐玻璃。

③碳膜:石墨或碳纤维织品制成管材,使非常精细的碳粒沉积在其表面上而制得。

④陶瓷膜：主要是不对称陶瓷膜，用干粉的冷式等压挤出法或胶状悬浮液浇注法加工成某种有型坯体。煅烧后将其浸入含精细微粒的胶态或聚合态悬浮液中，可使分离层涂覆在载体上。

2. 根据膜的结构与作用特点分

(1)对称膜 对称膜两侧截面结构及形态相同，孔径与孔径分布基本一致。对称膜是疏松的微孔膜或致密的均相膜，膜厚度为 10~200μm，如图 12-2(1)所示。

(2)非对称性膜 由致密的表皮层及疏松的多孔支撑层组成如图 12-2(2)所示。膜上下两侧截面结构及形态不同，致密层厚度为 0.1~0.5μm，支撑层厚度为 50~150μm。膜分离过程中，渗透通量与膜厚度成正比。由于非对称性膜的致密皮层比致密膜的厚度薄得多，故其渗透通量比致密膜大得多。

(3)复合膜 是具有表皮层的非对称性膜如图 12-2(3)所示。表皮层材料与支撑层的对称或非对称性膜的材料不同。皮层可多层叠合，超薄的致密皮层可用化学或物理方法在非对称性膜的支撑层上直接复合制得。

复合膜的优点：①膜中每一亚层的操作特性得以优化。②可使用生物不可降解的非纤维质材料制膜。③膜对极端 pH 的抗水解性能得以提高。④可在较高温度和高压下操作。

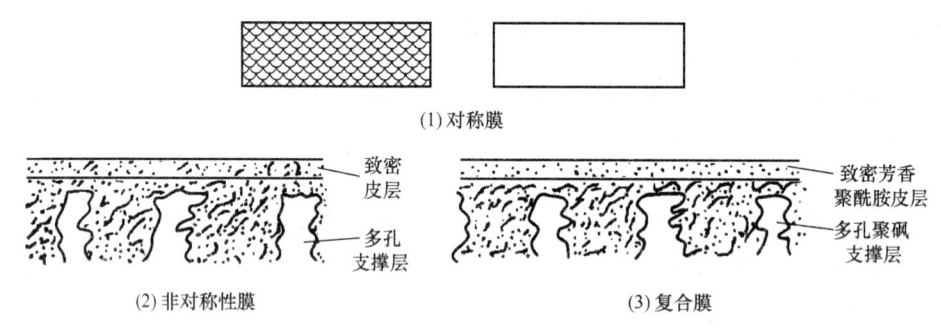

图 12-2 对称膜、非对称性膜和复合膜断面结构

3. 根据膜的构型分

(1)平板膜 将膜张紧在多孔板(或网板)上，用一块带网槽的板来支撑。

(2)管状膜 将膜牢固地紧贴在支撑管的壁面，做成一个元件。完整的组件是将管状膜管装入外壳内，与管式换热器相似。

(3)螺旋平板膜 是平板膜的变型，由两张平板膜(中间夹多孔支承介质)与一种塑料隔离物一起围绕中心管卷成。此管沿夹层一端与多孔材料相连接，将整个卷筒纳入一个圆形管内。

(4)毛细管膜 将膜制成细小的空心管柱，并将许多细小的空心管柱组装在一个外壳内。

(5)中空纤维膜　同毛细管一样,只是将膜制成比毛细管还细的纤维管。

膜的种类很多。在膜应用时,根据具体工艺过程合理选择和优化。

三、几种膜分离过程

1. 微滤

利用筛分原理,分离、截留直径为 $0.05\sim10\mu m$ 大小的粒子的膜分离技术,即微滤膜孔径为 $0.05\sim10\mu m$。

2. 超滤

超滤的分离原理可理解为筛分原理,但有些情况下受粒子荷电性与荷电膜相互作用影响。可分离分子质量 $10^3\sim10^6 u$ 的可溶性大分子物质,对应孔径为 $0.002\sim0.05\mu m$。生物工程后处理的几种主要膜过程见表 12-3。

表 12-3　　生物工程后处理的几种主要膜过程

名称	膜结构与孔径	驱动力	分离物质的分子质量	示例
微滤	对称微孔膜 ($0.05\sim10\mu m$)	压力 ($0.05\sim0.5$MPa)	微粒、胶体	溶液除菌、澄清,果汁澄清,细胞收集,水中颗粒物去除
超滤	不对称微孔膜 ($2\sim50\mu m$)	压力 ($0.2\sim1$MPa)	$10^3\sim10^6 u$	溶液除菌、澄清,注射用水制备,果汁澄清、除菌,酶及蛋白质分离、浓缩与纯化,含油废水处理,印染废水处理,乳化液分离、浓缩等
纳滤	带皮层的不对称膜、复合膜 ($<2\mu m$)	压力 ($0.4\sim1.5$MPa)	$10^2\sim10^3 u$	水处理中脱硬度,分子质量为 $10^2\sim10^3 u$ 有机物分子浓缩或脱除,糖及氨基酸浓缩
反渗透	带皮层的不对称膜、复合膜 (<100nm)	压力 ($1\sim10$MPa)	离子、分子质量 $<100u$ 的有机物	低浓度乙醇浓缩,糖及氨基酸浓缩,苦咸水、海水淡化,超纯水制备
透析	对称的或不对称的膜	浓度梯度	小分子有机物、离子	除去小分子有机物或无机离子、乳制品脱盐、蛋白质溶液脱盐等
电渗析	离子交换膜	电位差	离子、氨基酸	苦咸水、海水淡化,纯水制备,锅炉给水,生产工艺用水
渗透蒸发	致密膜或复合膜	浓度梯度	分子质量 $<100u$ 的有机物、水、离子	醇与水分离,醋酸与水分离,有机溶剂脱水,有机液体混合物分离如脂烃与芳烃的分离等

3. 纳滤

纳滤的分离机制与反渗透相似,是溶解扩散原理。膜孔径小于20nm。

4. 反渗透

在高于溶液渗透压的压力作用下,只有溶液中的水透过膜,所有溶液中大分子、小分子有机物及无机盐全被截留。理想的反渗透膜被认为是无孔的,分离基本原理是溶解扩散(也有毛细孔流学说)。膜孔径为 $0.1\sim1.0$ nm。

5 透析

透析基于分子大小、分子构象与电荷,以浓度梯度为驱动力,通过水与小分子物质扩散达到分离浓缩的目的。透析膜具有反渗透膜无孔和超滤膜极细孔特性,根据所用膜孔径不同,可分离浓缩大分子而去除中等分子、小分子有机物及无机盐。缺点是速度慢、处理量小。

6. 电渗析

通过在电位差作用下用荷电膜从水溶液中分离离子的过程。阴、阳离子交换膜被交替排列在正、负极之间形成许多独立的小单元。含离子溶液在电场下通过单元时,有些单元里的正、负离子可透过正、负离子交换膜进入另一些单元而变成脱盐水。另一些单元中正、负离子因电场作用和膜电荷排斥作用留在单元里,加上过来的离子生成浓盐水。

7. 渗透蒸发

渗透蒸发的基本原理是利用膜与被分离有机液体混合物中各组分亲和力不同,有选择地优先吸附溶解某一组分,及各组分在膜中扩散速度不同达到分离目的。因此,它不存在蒸馏法中共沸点的限制,可连续分离、浓缩,直至得到纯有机物。

四、膜结构及其分离特性

1. 微滤膜

从孔结构来分类,微滤膜分为毛细孔膜和弯曲孔膜两类。两种形态不同的弯曲孔膜制备方法不同。一种用拉伸方法制备,另一种为相转换方法生产。毛细孔膜孔径分布均匀,但孔隙率(孔密度)较低,透水量较小。弯曲孔膜孔隙率高,但孔径分布很宽,因而透水率较毛细孔膜高得多。以毛细孔膜的一种纤维膜和弯曲孔膜中的核孔膜为例,纤维素膜和核孔膜过滤金溶胶粒子结果比较见表12-4。

从材料上分,微滤膜分为合成聚合物微滤膜和无机微滤膜。

表 12-4　　　　　　　纤维素膜和核孔膜过滤金溶胶粒子结果比较

膜	不同胶体粒径的截留率/%	
	0.05μm	0.005μm
0.1μm 核孔膜	1.2	0.2
0.1μm 纤维素膜	92.0	8.2
0.4μm 核孔膜	1.3	0.2
0.45μm 纤维素膜	46.9	12.7
1.0μm 核孔膜	0.7	0.3
1.2μm 纤维素膜	46.5	26.7
3.0μm 核孔膜	0.4	0.2
5.0μm 纤维素膜	59.3	17.9

2. 超滤膜、纳滤膜与反渗透膜

超滤膜、纳滤膜与反渗透膜和微滤膜分类一样，按材料分为有合成聚合物膜和无机膜两类。结构上均是不对称的，分为指状孔结构与海绵状结构，近年来开辟出复合膜品种。用透水率和脱盐率来表明纳滤膜和反渗透膜性能。测定方法简单，不同公司的膜性能可相互比较。但作为超滤膜的性能——透水率与截留分子质量，前者可相对比较，后者则极为困难。有时从标称截留分子质量看是一样的，实际应用中差别很大。这里介绍截留分子质量的确定过程，有助于对其定义理解和在实际应用中对这一指标的选择。

超滤膜在成膜过程中，表面形成的孔并不一样大，存在孔径分布。因此，在确定其截留分子质量时，并不用一种分子质量的球形蛋白质或水溶性聚合物即可确定，而是要用几种不同分子质量蛋白质或水溶性聚合物测出一条截留分子质量曲线，然后选择截留率在90%的那点对应的分子质量作为该膜的截留分子质量。有的厂商把截留率定为95%时的分子质量作为截留分子质量，但较少。另外，膜截留分子质量受测定条件影响，如压力、温度、搅拌速度、溶质浓度、缓冲液系统、溶液体积对膜面积之比和透过液体积对原液体积之比。

目前，世界上尚无统一标准。建议测定截留分子质量的条件为：压力0.1MPa，温度25℃，搅拌速度尽量快，溶质浓度0.1%，测定液与膜直径比例为：直径4.5cm膜片用50mL溶液，透过液体积小于6mL，测定的膜为经过预压的新膜，预压力0.3~0.4MPa。

由于各厂家所用标准蛋白质或水溶性聚合物不同，很难把不同来源膜的截留分子质量做统一比较。即使使用的蛋白质是同一厂家，也会因批次不同导致测定结果不同。

超滤膜截留分子质量注意：

（1）不要认为用超滤膜分离浓缩蛋白质和其他大分子时，低于截留分子质量的分子全可透过膜，而大于截留分子质量的分子全被截住。实际上，不同厂家的膜，截留分子质量范围有所差别，越接近理想截留，分离曲线越好。

（2）被分离浓缩物的分子特性，如大小、形状、构象、化学特性（荷电）等，对膜截留分子质量的选择极为重要。在溶液中呈线性分子的截留率较低，而支链聚合物较高，球形蛋白最高。表12-5为溶质特性对膜截留特性的影响。

表12-5 溶质特性对膜截留特性的影响

膜商品号	球蛋白	支链聚合物	线性聚合物
—	γ-球蛋白(160000)	—	—
XM50 PM30	血清白蛋白(69000)	—	—
	胃蛋白酶(35000)	葡聚糖250(236000)	—
	细胞色素C(13000)	葡聚糖110(100000)	聚丙烯酸(5000)
PM10	胰岛素(5700)	—	
	杆菌肽(1400)	葡聚糖40(40000)	聚乙二醇(20000)
UM10	—	葡聚糖10(10000)	

注：在膜对应横线以上的分子被膜截留。括号内数字为该物质的分子质量(u)。

（3）测定截留分子质量是用单一蛋白质或大分子溶液进行的。实际分离浓缩酶或其他蛋白质时，溶液是一个不同分子质量蛋白质和可溶性大分子（如多糖）的复杂混合物体系。因此，这时膜的分离特性会因浓差极化或凝胶层形成而有所改变。较小分子质量的溶质截留率，比单一溶质时增大。

如表12-5所述的结果表明，在分子质量相同时，截留率顺序为球蛋白>支链聚合物>线性聚合物。在分离浓缩多糖或线性大分子时，要用截留分子质量低于被分离物分子质量的膜。要注意厂家标称截留分子质量是用什么做标准物测定的。国内各研究单位和厂家，对截留分子质量>10000u的膜，用球形蛋白质测定。截留分子质量<10000u的膜，多用聚乙二醇或多糖测定。

3. 电渗析膜

电渗析膜是一种致密离子交换膜。阳离子交换膜在聚合物骨架上带有负离子基团，是强酸性基团（—SO_3H）。阴离子交换膜在聚合物骨架上带有正离子基团，是强碱性基团（—NR_4）。

4. 渗透蒸发膜

渗透蒸发膜是一种致密的亲水膜或疏水膜。真正实用的膜是复合膜，它既有高分离因子，又有高的通量。它是离子复合物，也可是单一聚合物或共混物。

几种膜分离技术及膜的物理特性如图12-3所示。

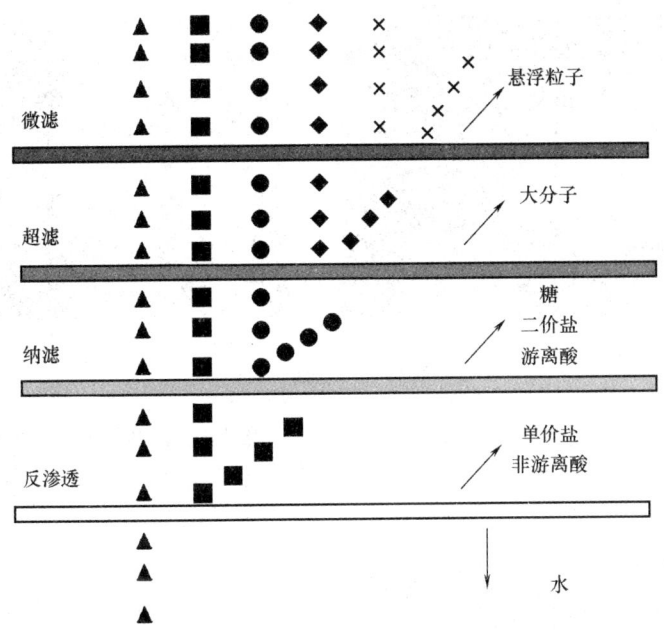

图 12-3　几种膜分离技术及膜的物理特性

五、膜材料的基本要求

膜分离过程对膜材料的要求比较严格,应满足以下基本要求:

(1) 具有良好的成膜性能和物化稳定性,耐酸、碱,耐微生物侵蚀,耐氧化。

(2) 反渗透、纳滤、超滤、微滤用膜最好为亲水性的,以得到高的通水量和抗污染能力。

(3) 气体分离,尤其是渗透气化,要求膜材料对透过组分优先吸附溶解和扩散。

(4) 电渗析用膜则特别强调膜的耐酸、碱性和热稳定性。

(5) 若用于有机溶剂的分离,还要求膜材料耐溶剂。

第二节　超　　滤

一、超滤的基本概念

1. 超滤的基本原理

超滤是以压力差为推动力,通过膜的筛分作用将溶液中大于膜孔的大分子溶质截留,使溶质与溶剂及小分子组分分离的过程。膜孔大小、形状和膜表面的化学性质,对分离起主要作用。图 12-4 为超滤设备。

图 12-4 超滤设备

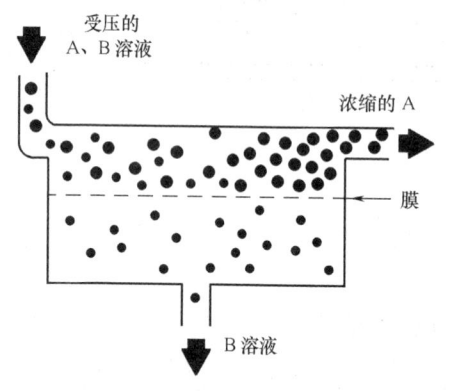

图 12-5 超滤原理

超滤的基本原理如图 12-5 所示。在一定压力差作用下,含高分子溶质 A 和低分子溶质 B 的混合溶液流过膜表面时,溶剂和小于膜孔的低分子溶质(如无机盐类)透过膜,成为渗透液,被收集。大于膜孔的高分子溶质(如有机胶体)被截留而作为浓缩液被回收,从而达到溶液净化、分离和浓缩的目的。凡是能截留相对分子质量在 $5\times10^2\sim10^6$ 以下分子的膜过程,称为超滤。只能截留更大分子(分散颗粒)的膜分离过程,称为微滤。

2. 超滤膜的性能

膜的种类很多,常用膜有微孔膜、不对称膜、复合膜等。膜材料有醋酸纤维素、聚砜、聚丙烯腈等。超滤孔的大小在 1~50nm,可截留相对分子质量大于 500 以上的生物大分子微粒。应用很广,在水处理领域中,用于制取电子工业的超纯水和医药工业中注射剂、眼药水等各种工业用水的净化以及饮用水净化。食品工业中,用于乳制品、果汁、酒、调味品的纯化。在生物化工生产中,用于对热敏性物质的分离提纯。

膜的主要性能参数:

(1) 孔道特征 包括孔径、孔径分布和孔隙度。孔径分布指膜中一定大小的孔的体积占整个孔体积的百分数。孔径分布窄的膜比宽的膜要好。孔隙度指整个膜中孔所占的体积百分数。

(2) 水通量 是指单位时间内通过单位膜面积的水的体积,也称为水透过膜的速率。水通量大小取决于膜的物理特性(如厚度、化学成分、孔隙度)和系统的条件(如温度、膜两侧压力差、接触膜的溶液的盐浓度及料液平行通过膜表面的速度)。

(3)截留率和截断分子质量　截留率指对一定相对分子质量的物质膜能截留的程度。截断分子质量是相当于一定截留率的相对分子质量。截留率越高、截断分子质量的范围越窄的膜越好。

3. 浓差极化现象与膜污染

(1)浓差极化

①浓差极化现象：在超滤过程中，由于膜的选择透过性，溶剂透过膜，溶质留在膜上，被截留组分在料液侧膜表面积累。因而膜面浓度增大，形成浓度边界层。其浓度往往高于料液主体浓度。在膜表面与主体料液间浓度差作用下，导致溶质从膜表面向主体的反向扩散，这种现象称为浓差极化，如图12-6所示。

②浓差极化对超滤过程的影响：在一定压差作用下，渗透压升高，溶剂透过速率下降。使溶质的透过速率提高，膜的截留

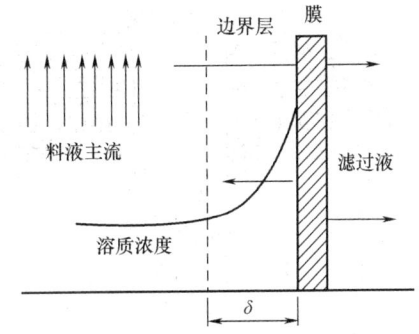

图12-6　浓差极化现象

率下降。产生结垢现象造成物理特性阻塞，使膜逐渐失去透水能力。浓差极化严重时，足以使操作过程无法进行。

③控制浓差极化的措施：降低压力。降低膜表面的浓度。采用错流操作、移动膜、提高温度、细的通道、清洗等方法。升高温度，降低料液中的浓度。

(2)膜污染

①膜污染现象：膜污染是指料液中某些组分在膜表面或膜孔中沉积，导致膜透过速率下降的现象。组分在膜表面沉积形成的污染层将产生额外阻力，该阻力可能远大于膜本身的阻力，成为过滤主要阻力。组分在膜孔中沉积，造成膜孔减小甚至堵塞，减小了膜的有效面积。

②膜污染对超滤过程的影响：膜的污染使膜透过速率下降，是操作过程的不利因素，应设法控制。

③膜污染的控制措施：对原料液进行预处理，除去料液中大颗粒。增加料液流速，减薄边界层厚度，提高传质系数。制膜过程中对膜进行修饰，使其具有抗污染性。选择适当操作压力，避免增加沉淀层厚度和密度。定期对膜进行反冲和清洗。

二、超滤装置及流程

1. 常用膜组件的构型

膜分离装置包括膜组件、泵及辅助装置，其中膜组件是核心。膜组件是将膜以某种形式组装在一个单元设备内，以便料液在外加压力作用下实现溶质与溶剂的分离。工业上常用膜组件，有板框式、管式、螺旋卷绕式、毛细管式、中空纤维式和

槽条式等。

（1）板框式膜组件　由导流板、膜、支撑板交替重叠组成。支撑板相当于过滤板，两侧表面有窄缝，内腔有供透过液通过的通道，支撑板的表面与膜相贴，对膜起支撑作用。平板式膜组件如图12-7所示。系紧螺栓式板框反渗透膜组件如图12-8所示。

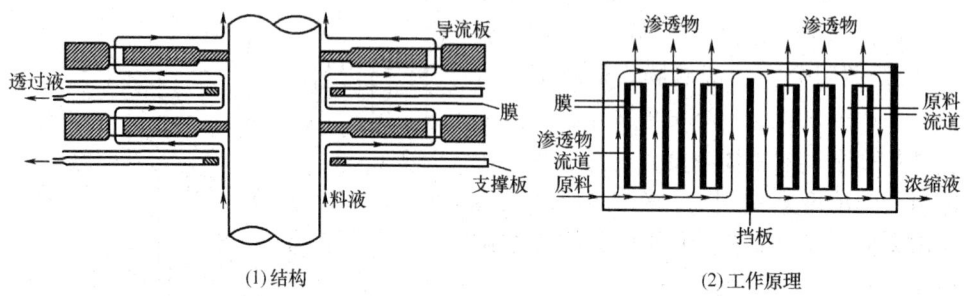

图12-7　平板式膜组件

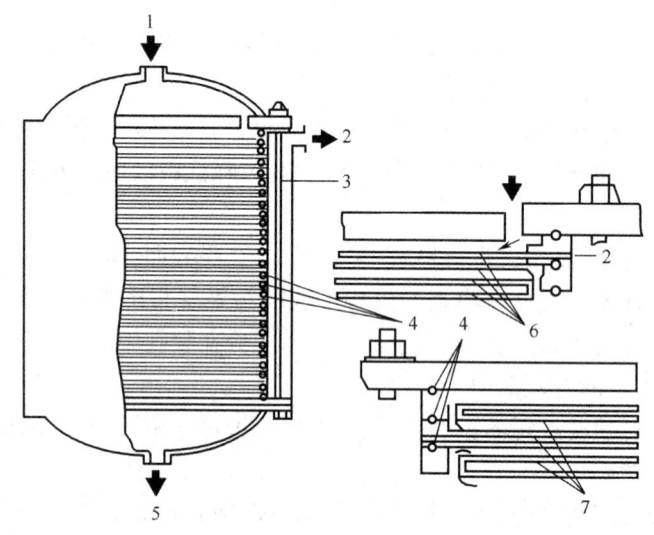

图12-8　系紧螺栓式板框反渗透膜组件
1—海水　2—膜透过水　3—系紧螺栓　4—O形密封环
5—浓缩咸水　6—膜　7—多孔板

板框式膜组件的特点：①制造、组装较简单。②膜的更换、清洗与维护较容易，因而更换膜费用较少。③料液流通截面积大，不易堵塞。④因安装要求及液体湍流时造成的波动等原因，对膜的机械强度要求较高。⑤密封边界线长，密封要求高，需支撑材料，故设备费用较大。⑥由于膜组件的流程较短，液流状态较差，容易造成浓差极化。

(2) 管式膜组件 将膜和支撑体均制成管状,两者装在一起。或直接把膜刮制在支撑管上,再将一定数量的管以一定方式联成一体而组成,管式超滤膜如图12-9所示。

管式膜组件按膜附着在支撑管的内侧或外侧,分内压管式和外压管式组件。按管式组件中膜管的数量,分单管式和列管式两种。

特点:①管子较粗,流速范围大,故浓差极化较易控制。②进料液的流道较大,故不易堵塞,可处理含悬浮固体、较高黏度的物料,压强损失小。③易安装、易清洗、易拆换。④单位体积容纳的膜面积较小。

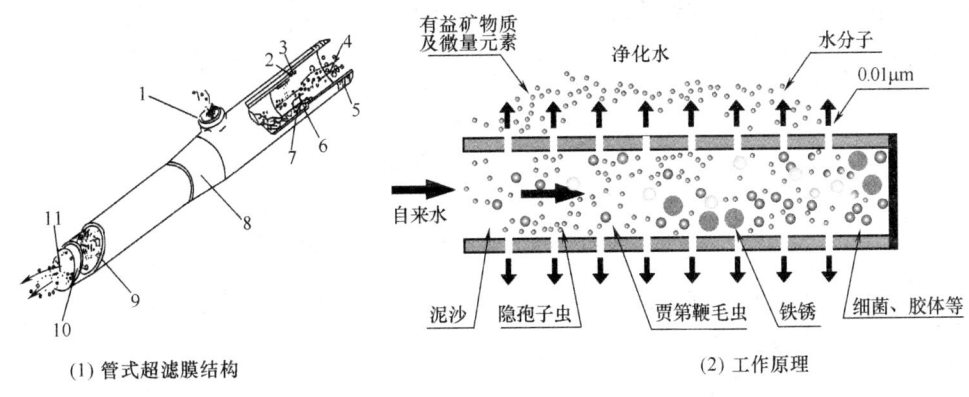

图 12-9 管式超滤膜
1—透过液 2—隔离件 3—垫圈 4—原液 5—端接头 6—弹性环衬套
7—密封保护罩 8—罩壳 9—环氧加强玻璃纤维支撑管 10—膜 11—浓缩液

(3) 螺旋卷绕式膜组件 卷式膜组件如图 12-10 所示,支撑材料插入三边被密封的信封状膜袋,另一开放边与一根多孔中心产品收集管密封连接。在膜袋外部的原水侧,垫一层网眼型间隔材料,把膜、多孔支撑体、膜、原水侧间隔材料依次叠合。绕中心产品收集管紧密地卷起来,形成一个膜卷,再装进圆柱形压力容器内,成为卷式膜。

使用时,料液沿隔网流动,与膜接触,透过膜的透过液沿膜袋内多孔支撑流向中心管,由中心管导出。

其优点:①单位体积具有的膜面积大。②结构紧凑。③换新膜容易。④设备费用较低。

缺点:①膜面流速为 0.1m/s 左右,故浓差极化不易控制。②易污染,料液需要预处理。③压力降大。④流道窄,故易堵塞,不易清洗。

(4) 毛细管式膜组件 如图 12-11 所示,它由许多直径 0.5mm 到几 mm 的毛细管组成。

 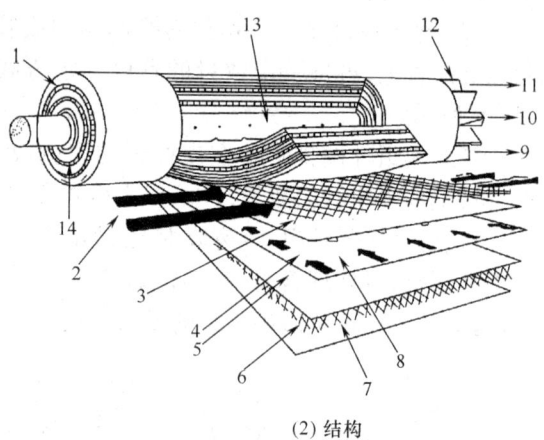

(1) 外形　　　　　　　　　　　　　　(2) 结构

图 12-10　卷式膜组件

1、14—进料　2—料液穿过流道隔离件流动　3、5—膜　4—透过液收集器材
6—料液流道隔离件　7—外套　8—透过液流动　9、11—浓缩液
10—透过液出口　12—防套筒伸缩装置　13—透过液收集孔

其特点:①与管式膜组件相比,无需支撑材料,故拥有高的填充密度,即单位体积能容纳较大的膜面积。②操作压力受到一定限制。③系统对操作条件的变化较敏感。④由于多数情况下为层流,易发生浓差极化。⑤长径比较大,容易堵塞,故料液必须经适当的预处理。

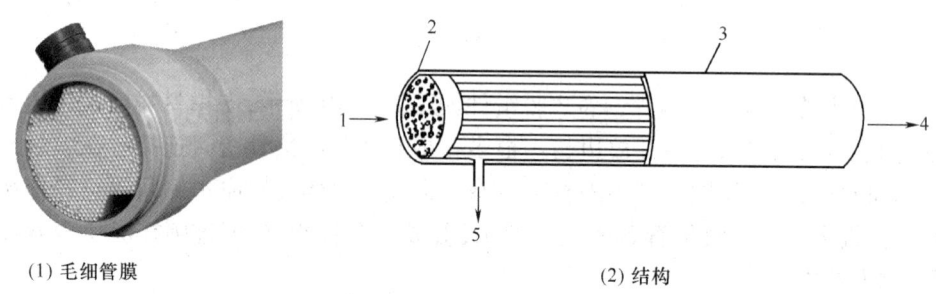

(1) 毛细管膜　　　　　　　　　　　　(2) 结构

图 12-11　毛细管式膜组件

1—料液　2—毛细管　3—外壳　4—浓缩液　5—过滤液

(5) 中空纤维式膜组件　如图 12-12、图 12-13 所示,由很多中空纤维组成,纤维直径更细,外径为 50~100 μm,内径为 15~45 μm。众多的中空纤维与中心进料管捆在一起。

料液进入中心管,并经中心管上下孔均匀流入管内,透过液沿纤维管从左端流出,浓缩液从中空纤维中间隙流出后,沿纤维束与外壳间的环隙从右端流出。

图 12-14 为中空纤维膜断面结构。

图 12-14(2)(a) 为热致相分离技术。该技术制备的膜丝独有的三维网状结构,使得膜丝的产水量提高,且强度和柔韧性优越。该方法制得的中空纤维膜丝,具有优异的抗污染和耐久性,除适用于较优良的水质处理以外,同样适用较恶劣的水质环境,如去除污水中的浑浊物等。

图 12-12 中空纤维式膜组件

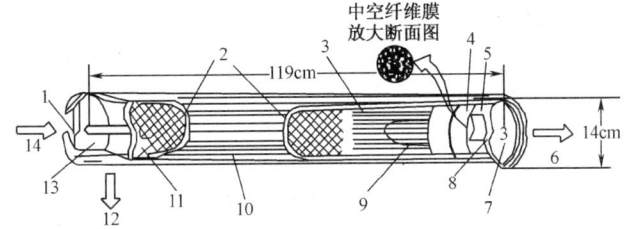

图 12-13 中空纤维式膜的结构

1、8—O 形环密封 2—流动网格 3、11—中空纤维膜 4—环氧树脂管板 5—支撑管
6—净化水出口 7、13—端板 9—供给水分布管 10—壳 12—浓缩水出口 14—供给水进口

图 12-14(2)(b) 为非溶剂致相分离技术。该技术制备的膜丝具有指状孔结构,表皮层孔径分布均匀致密,使得污染物只能停留在膜的外表面,不会进入膜孔内。非常易于清洁,清洗通量恢复好,广泛用于去除细菌、病毒等有害物质。

(1) 中空纤维膜组件端部断切面

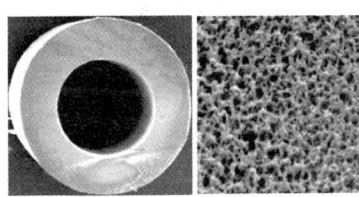

(a) 热致相分离技术

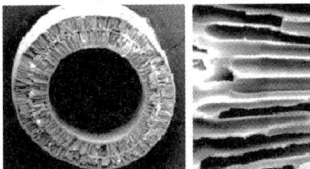

(b) 非溶剂致相分离技术

(2) 中空纤维膜显微结构

图 12-14 中空纤维膜断面结构

中空纤维式膜组件的特点:①无需支撑材料,故单位体积具有极高的膜面积。②可逆洗。③动力消耗较低。④纤维长径比极大,故流动阻力也极大,透过水侧的压强损失大。⑤膜面污垢的去除较困难,只能采用化学清洗,因此料液需预处理。⑥单根纤维损坏时需调换整个膜件。

(6)槽条式膜组件 图12-15为槽条式膜组件是由聚丙烯或其他塑料挤压而成直径3mm左右的槽条。其上有几条沟槽,槽条表面编上涤纶长丝或其他材料,再附以膜材料形成膜。把若干槽条组装成一束装入耐压管中,形成一个膜组件。其特点是单位体积膜面积较大,易装配,易换膜,设备费用低。

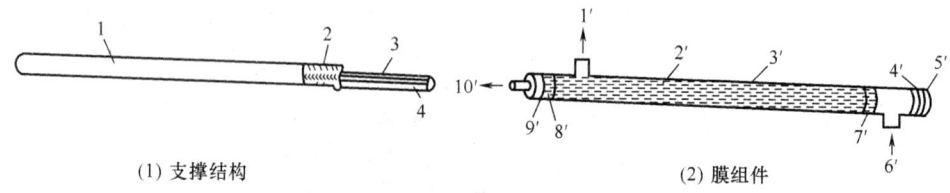

图12-15 槽条式膜组件
1—膜 2—涤纶编织层 3—直径3.2mm的聚丙烯 4—出水槽件
1′—浓盐水 2′—槽条膜 3′—耐压管 4′、8′—密封橡胶 5′—端板
6′—盐水 7′—套封 9′—多孔支撑板 10′—淡化水

2. 典型的超滤设备流程

工业上常见的微滤、超滤的基本流程有以下几种。以水处理为例说明。

(1) 一级流程

① 一级一段连续式:如图12-16所示。料液一次经过膜组件,透过液和浓缩液分别被连续引出系统。

特点:流程最简单;能耗最小;水的回收率或浓缩液中溶质的浓度不高。

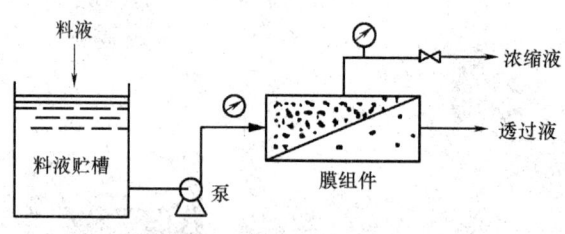

图12-16 一级一段连续式

② 一级一段循环式:如图12-17所示。料液流经膜组件后,将部分浓缩液返回料槽中,与原有的料液混合后再次通过膜组件进行分离。虽然水的回收率有所提高,但由于浓缩液的浓度比原料液高,透过的水质有所下降。

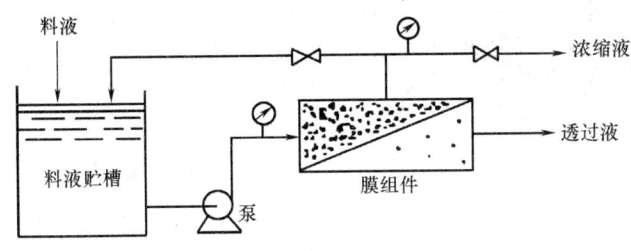

图 12-17　一级一段循环式

③一级多段连续式:如图 12-18 所示。它把前一段浓缩液作为后一段的进料液,各段的透过水连续排出。这种方式水的回收率高,浓缩液量逐段减少,且浓度增加。

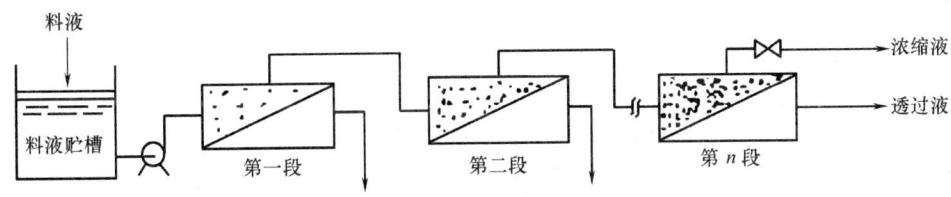

图 12-18　一级多段连续式

(2)多级流程

①多级连续式:如图 12-19 所示,把上一级的透过水作为下一级的进料液。这种方式使出水水质大大提高,但水的回收率低。

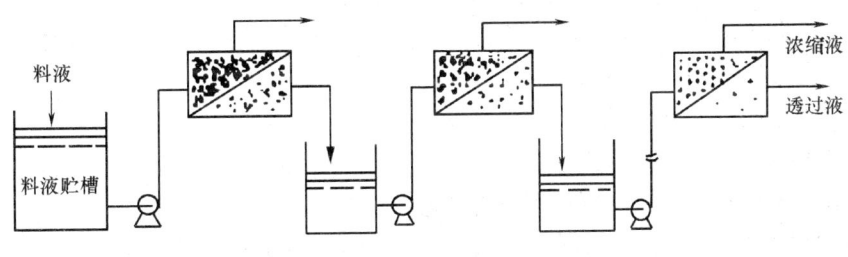

图 12-19　多级连续式

②多级多段循环式:如图 12-20 所示,将上一级的透过液作为下一级的进料液。如此方式,直至最后一级透过液引出系统。而浓缩液从后级向前级返回并与前一级的料液混合后,再进行分离。

这种方式既可提高水的回收率,又可提高透过液的水质。但由于泵设备的增加,能耗较大。

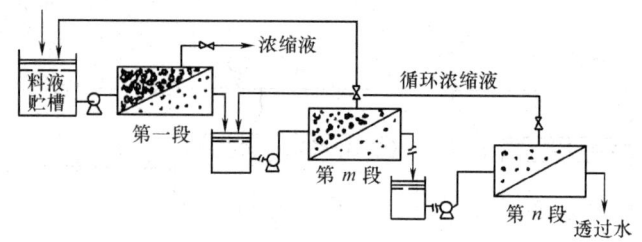

图 12-20 多级多段循环式

3. 超滤应用实例——超滤法分离明胶蛋白水溶液

（1）超滤法分离明胶蛋白水溶液流程　超滤实训流程示意图如图 12-21 所示，料液先放入料液槽，由泵供给，旁路阀 3 用以调节进料流量，用出口阀 4 调节进出口压力，料液泵入系统后，超滤液用一排塑料收集管收集，截留液进入料液槽循环。

（2）操作步骤

① 关闭进口阀 1，向料液槽加入一定量的自来水（水位高于泵体，足够整个系统循环），打开泵的排气孔，排出泵内空气后，再拧紧。

② 接通电源，启动泵，打开出口阀 4，并半开进口阀 1，然后从小到大不断关闭出口阀，使出口压力表 5 的读数由小到大发生变化（注意不能超过压力表量程），每改变一次压力，记下纯水的通量（用量筒量取透过膜的纯水的体积，并记下时间）。

③ 测定完毕后，先打开出口阀，再关闭进口阀，停止进料泵。

④ 在料液槽内加入适量的明胶，使料液中明胶的浓度大致为 0.5%。

⑤ 重复上述 ①～④ 步骤，并记下超滤通量，视其变化，实验结束前，分别取料液、超滤液、截留液各 200mL，分析其中明胶的含量。

⑥ 实验结束后，组件要进行清洗。洗涤时，进口压力约在 0.2MPa，操作过程同 ①～④ 步骤，使清洗液在系统内循环。清洗程序为：

用热的自来水（40℃左右）清洗一遍。

用 0.1mol/L NaOH 水溶液清洗一遍。

用热的自来水（40℃左右）再清洗一遍。

最后用室温下自来水清洗一遍（每换一次洗液，都要重复 ①～④ 步骤）。

（3）操作注意事项

① 在试验过程中，进料槽内的液体不能降低到使进料泵吸入空气的水平高度，吸入空气会使泵及膜受到损坏。

② 所使用的压力不能超过表的读数范围，应控制在 0.6MPa 以内。

③ 应遵循：开机时，先开电源，再开进口阀；关机时，先关进口阀，再关电源。

④ 明胶先溶于热水中，再稀释，料液槽内应为均一的溶液，不能有不溶物，否则泵易受损。

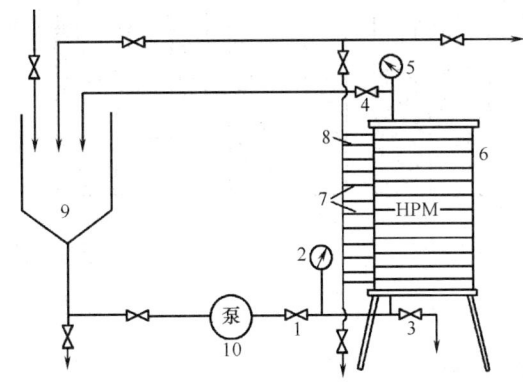

图 12-21 超滤实训流程示意图

1—进口阀 2—进口压力表 3—旁路阀 4—出口阀 5—出口压力表
6—板式超滤器主体 7—滤出软管 8—滤出总管 9—贮液槽 10—多级离心泵

第三节 反 渗 透

一、反渗透基本理论

反渗透是利用反渗透膜只能选择性透过溶剂(通常是水)的性质,对溶液施加压力以克服溶液的渗透压,使溶剂通过反渗透膜从溶液中分离出来的过程。反渗透可截留相对分子质量小于 100~200 的溶质,如水中的各种无机离子、胶体物质和大分子溶质。其过程简单,能耗低,故应用日益广泛。

1. 反渗透基本原理

反渗透过程的基本原理如图 12-22 所示,淡水与盐水用一张能透过水的半透膜隔开时,水透过膜从淡水侧向盐水侧透过,盐不能透过膜到淡水侧。渗透一直进行到溶液侧压力高到足以使水分子不再流动为止。平衡时,压力为溶液的渗透压。这个过程,称为渗透。过程的推动力是淡水和盐水的化学位之差,此时膜两侧的压力差称为渗透压 $\Delta\pi$。

随着水的不断渗透,盐水侧水位升高。盐水侧压力 p_1 升高到与淡水侧压力 p_2 之差等于渗透压 $\Delta\pi$ 时,渗透过程达到动态平衡,宏观渗透压为零。

如果往盐水侧加压,使盐水侧与淡水侧压差大于渗透压,盐水中的水将通过半透膜流向淡水侧。这种在压力作用下使渗透现象逆转的过程,称为反渗透。反渗透过程的推动力为 $(\Delta p - \Delta\pi)$,Δp 为膜两侧的压力差,$\Delta\pi$ 为溶液侧与透过液侧的渗透压差。

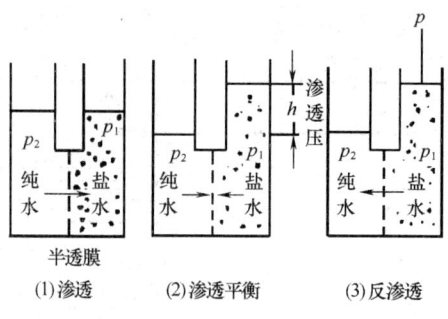

图 12-22 反渗透过程的基本原理

2. 反渗透过程中膜的传质机理

(1) 溶解扩散模型 假定溶剂或溶质分子首先溶解在膜中,然后扩散通过膜。对于特定的膜/溶剂/溶质系统,溶剂的质量通量 J_1 为:

$$J_1 = -A_1(\Delta p - \Delta \pi)$$

式中 A_1——系数,与膜相中的扩散系数、摩尔浓度、溶剂的体积、温度、膜的厚度有关

Δp——膜两侧的压力差

$\Delta \pi$——溶液侧与透过液侧的渗透压差

溶质的质量通量 J_2 为:

$$J_2 = B\Delta c$$

式中 B——常数

Δc——膜两侧溶质的浓度差

可见,压力升高时,溶剂通量呈线性增加,但溶质通量与压力无关。此模型适合无机盐的反渗透过程,但对有机物不太适用。

(2) 优先吸附-毛细管流动模型 在某些有机物反渗透过程中,若压力升高,有机物在透过液中的浓度反而增大,即溶质通量 J_2 与压力有关。其机理为优先吸附-毛细管流动模型。

膜的表面如对料液中某一组分的吸附能力较强,则该组分就在膜表面形成一层吸附层。吸附层流经表面上的毛细孔而透过膜。有机物在反渗透中,由于压力升高,溶质即有机物由于透过毛细孔,其通量必随之增大。

二、反渗透设备

1. 反渗透膜的种类及特点

(1) 反渗透膜的种类 反渗透膜材料与超滤膜材料相似,多为有机高分子材料。除醋酸纤维素外,聚酰胺、芳香酰胺也是常用的反渗透膜材料。但超滤膜常用的聚砜和无机材料则少用于反渗透。

工业应用的反渗透膜有三种,即高压海水脱盐反渗透膜、低压苦咸水脱盐反渗透膜和超低压反渗透膜。

(2)反渗透膜的特点
①一定的机械强度:能承受8.5MPa压力,需周期清洗。由于膜特别是表皮层相当脆弱、易破,因此,应尽量减少料液及透过液流道上的阻力。
②流体力学结构:须尽量减小膜污染和浓差极化影响,因为易污染的组件需要昂贵复杂的预处理系统。
③经济性:组件要求寿命长、造价低,便于更换。
(3)醋酸纤维素膜的特性
①离子电荷越大,脱除越容易。
②对碱金属的卤化物,元素位置越在周期表下方,脱除越不容易。无机酸相反。
③硝酸盐、高氯酸盐、氰化物、硫氰酸盐、氯化物、铵盐、钠盐等均不易脱除。
④许多低相对分子质量的非电解质,包括某些气体溶液、弱酸和有机分子,不易脱除。
⑤对有机物的脱除作用次序为:醛>醇>胺>酸。同系物的脱除率随其相对分子质量的增加而增大,异构体的次序为:叔>异>仲>伯。
⑥对相对分子质量大于150的组分,均能很好脱除。
⑦温度的升高可使渗透通量增加。

2.典型的反渗透设备流程
反渗透装置也是由膜组件构成,常见流程主要有4种。以海水淡化为例说明。
(1)一级流程 在有效横断面保持不变的情况下,原液一次通过反渗透装置就能达到要求,如图12-23所示。
(2)一级多段流程 作为浓缩过程时,若一次浓缩达不到要求,可采用多段浓缩流程方式,如图12-24所示。

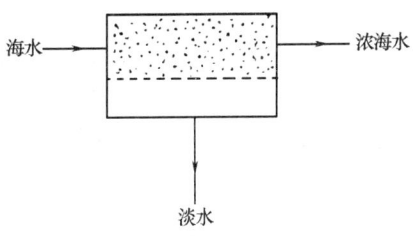

图12-23 一级反渗透工艺流程

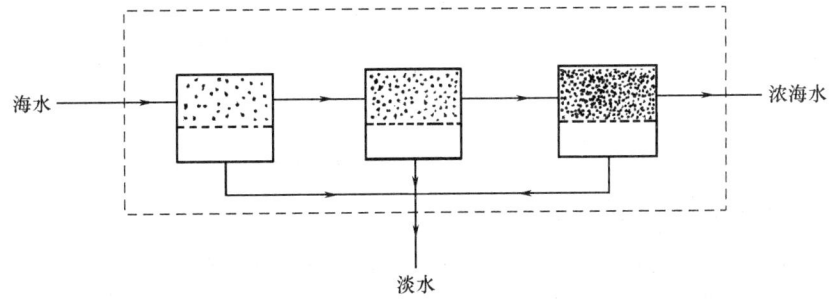

图12-24 一级多段反渗透工艺流程

（3）二级流程　把一级流程得到的产品送入另一个反渗透单元中,再次进行淡化,如图 12-25 所示。

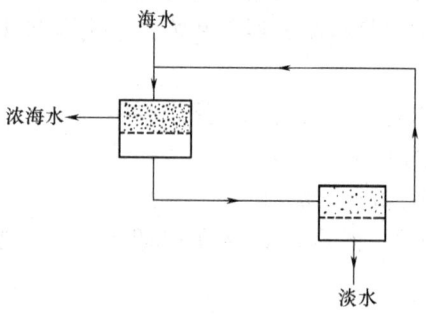

图 12-25　二级反渗透工艺流程

（4）多级流程　若要求达到很高分离程度,可采用多级流程,如图 12-26 所示。

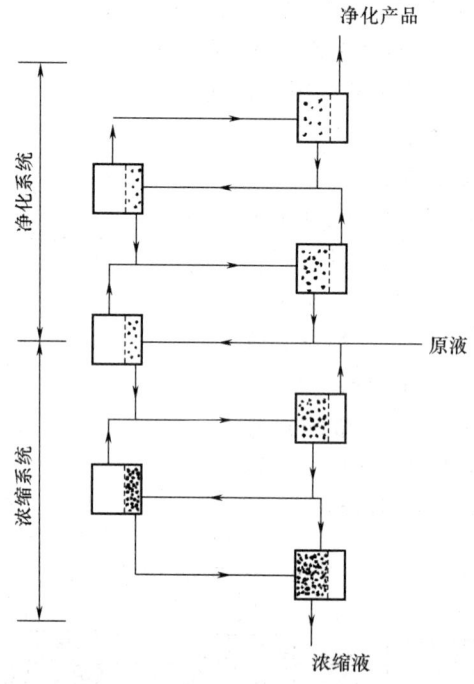

图 12-26　多级反渗透工艺流程

3. 浓差极化对反渗透操作的影响

反渗透过程中,也容易发生浓差极化现象,造成下列影响：
（1）膜表面处的溶液浓度升高,使操作压力也相应升高。
（2）渗透压升高,使操作压力相应升高。

(3)膜的传质阻力增加,膜的渗透通量下降。

4.反渗透操作有关注意事项

在反渗透操作中,应注意:

(1)操作压差　压差越大,渗透通量越大,但浓差极化增大,同时能耗也增大,并容易产生沉淀。

(2)温度　升高温度有利于降低浓差极化的影响,但能耗增大,且对高分子膜的使用寿命有影响。因此,要在常温或略高于常温条件下操作。

(3)料液流速　尽量提高流速,以减小浓差极化。

(4)膜的污染程度　浓缩程度高时,会引起膜污染,需及时清洗。

三、反渗透操作应用

随着反渗透膜的开发和膜组件的工业化,反渗透技术的应用已从最初的脱盐工业扩大到食品、化工、医药、环保等各个领域,反渗透膜应用的研究情况见表12-6。脱盐和超纯水制造的研究和应用最成熟、规模最大,其他应用正处于开发中。

表12-6　反渗透膜应用的研究情况

应用领域	应用举例
脱盐	饮用水生产、海水脱盐、苦咸水脱盐、城市废水处理
超纯水生产	半导体生产用水、医药用水
发电厂和公用事业	锅炉进水
化工和石油化工	工艺用水的生产和再使用、废液处理和水再利用、水/有机液体的分离、电镀漂洗水的回用和金属回收
食品加工	牛奶加工、糖液浓缩、果汁和蔬菜汁加工、废水处理
纺织工业	染料和上浆剂的回收、水再利用
纸浆和造纸	废液处理和水再利用
生物技术/医药	发酵产品的分离、回收和提纯

四、超滤与反渗透的比较

超滤与反渗透都以压差为推动力,超滤压差为0.1~0.5MPa,反渗透压差为2~10MPa。可截留的相对分子质量超滤大于500,反渗透小于500。超滤的滤液流量大,反渗透的滤液流量小。超滤的机理是靠筛分,反渗透则靠扩散。超滤是分离溶液中所含微粒和大分子,反渗透则分离溶剂。

第四节 电渗析

电渗析是在直流电场作用下,利用离子交换膜对离子的选择透过性使溶液中的阴、阳离子发生定向迁移而与溶剂发生分离,实现溶液分离、提纯和浓缩的操作。电渗析用于溶液中电解质分离。

一、离子交换膜

离子交换膜被誉为电渗析的心脏,是膜状离子交换树脂,其费用约占总成本的40%。

1. 离子交换膜的结构

离子交换膜是由高分子材料制成的具有离子交换基团的薄膜,分为阳离子交换膜和阴离子交换膜。在膜的高分子链上,连接着一些可发生解离作用的活性基团。即离子交换膜可简单地分为基膜和活性基团两大部分,在水溶液中可发生解离。

磺酸型阳膜可表示为:

$$\underset{\text{基膜}}{R}-\underset{\text{活性基团}}{SO_3H} \xrightarrow{\text{解离}} \underset{\text{基膜}}{R}-\underset{\text{固定离子}}{SO_3^-} + \underset{\text{可交换离子}}{H^+}$$

季铵型阴膜可表示为:

$$\underset{\text{基膜}}{R}-\underset{\text{活性基团}}{N(CH_3)_3OH} \xrightarrow{\text{解离}} \underset{\text{基膜}}{R}-\underset{\text{固定离子}}{N^+(CH_3)_3} + \underset{\text{可交换离子}}{OH^-}$$

将阳膜浸入溶液中,阳膜中带负电荷的固定基团吸引溶液中带正电荷的离子(若膜上阳离子和溶液中阳离子不同,则要发生离子交换),而排斥溶液中带负电荷的离子。即可透过阳离子,而不能透过阴离子。同理,阴膜能透过阴离子,而不能透过阳离子。因此,离子交换膜具有选择性。其结构可简单分为基膜和活性基团两部分。基膜是具有立体网状结构的高分子化合物;活性基团是由具有交换作用的可解离离子(可交换离子因其与膜中基团所带电荷相反,有时称为反离子)和与基膜相连的固定基团所组成。

基膜的立体网状结构的高分子骨架中存在许多相互沟通的细微网孔,使离子有从一侧运动到另一侧的可能。

2. 离子交换膜的分类

离子交换膜的种类很多,按膜中所含活性基团的种类分为阳离子交换膜、阴离子交换膜和特殊离子交换膜三大类;按膜体结构分为异相膜、均相膜和半均相膜。

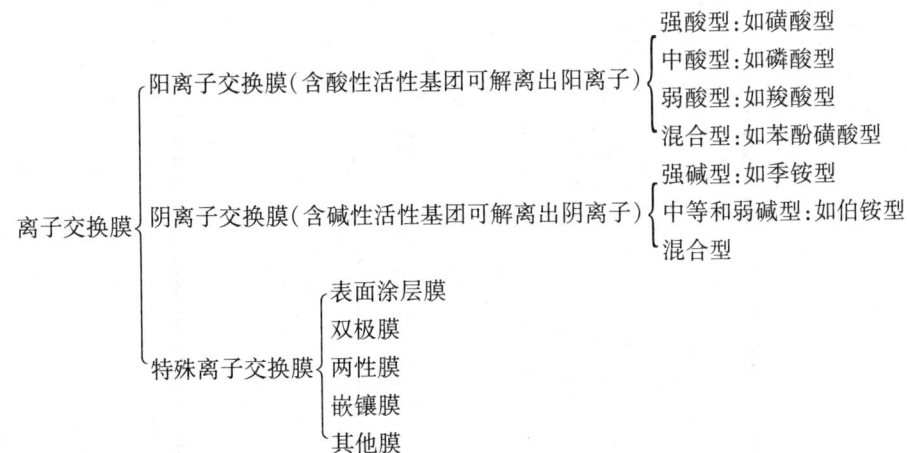

3. 离子交换膜的基本要求

离子交换膜是电渗析装置的关键部件,应具有:①良好的选择透过性。②较小的膜电阻。③较好的化学稳定性。④较高的机械强度和适度的抗溶胀性能。⑤较低的扩散性能。

4. 离子交换膜的选择透过性

离子的选择透过性是衡量膜性能的重要指标。主要来自两方面:膜中孔隙和基膜上带固定电荷的活性基团。膜中孔隙是离子通过的通道,只有水合半径小于膜孔的离子才能通过膜,称为筛分作用。带有活性基团的离子交换膜浸入水溶液时,膜吸水溶胀,促使活性基团解离,产生反离子进入水溶液,于是在膜上留下带有一定电荷的固定基团。这样,在外加电场的作用下,溶液中带正电荷的阳离子被带负电荷固定基团的阳膜吸引、传递而通过孔隙进入膜的另一侧;带负电荷的阴离子受排斥和阻挡,不能通过孔隙到达膜的另一侧。相反,带正电荷固定基团的阴膜让阴离子通过而阻挡阳离子。这就是离子交换膜的选择透过性。

二、电渗析的基本原理

1. 电渗析原理

电渗析原理如图 12-27 所示,在两电极间交替放置着阴离子交换膜和阳离子交换膜。在两膜所形成的隔室中充入含离子的水溶液(如 NaCl 水溶液),接通直流电源后,溶液中做反离子迁移。带正电荷的阳离子在电场作用下向阴极移动,离子很容易穿过阳膜,受到阴膜阻挡被截留。同样,溶液中带负电荷的阴离子在电场作用下向阳极移动,通过阴膜,但受到阳膜阻挡被截留。结果是,截留室内离子浓度增加,称为浓缩室;与其相间的另一室内离子浓度下降,称为淡化室。由于出现浓度差异,可分别从淡化室、浓缩室引出稀溶液和浓缩液。在 NaCl 水溶液脱盐装置中,经过淡水室并从中引出的即为脱盐水(或淡化水)。

由此可知,电渗析脱除溶液中的离子有两个基本特征:

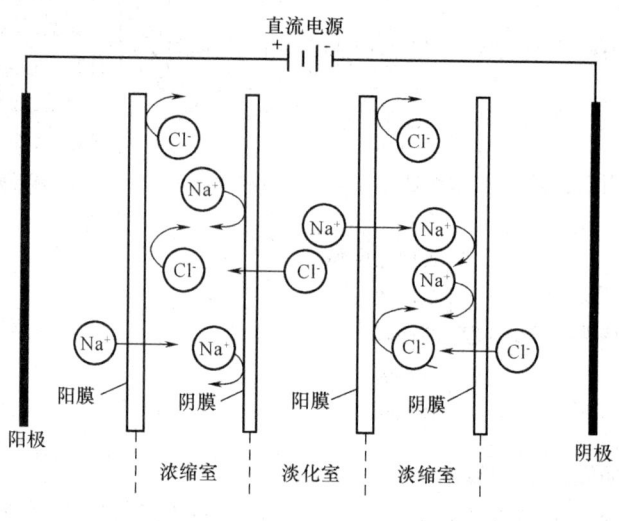

图 12-27 电渗析原理

（1）直流电场的作用使溶液中阴、阳离子定向移动，阳离子向阴极方向移动，阴离子向阳极方向移动。

（2）离子交换膜的选择性透过，使溶液中的离子做反离子迁移。

2. 电极的冲洗

电渗析过程中，以 NaCl 溶液为例，阳极和阴极上所发生的反应为：

$$阳极 \quad H^+ + Cl^- \rightleftharpoons HCl$$

$$阴极 \quad Na^+ + OH^- \rightleftharpoons NaOH$$

反应结果使阳极室中溶液呈酸性，阴极室中溶液呈碱性。若水中存在 Ca^{2+}、Mg^{2+} 之类的离子，还会生成沉淀，沉积在电极上。为保护电极，引入一股水流冲洗电极，称为极水。

电渗析过程的浓差极化现象十分严重。防止极化现象的最有效方法是控制电渗析器在极限电流以下操作。

3. 电渗析过程中的有害迁移

（1）同性离子迁移　指与离子交换膜上固定离子电荷符号相同的离子通过膜的传递。理论上，同性相斥，阴离子不能通过阳膜，阳离子不能通过阴膜。实际上，膜上带电荷的基团的相斥作用并不能完全阻止同性离子的通过，加上膜外浓度过高的影响，阳膜中会进入阴离子，阴膜中也会进入阳离子，发生同性离子迁移。

（2）电解质的浓差扩散　由于膜两侧溶液浓度不同，在浓度差作用下，电解质自浓缩室向两侧淡化室扩散。

（3）水的渗透　淡化室中的水由于渗透压作用向浓缩室渗透，渗透量随浓差提高而增加；在反离子迁移和同性离子迁移的同时，会携带一定数量的水分子一起迁移。

(4)水的电解 溶液中离子未能及时补充到膜表面,发生浓差极化时,将迫使水电离成 H^+ 和 OH^- 进行迁移。

(5)压差渗透 膜的两侧存在压差时,溶液由压力大一侧向压力小一侧渗漏。

以上这些过程使电渗析的效率下降,能耗增大,所以应尽可能减少这些过程的发生。

三、电渗析装置及操作要点

1. 电渗析器的构造

电渗析器,由离子交换膜、隔板、电极和夹紧装置等组成,电渗析法用于海水淡化如图 12-28 所示,电渗析器结构如图 12-29 所示。电渗析器两端为厚而坚固的端框,便于夹紧元件。电极内表面内凹,与膜贴紧时形成电极冲洗室。相邻两膜间有隔板,隔板边缘有垫片。膜与膜板夹紧时,形成浓室或淡室。隔板、膜、垫片及端框上的孔对齐贴紧后,形成孔道。

图 12-28 电渗析法用于海水淡化

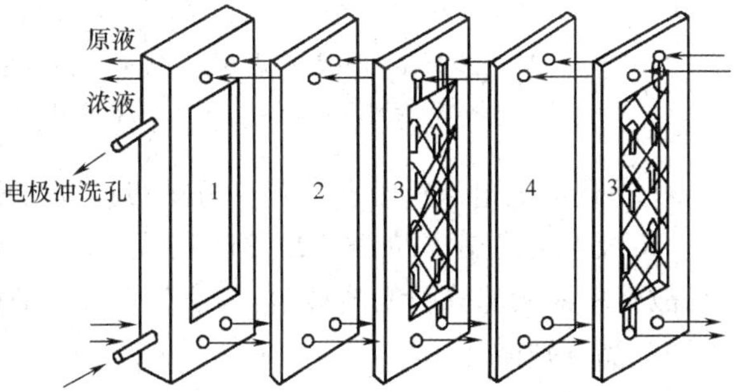

图 12-29 电渗析器结构
1—电极 2—阳离子交换膜 3—隔板 4—阴离子交换膜

(1)隔板的要求 电渗析器的隔板是整个设备的支承骨架和水流通道,应满足以下基本要求:

①材料的化学性质稳定。目前,多采用硬聚氯乙烯或聚丙烯塑料板。

②厚度应薄而均匀,以减小水层厚度,降低水层电阻。厚度为 1~2mm。

③在隔板上开有流槽,水在流动时应形成良好的湍流。

④设计上应尽量加大膜的有效面积。

(2)电极应具备以下基本条件

①良好的化学和电化学稳定性。耐阳极氧化,耐阴极还原。同一种电极既可作阳极,又可作阴极。

②导电性能好,电阻小。

③机械性能良好,便于加工,价格适中。

电极材料有石墨、铅、不锈钢、钛、钽、铌、铂。其中,不锈钢只用作阴极。

2. 典型的电渗析设备流程

(1) 间歇式电渗析设备流程　如图 12-30 所示,将料液一次性加入两循环箱中,开始操作,使浓室和淡室排出的物料分别流入两循环箱中,反复循环直至产品浓度符合要求。间歇操作适用于小批量生产,比较灵活,除盐率高。但生产能力较低。

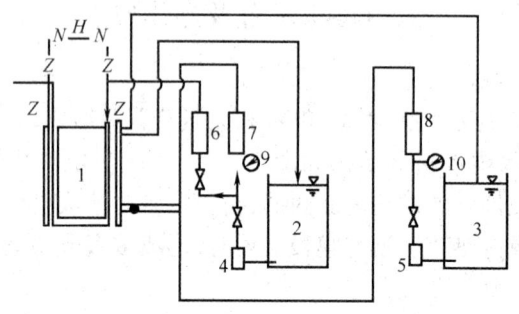

图 12-30　间歇式电渗析设备流程

1—电渗析器　2—浓水循环箱　3—淡水循环箱　4—浓水泵　5—淡水泵
6—极水流量计　7—浓水流量计　8—淡水流量计　9—浓水压力表　10—淡水压力表

(2) 连续式电渗析设备流程　分单级连续式操作和多级连续式操作。

单级连续式操作,如图 12-31(1) 所示。淡室产品的流量大于浓室产品的流量,故将料液大部分引入淡液槽,小部分引入浓液槽,两者流量比与浓缩比相对应,两种产品分别循环。

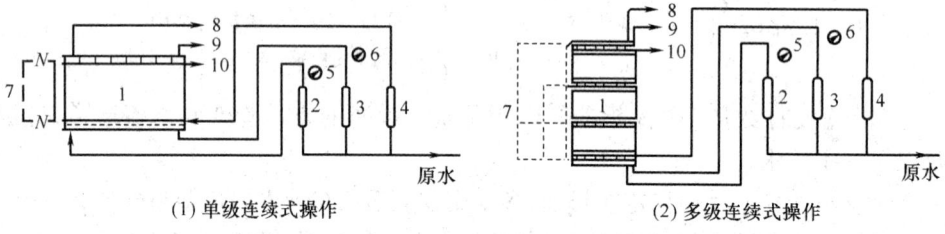

(1) 单级连续式操作　　　　　(2) 多级连续式操作

图 12-31　连续式电渗析设备流程

1—电渗析器　2—淡水流量计　3—浓水流量计　4—极水流量计　5—淡水压强表
6—浓水压力表　7—整流器　8—淡水排出口　9—浓水排出口　10—极水排出口

多级连续式操作,如图 12-31(2) 所示,是将若干个单级连续操作串联而成的。串联后因淡室流量大,可不循环,浓室循环。连续操作生产能力高,能提高产品纯度。

3. 电渗析操作要点

（1）进入电渗析器的原水质量要求　原水中悬浮物、有机物及铁、锰等重金属杂质会堵塞水流通道，污染离子交换膜。因此，原水进入电渗析器前应预处理，满足水质指标要求。

（2）操作运行

①开机前，首先检查各水流系统连接是否正确，电路是否接对，开泵前先将回流阀门打开，将浓、淡、极水阀门关闭。启动泵后，再将浓、淡、极水阀门缓缓打开，调节流量，密切注意压力表，压力须逐步提高，直至流量计和压力表达到规定数值时为止（如直接使用自来水的压力也可以）。

②电渗析器运行启动时，先通水，后通电。停止运行时，先断电，后断水，严禁停水不停电。

③淡水流量与浓、极水流量的比例要调节适当，为防止浓水向淡水渗漏，浓水、极水的压力可适减小些，比淡水压力小 20MPa。

④视水质情况不同，电渗析器连续工作 4~8h 后进行一次调换电极。调换电极时，先降电压、切断电源，把浓、淡水出口管插入地沟，排放 3~5min 后，扳动换向开关，通电升压 5min 后，测定水质，达到要求后方可正常供水。

⑤停机时，先降低电压，再关闭整流器，继续通水 10min（出水排入地沟）方可停泵。

4. 电渗析装置的维护保养与故障排除

（1）若电渗析器长期连续运转，内部沉淀物积累，阻力增加，除盐效果下降，用 1%~3% 的盐酸清洗。每周或每月酸洗一次，酸洗时间为 1~2h，酸洗后用清水洗至不含酸为止。

（2）若电渗析器暂时不使用，需每周通水 1~2 次，保持湿润。

（3）电渗析器和膜在运输及贮存时，冬季要防冻，夏季要防霉。

思考与练习

一、名词解释

超滤　微滤　纳滤　反渗透过滤　均相膜　非均相膜　膜分离　动态膜　膜组件　复合膜

二、填空题

1. 膜分离技术是用_____作为选择障碍层，允许某些组分透过而保留混合物中其他组分，达到分离目的的技术。膜分离技术_____、_____、_____和_____。

2. 膜的常用分类方法有四种，即按膜的_____、_____、_____和_____分类。

3. 透析基于_____、_____与_____，以_____为驱动力，通过水与小分子物质_____达到分离浓缩的目的。

4. 渗透蒸发的基本原理是利用_____与_____中各组分亲和力不同，而有选择地优先吸附

_____某一组分,及_____在膜中扩散速度不同达到分离的目的。

5. 电渗析是通过在_____下用_____从_____中分离离子的过程。_____、_____交换膜,被交替排列在_____、_____之间形成许多独立的_____。

6. 中空纤维式膜组件,由很多_____组成,纤维直径_____,外径为_____μm,内径_____μm。

三、选择题

1. 下列属于有机膜的有( )。
A. 磺化聚砜膜   B. 醋酸纤维素膜   C. 碳膜   D. 陶瓷膜

2. 被誉为电渗析的心脏的是( )。
A. 阳极   B. 阴极   C. 隔板   D. 离子交换膜

3. 下列属于无机膜的有( )。
A. 磺化聚砜膜   B. 醋酸纤维素膜   C. 碳膜   D. 陶瓷膜

4. 清除电渗析器交换膜上结垢的方法有( )。
A. 倒换电极   B. 盐酸定期酸洗   C. 超声波   D. NaOH 溶液清洗

四、判断题

1. 膜分离过程中无相变发生,故能耗较低。( )
2. 电渗析装置对原水的水质没有任何要求。( )
3. 膜分离过程通常在常温下进行。( )
4. 膜分离技术适宜的分离范围非常广泛。( )
5. 膜分离过程主要以压强为推动力。( )
6. 电渗析装置必须用直流电。( )
7. 浓差极化也是膜污染的一种形式。( )
8. 在反渗透过程中,也容易发生浓差极化现象。( )

五、问答题

1. 什么是膜?应满足哪些基本要求?常用的种类有哪些?
2. 简述超滤、反渗透、电渗析操作的工作原理、特点及操作要点。
3. 什么是浓差极化?在超滤、反渗透、电渗透过程中,如何防止浓差极化?
4. 什么是膜分离过程?膜分离有哪些特点?
5. 比较反渗透、超滤、电渗析过程的操作条件、膜性能及适用场合。

第十三章　萃取设备

【学习目标】

1. 知识目标　了解萃取操作在生物工程中的应用,工艺条件对萃取操作的影响,超临界流体萃取;熟悉典型萃取设备及特点,萃取剂的选择,萃取操作要点及有关注意事项;掌握萃取操作基本概念,萃取原理,萃取设备流程及特点。

2. 能力目标　掌握液-液萃取设备正确使用与维护要点;掌握超临界 CO_2 萃取设备正确使用与维护要点。

萃取技术是20世纪发展起来的一种新的分离技术,是利用溶质在两种部分互溶或互不相溶的液相之间分配不同的性质实现液体混合物分离或提纯的单元操作。萃取在常温或较低温度下进行,与其他分离操作相比,能耗低,易于实现大规模连续化生产,适用于热敏性物质分离。

萃取技术发展很快,新型萃取技术如反胶团溶剂萃取、超临界流体萃取、双水相萃取、微波萃取、电泳萃取、超声波萃取、预分散萃取、磁场协助溶剂萃取、液膜萃取、非平衡溶剂萃取等不断出现,并实现工业化应用。萃取已成为生物工程中广泛应用的分离提纯技术。

第一节　液-液萃取的基本概念

一、液-液萃取操作的原理

利用原料液中各组分在某溶剂中的溶解度差异来分离混合物的单元操作,称为液-液萃取,又称溶剂萃取。液-液萃取,是在液体混合物(原料液)中加入一个与其基本不相混溶的液体作溶剂,造成第二相,利用原料液中各组分在两个液相中溶解度的不同使原料液混合物分离。所用溶剂称为萃取剂,以 S 表示。原料液中易溶于 S 的组分称为溶质,以 A 表示。难溶于 S 的组分称为原溶剂(稀释剂),以 B 表示。萃取过程中,萃取剂与原料液中的有关组分不发生化学反应,称为物理萃取,反之称为化学萃取。

萃取操作的基本过程,如图13-1所示。将一定量的萃取剂加入原料液(A+B)中,搅拌使原料液与萃取剂充分混合,溶质通过相界面由原料液向萃取剂中扩散,所以萃取操作也属于两相间的传质过程。搅拌停止后,两液相因密度不同而分层:一层以溶剂 S 为主,溶有较多溶质,称为萃取相,以 E 表示;另一层以原溶剂(稀释剂)B 为主,含未被萃取完的溶质,称为萃余相,以 R 表示。若溶剂

S 和 B 部分互溶,则萃取相中还含有少量的 B,萃余相中也含有少量的 S。萃取操作并没有得到纯净组分,而是新的混合液:萃取相 E 和萃余相 R。为得到产品 A,并回收溶剂以供循环使用,还需对两相分别进行分离。采用蒸馏或蒸发方法,有时采用结晶等其他方法。脱除溶剂后的萃取相和萃余相,分别称为萃取液和萃余液,以 E′和 R′表示。

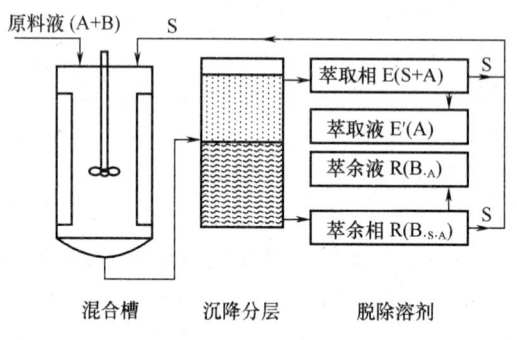

图 13-1　萃取操作示意图

二、液-液萃取操作的特点

(1) 常温下操作。
(2) 无相变。
(3) 选择适当溶剂可获得较好的分离效果。
(4) 操作比较方便。

三、液-液萃取操作的适用场合

(1) 原料液中各组分间的沸点非常接近,即组分间的相对挥发度接近 1,蒸馏时形成恒沸物,用蒸馏方法难以达到或达不到分离要求的纯度。

(2) 原料液中需分离的组分含量很低,且沸点比稀释剂高,若用精馏方法会蒸出大量稀释剂,能耗较大。

(3) 原料液中需分离的组分是热敏性物质,受热时容易发生分解、聚合或其他变化。如青霉素发酵液中含青霉素,以醋酸丁酯为溶剂,经多次萃取可得到青霉素浓溶液。

四、萃取剂的选择

萃取剂选择是影响萃取操作分离效果和经济性的关键因素,它直接影响到萃取操作能否进行,对萃取产品的产量、质量和过程进行的经济性也有重要影响。萃取剂选择需同时从以下四个方面考虑。

1. 萃取剂的选择性

选择性是指萃取剂对原料液中两组分溶解能力反应上的差异。若萃取剂对溶质的溶解能力比对稀释剂的溶解能力大得多，萃取剂的选择性就好。萃取剂需对原溶液中欲萃取出的溶质有显著溶解能力，对其他组分（稀释剂）应不溶或少溶。萃取剂的选择性高，溶质溶解能力大，对一定的分离任务而言，可减少萃取剂用量，降低回收溶剂的能量消耗，可获得高纯度产品。

2. 萃取剂的物理性质

（1）密度　为使两相在萃取器中能较快分层，萃取剂在操作条件下需能使萃取相与萃余相间保持一定的密度差，以利于两液相在萃取器中能以较快的相对速度逆流后分层，特别是对没有外加能量的设备，较大的密度差可加速分层，提高萃取设备的生产能力。

（2）界面张力　萃取剂的界面张力较大时，细小的分散相液滴较易聚结，有利于两相分离。但界面张力过大，液体不易分散，难以使两相充分混合，需要较多的外加能量。界面张力过小，液体易分散，但易产生乳化现象使两相难以分离。因此，界面张力要适中，不宜选用界面张力过小的萃取剂。建议，将溶剂和料液加入分液漏斗中，经充分剧烈摇动后，两液相最多在 5min 内能分层，以此作为溶剂界面张力适当与否的标准。

（3）黏度　溶剂的黏度对分离效果有重要影响。萃取的黏度低，既有利于两相混合与分层，又有利于流动与传质，因而黏度小对萃取有利。

3. 萃取剂的化学性质

萃取剂需良好的化学稳定性，并应有足够的热稳定性和抗氧化，对设备腐蚀性小。

4. 萃取剂回收的难易与经济性

萃取剂回收的难易直接影响萃取操作的费用，很大程度上决定萃取过程的经济性。回收方法是蒸馏，因而要求萃取剂与被分离组分间相对挥发度大，不应形成恒沸物，最好是组成低的组分为易挥发组分。若被萃取的溶质不挥发或挥发度很低，溶剂为易挥发组分时，溶剂气化热越小，能量消耗则越少。

溶剂的萃取能力大，可减少溶剂循环量，降低回收溶剂的费用。溶剂在被分离混合物中的溶解度小，可减少溶剂回收费用。

选萃取剂时，还应考虑其他因素。如萃取剂应具有化学稳定性和热稳定性、对设备腐蚀性小、来源充分、价格低廉、不易燃、不易爆。

选萃取剂时，很难找到能同时满足所有要求的萃取剂，需根据实际情况权衡，保证满足主要要求。

五、常用萃取剂

工业生产中，常用萃取可分为三类：

(1) 有机酸及其盐　如脂肪族的一元羧酸、磺酸、苯酚。
(2) 有机碱的盐　如伯胺盐、仲胺盐、叔胺盐、季铵盐。
(3) 中性溶剂　如水、醇类、酯、醛、酮。

第二节　液-液萃取流程

一、单级液-液萃取流程

单级液-液萃取流程如图13-2所示。萃取相E、萃余相R在除去萃取溶剂S后，得到萃取液E′和萃余液R′。

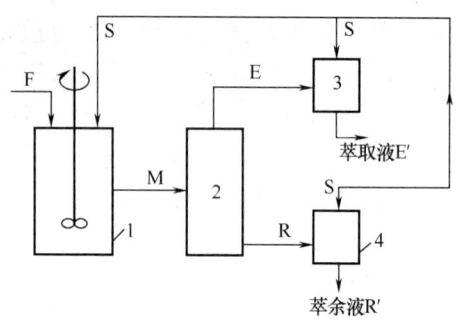

图13-2　单级萃取流程
1—混合器　2—分层器　3—萃取相分离设备　4—萃余相分离设备

二、多级错流液-液萃取流程

多级错流萃取流程如图13-3所示。图中每个圆圈表示一个理论级（包括使原料液与萃取剂密切接触充分传质的混合器及使混合液进行机械分离的分层器）。

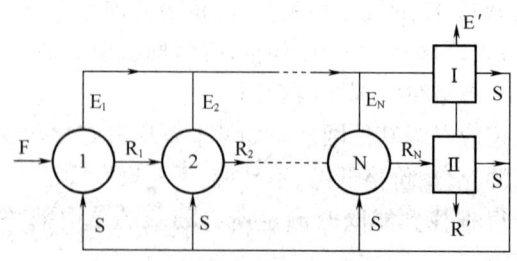

图13-3　多级错流萃取流程
Ⅰ、Ⅱ—溶剂回收设备

原料液在第 1 级萃取剂处理后的萃余相 R_1，继续在第 2 级中为新鲜的萃取剂所萃取，使第 2 次萃余相 R_2 中的溶质组成进一步降低。依此类推，直到第 N 级的萃余相 R_N 的组成低于指定值。将最终萃余相在溶剂回收设备Ⅱ中脱除萃取剂，得到萃余液 R'，作为产品或送至下一工序。由各个萃取级得到的萃取相 E_1、E_2……E_N，可在汇总后经溶剂回收设备Ⅰ，得到萃取液 E'。两处回收的萃取溶剂 S 分别加入各个级，循环使用。

三、微分接触式逆流萃取流程

微分接触式逆流萃取操作，是萃取相和萃余相逆流微分接触，在塔式设备（如喷洒塔、脉冲筛板塔）中进行。喷洒塔微分接触逆流萃取如图 13-4 所示。重相（如原料液）从塔顶进入塔中，从上向下流动，与自下向上流动的轻相（如萃取剂）逆流连续接触，进行传质。萃取结束后两相分别在塔顶、塔底分离，最终的萃取相从塔顶流出，萃余相从塔底流出。

四、回流萃取流程

回流萃取如图 13-5 所示。原料液和萃取剂分别自塔的中部和底部进入塔内，最终萃余相自塔底排出，萃取相在塔顶脱除溶剂后，部分作为塔顶产品采出，另部分作为回流返回塔内。

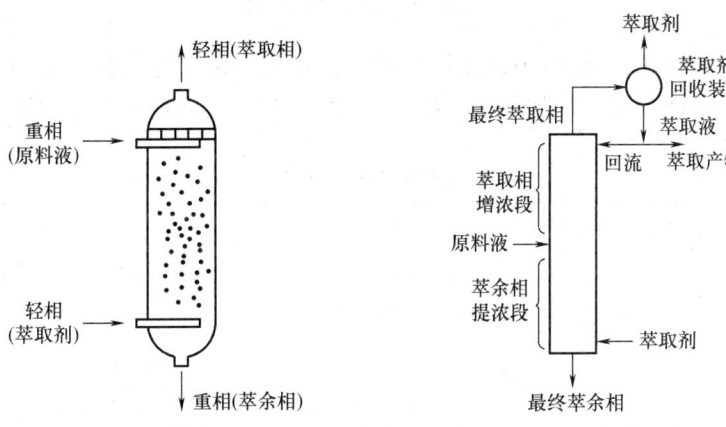

图 13-4　喷洒塔微分接触逆流萃取　　图 13-5　回流萃取

进料口以上塔段，称为洗涤段或增浓段。进料口及其以下塔段，称为萃取段或提浓段。在提浓段，萃取相组成在上升过程中逐渐增加，萃余相组成在下降过程中逐渐降低，在两相逆流接触中，溶质不断由萃余相进入萃取相，使萃余相中原溶剂的组成逐渐提高，溶质组成逐渐下降。故只要提浓段高度足够，就可使萃余相中的原溶剂组成足够高,从而在脱除溶剂后得到原溶剂组成很高的萃余液。

在增浓段,由于萃取剂对溶质具有较高选择性,故在两相逆流接触过程中,溶质将自回流液进入萃取相,萃取相中的原溶剂向回流液中转移。如此传质结果,使萃取相中溶质组成逐渐增加,原溶剂的组成逐渐下降,故只要增浓段高度足够,且组分间互溶度很小,就可使萃取相中的溶质组成足够高,从而在经萃取剂回收装置脱除溶剂后获得的萃取液溶质组成很高。选择性系数越大,溶质与原溶剂的分离越容易,回流萃取达到规定的分离要求所需理论级数越少,相应提浓段和增浓段高度越小。

第三节　液－液萃取设备

萃取设备的作用,是为两液相提供充分混合与充分分离的条件,使两液相间具有很大接触面积,这种界面是将一种液相分散在另一种液相中所形成的。分散成滴状的液相称为散相。另一个呈连续的液相称为连续相。分散液滴越小,两相接触面积越大,传质越快。在萃取设备内装喷嘴、筛孔板、填料或机械搅拌装置。为使萃取过程获得较大传质推动力,两相流体在萃取设备内以逆流方式操作。

工业生产中,由于塔式萃取设备有较大生产能力,设备投资不大,萃取分离效果较好,两相可实现连续逆流操作。这里重点介绍几种常用萃取塔。

一、萃取设备的分类

根据两相接触方式,分为逐级接触萃取设备和连续接触萃取设备两类。每类又分为有外加能量和无外加能量两种。表13－1列出几种常用的萃取设备。

表13－1　　　　　　　　液－液萃取设备的分类

接触方式		逐级接触式	连续接触式
无外加能量		筛板塔	喷洒萃取塔、填料萃取塔
有外加能量	搅拌	混合－澄清槽、搅拌－填料塔	转盘塔、搅拌挡板塔
	脉动	—	脉冲填料塔、脉冲筛板塔、振动筛板塔
	离心力	逐级接触离心机	连续接触离心机

在分级接触萃取过程中,各相组成逐级变化。在连续接触萃取过程中,各相组成沿流动方向连续变化。但萃取设备的名称由表中可看出,不论接触方式是何种,只要设备截面积是圆形且高径比很大,便可统称为塔式萃取设备。

1. 混合－澄清槽

混合－澄清槽可单级使用,也可多级使用。每级均包括混合器和澄清槽两部分。典型的单级混合－澄清槽如图13－6所示。操作时,萃取剂与原料液先在混合器中搅拌,使一相形成小液滴分散于另一相中,以加大相际接触面积及强化传质过程,然后进入澄清槽,分层而得萃取相和萃余相。

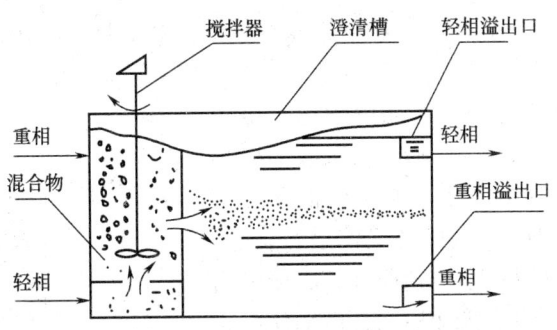

图 13-6 典型的单级混合-澄清槽

混合-澄清槽的优点:①处理量大,传质效率高,单级效率在80%以上。②结构简单,容易放大和操作。③两相流量比范围大,运转稳定可靠,易于开、停工。对物系适应性好,对含少量悬浮固体的物料也能处理。④易实现多级连续操作,便于调节级数。

混合-澄清槽的缺点:①混合-澄清槽占地大,溶剂贮量大。②需要动力搅拌装置和级间物流输送设备,设备费和操作费较高。

2. 填料式萃取塔

填料式萃取塔的结构如图13-7所示。塔内装填充物,连续相充满整个塔中,分散相以滴状通过连续相。填料可使用拉西环、鲍尔环、鞍形填料、丝网填料等,材料有陶瓷、金属或塑料等。填料作用,是使液滴间多次凝聚与分散的机会增多,并减少两相轴向混合,提高传质效果。为防止分散相液滴在填料层入口处凝聚,分散相液体必须直接引入填料层内,入口管应插入填料层25~50mm。为有利于液滴形成和液滴稳定性,避免分散相液体在填料表面大量黏附而凝聚,填料材质选择,除考虑溶液腐蚀性外,填料应被连续相优先润湿。石墨和塑料易被大部分有机液优先润湿,瓷质、金属易被水溶液优先润湿。应用丝网填料时,为防止转相,应被分散相润湿。为减少壁流,填料尺寸应小于塔径的1/10~1/8。由于塔径增大后轴向混合增加,填料塔很高时液体易发生沟流,为减少液体轴向混合与沟流,在塔高3~5m的间距设置液体再分配器。为防止过早滴液,喷料嘴须穿过支持器25~30mm,填料支持器须具有尽可能大的自由截面,以尽量减少压力降及沟流。

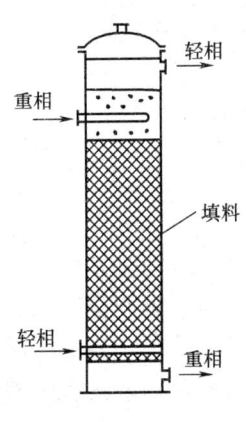

图 13-7 填料式萃取塔

填料塔的特点：①结构简单。②造价低廉。③操作方便。④适用于处理腐蚀性流体。

其缺点：①由于填料塔内液体流动只靠两相密度差维持，相对速度、界面湍动程度及传质速率均较低，故填料萃取塔效率较低。②不宜处理含固体的流体。

3. 筛板式萃取塔

(1) 普通筛板萃取塔　普通筛板萃取塔的结构如图13-8所示。与筛板蒸馏塔结构相似，但筛板孔径比蒸馏塔小。如果轻液为分散相，如图13-9(1)所示，轻液由底部进入，经筛孔分散成液滴，在塔板上与连续相密切接触后分层凝聚，积聚在上一层筛板下面，借助压力推动再经孔板分散，最后由塔顶排出。重液连续由上部进入，经降液管至筛板后通过溢流堰流入降液管进入下面一块筛板，依次进行，最后由塔底排出。如果重液是分散相，如图13-9(2)所示，则塔板上降液管需改为升液管，连续相（轻液）通过升液管进入上一层塔板。

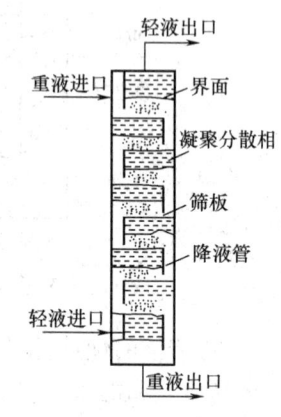

图13-8　普通筛板萃取塔的结构

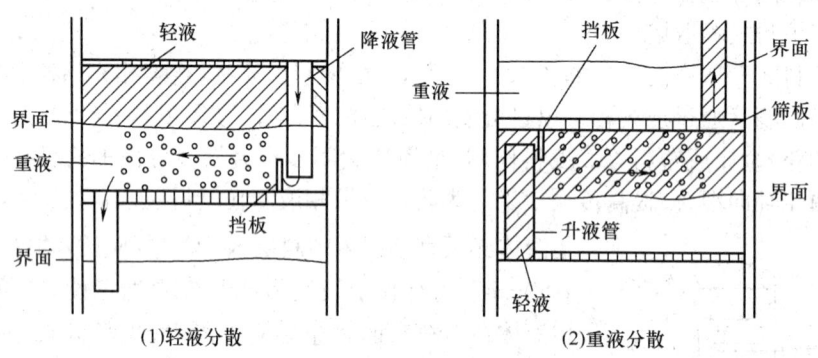

图13-9　不同分散相的筛板塔结构

因连续相轴向混合被限制在板与板间，没有扩展至整个塔内，同时分散相液滴在每块塔板上进行凝聚和再分散，使液滴表面得以更新，因此筛板塔的萃取效率比填料塔高。由于筛板塔结构简单，价格低廉，尽管级效率较低，仍在许多工业萃取过程中得到应用，尤其是萃取过程所需理论级数少、处理量较大及物系具有腐蚀性的场合，国内在芳烃抽提中应用筛板塔效果良好。

为提高板效率，使分散相在孔板上易于形成液滴，筛板材料须优先被连续相润湿,因此有时需应用塑料或将塔板涂以塑料,或分散相由板上喷嘴形成液滴,同时选择体积流量大的流体为分散相。

为保证筛板塔的正常操作,在设计中,应考虑:①分散相应均匀通过全部筛孔,防止连续相短路导致效率降低。②选择适当的筛孔流速,筛孔流速过低,易形成分散相滴状流出。筛孔流速过高,易产生分散相喷射,对传质均不利。③两相在板间明显分层,且有一定高度的分散相积累层。④连续相经降液管流动时,夹带的分散液滴要少,以避免过大的轴向混合。

(2)往复振动筛板塔　往复振动筛板塔的结构,如图13-10所示。由一组开孔筛板和挡板组成,筛板安装在中轴上,由装在塔顶的传动机械驱动中心轴往复运动,振幅3~50mm,转速1000r/min。

特点:①通量高。②可处理易乳化、含固体的物质。③结构简单,容易放大。④维修和运行费低。

往复振动筛板自开发以来,广泛应用于石油化工、食品、制药和湿法冶金工业中,如提纯药物、废水脱酚、水溶液中回收乙醇、废水中提取有机物。正在运转的塔最大塔直径1m,筛板组合件(即萃取区)长9.6m。塔材料除不锈钢等金属材料外,也采用衬玻璃内壳和各种耐腐蚀的高分子聚合材料(如聚四氟乙烯)制作内件,因而可用于处理腐蚀性强的物系。

为减少轴向混合,塔径大于75mm时,设置挡板,挡板安装如图13-11所示。

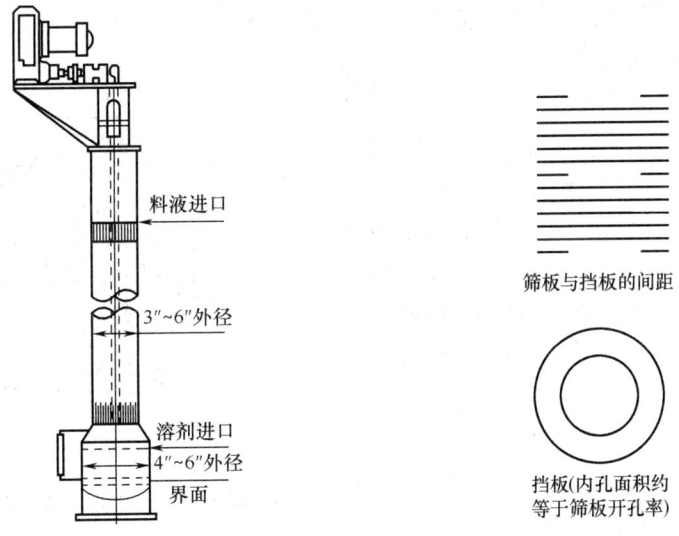

图13-10　往复振动筛板塔的结构　　图13-11　往复振动筛板塔挡板安装

(3)脉冲筛板萃取塔　脉冲筛板塔的结构如图13-12所示。塔主体部分是高径比很大的圆柱形筒体,中间装若干带孔的不锈钢制成的筛板,筛板用支撑柱和固定环按一定板间距固定。塔的上、下两端分别设上澄清段和下澄清段,运行时两相界面位置取决于连续相及分散相的选择。塔体相应部位装各液流的入口管、出口管、脉冲管,用作冲洗、放空、排空的管线及各种参数(界面、温度等)的测量点。为使进料分布均匀,进料管采用喷淋形式。

脉冲的产生是依靠机械脉冲发生器(脉冲泵)在塔底造成,少数采用压缩空气实现。脉冲筛板塔的传质效率较高,效率与脉动振幅和频率直接有关。缺点是,允许通过能力较小,限制了在化工生产中的应用。

4.离心式萃取设备

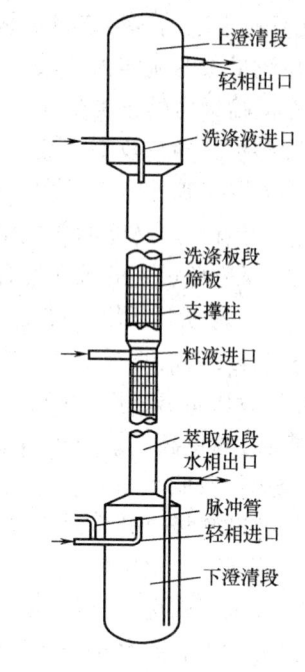

图13-12 脉冲筛板塔的结构

离心式萃取设备借高速旋转产生的离心力(转速2000~5000r/min,离心力为重力的几百至几千倍),使密度差很小的轻、重两相以很大相对速度逆流接触,传质效率高。

(1)转筒式离心萃取器 单级转筒式离心萃取器如图13-13所示。重相和轻相由底部三通管并流进入混合室,在搅拌桨剧烈搅拌下,两相充分混合传质,共同进入高速旋转转筒。在转筒中,混合液在离心力作用下,重相被甩向转鼓外缘,轻相被挤向转鼓中心。两相分别经轻、重相堰流至相应的收集室,经各自排出口排出。

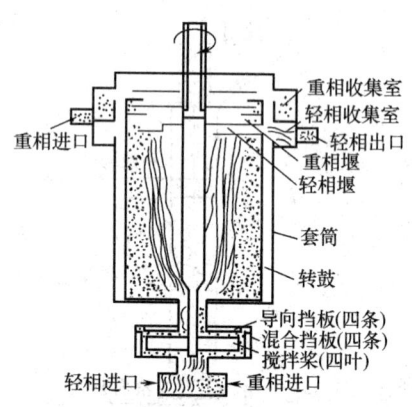

图13-13 单级转筒式离心萃取器

转筒式离心萃取器的特点:①结构简单。②效率高。③易控制。④运行可靠。

(2)离心薄膜萃取器 离心薄膜萃取器的结构如图13-14所示。外壳内有一个由多孔长带卷绕成的螺旋形转子,重液由螺旋转子中心引入,轻液由螺旋外圈进入。操作时由于离心力作用,重液相由螺旋转子中部向外圈流动,轻液相由外圈向中部流动,两相在螺旋形通道中呈逆流密切接触传质,最后重液相从螺旋转子最外圈经出口通道流出,轻液相从螺旋转子中部经出口通道流出。

萃取器的特点：①结构复杂。②制造困难。③操作能耗大。④适用于两相密度差小、要求停留时间短、处理量不大的场合。

(3) 转盘萃取塔　是装有回旋搅拌圆盘的萃取设备,结构和工作原理如图 13 - 15 所示。塔体呈圆筒形,内壁上装有固定环,将塔分隔成许多小室,塔的中心从塔顶插入一根转轴,转盘装在其上,转轴由塔顶电动机带动。

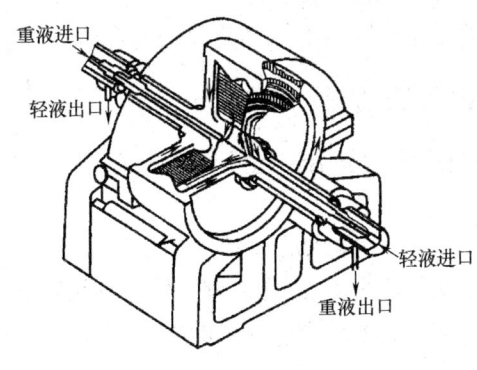

图 13 - 14　离心薄膜萃取器的结构

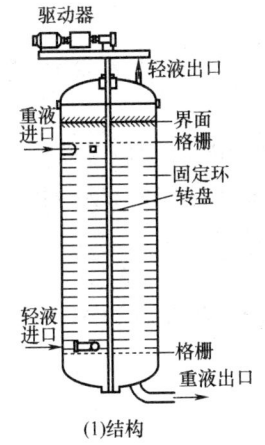 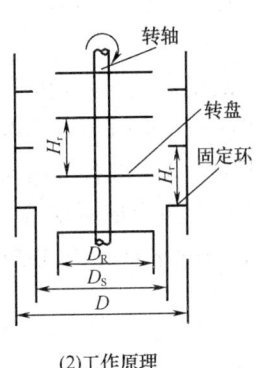

(1)结构　　　　　　(2)工作原理

图 13 - 15　转盘萃取塔

在固定环与转盘间有一自由空间,自由空间能提高萃取速率,增加流通量,而且能保证使转盘装入固定环开孔部分中央,必要时可将转轴从塔顶抽出。塔顶部和底部是澄清区,同塔中段萃取区有的用格栅相隔。互相接触的两种液体可间歇加入,也可连续加入,一般用连续加入方法。并流操作时,两种液体同时从塔顶或者塔底加入塔内;逆流操作时,不管间歇加料还是连续加料,都是重液从塔顶进入,轻液从塔底进入,轻液和重液都可作为连续相。

变速电机启动后,圆盘高速旋转,带动两相一起转动,在液体中产生剪切力。剪应力使连续相产生涡流,处于湍动状态,使分散相破裂,形成许多大小不变的液滴,从而增大传质系数及接触界面。固定环在一定程度上抑制了轴向混合,转盘塔萃取效率较高。

转盘萃取器特点：①结构简单。②造价低廉。③维修方便。④操作弹性大。⑤流通量大。⑥不易发生堵塞，因此也适用于处理含有固体物料的场合。

二、萃取设备的选择

萃取设备种类多，各有特点，且萃取过程影响复杂。选择萃取设备应考虑：

(1) 满足生产工艺要求和条件。

(2) 界面张力及两相密度差的比值　无外功输入的设备仅用于界面张力小、密度差较大的系统。界面张力大、密度差较小的系统，选用有外功输入的设备。

(3) 物系的腐蚀性　对腐蚀性强的物系，宜选取结构简单的填料塔，或采用由耐腐蚀材料制造的萃取设备。

(4) 是否有固体悬浮物存在　若为固体悬浮物，选用转盘塔或混合澄清器。

(5) 流程的级数　理论级数为 2~3 时，各种萃取设备均可选用；理论级数为 4~5 时，选择转盘塔、往复振动筛板塔和脉冲塔；需要理论级数更多时，采用混合澄清器。

(6) 生产任务　处理量较小，选用填料塔、脉冲塔；处理量较大，选用筛板塔、转盘塔及混合澄清器。

(7) 物系的稳定性与停留时间　如抗菌素生产中，由于稳定性要求，物料在萃取器中停留时间短，这时离心萃取器合适。若萃取物系中伴有缓慢化学反应，要求有足够停留时间，选用混合澄清器较有利。

(8) 经济性　生产成本要低。

要选择合适的萃取设备，根据生产要求、系统性质，结合设备特点确定。选择原则见表 13 - 2。

表 13 - 2　　　　萃取设备选择原则

比较项目		设备名称						
		喷洒塔	填料塔	筛板塔	转盘塔	脉冲筛板塔 振动筛板塔	离心萃取塔	混合 - 澄清槽
工艺条件	需理论级数多	×	△	△	○	○	△	△
	处理量大	×	×	△	○	×	×	△
	两相流量比大	×	×	×	△	△	○	○
系统费用	密度差小	×	×	×	○	△	○	△
	黏度高	×	×	△	○	△	○	△
	界面张力大	×	×	△	○	△	○	△
	腐蚀性高	○	○	△	○	△	×	×
	有固体悬浮物	○	×	×	○	△	×	○

续表

比较项目		设备名称						
		喷洒塔	填料塔	筛板塔	转盘塔	脉冲筛板塔 振动筛板塔	离心萃取塔	混合-澄清槽
设备费用	制造成本	○	△	△	△	△	×	△
	操作费用	○	○	○	△	△	×	×
	维修费用	○	○	△	△	△	×	△
安装场地	面积有限	○	○	○	○	○	○	×
	高度有限	×	×	×	△	△	○	○

注：○表示适用，△表示尚可，×表示不适用。

三、萃取设备的操作

萃取塔能否正常操作，直接影响产品质量、原料的利用率和经济效益。以萃取塔为例说明萃取设备的操作。

1. 开车

萃取塔开车时，先将连续相注满塔中，若连续相为重相（相对密度较大的相），液面应在重相入口高度处为宜，关闭重相进口阀，然后开启分散相，使分散相不断在塔顶分层段凝聚。随着分散相不断进入塔内，在重相液面上形成液相界面，并不断升高。当两相界面升高到重相入口与轻相出口处之间时，开启分散相出口阀和重相的进出口阀，调节流量或重相升降管的高度使两相界面维持在原高度。

若重相作为分散相，则分散相不断在塔底分层段凝聚，两相界面应维持在塔底分层段的某个位置上，一般在轻相入口处附近。

2. 正常操作

（1）两相界面高度要维持稳定　参与萃取的两液相的相对密度相差不大，在萃取塔的分层段中两液相的相界面易产生上下位移。造成相界面位移的因素有：①振动、往复或脉冲频率及幅度发生变化。②流量发生变化，即：若相界面不断上移到轻相出口，分层段不起作用，重相会从轻相出口处流出；若相界面不断下移至萃取段，会降低萃取段高度，使萃取效率降低。

（2）防止液泛　液泛是萃取塔操作时容易发生的一种不正常操作现象。液泛指逆流操作中，随着两相（或一相）流速加大，流体流动阻力随之加大，流速超过某一数值时，一相会因流体阻力加大被另一相夹带，由出口端流出塔外，有时在设备中表现为某一段分散相把连续相隔断。

（3）减小返混　萃取塔内部分液体的流动滞后于主体流动，或产生不规则的旋涡运动，称为轴向混合或返混。

萃取塔中理想的流动情况,是两液相均呈活塞流,即在整个塔截面上两液相的流速相等。这时传质推动力最大,萃取效率高。但在实际塔内,流体的流动并不呈活塞流,因为流体与塔壁间摩擦阻力大,连续相靠近塔壁或其他构件处的流速比中心处慢,中心区液体以较快速度通过塔内,停留时间短,近壁区的液体速度较低,在塔内停留时间长。停留时间不均匀,是造成液体返混的主要原因之一。分散相的液滴大小不一,大液滴以较大速度通过塔内,停留时间短,小液滴速度小,在塔内停留时间长;更小液滴甚至还可被连续相夹带,产生反方向运动。此外,塔内液体带会产生旋涡,造成局部轴向混合。上述种种现象,均使两液相偏离活塞流,统称为轴向混合。

液相的返混,使两液相各自沿轴向浓度梯度减小,使塔内各截面上两相液体间浓度差(传质推动力)降低。大型塔中,有许多达60%~90%的塔高是用来补偿轴向混合的。轴向混合不仅影响传质推动力的塔高,还影响塔的通过能力。因此,在萃取塔设计和操作中,应仔细考虑轴向返混。返混随塔径增加而增加,所以萃取塔的放大效应比气液传质设备大得多,放大更困难。萃取塔的设计还很少直接通过计算进行工业装置设计,一般通过中间试验,中试条件应尽量接近生产设备的实际条件。

萃取操作中,连续相和分散相都存在返混现象。连续相轴向返混随塔的自由截面增大而增大,随连续相流速增大而增大。对振动筛板或脉冲塔,振动、脉冲频率或幅度增强时都会造成连续相的轴向返混。

造成分散相轴向返混的原因有:由于分散相液滴大小不均匀,在连续相中上升或下降的速度不一样,产生轴向返混,在无搅拌机械振动的萃取塔如填料塔、筛板塔或搅拌不激烈的萃取塔中起主要作用;对搅拌、振动萃取塔,液滴尺寸变小,湍流强度高,液滴易被连续相涡流夹带,造成轴向返混;在体系与塔结构已定的情况下,两相流速及振动、脉冲频率或幅度的增大会出现轴向返混现象,导致萃取效率下降。

3. 停车

萃取塔在维修、清洗时或工艺要求下需要停车。对连续相为重相的,停车时首先应关闭连续相进出口阀,再关闭轻相进口阀,让轻重两相在塔内静置分层。分层后慢慢打开连续相的进口阀,让轻相流出塔外,并注意两相界面,当两相界面上升至轻相全部从塔顶排出时,关闭重相进口阀,让重相全部从塔底排出。

对连续相为轻相的,相界面在塔底,停车时首先应关闭重相出口阀,然后关闭轻相进出口阀,让轻重两相在塔中静置分层。分层后打开塔顶旁路阀,塔内接通大气,然后慢慢打开重相出口阀,让重相排出塔外。当相界面下移至塔底旁路阀的高度时,关闭重相出口阀,打开旁路阀,让轻相流出塔外。

第四节 超临界流体萃取设备

一、超临界流体及其性质

1. 气体、液体与超临界流体的性质比较

超临界流体(SCF),是指处于临界温度(t_c)和临界压力(p_c)以上,其物理性质介于气体和液体之间的流体,见表13-3。

表13-3　　　　　　超临界流体、气体、液体的性质比较

相	密度/(g/cm³)	扩散系数/(cm²/s)	黏度/(Pa·s)
气体(G)	$(0.6 \sim 2) \times 10^{-3}$	$0.1 \sim 0.4$	$(1 \sim 3) \times 10^{-4}$
超临界流体(SCF)	$0.2 \sim 0.9$	$(2 \sim 7) \times 10^{-4}$	$(1 \sim 9) \times 10^{-4}$
液体(L)	$0.6 \sim 1.6$	$(0.2 \sim 2) \times 10^{-5}$	$(0.2 \sim 3) \times 10^{-2}$

2. 超临界流体的性质

超临界流体的性质介于气液两相之间,主要表现为:①密度类似液体,溶剂化能力很强。②压力和温度微小变化可导致密度显著变化。③压力和温度变化可引起相变。④黏度、扩散系数接近气体,具有很强传递性能和运动速度。⑤介电常数、极化率和分子行为与气液两相均有着明显差别。

二、超临界 CO_2 萃取机理

CO_2 的临界温度(t_c)和临界压力(p_c)为31.05℃和7.38MPa。处于临界点以上时,CO_2 同时具有气体和液体双重特性。既近似于气体,黏度与气体相近;又近似于液体,密度与液体相近,但扩散系数却比液体大得多。超临界 CO_2 是优良溶剂,能通过分子间相互作用和扩散作用将许多物质溶解。在稍高于临界点区域内,压力稍有变化,即引起密度很大变化和溶解度较大变化。因此,超临界 CO_2 可从基体上将物质溶解出来,形成超临界 CO_2 负载相,然后降低载气压力或升高温度。超临界 CO_2 的溶解度降低,这些物质就沉淀出来与 CO_2 分离,达到提取分离目的。

超临界 CO_2 萃取的优点:①在接近室温(35~40℃)及 CO_2 气体笼罩下进行提取,可有效防止热敏性物质的氧化和逸散。因此,在萃取物中保持药用植物的全部成分,且能把高沸点、低挥发度、易热解的物质在其沸点温度以下萃取出来。②全过程不使用有机溶剂,萃取物绝无残留溶媒,防止提取过程对人体的毒害和对环境的污染。③萃取和分离合二为一,饱含溶解物的 CO_2-SCF 流经分离器时,由于压力下降使 CO_2 与萃取物迅速成为气液两相而立即分开,萃取效率高,能耗少。④CO_2 是不活泼气体,萃取过程不发生化学反应,属于不燃性气体,无味、无臭、无

毒,安全性好。⑤CO_2价格便宜,纯度高,容易取得,生产中循环使用,可降低成本。⑥压力和温度都是调节萃取过程的重要参数。

通过改变温度或压力可达到萃取目的。压力固定,改变温度可将物质分离;温度固定,降低压力可使萃取物分离。因此,工艺简单易掌握,萃取速度快。

三、超临界 CO_2 萃取过程

将萃取原料装入萃取釜中,采用 CO_2 为超临界溶剂。CO_2 气体经热交换器冷凝成液体,用加压泵把压力提升到工艺所需压力(高于 CO_2 临界压力),调节温度,使其成为超临界 CO_2 流体。CO_2 流体作为溶剂从萃取釜底部进入,与被萃取物料充分接触,选择性溶解出所需化学成分。含溶解萃取物的高压 CO_2 流体经节流阀降压到低于 CO_2 临界压力进入分离釜(解析釜),由于 CO_2 溶解度急剧下降而析出溶质,自动分离成溶质和 CO_2 气体两部分。前者为产品,定期从分离釜底部放出。后者为循环 CO_2 气体,经过热交换器冷凝成 CO_2 液体再循环使用。整个分离过程是利用 CO_2 流体在超临界状态下对有机物有特异增加的溶解度,而低于临界状态下对有机物基本不溶解的特性,将 CO_2 流体不断在萃取釜和分离釜间循环,有效将需要分离提取的组分从原料中分离出来。

四、超临界 CO_2 萃取设备

1. 超临界 CO_2 萃取设备组成

剂压缩机(即高压泵);萃取器;温度、压力控制系统;分离器和吸收器。

主要设备有萃取釜、分离器、CO_2 贮罐、换热器、精馏柱等。其中,萃取釜为核心设备。

辅助设备有辅助泵、阀门、背压调节器、流量计、热量回收器等。

2. CO_2 升压装置的作用

超临界流体发生源由萃取剂贮瓶、高压泵及其他附属装置组成,高压泵或压缩机的作用,是将萃取剂由常温常压状态转化为超临界流体。

超临界流体的密度、介电常数及极性随密闭体系压力的增加而增大,通过程序升压可将不同极性的成分分步提取。提取完成后,改变体系温度或压力,使超临界流体变成普通气体逸散出去,物料中已提取的成分就可完全或基本上完全析出,达到提取和分离的目的。

3. 萃取罐的特点

长径比:对固体物料,长径比为 1:(4~5);对液体物料,长径比为 1:10。

装卸料方式:对固体物料,装卸料为间歇式;对液体物料,装卸料可采用连续式。中草药萃取多为固体(切制成片状或捣碎成粉粒状),将物料装入吊篮内。如果物料是液体(如传统法人参提取液脱除溶剂),罐内尚需装入环形不锈钢填料。

密封性:萃取罐能否正常连续运行,很大程度取决于密封结构的严密性。介质通过密封面压力降小于密封面两侧的压力差时,介质就会产生泄漏,萃取罐无法正常工作。

压力要求:萃取罐承受压力很高,研制高强度特种钢材、减小罐壁厚度、节省材料和费用很有必要。

五、超临界萃取的应用实例

利用超临界 CO_2 萃取咖啡豆中咖啡因,工艺分三个步骤。首先,用干燥的超临界 CO_2(323K 和 29MPa),从烘烤过的咖啡豆中萃取香料和芳香油;然后,用湿 CO_2 萃取咖啡因;最后,将香料和芳香油加回到咖啡豆中。改进后的超临界 CO_2 可选择性地直接从原料中萃取咖啡,因而不失芳香味。

咖啡因超临界萃取流程如图 13-16 所示。将咖啡豆事先浸渍在水里,然后放在高压容器中通入 363K 和 16~22MPa 的 CO_2($\rho_{CO_2} \approx 0.4 \sim 0.65 g/cm^3$)进行萃取,$CO_2$ 可循环使用。咖啡因从咖啡豆中向超临界流体相扩散,然后同 CO_2 一起进入水洗塔,用 343~363K 的水洗涤。10h 后,所有咖啡因都被水吸收,水经脱气后进入蒸馏塔回收咖啡因。萃取后的咖啡因含量从原来 0.7%~3% 下降到 0.02%。从超临界相回收咖啡因,也可采用活性炭吸附而不用水洗,然后吸附的咖啡因再从活性炭中解吸出来。或将咖啡豆和活性炭混合物装入高压釜中,通入超临界 CO_2 进行萃取。活性炭颗粒很小,可将咖啡豆间空隙填满。萃取 3kg 咖啡豆,约需 1kg 活性炭。萃取操作条件为 363K 和 22MPa。此过程中,超临界相中的咖啡因直接进入活性炭,无需气体循环,5h 后可达要求的脱咖啡因纯度。

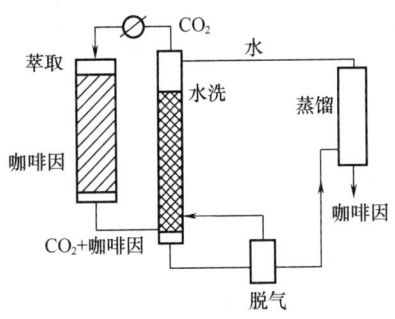

图 13-16 咖啡因超临界萃取流程

思考与练习

一、名词解释

液-液萃取 物理萃取 化学萃取 萃取剂选择性 微分接触式逆流萃取 回流萃取

分散相　连续相　填料式萃取塔　脉冲筛板萃取塔　往复振动筛板塔　液泛

二、填空题

1. 萃取技术是_____发展起来的新的分离技术。它是利用溶质在两种_____或_____的液相之间分配不同的性质实现_____或_____的单元操作。

2. 萃取通常在_____或_____温度下进行,与其他分离操作相比,_____,易于实现大规模连续化生产,特别适用于_____的分离。

3. 萃取操作的基本过程,是将一定量的_____加入到_____中,通过搅拌使_____与萃取剂充分混合,溶质通过_____由原料液向_____中扩散。

4. 萃取塔中理想的流动情况是两液相均呈_____,即在整个塔截面上两液相的流速相等。这时传质推动力_____,萃取效率_____高。但是在实际塔内,流体的流动并不呈_____,因为流体与塔壁之间的_____。

三、问答题

1. 简述萃取操作的有关基本概念。
2. 简述萃取操作的基本原理。
3. 选择萃取剂时应同时从哪几方面考虑？试做具体分析。
4. 单级萃取流程与多级萃取流程相比,各有何特点？
5. 常用的萃取设备有哪几种？各有何特点？
6. 简述萃取操作要点及有关注意事项。
7. 简述超临界二氧化碳萃取的过程。

第十四章　液体吸附与浸出设备

【学习目标】

1. 知识目标　了解液体吸附在生物工程中的应用,浸出操作在食品、生物及制药工业中的应用;熟悉液体吸附装置的结构、特点及操作要点,浸出装置的结构、特点及操作要点;掌握液体吸附操作的基本原理,浸出操作的基本原理。

2. 能力目标　掌握液体吸附装置正确使用与维护的要点;掌握浸出设备正确使用与维护的要点。

生物工业中,采用吸附操作实现分离杂质、提纯产品及提取溶质等目的。吸附,是利用固态物料吸附剂使溶液中某些溶质组分从液相转到固相。吸附操作过程的关键是物质的相际传递,属于固定界面的相际传质过程。吸附包括液体吸附和气体吸附。气体吸附在食品、生物工业中应用较少,本章主要讨论液体吸附。

第一节　液体吸附的基本概念

吸附是利用多孔性固体为吸附剂,处理液体或气体混合物,使其中一种或多种组分被吸附于固体表面达到分离目的的操作。吸附作用是由物体表面性质引起的。

物质表面有吸附能力,是由于处在相界面上物质分子的特殊状态造成的。液体分子间的作用力如图 14 - 1 所示。物质内层分子从它周围分子方面所受到的引力,平均在各方面都相同。但物质表面层的分子受内层分子吸引力与受外界吸引力不相同。即位于液体内层的分子受引力是平衡的,表面层分子受引力不平衡。

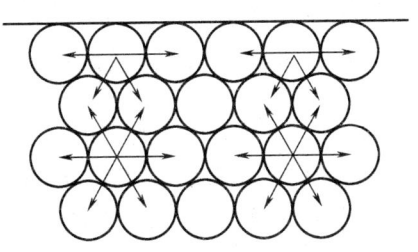

图 14 - 1　液体分子间的作用力

物质表面层性质与物质内部的性质不同,物质表面层分子所受吸引力也不平衡,故存在一种力图使表面缩小的张力,称为表面张力。表面张力,是在一定条件下,增加单位表面积时所必须做的功,就是物质的表面能。在表面张力作用下,相界面上的物质具有吸附某些物质以降低相界面上表面能的作用。这就是物质具有吸附作用的原因。

在液体吸附中,如果吸附剂与溶质间发生化学反应,该过程称为化学吸附。如果吸附剂与溶质间不发生化学反应,该过程分为物理吸附和活性吸附。物理吸附是吸附剂与溶质间分子吸引力引起的吸附过程。活性吸附,是吸附剂与溶质间相互作用生成表面结合物的吸附过程。在液体吸附中,如果带电荷的吸附剂吸附带异性电荷的离子,称为极性吸附。在极性吸附过程中,若吸附剂与溶液间发生离子交换,称为交换吸附。

第二节 吸 附 剂

一、吸附剂的性能要求

(1)高度的选择性　吸附剂对不同的吸附质具有选择性吸附,选择性越好,吸附分离效果越好。

(2)巨大的吸附面积和很高的吸附活性　吸附在固体表面进行,表面积越大吸附能力越强。吸附表面积,包括固体外表面积与固体微孔中的内表面积,主要是内表面积。吸附活性即吸附容量,以单位体积(或质量)吸附剂能吸附的物质量来衡量,吸附剂须具有很高吸附活性。

(3)吸附剂颗粒应具有一定的机械强度　由于吸附剂有自重,在充填和再生过程中有冲击,若机械强度和耐磨性差则易破碎,使流体通道被阻塞或流体受污染,严重时会影响操作顺利进行。因此,要求吸附剂颗粒具有一定的机械强度。

(4)良好的物理性质及稳定性　吸附剂颗粒应大小均一,吸附剂要有良好的化学及热稳定性,制备简单、生产成本低、价格便宜、原料充足。

二、常用吸附剂的种类

工业上使用的吸附剂为多孔性固体,比表面积很大,活性炭和硅胶是典型吸附剂。1g优质活性炭,全部小孔的内部表面积达$400\sim900m^2$,具有显著的吸附作用。还有活性土、分子筛、活性氧化铝、骨炭、大孔径吸附树脂等。

活性炭,是炭质经专门处理以增加吸附表面,并除去孔隙中树胶物质而成。制活性炭原料有木材、锯屑、泥煤、核桃壳等植物性原料和骨骼等动物性原料。活性炭的命名与原料有关,如木炭、骨炭。将含炭物质经干馏得到粗炭。粗炭没有活性,因孔隙被干馏产物树脂等淹没。活化过程,是排除孔隙内和表面上的干馏产物,扩大原有空隙,增加新孔隙的过程。活化方法有两种:一种是,将木炭于900℃下用水蒸气或空气进行活化,这种活性炭,用于气体净制或气体中溶剂蒸气回收;另一种是,将含炭原料浸渍于氯化锌等溶剂中后再炭化,这种活性炭,用于溶液脱色和精制。

活性土(漂白土、酸性白土)本来就具有脱色性,用于油脂类脱色除臭很有效。如经酸或其他方法处理,提高活性后成为活性白土,用于同样目的。活性土比表面积约为 $250m^2/g$,使用后经洗涤、灼烧除去吸附在表面和空隙内的有机物后可循环使用。白土价格便宜,使用一次失效后就不再再生使用。

分子筛是多孔固体,是将合成泡沸石经煅烧除去结晶水后所得产物。吸附时,进入细孔内的分子被吸附,带有分子筛作用。分子筛是新型、具有高度选择性的吸附剂,与其他吸附剂相比优点是:①能根据分子大小和构型进行选择性吸附,能限制比孔穴大的分子进入,起筛选分子的选择性吸附作用。②对不饱和分子、极性分子和易极化分子具有较强吸附作用。溶液中小于分子筛孔径的分子,虽能进入小孔内,由于分子极性、不饱和度与空间结构不同,出现吸附强弱和扩散速度的差异。分子筛优先吸附的是不饱和分子、极性分子和易极化分子,达到分离目的。③在吸附质浓度很低或较高温度情况下,分子筛仍有很大吸附能力。由于分子筛突出的吸附性能,在吸附分离操作上得到广泛应用,显示出比蒸馏、吸收等分离操作更明显的优越性。

常用分子筛的型号、孔径、化学组成见表14-1。

表14-1 常用分子筛的型号、孔径、化学组成

型号	SiO_2/Al_2O_3	孔径/nm	典型化学组成
3A(钾A型)	2	0.3~0.33	$2/3K_2O \cdot 1/3Na_2O \cdot Al_2O_3 \cdot 2SiO_2 \cdot 4.5H_2O$
4A(钠A型)	2	0.42~0.47	$Na_2O \cdot Al_2O_3 \cdot 2SiO_2 \cdot 4.5H_2O$
5A(钙A型)	2	0.49~0.56	$0.7CaO \cdot 0.3Na_2O \cdot Al_2O_3 \cdot 2SiO_2 \cdot 4.5H_2O$
10X(钙X型)	2.3~3.3	0.8~0.9	$0.8CaO \cdot 0.2Na_2O \cdot Al_2O_3 \cdot 5SiO_2 \cdot 2.6H_2O$
13X(钠X型)	2.3~3.3	0.9~1	$Na_2O \cdot Al_2O_3 \cdot 2.5SiO_2 \cdot 6H_2O$
Y(钠Y型)	3.3~6.0	0.9~1	$Na_2O \cdot Al_2O_3 \cdot 5SiO_2 \cdot 8H_2O$
钠丝光沸石	3.3~6.0	<0.5	$Na_2O \cdot Al_2O_3 \cdot 10SiO_2 \cdot (6~7)H_2O$

工业吸附剂,要具有两项重要性质:一是以单位质量(或体积)吸附剂所能吸附的物质的量来表示的活性(静活性)要大;二是对不同溶质的选择性吸附作用要好。吸附剂吸着相当数量的物质后其平衡浓度仍较低,故吸附作用可进行相当完全,可有效回收浓度极低的溶质。

吸附剂的选择,首先应根据溶液而定。吸附剂具有特制的表面,适用于水溶液或有机溶液。用于水溶液吸附剂是疏水性,用于有机溶液的吸附剂有显著亲水性。选择吸附剂时,除考虑吸附剂的吸附能力,还需考虑吸附剂使用后的带液量、接触过滤法的过滤速率、渗滤法的操作压力等因素。吸附剂用于净化溶液时,应根据经济价值确定操作后吸附剂是废弃还是再生。

工业上,常用吸附剂的物化性能,见表14-2。

表14-2　　　　　　　　常用吸附剂的物化性能

吸附剂	松密度/(kg/m³)	比表面积/(m²/g)	平均孔径/nm	再生温度/℃
活性炭	400~540	500~800	1.2~3.2	105~120
骨炭	600	110	5.1	550~600
活性氧化铝	750~850	200~500	2~5	170~300
硅胶	610~780	600~830	1~4	150~180
分子筛	700	—	0.45	150~300

第三节　液体吸附方法

液体吸附过程,包括三个步骤:

(1)液体和吸附剂接触,液体中部分吸附质被吸附剂吸附。

(2)将未被吸附的物质与吸附剂分开。

(3)有时需进行吸附剂再生或更换。

因此,在吸附操作流程中,除吸附器外,还要具备解吸和再生设备。

液体吸附的方法有两种,区别在于液体与固体的接触方式。一种称为接触过滤法。该法的吸附操作,在搅拌容器中进行。通过搅拌装置使固、液均匀混合,促使吸附过程进行。吸附操作后,通过过滤设备除去溶液中吸附剂及吸附的杂质和色素。第二种称为渗滤法。此法吸附剂在容器中形成床层,溶液在加压或重力作用下流过床层时部分溶质被吸附。床层是固定床或移动床。固定床属半连续操作,移动床属连续化操作。

吸附操作选用接触过滤法还是渗滤法,取决于温度、固液比及操作情况。吸附操作多采用间歇式,也有采用多级接触式。多级接触式中,一定量的吸附剂用于特定溶液后,对另外浓度更高的溶液仍具有吸附作用,可按一定顺序或连续式的接触操作。

第四节 常用吸附装置及操作

一、常用吸附装置及操作要点

1. 接触过滤吸附设备

图 14-2 为接触过滤吸附设备。设备包括混合桶、料泵、压滤机和贮桶。

吸附剂和液体加入混合桶后,在搅拌装置带动下充分接触和均匀混合,使吸附剂逐渐将液体中溶质吸附在表面上,形成以吸附剂为核心的粗大结实的固体颗粒。在一定温度下,当吸附剂和溶液在混合桶中进行一定时间混合吸附后,用料泵将其送入过滤设备(压滤机或真空过滤机)中。

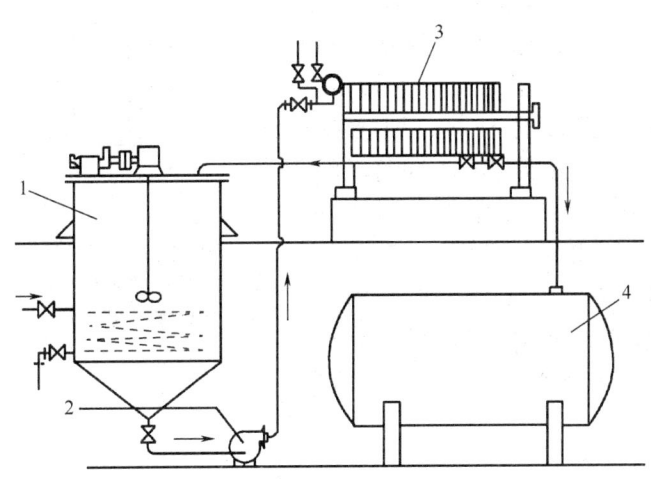

图 14-2 接触过滤吸附设备
1—混合桶 2—料泵 3—压滤机 4—贮桶

在过滤设备中,泵入的悬浮液在压力差作用下进行固液分离,即从悬浮液中分离出固体吸附剂及其吸附的色素和杂质等。过滤后清澈透明,达到工艺指标的滤液直接排入贮桶,浑浊和未达工艺指标的滤液返回重新过滤。混合桶多为圆筒形的开口或密闭容器,带有加热夹套或蛇管,并有电动机及减速装置带动的搅拌器。

设备主要用于处理液体混合物,特别适合吸附质含量少且无须回收、吸附剂用量少的混合液处理,如食品工业中,糖液等配料液的脱色、除臭处理。

接触过滤法的吸附设备多为间歇式操作,分一次接触吸附和多次接触吸附。图 14-2 所示为一次接触吸附装置。多次接触吸附,是将若干机组(2~3 组)组合使用。让溶液依次与新鲜吸附剂多次接触,吸附剂则平行地只与溶液接触一次。

2.固定填充床吸附设备

固定填充床,是吸附剂颗粒均匀堆放在内部多孔支撑板上的柱式塔,床层高 0.5~10m,使用粒状吸附剂。对高床层固定床,为避免颗粒承受过大压力,将颗粒分层放置,每层 1~2m。固定床吸附器,结构简单,操作方便,是吸附分离中应用最广的一类吸附装置。食品工业中,这类设备多用于液体去杂和脱色。如用漂白土进行植物油脱色,或用骨炭进行糖液去灰和脱色。这类设备的流程,多数为半连续式操作。图 14-3 为糖液脱色吸附柱。柱身为圆筒形,高 6~10m,直径 0.61~1.2m。

吸附剂骨炭从上端带盖的吸附剂加入口 2 装入,支持在上覆金属筛网或滤布的支承 4 上,从下部吸附剂出口 5 卸出。糖液由糖液入口进入吸附柱,总管上连接若干带阀门的支管,分别加入不同色度的糖液。随着骨炭表面被吸附的色素所饱和,逐次换以色度更高的糖液,可更充分利用骨炭吸附能力。经脱色溶液,沿料管进入过滤器 6,滤去其中所带骨炭细粒。吸附器生产能力为用 1t 骨炭每分钟可得 2~4L 溶液。

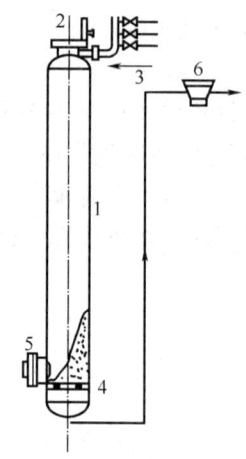

图 14-3 糖液脱色吸附柱
1—吸附柱 2—吸附剂加入口 3—糖液入口
4—支承 5—吸附剂出口 6—过滤器

二、影响吸附操作的因素

液体吸附,是液-固两相间传质过程,是溶液中溶质向吸附剂表面转移的过程。被吸附物质的浓度越大,吸附量越大。影响吸附操作的主要因素有:

1.吸附剂和被吸附物质的性质

吸附剂粒子越小,每单位质量所具有的表面积越大,吸附能力越强。

吸附剂对被吸附物质有选择性,即同一吸附剂对不同被吸附物质,吸附能力不同。极性吸附剂易于吸附极性溶质,非极性吸附剂易于吸附非极性溶质。

各种离子被吸附能力如下:

阳离子:$Ca^{2+} > Mg^{2+} > K^+ > Na^+ > NH_4^+$。

阴离子:$HPO_4^{2-} > SO_4^{2-} > OH^-$。

性质相似的离子或原子团,摩尔质量大的较易被吸附。在溶剂中具有较小溶解度的物质,较易从该溶液中被吸附出来。

2. 温度的影响

如果吸附作用没有化学变化,一般是吸附量随温度升高而减小。升高温度加强了分子运动,增加脱吸趋势。但伴随有化学变化的吸附,关系较复杂,还由其他因素决定。

3. 溶液 pH 的影响

溶液 pH 对吸附量有影响。特别是极性吸附和交换吸附过程中,具有离解基的带电的大分子表面活性物质被吸附时,吸附量随 pH 变化而变化。分子间相同电荷增大时,分子间排斥力加大,增强分子脱吸趋势。如果吸附剂不带电,被吸附的量就越小。如糖汁中含的多是弱酸性胶体,它们的离解基和带电量随溶液 pH 的升高而增多,被吸附量随 pH 的升高而减少。此外,有些吸附剂强度随溶液 pH 的变化而变化。

第五节　浸出的基本概念

生物工业中,采用浸出操作实现分离杂质、提纯产品及提取溶质等目的。浸出操作与吸附操作相似,属于固定界面的相际传质过程,但溶质是从固相转移到液相。

一、浸出操作原理

浸出,是利用溶剂提取固体中可溶组分的操作过程。溶质在固体中的分布情况,影响浸出速率。若溶质均匀分布在固体物料中,靠近表面的溶质最先溶解,使固体残渣变成多孔性结构。因此,在溶剂和较内层溶质接触前,须先透过外层再向内渗透。这样,浸出过程就逐渐变得困难,浸出速率逐渐下降。若溶质在固体物料中含量很高,则此多孔性结构会很快松散,成为很细的不溶解残渣。这时,更多的溶剂将很容易接近溶质,使浸出进行得很充分。

浸出过程分为三个步骤:
(1)固体表面层的溶质溶解于溶剂中,从固相进入液相。
(2)固体内层的溶质通过溶剂,从固体小孔中向颗粒外表面扩散。
(3)溶质通过溶剂,从固体颗粒外表面向溶剂主体中扩散。

三个步骤中,哪一步进行最慢,就成为浸出速率的主要控制因素。第一步通常进行很快,在整个浸出过程中,对浸出速率影响可忽略。

浸出操作中,若溶质在固体中含量较少,并分布在不易为溶剂渗透到的孔穴中时,应将固体物料加以粉碎,使尽可能多的溶质和溶剂接触。若固体物料为细胞组织(如甜菜),浸出速率较慢,细胞壁对溶质向外扩散产生附加阻力,应破坏细胞壁(如切碎甜菜),以利浸出。

浸出速率受哪一步骤控制,直接影响浸出设备及操作条件选择。例如,若

"固体内层溶质通过溶剂从固体小孔中向颗粒外表面扩散"成为主要控制因素,就必须将物料粉碎成细小的固体颗粒。颗粒越细,溶质从固体内部扩散到固体表面通过的距离越短。固液两相接触面积增加,与大颗粒相比浸出速率就会提高。若"溶质由颗粒表面向溶液主体中扩散"成为主要控制因素,应将固-液混合物强烈搅拌,让物料形成对流,增加固体表面与流体间的浓度差,使浸出速率大大提高。

任何浸出过程,都包括三个基本操作:
(1)固体混合物与溶剂密切接触。
(2)分离所生成的两相。
(3)从各相中分离并回收溶剂,得到产品。

二、浸出速度及影响因素

浸出速度,用单位时间内从单位浸出接触面上浸出的溶质量表示。在一定条件下,浸出速度大则从固体混合物中提取出的溶质量多,浸出效率高。影响植物性物料浸出速度的主要因素如下:

(1)可浸出物质的含量 物料中,可浸出物质含量高,浸出推动力就大,浸出速度就快。植物种子中,浸出物质不是单一组分。因此,操作条件(如溶剂种类、浸出温度及热处理)的改变可使全部可溶物质的浸出速度有所增减。

(2)物料的形状和大小 浸出速度与原料种类有关,同一原料因品种、产地不同,浸出速度有显著差异。此外,原料形状、大小,对浸出速度有显著影响。

(3)温度 浸出温度,对浸出率及浸出速度也有一定影响。

(4)溶剂 溶剂的溶解度、亲和力、黏度及分子大小等,对浸出速度都有影响。

第六节 浸出操作方式

一、单级间歇式

单级间歇式操作方式,是使用单一的简单浸出罐,装置如图14-4所示。首先,将要处理的物料装入浸出罐1中,加入一定量溶剂。经过一段时间后,溶液达到所需浓度,便将溶液放入蒸馏釜2内,将溶剂蒸出,从而分离溶质和溶剂。蒸出的溶剂气体进入冷凝器3,被水冷却成纯溶剂,贮于集溶剂罐4,重新流入浸出罐1中,进行再一次萃取。余下溶质便为产品。过程反复进行多次。

这种操作方式,仅在第一次浸出中能得到较浓溶液。以后,随着混合物中溶质浓度不断减少,传质推动力不断降低,浸出溶质越来越少。欲完全浸出混合物中溶质,需大量溶剂及很长时间,很不经济。

二、多级接触式

多级接触式操作,是将若干浸出罐组合成一定顺序,以逆流方式使新鲜原料与最后浓浸出液相接触,大部分溶质已被浸出的物料则与新鲜溶剂相接触。图 14-5 为多级逆流接触式浸出流程。操作时,先将要处理的固体物料加入各浸出罐中(固体物料在级间不移动),溶剂由一端加入,依次通过各浸出罐,成为浓度逐渐增高的溶液,由最后一个浸出罐流入蒸馏釜中。第一级浸出罐物料中被浸出成分含量达到残渣排放要求时,将第一级从流程中切断。卸出残渣,装入新物料,然后并入流程中。此时,新装入物料的浸出器在流程中成为最后一级浸出器,原来的第二级现在成为第一级。

采用多级接触式浸出流程,可使用少量溶剂,达到较高浸出率,获得浓度较高的溶液。该流程常用于咖啡、茶叶及中草药提取。

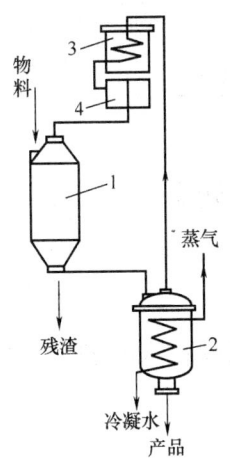

图 14-4 单级浸出装置
1—浸出罐　2—蒸馏釜
3—冷凝器　4—集溶剂罐

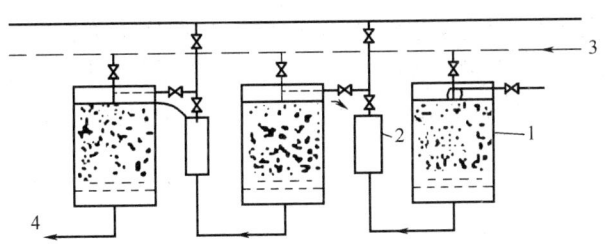

图 14-5 多级逆流接触式浸出流程
1—浸出罐　2—换热器　3—溶剂进口　4—溶液出口

三、多级连续式

多级连续式浸出操作,是原料和溶剂同时做连续的逆流流动,不仅溶剂(或溶液)做连续流动,固体也做连续的移动,如图 14-6 所示。物料从浸出器一端进入,而后由另一端作为残渣排出。溶剂以逆流方向进入浸出器与物料接触,使溶液浓度不断增大,直至浸出器的进料端呈含溶质浓度最高的溶液,即抽出进行回收溶剂,得到溶质产品。物料从进料端向出料端运行,溶质含量逐渐减小,最后与新鲜溶剂接触,使残渣中的溶质含量降至最低程度,沥干残渣中所含溶剂,加以回收。

连续式浸出器有三种型式:

(1)浸泡式　原料完全浸没于溶剂之中而进行的连续浸出。

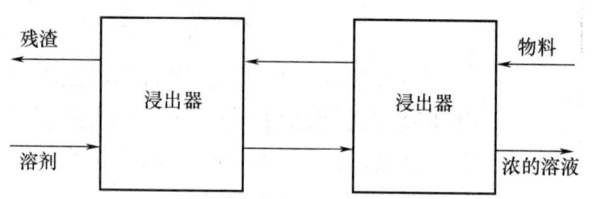

图 14-6　多级连续式浸出操作

（2）渗滤式　溶剂喷淋于原料层之上，通过原料层向下流动的同时进行浸出，原料并不浸泡于溶剂中。

（3）浸泡和渗滤相结合的方式。

第七节　浸出设备

一、间歇式浸出器

间歇式浸出器，分两种：一种是最简单的为密闭浸出器，安装假底支持固体物料，溶剂均匀喷溅其上，通过床层渗滤而下，溶液从假底下部排出，如图 14-7（1）所示。用于高温下的浸出过程，溶剂多为挥发性，能满足卫生要求高的情况。另一种是溶剂再循环浸出器，如图 14-7（2）所示。配有加热装置，带溶剂回收和再循环系统。

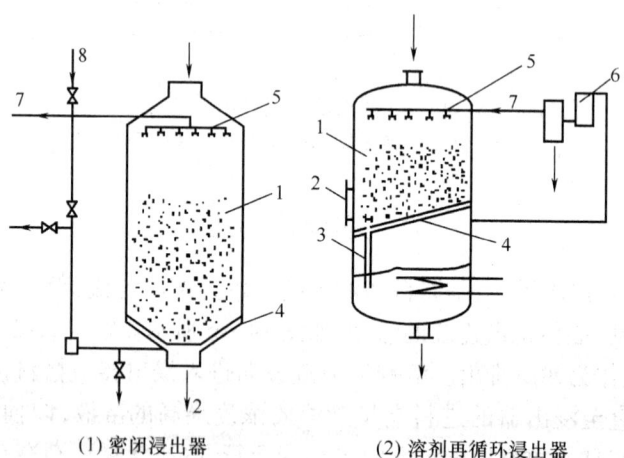

(1) 密闭浸出器　　(2) 溶剂再循环浸出器

图 14-7　单级间歇式浸出器
1—物料　2—残渣出口　3—溶液导管　4—多孔假底　5—溶剂分配器
6—冷凝器　7—新鲜溶剂进口　8—洗液进口

上述两种设备,常用作中试设备或小规模生产设备。适用于植物种子、大豆和花生等原料的制油,从磨碎蒸炒的咖啡豆中制取咖啡浸出物,从中草药中提取有效成分等。

二、浸泡式连续浸出器

1. U形管式

U形管式(螺旋式)浸出器如图14-8所示。由两个垂直圆筒形塔,下端用短的水平圆筒连接而成。每段圆筒内均装有螺旋输送器,螺旋片均带滤孔。螺旋输送器将固体物料从较短的塔的塔顶移向底部,再经水平的短距离移动达到较高塔的塔底,而后向上移动达到塔顶的卸料口。新鲜溶剂在较高的塔顶附近引入,入口位置低于固体卸料口,保证固体残渣有一段沥出溶剂距离。溶剂依靠重力向下流动,与物料进行逆流接触。随着流动,溶剂中溶质浓度逐渐增浓。溶液出口位于原料入口下方,并低于溶剂入口位置,排出前经过一特殊的过滤器过滤。

2. 单塔重力式

单塔重力式浸出器如图14-9所示,是单一的立式塔,内部由水平板分成若干个塔段。每一塔板具有开口供固体物料自上而下穿流移动,相邻板的开口位置互相错开180°。浸出器中央有转动轴,其上装有与塔板数目相等的桨叶。转动轴转动时推动物料移向塔板开口,物料落入下一塔板上,如此物料在整个塔内做螺旋状运动,并在塔底由螺旋输送器卸出。新鲜溶剂由塔底泵入,逐板向上流动,与物料成逆流,浸出液从塔顶排出。

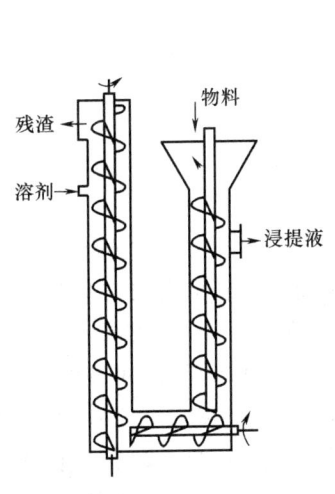

图14-8 U形管式浸出器

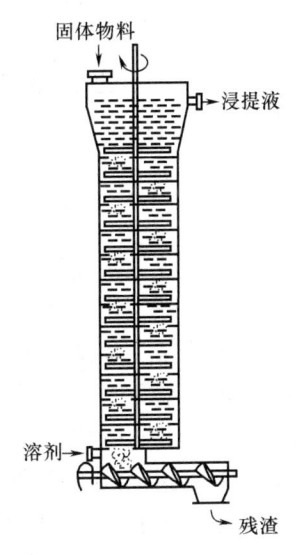

图14-9 单塔重力式浸出器

三、渗滤式连续浸出器

1. 斗式连续浸出器

斗式连续浸出器如图 14-10(1) 所示。包含一连串带孔的料斗,安排方式与斗式提升机相似。料斗安置在一个密封设备中,溶液从料斗孔中穿流而过。

料斗装料和卸料情况如图 14-10(2) 所示。固体物料从向下移动侧顶部的料斗中加入,从向上移动侧顶部的料斗中卸渣。由左侧渗漏而下的稀溶液回入右侧进行浸出。随着料斗由右侧转到左侧,再以新鲜溶剂由上而下进行浸出。当料斗到达左侧顶端,料斗立即倒转,将固体残渣倒入内部漏斗,并由输送机排出。右侧渗滤而下的浓溶液,从底部排出。

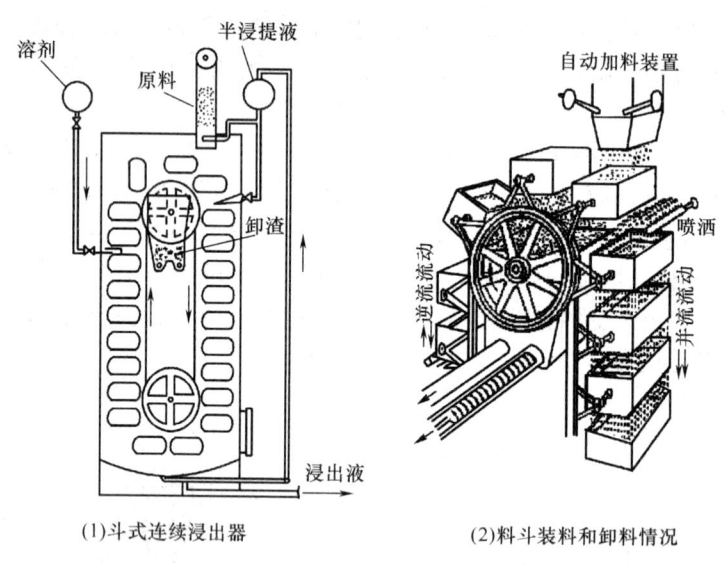

(1) 斗式连续浸出器　　(2) 料斗装料和卸料情况

图 14-10　斗式连续浸出器

2. 平转隔室式连续浸出器

平转隔室式连续浸出器如图 14-11 所示。在完全密封的圆筒形容器内,沿中心轴四周装置多个隔室而成。各隔室随轴缓慢旋转,底部有可开启的筛网。卸料后的空室转至加料管下方时,原料即散布于隔室的筛网上,随着转至下一位置即开始进行浸出。旋转将近一周后,隔室筛网随转动而自动开启,残渣即下落至器底,并由螺旋输送器移出。残渣排出后的隔室网底,随转动又自动恢复原形,转至加料管下面又再次加入原料,进入下次浸出循环。另一方面,新鲜溶剂在残渣快排出前由扇形隔室上方加入,散布于固体上并渗滤而下,流入器底方格内,由泵送入前一扇形隔室上方。如此依次进行,达到逆流浸出效果。最后,浓溶液从刚装好原料的扇形隔室底下的器底分格内被排出。

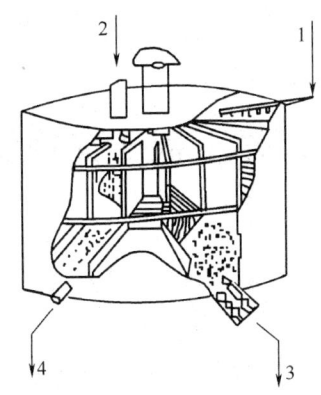

图 14-11 平转隔室式连续浸出器
1—溶剂 2—原料 3—卸渣 4—浸出液

思考与练习

一、名词解释

吸附 表面张力 化学吸附 物理吸附 活性吸附 活性土 分子筛 浸出 浸出速度 单级间歇式浸出 多级接触式浸出 多级连续式浸出

二、填空题

1. 物质表面之所以有吸附能力,是由于处在_____的特殊状态造成的。
2. 在液体吸附中,如果_____吸附带_____,则称为极性吸附。在极性吸附过程中,若_____与_____之间发生了_____,则称为交换吸附。
3. 吸附表面积,包括_____表面积与_____的内表面积,而且主要是内表面积。
4. 吸附活性即_____,以单位体积(或质量)_____所能吸附的_____来衡量,吸附剂必须具有很高的_____。
5. 工业上使用的吸附剂为_____,其比表面积_____,_____和_____是典型的吸附剂。

三、判断题

1. 活性炭,是炭质经专门处理以增加其吸附表面,并除去孔隙中树胶物质而成。(　　)
2. 制活性炭的原料有木材、锯屑、泥煤、核桃壳等植物性原料和骨骼等动物性原料。(　　)
3. 吸附是利用固态物料吸附剂使溶液中某些溶质组分从液相转移到固相。(　　)

四、问答题

1. 什么是吸附?有何意义?试举例说明。
2. 生产中常用的吸附剂有哪几种?为什么生产中广泛使用分子筛?
3. 液体吸附的方法有哪几种,试加以比较?
4. 影响吸附操作的主要因素有哪些?试做具体分析。
5. 什么是浸出?有何意义?试举例说明。
6. 什么是浸出?有何意义?试举例说明。
7. 常用的浸出流程有哪些?各有何特点?
8. 影响浸出操作的主要因素有哪些?试做具体分析。

第十五章 离子交换设备

【学习目标】

1. 知识目标 了解离子交换操作在生物工程中的应用;熟悉离子交换装置的结构、特点及操作要点;掌握离子交换操作的基本原理。
2. 能力目标 掌握离子交换设备正确使用与维护的要点。

在溶液中,被吸附的离子与吸附剂中可交换离子进行交换,发生离子间的交换反应,称为离子交换过程。离子交换操作有下列作用:

(1)生物工业中,工艺用水和锅炉给水的硬水软化及纯水制造,除去不必要的阴、阳离子,水处理仍是离子交换的主要应用领域,消耗树脂量占离子交换树脂总产量的80%~90%。

(2)制品的提纯精制,如葡萄糖、蔗糖吸附脱色后的进一步提纯精制,甘油的精制。

(3)制品的分离,用于蛋白质、谷氨酸、氨基酸、核酸及维生素等分离。

第一节 离子交换的基本概念和原理

一、离子交换的基本概念

离子交换剂,是能够和溶液交换离子的物质的总称,分为天然和人工合成的两大类。天然的如泡沸石,是不溶于水的铝-钠硅酸盐,成分为 $Na_2O \cdot Al_2O_3 \cdot 2SiO_2 \cdot nH_2O$。硬水通过泡沸石时,$Ca^{2+}$ 被泡沸石吸附,泡沸石的 Na^+ 进入水中,硬水得到软化。或者说,水中 Ca^{2+} 和泡沸石 Na^+ 进行交换。

人工合成的离子交换剂,统称为离子交换树脂。它是一种巨大的有机高分子物质,不溶于水和溶剂,具有阳离子或阴离子活性基团。它与溶液中离子进行交换反应后,原来在溶液中的离子与树脂结合,由于树脂的不溶解性,这些离子从溶液中除去,树脂中的离子被释放到溶液中。

合成离子交换树脂能够集中生产,来源较容易解决,能按各行业要求进行制造,因此,逐渐趋向使用合成树脂。

二、离子交换的原理

离子交换过程,是树脂上可交换离子与溶液中另一离子起置换化学反应的过程。因此,离子交换可简单看成是一种非均相中的普通化学反应。设 A^+ 表示树脂上可交换的离子,B^+ 表示溶液中的交换离子,交换过程为:

$$R—A^+ + B^+ \rightleftharpoons R—B^+ + A^+$$

反应为可逆过程。达到平衡时,各离子在树脂和溶液中的浓度分配与交换离子的性质、树脂的性质、溶液的性质及溶液的 pH、温度等有关。

离子交换的过程速率,受多方面因素影响。交换过程分为如下步骤:
(1)溶液中的交换离子扩散到离子交换树脂表面。
(2)该离子透过离子交换树脂表面向树脂内部扩散。
(3)该离子与离子交换树脂上可交换的离子进行交换反应。
(4)被交换出的离子扩散到离子交换树脂表面,然后向溶液中扩散。

因此,离子交换速率受离子扩散速率和交换速率影响。扩散中,有离子在溶液中的外扩散和在树脂内部的内扩散。整个交换过程的速率取决于这三个过程(交换反应、外扩散和内扩散)中速度最慢的过程。

一般情况下,交换反应很快。因此,凡影响离子扩散的因素都对交换的总速度产生决定性影响。稀溶液中的离子交换过程,为外部扩散控制过程。浓溶液中的离子交换过程,为内部扩散控制过程。

第二节　离子交换剂的分类

离子交换剂,由固定的骨架成分和可交换的离子基团组成。离子交换树脂,按骨架成分分为无机和有机两大类。按可交换离子基团分为带酸性基团的阳离子交换剂和带碱性基团的阴离子交换剂。

广泛使用的是有机合成离子交换树脂。有机离子交换树脂的种类多,根据树脂所含活性基团,树脂分为三大类,即阳离子交换树脂、阴离子交换树脂和特殊离子交换树脂。

1. 阳离子交换树脂

能交换阳离子的树脂,称为阳离子交换树脂。阳离子交换树脂,是含有酸性基团的酚醛塑料类的合成树脂或苯乙烯树脂。它结合的酸性基团为磺酸基($—SO_3H$)或羧酸基($—COOH$)。磺酸基是强酸基,极易离解;羧酸基较弱。溶液中被置换的阳离子结合在这些基团上。

带有磺酸基的强酸性阳离子交换树脂,在酸性、碱性及中性溶液中都可应用,交换容量不受外界酸度影响,可交换的 pH 为 0~14。国产强酸 1#、强酸 732#,属于此类树脂。

带有羧酸基或酚基($—OH$)的属于弱酸性阳离子交换树脂。这类树脂的交换能力受外界酸度影响较大,羧基在 pH>4,酚基在 pH>9.5 时,才具有离子交换能力。此类树脂主要应用于弱碱存在下有选择地交换强碱性物质,树脂可交换 pH

为 6~14。国产 724#,属于此类树脂。

2. 阴离子交换树脂

能交换阴离子的树脂,称为阴离子交换树脂。阴离子交换树脂含碱性基团,如 R—NH_2、R—NH(CH_3)、R—N(CH_3)$_2$。阴离子交换树脂按所带活性基团碱性强弱,分为强碱性阴离子交换树脂和弱碱性阴离子交换树脂。

带有季铵基碱性基团者属于强碱性阴离子交换树脂。这类树脂在酸性、碱性和中性溶液中都能应用,可交换的 pH 为 0~14,分析化学上应用较多。处理成 Cl^- 树脂出售,因为 Cl^- 型比 OH^- 型更稳定。阴离子交换树脂的交换容量是指 Cl^- 型树脂。国产强碱 711#、717# 及强碱 201,属此类树脂。

带有伯铵基(—NH_2)、仲铵基(=NH)等活性基者,属于弱碱性阴离子交换树脂。这类树脂碱性较弱,交换能力受溶液酸度影响较大,只能与水中强酸如 SO_4^{2-}、Cl^- 等起交换作用,在较强的碱性溶液中失去离子交换能力。这类树脂可交换的 pH 为 0~7。由于在水中离解能力弱,故交换速度慢。这类树脂的交换容量较强碱类大,再生较易,再生剂用量少。溶液中被置换出的阴离子结合在这些铵基基团上。国产弱碱 704#、330#,属此类树脂。

3. 特殊离子交换树脂

此类树脂,针对某种目的选用。生产中使用的有:高选择性的离子交换树脂、螯合树脂、大孔径树脂及萃淋树脂。这些树脂,是在合成时加入有特殊选择性的活性基团、能与金属离子螯合的活性基团、能够产生大孔径的致孔剂及液体萃取剂等,达到某些特殊离子的交换目的。

第三节 离子交换树脂的基本性能

1. 含水量和密度

商品离子交换树脂有亲水性,常含有一定结合水分。结合水含量与树脂性质及空气湿度有关,可通过烘干法测定树脂含水量。

树脂的密度,实际使用中有很大意义。树脂密度,随水分含量而改变。生产中,常用树脂的松密度。树脂松密度,是树脂在水中充分膨胀后的装载密度,是湿树脂的质量与树脂层所占体积之比值,为 600~850kg/m^3。操作中,用此值计算交换柱内一定体积树脂层所需装填湿树脂的质量。

2. 粒度

树脂的粒度,关系到离子交换速度、树脂床中液流分布均匀性和液流压力降以及反洗时树脂流失。粒度常用颗粒半径或筛子目数表示。国产树脂的颗粒粒度为 16~50 目,半径为 0.3~1.2mm。特殊用途的细磨树脂,半径小至 0.04mm。

3. 交联度

树脂管架中含有交联剂的多少,称为交联度。它标志离子交换树脂骨架上眼的大小。交联度大的树脂有如下特点:①空隙率小,相对密度大,含水率高。②交联网孔直径小,因而离子交换选择性大,但交换速度变慢。③导入活性基团较困难,故交换容量较小。④树脂机械强度较大。⑤稳定性好。

4. 溶胀率

干树脂浸入纯水后,吸收水分使树脂交联网孔增大,发生膨胀现象,称为树脂溶胀。树脂溶胀程度,按干树脂吸收水的百分率表示,称为溶胀率。

5. 交换容量

交换容量,是离子交换树脂最重要的性能之一。它代表树脂交换能力,按每克干树脂能交换离子的毫摩尔表示。工业上,常按单位体积树脂能交换的物量的量(mol)表示。

6. 选择性

离子交换树脂,具有交换的选择性。同种树脂对溶液中各种离子交换作用不同,交换选择性与溶液中离子的浓度、温度的高低等有很大关系。常温、低浓度下,阳离子交换树脂对高价离子、重金属离子,可优先和较多吸附交换。交换能力顺序为:

$$Fe^{3+} > Al^{3+} > Ca^{2+} > Mg^{2+} > K^+ > Na^+ > Li^+$$

这个规律对任何活性基团的阳离子交换树脂都适用。但 H^+ 有特殊性,它被交换的性质与活性基团酸性强弱有关。

阴离子交换树脂的选择性,即树脂对溶液中阴离子交换的能力,规律为:

$$PO_4^{3-} > SO_4^{2-} > NO_3^- > Cl^- > HCO_3^- > HSiO_3^-$$

同样,OH^- 也有特殊性。

第四节 离子交换的操作循环过程

离子交换操作,在交换柱内进行。采用最多的是固定床操作。溶液自上而下透过树脂床进行交换循环。循环分2步,第1步为交换阶段,第2步为再生阶段。

1. 交换柱内的交换阶段

离子交换阶段,是通过树脂层溶液中的阴、阳离子与树脂层阴、阳离子进行交换的过程。在此过程中,交换区高度和浓度变化取决于被交换溶液中要交换离子的量和溶液通过树脂层的滤速。

以硬水软化制取纯水为例:

硬水中常含 Ca^{2+}、Mg^{2+}、Fe^{3+}、Na^+、Cl^-、CO_3^{2-} 等离子。硬水通过交换柱内树脂层时,首先是 Ca^{2+}、Mg^{2+}、Fe^{3+} 和上层及一定厚度的树脂层进行交换,此层称为交换区。交换区高度为 0.10~0.15m。随着过程进行,交换区逐渐向下推移。在过程的任一瞬间,交换区上部的树脂层已被交换离子所饱和,下部的树脂尚未与离子发生反应,与它接触的水中的 Ca^{2+}、Mg^{2+} 的浓度接近于零,如图 15-1 所示。

在交换柱中,交换区较窄,交换区的浓度变化很快,向下移动速度比液体流速小得多,移动极限是树脂层的底部。从此时开始,底部流出液中含 Ca^{2+}、Mg^{2+}。此时,说明所有的交换区已达饱和。实际操作中,为保证底部流出液质量,在交换柱下部留有一定厚度的保护层。交换区下移入保护层时,离子交换就要停止,进入第二阶段进行再生。

交换区内的树脂吸附溶液中的多种离子时,总是按离子的被吸附能力的大小分层的。对水而言,是按 $Fe^{3+} > Ca^{2+} > Na^+$ 次序分层。随着原水不断进入,此现象越来越明显,如图 15-2 所示。直到交换区推移到保护层上缘才达到交换的终点。

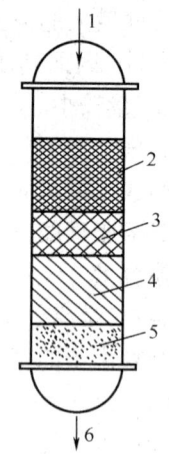

图 15-1　交换柱分层
1—进水　2—饱和层　3—交换柱
4—未交换区　5—保护层　6—出水

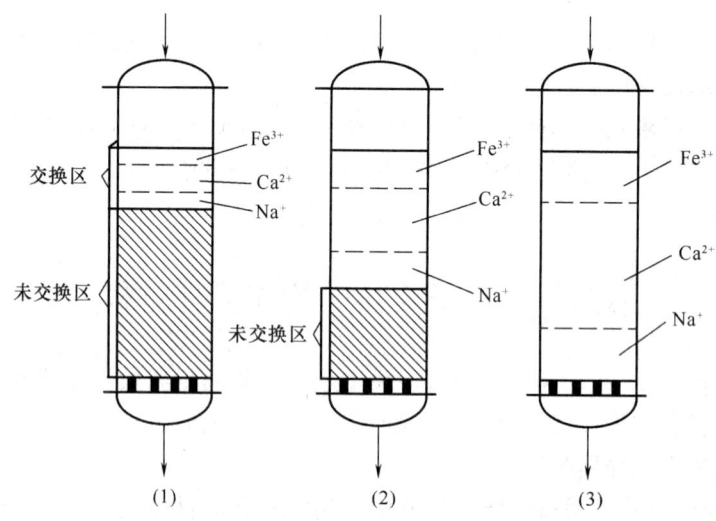

图 15-2　交换柱中多种离子的分离

不同离子对树脂的亲和能力差异越大,则树脂层的分层现象越明显。就是说,各种离子在树脂层中的分布,是按各离子与树脂间的相对亲和力的大小自上而下依次分布的。上部为交换能力大的离子居多,下部为交换能力小的居多。

2. 交换柱内的再生阶段

交换柱内的再生,是将交换柱恢复到交换前的状态,即除去所吸附的离子的过程。

交换柱内的树脂层吸附的离子达到饱和状态时,树脂失去活性。为使离子交换操作得以进行,需对树脂进行再生,达到反复使用的目的。

再生前,对交换柱内的树脂层应进行短时间的强烈反洗。目的是:①松动树脂床层,使床层膨胀,利于再生。②清除树脂内的悬浮物和有机杂质,提高滤速,降低压损,充分发挥树脂的交换容量。③对混合床可促使阴阳树脂分层。④冲走细小树脂碎粉,保证水流畅通。

离子交换树脂再生方法,有酸碱再生法和电解再生法。酸碱再生法,是以一定浓度的酸、碱溶液为再生剂加入失效的树脂中,利用酸、碱中 H^+、OH^- 将饱和树脂中吸附的阳离子或阴离子置换下来。如对弱酸性阳离子交换树脂,用 2%~4% 的 HCl 溶液再生。对强碱性阴离子交换树脂,用 2%~5% 的 NaOH 溶液再生。电解再生法,是利用电场作用将水解离为 H^+ 和 OH^- 以代替酸、碱的 H^+ 和 OH^-。

树脂再生过程,是交换过程的逆过程。再生过程中,树脂受树脂的种类、再生剂的种类、浓度、耗量、流速、温度等因素影响,特别是再生剂耗量影响,交换容量是不可能得到完全恢复的,再生后,会发生降低。

再生剂的耗量,是指一定体积(或质量)失效树脂的交换容量恢复到一定程度时,所消耗的再生剂的总量。由于离子反应具有可逆性,饱和树脂上所吸附的阳、阴离子完全可由再生剂的阳、阴离子取代。理论上,只有所消耗的再生剂的量与吸附离子的量相等时,树脂才是可完全再生。实际上,由于多种原因,耗量要比理论耗量大好几倍。原因:①交换离子和被交换离子活动性上的差异。②交换反应的可逆性。③再生剂在溶液中不能全部解离。④再生方法不当。

对再生后的树脂层,要以洗涤水进行正洗,排出树脂层中残留的再生剂。此时,交换操作循环才算结束,树脂可供下循环使用。

第五节 离子交换装置

工业上,离子交换操作是交换树脂与溶剂在相对运动状态下,在交换柱内进行的操作。它分固定床式、半连续移动床式和流动床式三种。

一、固定床式离子交换装置

交换柱内的树脂处于静止状态,被处理溶液在交换柱内不断流动。交换柱分为阳离子交换柱、阴离子交换柱及混合离子交换柱。固定床离子交换装置设备简单、管理方便,广泛用于水处理、溶液精制、溶液中有用成分回收。

混合离子交换柱,是将阴、阳离子交换树脂按一定比例混合后,充填而成的交换柱,俗称为混合床。

固定床系统除上述单床式外,也可将阳、阴离子交换柱串联使用,称为复床系统。图 15-3 为复床式淀粉脱盐装置。

固定床法的缺点:①树脂层固定不动,下层树脂不能充分利用,树脂交换容量利用率低。②再生费用大。③树脂层固定,滤速提高时,溶液在层中流动的压损增加很快,不利于提高滤速和生产能力。

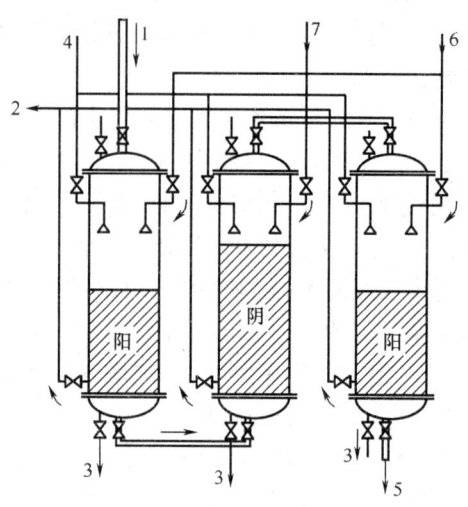

图 15-3 复床式淀粉脱盐装置
1—原液 2—废水 3—废液 4—水 5—精制液 6—HCl 再生剂 7—NaOH 再生剂

二、半连续移动床式离子交换装置

装置用于水软化如图 15-4 所示。将树脂输送到不同设备中分别完成交换、再生及清洗过程,即交换、再生及清洗同时在不同设备内进行。交换柱经过充分交

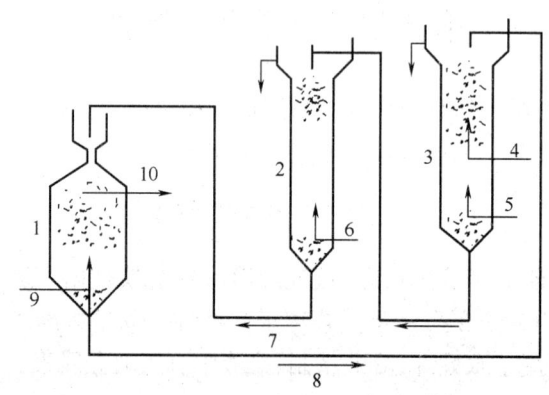

图 15-4 半连续移动床式水处理装置
1—交换柱 2—清洗柱 3—再生柱 4—再生剂 5—水 6—清洗水
7—洗净树脂 8—饱和树脂 9—原水 10—出水

换的一部分树脂层,在选定的交换周期里,从交换柱下部排出,移到再生柱进行再生。再生好的树脂借水压输送到清洗柱进行清洗,洗净后再返回交换柱上部,补充到交换柱内。

移动床用于水处理时的优点:①生产相同水量所需树脂体积仅为固定床的 1/2～2/3,节约投资。②再生剂的利用率及树脂饱和程度高,再生剂用量少。③精制水的纯度高,质量均匀。

缺点是:①设备数量较多。②管理难度大。

三、流动床式离子交换装置

连续逆流式交换装置中,树脂和被处理溶液及再生剂均处于流动状态。用于水处理的流动床式离子交换装置有两种型式,即压力式和重力式。

1. 压力式流动床交换装置

压力式流动床水处理装置,由交换柱和再生清洗柱组成,如图 15-5 所示。交换柱为三室式,每室树脂与水成顺流,而对整个交换柱来说为逆流。再生和洗涤共用一柱。水、再生液与树脂均成逆流。树脂层的树脂虽不断运动,但形成稳定的交换层,具有固定床离子交换的作用。此外,树脂在装置内与水顺流呈沸腾状。

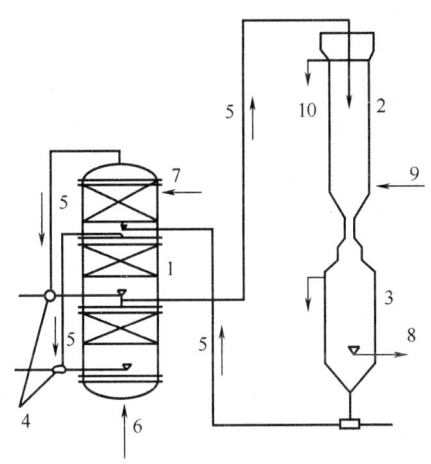

图 15-5 压力式流动床水处理装置
1—交换塔 2—再生塔 3—洗涤塔 4—喷射塔 5—树脂 6—进水
7—出水 8—洗涤水 9—再生液 10—再生废液

装置的特点:①连续生产。②效率高。③装置小。④树脂利用率高。⑤树脂磨损较严重。

2. 重力式流动床交换装置

重力式流动床水处理装置如图 15-6 所示。装置最大特点,是被处理的水和树脂成逆流。

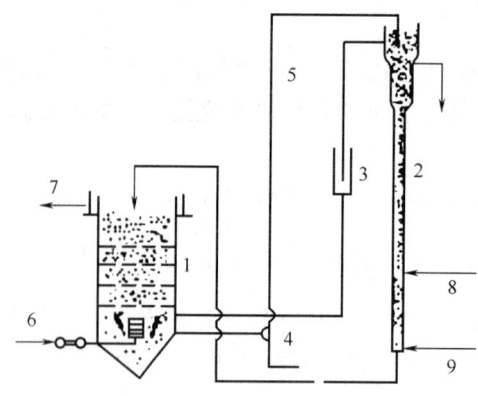

图15-6 重力式流动床水处理装置
1—交换柱 2—再生柱 3—溢流 4—喷射器 5—树脂 6—原水
7—出水 8—再生剂 9—水

四、混合床式离子交换操作举例

1. 离子交换树脂的贮存

(1)新树脂使用前或旧树脂使用后,应采用适当保管措施,否则直接影响树脂使用寿命和交换容量。

(2)新树脂出厂时,含水量是饱和的,贮存过程中,要防止水分消失。如发现树脂变干,切忌将树脂直接置于水中浸泡,应将它置于饱和食盐水中浸泡,使树脂缓慢膨胀,然后逐渐稀释食盐溶液。

(3)树脂贮存过程中,防止受冻或受热。贮存温度5~40℃。若在0℃以下,会使树脂内水分冻结而影响质量。若温度低于5℃,又无保温设施,可选用一定浓度的食盐溶液,将树脂置于其中浸泡,达到防冻目的。树脂一旦受冻,不要突然转到高温环境中,要放到5~10℃低温环境中,缓慢解冻。

(4)树脂在长期贮存中,强型树脂应转成盐型,弱型树脂应转成氢型或游离碱型,然后浸泡在清洁水中。

(5)原液或周围环境温度发生变化时,精制液的质量会发生波动。较理想的交换温度是30℃。

(6)要想获得理想的交换效果,需对待处理的料液进行预处理,否则容易导致树脂污染。预处理是指悬浮物和强氧化剂的去除。

(7)用户可根据不同用途,将树脂转成所需的离子型。

(8)使用和贮运过程中,严防树脂被有机油类污染。

(9)树脂贮存时间不宜过长,最好不要超过一年。

2. 装柱

要求树脂层从上到下粒度均匀、平整疏松,无气泡、无断裂、无死角结柱。

3. 新树脂的预处理

新树脂常含有溶剂、未参加聚合反应的物质及少量低聚合物,可能吸附铁、铜、铝等金属离子。树脂与水、酸或其他溶液接触时,上述可溶性杂质会转入溶液中,在使用初期,污染精制液的质量。所以,使用前,要对新树脂进行预处理。

新树脂装柱后,需要进行转型处理,才能使用。如出厂的阳离子交换树脂多为钠(Na^+)型,阴离子交换树脂多为氯(Cl^-)型,使用时阳离子树脂应该为氢(H^+)型,阴离子交换树脂应该为羟(OH^-)型。

(1) 阳离子交换树脂的预处理

取被处理树脂体积3倍的饱和食盐水,将树脂置于其中浸泡18~20h,然后放净食盐水。

用清水漂洗,直至排出水不带黄色。

用3倍于树脂体积的2%~4%的NaOH溶液,让树脂在其中浸泡2~4h,放尽碱液。

用清水冲洗树脂,直至排出水接近中性为止。

用3倍于树脂体积的5%的HCl溶液浸泡树脂4~8h,放尽酸液。

用5倍于树脂体积的饮用水冲洗树脂层,直至中性。

(2) 阴离子交换树脂的预处理

取约为被处理树脂体积3倍的饱和食盐水,将树脂置于其中浸泡18~20h,然后放净食盐水。

用清水漂洗,直至排出水不带黄色。

用3倍于树脂体积的5%的HCl溶液浸泡4~8h,放尽酸液。

用水清洗至中性。

使用3倍于树脂体积的2%~4%的NaOH溶液浸泡4~8h,放尽碱液。

用5倍于树脂体积的清水洗至中性。

4. 离子交换操作

混合床式离子交换装置,可用于糖液脱盐精制,除去所含阴、阳离子等杂质。原料从交换柱的顶端进入,经过分配器后,从上向下流过阳离子交换树脂层和阴离子交换树脂层。经过弱酸性阳离子交换树脂层,交换除去糖液中K^+、Na^+、Ca^{2+}、Mg^{2+}等阳离子,其中最多的是Ca^{2+}。经过强碱性阴离子交换树脂层,交换除去色素阴离子(还原糖的碱性分解物、还原糖与氨基酸的缩合物和焦糖等色素在中性和碱性介质中带负电),实现糖液的脱盐脱色。经过离子交换脱盐脱色的精制液从塔底部排出。

5. 再生阶段

离子交换后,弱酸性阳离子交换树脂用2%~4%的HCl溶液再生,强碱性阴离子交换树脂用2%～5%的NaOH溶液再生。再生后,用水充分洗净,再重复操作。离子交换剂的再生阶段包括反洗、再生、正洗3个步骤:

(1)反洗　目的是松动树脂床层,为再生创造充分接触条件,同时可冲掉树脂层内的污物和细小的树脂碎粉。

(2)再生　目的是使失效的树脂床层恢复交换能力。树脂再生过程,是离子交换的逆过程。过程中各种因素的影响使得再生不可能完全恢复树脂的交换容量。因此,树脂再生后,交换容量都会降低。影响树脂再生程度的因素有再生剂种类、浓度、纯度、耗量、流速、温度等,以再生剂耗量影响最大。

(3)正洗　目的是排除再生产物($CaCl_2$、$MgCl_2$)和残余的再生剂,以洗涤水进行正洗后,交换操作即告结束,树脂可供下循环使用。

思考与练习

一、名词解释

离子交换　离子交换树脂　阳离子交换剂　阴离子交换剂　阳离子交换树脂　阴离子交换树脂　交联度　溶胀率　交换容量　离子交换树脂酸碱再生法　离子交换树脂电解再生法

二、填空题

1. 离子交换过程,是树脂上_____与_____中_____起置换化学反应的过程。因此,离子交换可简单看成是一种_____的_____。

2. 离子交换速率受_____和_____的影响。而扩散中又有_____在溶液中的_____和在树脂内部的_____之分。

3. 树脂的再生过程,实质上是_____。在再生过程中,树脂由于受树脂的_____、再生剂的_____、_____、_____、_____等各种因素的影响,特别是_____的影响,其交换容量是不可能得到完全恢复的,在再生后会发生_____。

三、选择题

1. 带酸性可交换离子基团的交换树脂是(　　)。
A. 阴离子交换树脂　B. 阳离子交换树脂　C. 特殊的离子交换树脂

2. 离子交换阶段,是通过树脂层的(　　)、(　　)与(　　)、(　　)进行交换的过程。
A. 树脂层的阴离子　B. 树脂层的阳离子　C. 溶液中的阳离子　D. 溶液中的阴离子

四、判断题

1. 离子交换是树脂上可交换离子与溶液中另一离子起置换化学反应的过程。(　　)

2. 硬水是常含有Ca^{2+}、Mg^{2+}、Fe^{3+}、Na^+、Cl^-、CO_3^{2-}等离子的水。(　　)

五、问答题

1. 什么是离子交换?有何意义?试举例说明。

2. 离子交换树脂可分为哪几类?分别适用于什么场合?

3. 什么是离子交换树脂的交换容量?

4. 离子交换循环包括哪两个阶段?各有何要求?

第十六章 蒸 发 设 备

【学习目标】

1. 知识目标　了解蒸发操作在食品、发酵、制药行业中的应用,工艺条件变化对蒸发操作的影响;熟悉多效蒸发设备流程及特点,蒸发器分类、工作原理及特点;掌握蒸发操作的基本概念,单效蒸发设备流程及特点,蒸发器的操作要点。

2. 能力目标　掌握单效真空蒸发设备正确使用与维护的要点;掌握多效蒸发设备正确使用与维护的要点。

蒸发是根据溶液中溶质与溶剂挥发性的差异,将溶液加热至沸腾状态,使其中部分溶剂发生气化并被排除,使溶液中溶质浓度得以提高的单元操作。固体溶质不挥发,所以,蒸发是不挥发性溶质与挥发性溶剂的分离过程,在生物工程中广泛应用。

第一节　蒸发的基本理论

一、蒸发的基本流程

图 16-1 为单效蒸发流程。蒸发器由加热室和分离室组成,下部是加热室,上部为分离室。加热室是由蛇管、列管或夹套构成的换热器,有足够的加热面使溶液受热。分离室,又称为蒸发室,顶部设气液分离的除沫装置,是溶液与蒸气分离场所。加热室内,通入加热蒸汽作热源,释放热量,促使溶液升温沸腾。气化的溶剂在分离室中与溶液主体分离,以蒸气形式进入冷凝器,冷凝液由底部排出,不凝气体从顶部排出。蒸发器中浓缩液由蒸发器底部排出。

蒸发操作常用热源是饱和水蒸气,也有熔盐、烟道气或电加热。被蒸发除去的,多是水溶液,故蒸发时产生的蒸气是水蒸气。为区别,将作为热源的饱和水蒸气,称为加热蒸汽(如来自锅炉,又称为生蒸汽),蒸发产生的蒸汽,称为二次蒸汽。

二次蒸汽需要不断移出分离室,否则会使蒸汽与沸腾溶液趋于平衡,蒸发过程无法进行。可

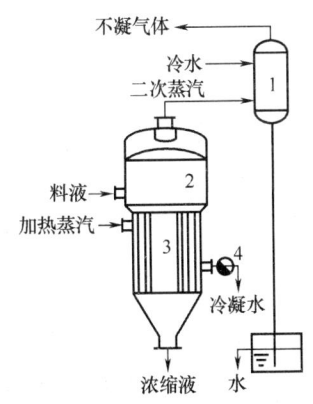

图 16-1　单效蒸发流程
1—冷凝器　2—分离室
3—加热室　4—疏水阀

将二次蒸汽直接冷凝,不再利用其冷凝热,这样的操作,称为单效蒸发。将二次蒸汽作为加热热源引入下个蒸发器中,以利用其冷凝热,这种蒸发操作,称为多效蒸发。

二、蒸发过程的特点

食品、发酵、制药生产中,被蒸发的物料常有热敏性、腐蚀性、黏稠性、结垢性、起泡性和挥发性,对蒸发器的设计提出许多特殊要求。

(1)蒸发的目的是为了使溶剂气化　被蒸发的溶液应由具有挥发性的溶剂和不挥发性的溶质组成。整个蒸发过程中溶质质量不变。

(2)溶剂的气化可分别在低于沸点和沸点时进行　在低于沸点时进行,称为自然蒸发,生产中较少采用。若溶剂的气化在沸点温度进行,称为沸腾蒸发。沸腾蒸发时,溶剂不仅在溶液表面气化,而且在溶液内部各部分同时气化,蒸发速率大大提高。

(3)蒸发操作是传热和传质同时进行的过程　蒸发速率,决定于过程中较慢一步过程的速率,即传热速率。传热面一侧为溶液沸腾,一侧为蒸气冷凝,故属于壁面两侧均有相变的恒温传热过程。

(4)由于溶质的存在,在溶剂气化过程中溶质易在加热表面析出形成污垢,影响传热效果。蒸发易结垢物料时,料液在蒸发器内的循环速度要大。

(5)若溶质为热敏性物质,有可能在操作过程中分解变质　如蒸发热敏性物料时,料液在蒸发器内的停留时间要短。

(6)液沫夹带可能造成物料的损失　因此,蒸发器结构与一般加热器不同。

(7)蒸发操作需要消耗大量热能　因此,蒸发操作节能问题比一般传热过程更突出。

三、蒸发操作的目的

(1)制备浓溶液　通过浓缩溶液,除去物料中多余水分,直接作为产品或半成品,以减少包装、贮藏及运输费用。如电解法制烧碱(NaOH溶液),浓度只有10%。如需要42%的浓碱液,则需要将稀碱液加热至沸腾,汽化除去溶剂水。如果汁生产中,利用蒸发操作将果汁加热,使部分水分汽化除去,得到浓缩果汁产品。

(2)制备结晶产品　将蒸发与结晶两个过程联合操作,利用蒸发将溶液增浓至饱和状态,随后加以冷却,使固体结晶分离,得到固体产品。如蔗糖生产、食盐精制及中药生产中酒精浸出液蒸发。

(3)溶剂纯化　利用溶液中溶质与溶剂挥发性的不同,将挥发性溶剂气化冷凝,使之与不挥发性的杂质分离,制取纯溶剂,如海水淡化、注射用水制备。

四、维持蒸发的必要条件

蒸发操作,由加热和分离两部分组成。要使蒸发操作顺利进行,要同时满足两个必要条件:

(1)源源不断的热能供应。

(2)及时排除二次蒸汽。

五、蒸发操作的分类

1. 按操作压强分

(1)常压蒸发 在蒸发器的加热室中,溶液侧操作压力为大气压或略高于大气压力。系统中的不凝气体依靠其本身压力排出。

(2)真空蒸发(减压蒸发) 溶液侧操作压力低于大气压,需要依靠真空泵抽出不凝性气体,并维持系统的真空度。真空蒸发,是为降低溶液沸点和有效节约热源。

与常压蒸发相比,真空蒸发具有以下优点:

①溶液沸点降低,在相同热源温度下,可增大蒸发器传热温差,减小换热面积。

②溶液沸点低,可利用低压蒸汽或废热蒸汽作为热源,有利于降低生产成本。

③蒸发温度低,对浓缩热敏性物料有利。

④与常压蒸发相比,用相同的加热蒸汽所需传热面积小。

⑤蒸发操作温度低,系统热损失小。

其缺点是:

①溶液沸点降低会使黏度增大,导致沸腾时传热系数降低。

②系统采用真空装置,设备费用和操作费用增大。

(3)加压蒸发 某些蒸发过程需要与前、后生产过程的系统压强相匹配,宜采用加压蒸发。

2. 按蒸发器的效数分

(1)单效蒸发 二次蒸汽不再被利用,冷凝后直接排放,称为单效蒸发。

(2)多效蒸发 充分利用二次蒸汽,是蒸发操作中节能的主要途径。如将二次蒸汽引至另一蒸发器作为加热蒸汽,称为多效蒸发。

3. 按操作连续化程度分

(1)间歇蒸发 分一次进料、一次出料和连续进料、一次出料两种方式。在整个操作过程中,蒸发器内的溶液浓度和沸点均随时间变化,传热的温度差、传热系数等各参数均随时间而变,达到一定溶液浓度后将完成液排出。它是非稳态操作过程,适用于小规模、多品种场合。

(2)连续蒸发 连续进料、完成液连续排出。大规模生产采用连续蒸发。

第二节 主要蒸发设备

蒸发器是蒸发装置中主体设备,型式多种,分为循环型与非循环型两大类。

一、循环型蒸发器

1. 中央循环管式蒸发器

中央循环管式蒸发器外形与结构如图 16-2 所示。下部加热室相当于垂直安装的具有固定管板的列管式换热器,中心管直径远大于其余管子,称为中央循环管。周围加热管,称为沸腾管。管内溶液受热沸腾大量气化,形成气液混合物并随气泡向上运动。分离室中溶液由中央循环管中下降、从各沸腾管上升形成自然循环,可提高传热效果。

(1)外形

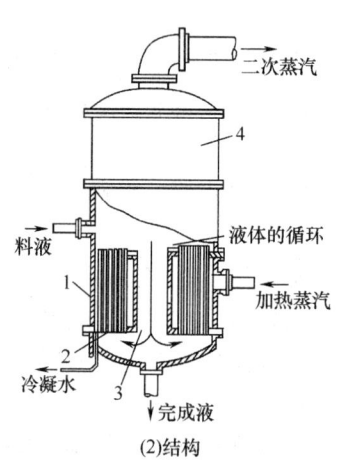
(2)结构

图 16-2 中央循环管式蒸发器
1—外壳 2—加热室 3—中央循环管 4—蒸发室

蒸发器的优点:①结构简单,制造方便。②操作可靠。③投资费用较少。
其缺点:①溶液循环速度低。②传热系数小。③清洗和维修不方便。

2. 悬筐式蒸发器

悬筐式蒸发器如图 16-3 所示。加热蒸汽由中间引入,仍在管外冷凝,溶液在加热室外壁与壳体内壁形成的环形通道内下降,并沿沸腾管上升。
其优点:①加热室可从蒸发器顶部取出,清洗、检修和更换方便。②传热系数高。③热损失较小。
缺点:①结构较复杂。②单位传热面积的金属耗量较大。

这种蒸发器适用于易结垢或有晶体析出的溶液蒸发。

3. 外加热式蒸发器

外加热式蒸发器的外形与结构如图 16-4 所示。加热室置于蒸发室外侧,加热室与蒸发室分开。

其优点:①便于清洗和更换。②可降低蒸发器总高度,又可采用较长的加热管束。

缺点:①单位传热面积金属耗量大。②热损失较大。

4. 列文式蒸发器

列文式蒸发器的外形与结构如图 16-5 所示。加热室上方增设一段沸腾室,加热室中溶液受到这段附加的静压强的作用,使溶液沸点升高而不在加热管中沸腾,待溶液上升到沸腾室时压强降低,溶液才开始沸腾气化,避免晶体在加热室析出,不易在传热面形成污垢层。沸腾室上部装有挡板防止气泡合并增大,因而气液混合物可达到较大上升流速。

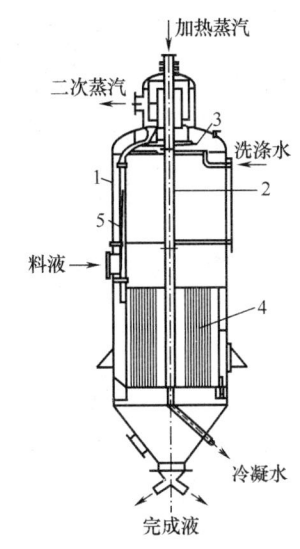

图 16-3 悬筐式蒸发器
1—外壳 2—加热蒸发管 3—除沫器
4—加热室 5—液沫回流管

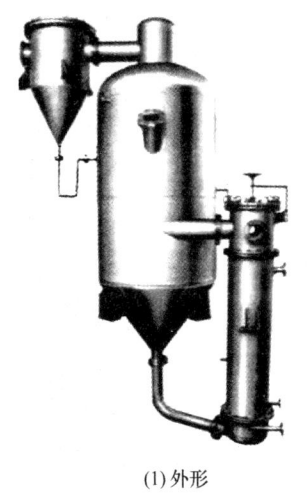

(1) 外形

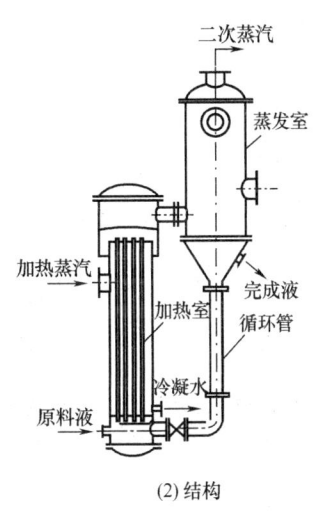

(2) 结构

图 16-4 外加热式蒸发器

5. 强制循环蒸发器

强制循环蒸发器的外形与结构如图 16-6 所示。循环管下部设一循环泵,

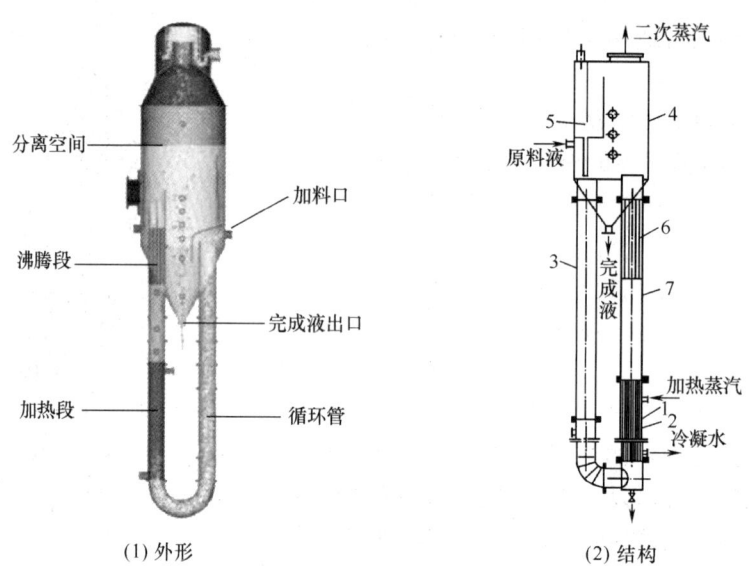

图 16-5 列文式蒸发器
1—加热室 2—加热管 3—循环管 4—蒸发室 5—除沫器 6—挡板 7—沸腾室

通过循环泵使溶液以较高速度沿一定方向循环流动。溶液循环速度通过调节泵流量来控制。蒸发器动力消耗大,适用于处理高黏度、易结垢或有晶体析出的溶液。

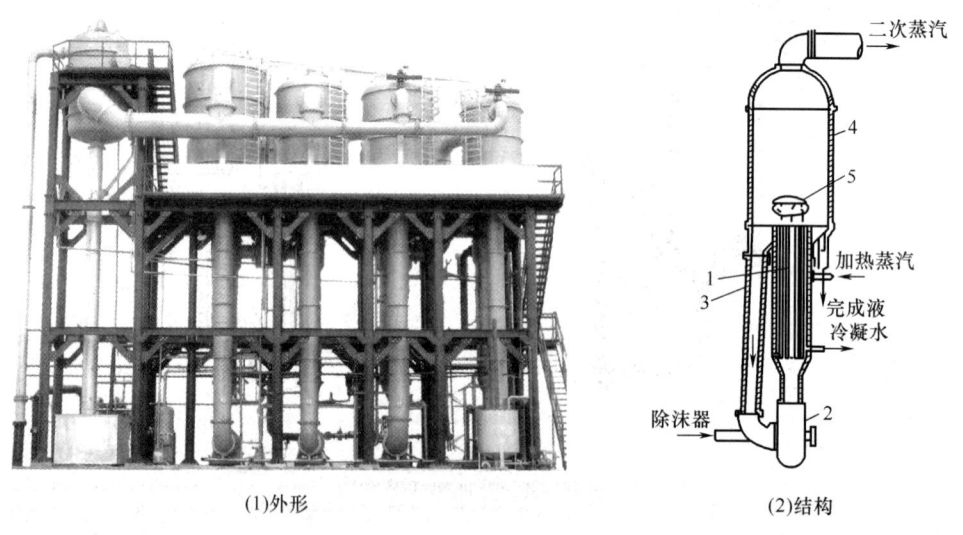

图 16-6 强制循环蒸发器
1—加热管 2—循环泵 3—循环管 4—蒸发室 5—除沫器

循环型蒸发器的共同特点是溶液须多次循环通过加热管才能达到要求浓度。设备内存液量较多,液体停留时间长,器内溶液浓度变化不大且接近出口液浓度,减少有效温差,不利于热敏性物料蒸发。

二、非循环型蒸发器

非循环型蒸发器特点是溶液通过加热管一次即可达到所要求浓度,在加热管中液体多呈膜状流动,故又称为膜式蒸发器,适用于热敏性物料的蒸发,设计与操作要求较高。

1. 升膜式蒸发器

(1) 基本结构　升膜式蒸发浓缩设备是在蒸发器中形成的液膜与蒸发二次蒸汽气流方向相同,由下而上并流上升。升膜式蒸发器外形与结构如图 16-7 所示。

物料从加热器下部进料管进入,在加热管内被加热蒸发拉成液膜,浓缩液在二次蒸汽带动下一起上升,从加热器上端沿气液分离器筒体切线方向进入气液分离器 1 和 2,浓缩液从分离器底部排出,二次蒸汽进入冷凝器。对浓缩倍数要求高的工艺条件,如果物料对加热时间相对较长无不良后果,可将从排料口放出的浓缩液部分回流至进料管,以增加浓缩倍数。

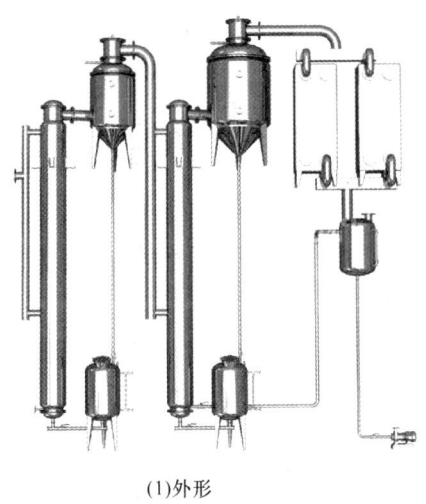
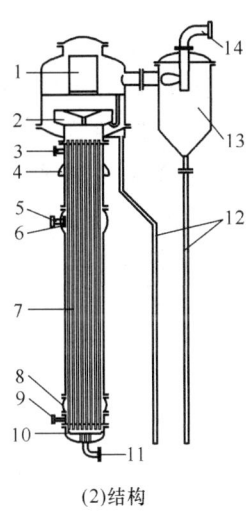

(1) 外形　　　　　　　　　　(2) 结构

图 16-7　升膜式蒸发器

1—惯性式气液分离器　2—离心式气液分离器　3—不凝性气体排除口　4—支座
5—加热蒸汽进口　6—蒸汽挡板　7—加热列管　8—膨胀节　9—冷凝水出口
10—料液分配盘　11—料液进口　12—浓缩液出口　13—急闪式真空冷却器
14—二次蒸汽出口(抽真空)

由于在蒸发器中物料受热时间很短,对热敏性物料影响较小,蒸发器对发泡性强、黏度较小的热敏性物料较适用。不适用于黏度较大、受热后易产生积垢或浓缩时有晶体析出的物料。

（2）工作原理　升膜式蒸发器正常操作的关键是让液体物料在管壁上形成连续不断的液膜。升膜式蒸发器加热管中气液两相的状态如图16-8所示。如果物料进入蒸发器时温度低于沸点,蒸发器中有一段加热管作为预热区,如图16-8a所示,传热方式为自然对流。为维持蒸发器正常操作,加热管中液面为管高度的1/5～1/4。液面太高,设备效率低,出料达不到要求浓度,控制适当的进料量和进料温度,使设备处于较佳工作状态。

物料经加热达到沸腾,进入以液相为主但混有蒸气气泡阶段,如图16-8b所示,流体密度降低。随着气泡量的不断增加,小气泡结合形成较大气泡,如图16-8c所示。当气泡体积进一步增大形成柱状,如图16-8d、16-8e所示,混合流体处于强烈湍流状态,气柱向上升并带动周围部分液体一起运动。处于管和气柱间的液体在重力作用下,向下运动,管壁上的液体受热不断蒸发,气柱不断增大,最后气柱间液膜消失,如图16-8f所示,蒸气占据整个管的中部空间,液体只能分布于管壁,形成环状液膜,并在上升蒸气拖带下形成爬膜。

如果气流速度进一步加大,即蒸发强度过高,在管内形成带有雾沫的喷雾流,如图16-8g、16-8h所示,环状液进一步蒸发逐渐变薄,以致出现液膜局部干壁、结疤、结焦等不正常现象。

溶液在加热管中产生爬膜的必要条件,是要有足够传热温差和传热强度,使蒸发二次蒸汽量和蒸汽速度达到足以带动溶液成膜上升的程度。温度差对蒸发器传热系数影响较大。温差小,物料在管内仅被加热,液体内部对流循环差,传热系数小。温差增大,管壁上液体开始沸腾。温差达到一定程度时,管子大部分长度几乎为气液混合物充满,二次蒸汽将溶液拉成薄膜,沿管壁迅速向上运动。沸腾传热系数与液体流速成正比,随着升膜速度增加,传热系数不断增大。管内不是充满液体,而是气体混合物,因液体静压强引起的沸点升高所产生的温差损失几乎完全可以避免,增加传热温度差,传热强度增加。但传热温差过大或蒸发强度过高,传热表面产生蒸气量大于蒸气离开加热面的量,蒸气会在加热表面积聚形成大气泡,甚至覆盖加热面,使液体不能浸润管壁,传热系数迅速下降,形成干壁现象,导致蒸发器非正常运行。

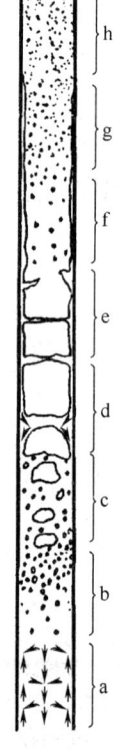

图16-8　升膜式蒸发器加热管中气液两相的状态

(3)特点与应用 升膜式蒸发器具有传热效率高,物料受热时间短的特点。为保证设备正常操作,应维持在爬膜状态的温度差,并且控制蒸发浓缩倍数为5倍,保持真空度稳定。

升膜式蒸发器由蒸发加热管、二次蒸汽液沫导管、分离器和循环管四部分组成。原料液由加热的下部进料管进入,正常工作时,液面只达加热管高度的1/5～1/4。加热器管外通入蒸汽加热,溶液进入加热管即被加热,蒸发拉成液膜,浓缩液与二次蒸汽一并上升,从加热管上端切线方向进入分离器,浓缩液从分离器底部排出,二次蒸汽进入冷凝器。

蒸发器浓缩物料时间很短,对热敏性物料质量影响很小,特别对发泡性黏度较小的热敏性物料比较适用。不适用于黏度较大的($0.05Pa \cdot s$以上)和受热后易产生积垢,或浓缩后有结晶析出的物料。

对加热管子直径、长度选择要适当。管径不宜过大,为25～80mm,管长径比为100～500,使加热面供应足够成膜的气速。由于蒸气流量和流速是沿加热管上升而增加,故爬膜工作状况也是逐步形成的。因此管径越大,管子需要越长。长管加热器结构较复杂,壳体应考虑热胀冷缩的应力对结构的影响,需采用浮头管板或在加热器壳体加膨胀圈。

(4)套管式升膜蒸发器 有时采用套管办法来缩短管长。套管式升膜蒸发器如图16-9所示,为用于链霉素浓缩的蒸发器。蒸汽走壳程6,同时从蒸汽内管道4通过,传热面积为内、外管子面积总和,外管$\varphi 117mm \times 3mm$,内管$\varphi 89mm \times 3mm$。物料走内外管的环形间隙,管子间隙11mm。由于间隙截面积小,加热周边面积大,故溶液进入加热管后,很快就能吸收足够热量,产生大量蒸汽,达到必要气流速度,使溶液能沿内外管壁面形成爬膜状况。加热管较短,设备总高度1.4m。而且也不能长,管子长了,浓缩比增大,在管子上部会出现喷射流或干壁现象。蒸发器传热面积为$5.5m^2$,总传热系数为$2500kJ/(m^2 \cdot h \cdot ℃)$。用于低温浓缩链霉素溶液,效果较好,能自然循环,操作方便。

2. 降膜式蒸发器

(1)基本结构 降膜式蒸发器与升膜式蒸发器结构基本相同,区别在于原料液由加热管顶部经分配器导流进入加热管,沿管壁成膜状向下流。液体运动靠本身重力和二次蒸汽运动拖带力的作用,下降速度较快,因此成膜的二次蒸汽流速可较小,对黏度较高液体也较易成膜,并被蒸发浓缩。气液混合物由加热管底部进入分离室,经气液分离后,二次蒸汽由分离室顶部逸出,完成液从底部排出,如图16-10所示。

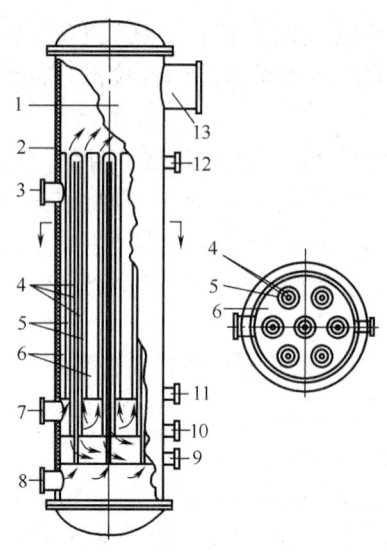

图 16-9 套管式升膜蒸发器

1—蒸发器筒体　2—保温层　3—加热蒸汽进口(壳程)　4—加热蒸汽(内管道)　5—料液蒸发区
6—加热蒸汽(壳程)　7—料液进口　8—加热蒸汽进口(内管道)　9—冷凝水出口(内管道)
10—排污口　11—冷凝水出口(壳程)　12—不凝性气体出口　13—浓缩液和二次蒸汽出口

(1) 外形

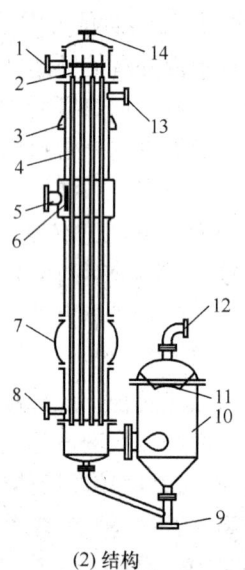

(2) 结构

图 16-10 降膜式蒸发器

1—料液进口　2—料液分配器　3—支座　4—加热列管　5—加热蒸汽进口　6—蒸汽挡板
7—膨胀节　8—冷凝水出口　9—浓缩液出口　10—离心式气液分离器　11—防泡沫板
12—二次蒸汽出口　13—不凝性气体出口　14—稀浓缩液回流入口

(2) 工作原理　溶液在管内壁上均匀成膜的关键是物料分配。分配不够均匀时,会出现有些管子液量很多,液膜很厚,溶液蒸发浓缩比很小;有些管子液量很小,浓缩比很大,甚至没有液体流过而造成局部或大部分干壁现象,影响蒸发器的传热或蒸发能力。

(3) 降膜的形成　为使液体均匀分布于各加热管中,采用不同的分配器。降膜料液分配器有:

①齿形溢流口:在加热管上方管口,周边切成锯齿形,如图 16-11(1) 所示,增加液体溢流周边。液面稍高于管口时,可沿周边均匀溢流而下。加热管管口高度一致,溢流周边较大,使各管子间或管子的各向溢流较均匀。液位稍有差别时,不会引起很大溢流差别。但液位差别较大、液位高度变化时,溶液分布还是不够均匀。

②导流棒:在每根加热管上端管口内插入一根呈人字型的导流棒,如图16-11(2)所示。棒底宽边与管壁成均匀间距,液体在均匀环形间距中流入加热管内周边,形成薄膜。液体流过的通道不变,液体流量只受管板上液面高度变化影响。分布较均匀,但遇物料带颗粒时,会造成堵塞。

③螺纹导流器:如图 16-11(3) 所示,在加热管口插入刻有螺旋形沟槽的导流管,液体沿沟槽向下流动时,使液体形成一个旋转运动,可减少管内各向物料的不均匀性,又可增加液体流动速度。沟槽大小根据物料性质而定,但沟槽太小,会增加物料阻力,容易造成堵塞。

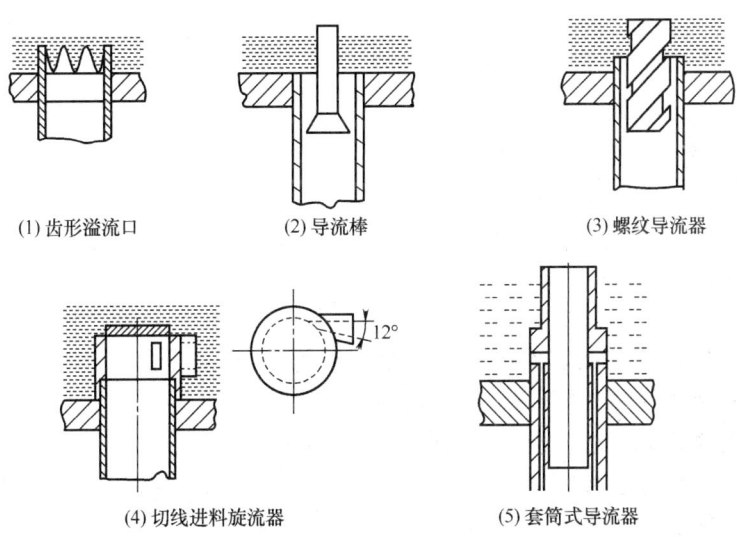

(1) 齿形溢流口　　(2) 导流棒　　(3) 螺纹导流器

(4) 切线进料旋流器　　(5) 套筒式导流器

图 16-11　降膜料液分配器

④切线进料旋流器:如图16-11(4)所示,旋流器插放在各加热管口上方,液体从切线方向进入,产生离心力,形成靠壁旋流。在重力作用下,液体成薄膜状沿管壁旋流而下,增加液体湍流,提高传热系数。设计时要注意各切线进口的均匀分布,否则会互相影响而造成进料不均匀。

⑤套筒式导流器:如图16-11(5)所示,在加热管内加入一根套管,加热管内壁与套管外壁间保持间隙,料液由小孔进入后,即从此间隙流下形成薄膜。

⑥筛板式进料器:在管板上方一定距离水平安装一块筛孔板,筛孔对准加热管间的管板。筛板上保持一定液层时,液体从筛孔淋洒到管板上,液体离各加热管口距离相等,就沿管板均匀流散到各管子的边沿,成薄膜状沿管壁下流。为保证液流分布均匀,采用二层或三层筛板,多次分配。

分配设备简单,只宜用作稀薄溶液分配,对黏稠物料难以分配均匀。

(4)特点与应用 降膜式蒸发器比升膜式蒸发器具有更多的优点:

①可浓缩高黏度液体(1Pa·s 以下)。

②停留时间短,可处理热敏性物料。它传热效果好,不存在因液体静压引起的沸点升高,可在较低温差下操作,适用于多效蒸发及利用热泵再压缩二次蒸汽或利用废蒸汽加热场合,节约能源。

③一次通过的浓缩比不大于7,最适宜的蒸发量不大于进料量的80%。要求浓缩比较大的场合,可采用液体再循环方法,即用泵将部分稀浓缩液从出口打回到降膜蒸发器上部的回流入口。

④加热管内高速流动的蒸气使产生的泡沫极易破坏消失,适用于容易发泡的料液。

⑤制造费用不高,投资少,占地面积小。

降膜式真空蒸发浓缩设备,由于传热系数大,蒸发速度快,物料与加热蒸汽间温度差可降到很小,物料可被缩到较高浓度,应用日趋广泛。已大量使用的有2~5效的带热泵和余热回收的大中型降膜蒸发浓缩系统,最小蒸汽用量为每蒸发1kg水分,耗0.125kg加热蒸汽。

3. 升降膜式蒸发器

升膜式蒸发器与降膜式蒸发器各有优缺点,升降膜式蒸发器可互补不足。升降膜式蒸发器是在加热器内安装两组加热管,一组作升膜式,一组作降膜式,外形与结构如图16-12所示。物料溶液先进入升膜加热管,沸腾蒸发后,气液混合物上升至顶部,然后转入另一半加热管,进行降膜式蒸发。浓缩液和二次蒸汽从下部进入气液分离器,二次蒸汽从分离器上部排入冷凝器,浓缩液从分离器下部出料。

升降膜式蒸发器的特点如下:

(1)符合物料要求,初进入蒸发器,物料浓度较低,物料蒸发内阻较小,蒸发速度较快,容易达到升膜要求。物料经初步浓缩,浓度较大,但溶液在降膜式蒸发中

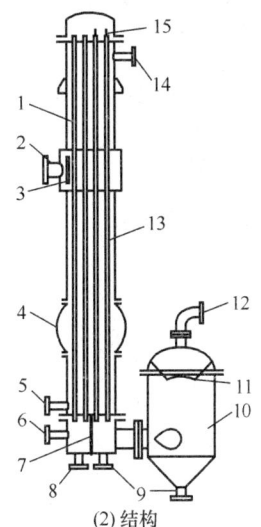

(1) 外形　　　　　　　　　　　　　(2) 结构

图 16-12　升降膜式蒸发器

1—升膜式加热列管　2—加热蒸汽进口　3—蒸汽挡板　4—膨胀节　5—冷凝水出口
6—料液进口　7—隔板　8—放料口、排污口　9—浓缩液出口　10—离心式气液分离器
11—防泡沫板　12—二次蒸汽出口　13—降膜式加热列管　14—不凝性气体出口
15—降膜料液分配器

受重力作用还能沿管壁均匀分布形成膜状。

(2) 经升膜蒸发后的气液混合物,进入降膜蒸发,有利于降膜的液体均匀分布,加速物料的湍流和搅动,进一步提高降膜蒸发的传热系数。

(3) 用升膜控制降膜的进料分配,有利于操作控制。

(4) 将两个浓缩过程串联,提高产品浓缩比,降低设备高度。

4. 刮板式薄膜蒸发器

刮板式薄膜蒸发器是通过旋转刮板强制成膜,在真空条件下进行降膜蒸发的新型高效蒸发器。它传热系数大、蒸发强度高、过流时间短、操作弹性大,适宜热敏性物料、高黏度物料及易结晶含颗粒物料的蒸发浓缩、脱气脱溶剂、蒸馏提纯,在化工、医药、食品等行业获得广泛应用。

刮板式薄膜蒸发器外形与结构、内部结构如图 16-13、图 16-14 所示。搅拌轴上附有若干块刮板,将溶液甩至器壁加热面上,并增加液膜湍动性,减小传热过程的液膜阻力并防止固体析出物粘壁。

蒸发器分为两段,中下部外侧为加热蒸汽夹套为加热蒸发段,内部装旋转的搅拌刮板,刮板端与加热管内壁间隙0.75~1.5mm。上段有扩大的截面和固定的叶板,为气液分离段。料液由加热蒸发段顶部沿切线方向进入器内,被刮板带动旋转,在加热管内壁形成旋转下降的液膜,二次蒸汽夹带的溶液被刮板甩至器

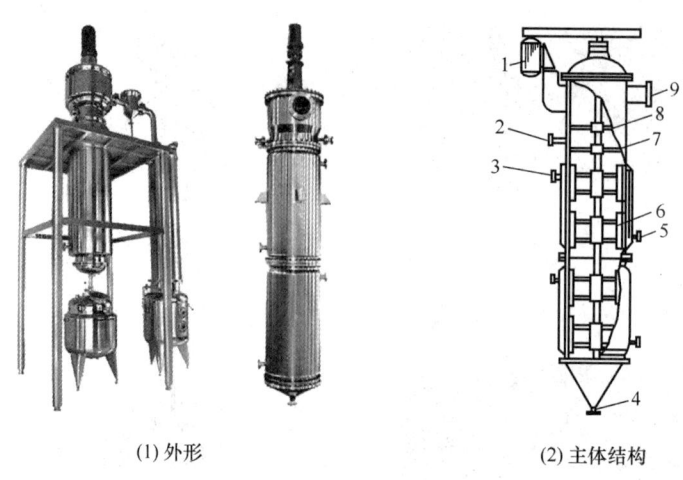

(1) 外形　　　　　　　　(2) 主体结构

图 16-13　刮板式薄膜蒸发器
1—电机　2—进料管　3—加热蒸汽管　4—排料管　5—冷凝水排出孔　6—刮板
7—分配盘　8—除沫器　9—二次蒸汽排出管

壁,沿壁下降,会同料液重新被浓缩。在此过程中,溶液被蒸发浓缩,完成液由底部排出,二次蒸汽上升至顶部经分离后进入冷凝器。

蒸发器有机械搅拌,可处理高黏度甚至带固体粒子的物料。在蒸发温度下,处理浓缩液黏度高达 1Pa·s。刮板式蒸发器直径为 0.1~0.5m,传热面积为 0.1~4m^2,加热段高径比为 3~5,蒸发水量为 0.2m^3/(m^2·h)。刮板转速为 230~1600r/min,随传热面积增大,转速减小,线速度为 4~10m/s。

图 16-14　刮板式薄膜蒸发器内部结构

刮板式薄膜蒸发器的优点:①依靠外力强制溶液呈膜状下流。②溶液停留时间短。③适用于处理高黏度、不易结晶或结垢的物料。

其缺点:①结构较复杂。②制造安装要求高。③动力消耗大。④传热面积不大,生产能力小。⑤有传动件,需经常维修,造价高。

5. 离心式薄膜蒸发器

离心式薄膜蒸发器是利用旋转离心盘产生离心力对溶液周边分布作用而形成薄膜,设备外形与结构如图 16-15、图 16-16 所示。如图 16-16 所示,离心转鼓 8 内部叠放着几组梯形离心碟,每组离心碟由两片不同锥形的、上下底都是空的碟片和套环组成。两碟片上底在弯角处紧贴密封,下底分别固定在套环的上端和中部,构成一个三角形碟片间隙,起加热夹套作用。加热蒸汽由套环的小孔从转鼓通入,冷凝水受离心力作用,从小孔甩出流到转鼓底部冷凝水收集槽12。离心碟组相隔的空间是蒸发空间,上大下小,能从套环的孔道垂直连通,作为物料的通道。各离心碟组套环叠合面用O形圈密封,最上面用压紧环将碟组压紧。压紧环上焊有挡板,与离心碟片构成环形液槽7。

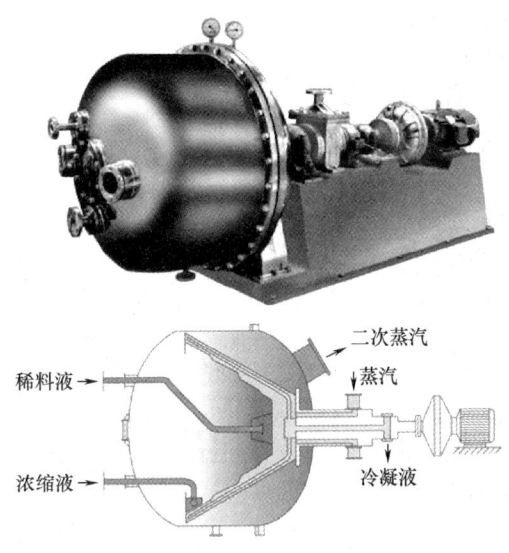

图16-15 离心式薄膜蒸发器外形

运转时,稀物料从进料管1进入,由料液喷嘴4向各碟片组下表面即下碟片10外表面喷出,均匀分布于碟片锥顶表面。液体受离心力作用向周边运动扩散形成液膜,液膜在碟片表面,受热蒸发浓缩。浓溶液到碟片周边就沿套环的垂直通道上升到环形液槽7,由浓缩液吸管6抽出到浓缩液贮罐。从碟片表面蒸发出的二次蒸汽通过碟片中部大孔上升,汇集进入冷凝器。加热蒸汽由旋转空心轴19通入,由小通道进入碟片组间隙加热室,冷凝水受离心力作用迅速离开冷凝表面,从小通道甩出落到转鼓最低位置的冷凝水收集槽12,从固定的中心管13排出。

蒸发器在离心力场作用下具有很高传热系数,在加热蒸汽冷凝成水后,受离心力作用,甩到非加热表面的上碟片9,沿碟片排出,以保持加热表面很高的冷凝给热系数,受热面上物料在离心力作用下,液流湍动剧烈,蒸气气泡能迅速被挤压分离,有很高传热系数。

离心式蒸发器的离心转鼓8须经动平衡试验,要求转动平稳。电动机18通过液力联轴器16传动,启动动作平稳,超载时联轴器能自动脱开,防止电动机超载损坏。空心轴19上下使用端面轴封,密封性能良好,运转时真空稳定。蒸发器上装真空压力表,以观察蒸发室压力和蒸发温度,可调整通入加热蒸汽压力和进料量来满足不同工艺要求。通过顶部视镜观察蒸发器内物料蒸发情况。操作完毕,从清洗管道通入洗液,将设备喷洗干净。

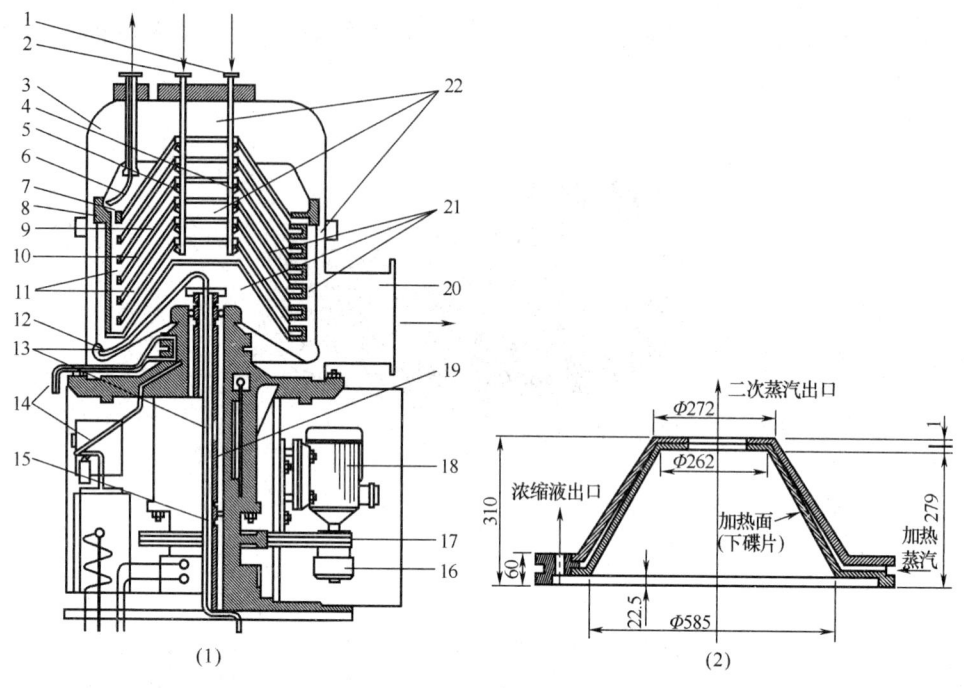

图16-16 离心式薄膜蒸发器的结构
1—进料管 2—清洗管 3—蒸发器外壳 4—料液喷嘴 5—清洗液喷嘴 6—浓缩液吸管
7—环形液槽 8—离心转鼓 9—上碟片 10—下碟片 11—浓缩液通道 12—冷凝水收集槽
13—中心管 14—润滑系统 15—进蒸汽管 16—液力联轴器 17—皮带变速系统
18—电动机 19—空心轴 20—二次蒸汽排出口 21—蒸汽通道 22—二次蒸汽通道

图16-17为离心式薄膜蒸发设备流程。由平衡槽、螺杆进料泵、离心式薄膜蒸发器、水力喷射泵、急闪冷却器、蒸汽喷射泵、浓缩液贮罐组成。

采用螺杆泵,进料压力较高,进料稳定,保证均匀喷入离心碟片蒸发。采用水力喷射泵、蒸汽喷射泵组成的真空系统,可简化设备流程,减少设备投资,简化操作,运行可靠,降低对冷却水的水质要求。这是本流程的特点。

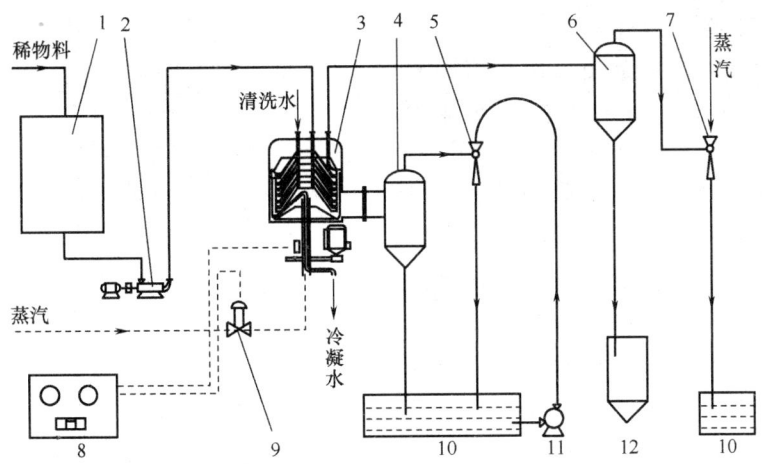

图 16-17 离心式薄膜蒸发设备流程

1—平衡槽 2—螺杆进料泵 3—离心式薄膜蒸发器 4—气液分离器 5—水力喷射泵
6—急闪冷却器 7—蒸汽喷射泵 8—控制台 9—电磁阀 10—冷却水槽
11—高压水泵 12—浓缩液贮罐

三、蒸发装置的附属设备

1. 除沫器

蒸发器分离室中,二次蒸汽与液体分离后,还会夹带一定量液沫。为进一步分离,防止有用产品损失或防止冷凝液被污染或堵塞管道,需用除沫器将液滴除去。

除沫器型式很多,可直接设置在蒸发器顶部,如图 16-18(1)~(5)所示;也可设置在蒸发器之外,如图 16-18(6)~(8)所示。它们大都是使夹带液沫的二次蒸汽的速度和方向多次发生改变,利用液滴较大惯性力及液体对固体表面的润湿能力,使之粘附于固体表面并与蒸汽分开。

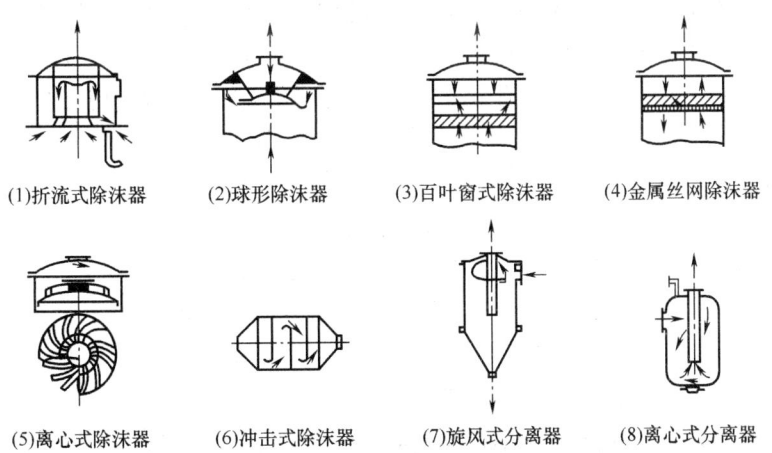

(1)折流式除沫器　(2)球形除沫器　(3)百叶窗式除沫器　(4)金属丝网除沫器

(5)离心式除沫器　(6)冲击式除沫器　(7)旋风式分离器　(8)离心式分离器

图 16-18 除沫器的主要型式

2. 冷凝器

冷凝器的作用是使二次蒸汽冷凝。冷凝液需回收时,采用间壁式冷凝器。二次蒸汽为水蒸气不再利用时,采用混合式(直接接触式)冷凝器,节省投资、简化操作。图16-19为直接接触式冷凝器,器内装有若干块钻有小孔的淋水板,冷却水从上而下沿淋水板往下淋洒,与上升的二次蒸汽逆流接触,水蒸气被冷凝后与冷却水一起由下部流出,不凝气体从顶部排出。蒸发过程在减压下进行时,不凝气体需用真空装置(水环式真空泵或往复式真空泵)抽出,冷凝液和冷却水混合物依靠自己的位头沿气压管(大气腿)排出。气压管底部是个水封装置,大气腿需有足够高度保证冷凝器中水能依靠高位自动流出,避免外界空气吸入。

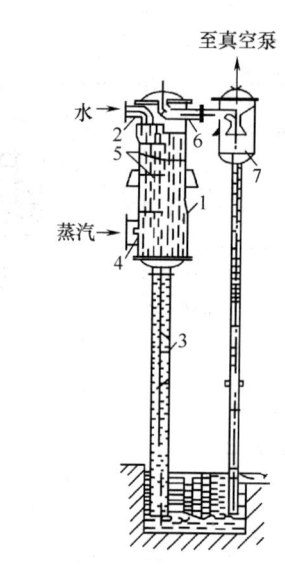

图16-19 直接接触式冷凝器
1—外壳 2—进水口 3—气压管 4—蒸汽进口
5—淋水板 6—不凝性气体管 7—分离器

例如,对热敏性料液,要求较低蒸发温度,并尽量缩短溶液在蒸发器内的停留时间,以选择薄膜式蒸发器为宜。对处理量不大的高黏度、有晶体析出或易结垢的溶液,可选刮板式蒸发器。选型时,如有几种型式的蒸发器均能适应溶液性质和蒸发要求,应进一步做经济比较来确定更适宜的型式。

四、蒸发操作与控制

1. 间歇式真空浓缩设备的操作要点

(1)准备工作 使用设备前,首先了解设备结构、管路阀门和仪表操作规程;电动机接地保护,传动部分装保护罩。吸入液料前,先将浓缩锅充分洗涤,并送入蒸汽,保持15~30min预热并杀菌;然后放出冷凝水,关闭所有阀门,向冷凝器中注入冷却水,同时启动真空装置,使真空度达到规定要求。

(2)开始运行 以盘管式蒸发器为例,准备工作完成后,即可吸入液料。液面浸过各层加热盘管后,顺次开启各排管的蒸汽阀门,通入蒸汽。开始时,保持盘管中蒸汽压力不要过高,防止料液中空气突然形成泡沫,造成料液损失。料液处于稳定沸腾状态时,逐渐增加蒸汽量,达到蒸汽压力时再调节进料阀门,使液面保持在刚好能将最上层加热盘管完全浸没的高度。随着浓缩的进行,浓度和黏度逐渐增高,使蒸发速度减慢。这时,适当提高真空度,保持规定的液料温度。

(3)停止运行 料液达到浓缩要求时,关闭蒸汽阀,解除真空,卸出浓缩成品;然后向浓缩锅内通水,进行清洗。

(4)常见故障及产生原因

①真空度过低:接管、阀门泄漏或冷却水不足、水温过高或真空装置内部有故障。

②沸腾突然停止:平衡槽抽空、液料中进入空气或真空系统工作中断。

2. 连续式真空浓缩设备的操作要点

(1)试车　全面检查设备安装正确性、安全性和密封度,组织试车人员进行设备学习和安全教育,设备内做彻底清洗。按照如下步骤逐步进行:部件试运转→水试车→物料试车。

部件试运转的目的是检查各泵的运转是否正常;冷却水泵给水后,方可启动(防止轴封干摩擦而损坏),并保持规定水压。水试车过程中,调节管路上节流装置,使各真空部件真空度和温度达到要求数据。物料试车投料前,检查物料是否合乎要求;用碱、酸、水洗涤液将设备清洗干净。开始投料量应比要求投料量大10%以上,然后按出料浓度,逐渐调整。

(2)开车前的准备　打开蒸汽总供汽阀,检查锅炉供汽压力是否达到要求。用氯水或热水对蒸发器和管道消毒,然后打开平衡槽进水阀,把水放满。

(3)开车　打开冷却水泵的给水阀,调水压至规定要求。依次开动平衡槽出料阀、进料泵、出料泵和真空装置,以水代物运行。二效分离器真空度达到82.7kPa时,打开杀菌器和热压泵的蒸汽阀,调节热压泵的蒸汽压力约490kPa。杀菌温度和各效蒸发温度达到要求时,用物料把水置换,同时关闭出料阀,使物料浓缩后先回入平衡槽,进行大循环,并调节进料量和各工艺参数。物料达浓度要求时,关闭回流阀,打开出料阀,然后连续进料运行。

(4)停车和清洗　一个班次结束或一批原料处理完毕时,先关闭蒸汽阀,破坏真空度。然后,关闭进、出料泵、冷却水阀和真空装置,抽出设备的浓缩液。最后,进行一次清洗,清洗按如下顺序进行(各步骤清洗时间均有要求):

水洗→2% NaOH 溶液洗→水洗→2% 硝酸溶液洗→水洗

(5)常见故障与产生原因

①真空度低、蒸发温度高:螺旋接头松弛,垫圈等密封件损坏;冷却水不足,排水温度过高;热压泵工作蒸汽高;真空系统故障。

②蒸发管、杀菌管结垢:原料乳酸高;进料量少;中途停车断料;物料分配孔堵塞;加热温度高;清洗不彻底。

③出料不连续或不出料:泵盖、泵的进料管路漏气。

④出料浓度低:进料量大;热压泵工作蒸汽压力低;物料泵密封件损坏;蒸发管内结垢。

3. 真空浓缩设备的检修要点

为保养好设备,保证正常安全运转,停车后须立即清洗,及时盖封,避免尘土污染。浓缩设备上密封处的衬胶、垫圈等容易老化及脱落,使阀门漏泄,仪表失灵等,要经常检修,及时更换。有关设备的易损零件,应备件,以备更换。检修后,进行压力、真空度测试。

4. 蒸发过程的强化

蒸发的最终目标,是将溶液中大量水分蒸发出来,使溶液得到浓缩。提高蒸发器单位时间内蒸出的水分。

(1) 合理选择蒸发器　蒸发器选择应充分考虑料液性质。如对热敏性食品物料,尽量降低溶液在蒸发器中的沸点,缩短料液在蒸发器中滞留时间,选用膜式蒸发器。对10%左右稀碱液的浓缩,由于腐蚀性、黏度、结晶和结垢的影响,在10%~30%和30%~40%两个浓度段下,分别采用自然循环蒸发器和强制循环蒸发器。

(2) 提高蒸汽压力　提高蒸发器生产能力、提高加热蒸汽压力和降低冷凝器中二次蒸汽压力,有助提高传热温度差。由于受锅炉限制,加热蒸汽压力被控制在300~500kPa,冷凝器中二次蒸汽绝对压力控制在10~20kPa。如果压力再降低,势必增大真空泵负荷,增加真空泵功耗,且随着真空度提高,溶液黏度增大,传热系数下降,反而影响蒸发器传热量。

(3) 提高传热系数 K　提高蒸发器蒸发能力主要途径是提高传热系数 K。通常,管壁热阻很小,可忽略不计,加热蒸汽冷凝膜系数很大,若在蒸汽中含有少量不凝气体时,加热蒸汽冷凝膜系数下降。蒸汽中含1%不凝气体,传热总系数下降60%。所以操作中应密切注意及及时排除不凝气体。

蒸发操作中,管内壁出现结垢现象不可避免,尤其处理易结晶和腐蚀性物料时,传热总系数变小,使传热量下降。蒸发操作中,一方面定期停车清洗,除垢;另一方面,改进蒸发器结构,如把蒸发器加热管加工光滑些,污垢不易生成,或生成也容易清洗,可提高溶液循环速度,降低污垢生成速度。

对不易结晶、不易结垢物料的蒸发,影响传热总系数 K 的主要因素是,管内溶液沸腾的传热膜系数。蒸发操作中,提高溶液循环速度和湍动程度,从而提高蒸发器蒸发能力。

改进蒸发器结构,提高传热系数。如改进加热管表面形状是新型高效蒸发器的研发思路。采用板式换热器,可提高传热效率、缩短液体停留时间,体积小、易拆卸和清洗,加热面积还可根据需要增减。采用表面多孔加热管、双面纵槽加热管,可显著提高沸腾溶液侧的传热系数。

(4) 改进蒸发器内液体的流动状况　一是设法提高蒸发器循环速度,二是在蒸发器管内装入多种型式的湍流原件。前者的重要性在于,不仅提高沸腾传热系数,还降低单程气化率,减轻加热壁面结垢现象。后者则是使液体增加湍动,提高传热系数。其他方法,如向蒸发器内通入适量不凝性气体,增加湍动,提高传热系数,缺点是增加真空泵吸气量。

(5) 改进溶液的性质　有通过改进溶液性质改善蒸发效果的报道。如加入适量表面活性剂,消除或减少泡沫,提高传热系数。或加入适量阻垢剂,减少结垢,提高传热效率和生产能力;在醋酸蒸发溶液的表面,喷入少量水,提高生产能力,减少加热管的腐蚀;用磁场处理水溶液,提高蒸发效率。

(6)优化设计和操作　许多研究者从节省投资、降低能耗着眼,对蒸发器装置优化设计进行深入研究,分别考虑蒸气压力、冷凝真空度、有效传热温差、冷凝水闪蒸、热损失及浓缩热等综合因素影响,建立多效蒸发系统优化设计数学模型。在装置中采用先进计算机测控技术,是使装置在优化条件下进行操作的重要措施。

以上可看出,蒸发过程强化,不仅涉及化学工程流体力学、传热方面的研究与技术支持,还涉及物理化学、计算机优化和测控技术、新型设备和材料等方面的综合知识与技术。不同单元操作、不同专业和学科渗透和耦合,成为过程和设备结合创新的新思路。

第三节　典型的蒸发设备流程

一、单效蒸发设备流程

在单效蒸发流程中,只有一个蒸发器,蒸发时原料液在蒸发器内加热气化,二次蒸汽引出后冷凝或排空,不再被用作加热介质。食品、发酵及制药工业中,被浓缩的物料大多具有热敏性,常采用真空蒸发。图16-20为典型的单效蒸发设备流程。

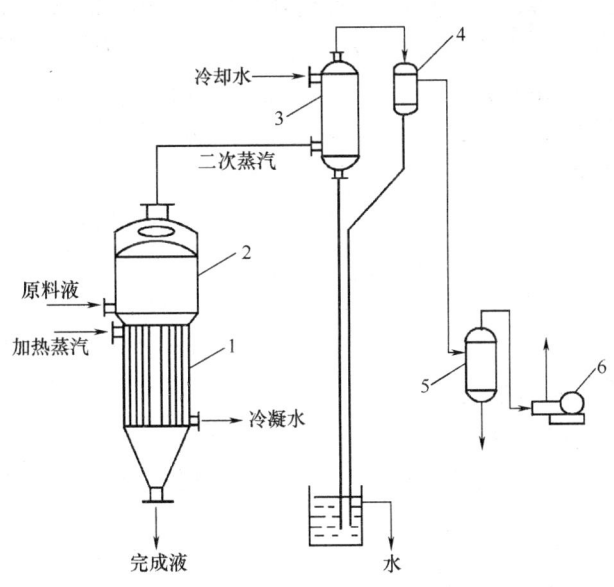

图16-20　单效蒸发设备流程
1—加热室　2—分离室　3—混合冷凝器　4—气液分离器　5—缓冲罐　6—真空泵

蒸发装置,包括蒸发器和冷凝器(如用真空蒸发,冷凝器后接真空泵)。蒸发器实质上是个换热器,由加热室和气液分离室两部分组成。下部为加热室,相当于列管式换热器,应保证足够传热面积和较高传热系数。加热室使用的加热介质是水蒸气,通过换热,使壁另侧料液升温、沸腾、蒸发。上部为蒸发室,沸腾的气液两相在蒸发室中分离,因此蒸发室也称为分离室,有足够分离空间和横截面积。在蒸发室顶部设有除沫装置,除去二次蒸汽中夹带的液滴。二次蒸汽进入混合冷凝器3用冷却水冷凝,混合冷凝水由冷凝器下部经水封管排出,二次蒸汽中的不凝性气体经气液分离器4和缓冲罐5由真空泵6抽出。不凝性气体来自系统中原存的空气、料液中溶解的空气及系统减压操作时从周围环境中漏入的空气。浓缩后的完成液由蒸发器底部排出。

二、多效蒸发设备流程

多效蒸发是把若干个蒸发器串联起来,将前一蒸发器产生的二次蒸汽引入后一蒸发器的加热室作为热源。二次蒸汽的压力和温度虽比生蒸汽的压力和温度低,但可用作后一蒸发器加热介质。后一蒸发器的加热室就相当于前一蒸发器的冷凝器。利用生蒸汽作为加热介质的蒸发器,称为第一效;利用第一效产生的二次蒸汽作加热介质的蒸发器,称为第二效;利用第二效产生的二次蒸汽作加热介质的蒸发器,称为第三效;依次类推。

各效操作压力是自动分配的。为获得必要传热温差,多效蒸发流程最后一效和真空装置相连。各效压力和沸点是逐效降低的。在第一效通入加热蒸汽就可使各效都能进行蒸发,从而节省大量蒸汽。尽管多效蒸发具有热能利用的经济性,但在相同生产能力下,串联若干单效设备,可大大提高设备投资费用。

根据加热蒸汽流动方向与料液流动方向组合方式不同,多效蒸发操作流程分为顺流、逆流、平流。

1. 顺流加料蒸发流程

顺流加料蒸发也称为并流加料蒸发,流程如图16-21所示。这是工业上常用加料方法。原料液和蒸汽都加入第一效,溶液依次流过第一效、第二效和第三效,完成液由第三效排出。加热蒸汽在第一效加热室中冷凝后,经冷凝水排除器排出;由第一效溶液中蒸发出的二次蒸汽进入第二效加热室供加热用;第二效二次蒸汽进入第三效加热室;第三效二次蒸汽送入

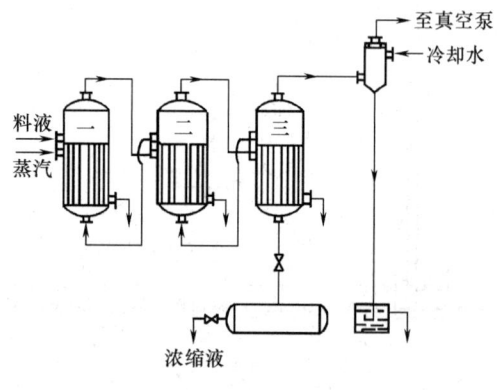

图16-21 顺流加料蒸发流程

冷凝器中被冷凝后排出。

顺流加料蒸发流程的优点：①各效压力依次降低，料液可借压强差自动流向后一效，不需用泵输送。②各效料液沸点依次降低，前效料液进入后效时常处于过热状态，将发生自蒸发而产生更多二次蒸汽。

缺点：随着料液逐效增浓，温度逐效降低，料液黏度逐效提高，传热系数逐效减小。顺流加料流程不适宜用于处理黏度随浓度增加而迅速增高的料液。

2. 逆流加料蒸发流程

逆流加料蒸发流程如图 16-22 所示。料液从末效加入，沿着三→二→一方向，用泵依次送入前一效，最后从第一效排出浓缩液。蒸汽流动方向由一→二→三，料液流动方向与蒸汽流动方向相反。

逆流加料设备流程的优点：①最浓料液在最高温度下蒸发，各效料液黏度相差不致太大，传热系数不致太小，有利整个系统生产能力提高。②采用逆流加料，末效蒸发量比并流加料时少，减少冷凝器负荷。

缺点：①效与效间须用泵输送料液，增加能耗，装置变复杂。②除末效外，各效进料温度都比相应的沸点低，不会发生自蒸发现象，需加热量大。③若原料液温度较高，在末效由自蒸发产生二次蒸汽不加利用，热量消耗比并流加料多。

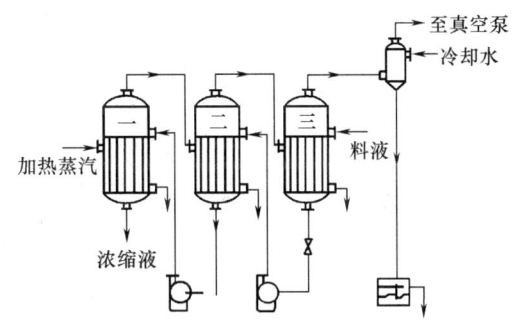

图 16-22 逆流加料蒸发流程

3. 平流加料蒸发流程

平流加料蒸发流程如图 16-23 所示。每效都加入原料液，每效都可排出浓缩液。蒸汽流向仍由第一效至末效。流程适用于处理在蒸发过程中伴有晶体析出的场合。如某些盐溶液的浓缩，因含晶体溶液不便于效间输送，宜采用平流加料法。

4. 二次蒸汽再压缩蒸发流程

二次蒸汽再压缩蒸发流程，是利用压缩机将蒸发器中二次蒸汽加以压缩，提高压力，使饱和温度

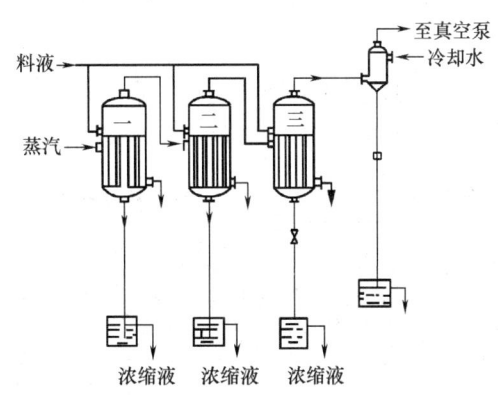

图 16-23 平流加料蒸发流程

升高到溶液沸点以上,然后送入蒸发器加热室作为加热蒸汽。二次蒸汽压缩机称为热泵,这种方法称为热泵蒸发。采用热泵蒸发,有时只需在蒸发器启动阶段供应加热蒸汽。一旦操作进入稳定阶段,不再需要加热蒸汽,仅需提供使二次蒸汽升压所需的功。热泵压缩二次蒸汽能力有限,对二次蒸汽所需压缩比不大的情况,这种方法节能效果很好。

热泵有机械式和蒸汽喷射式。机械式热泵消耗电能将低压蒸汽压缩为较高压力蒸汽;蒸汽喷射式热泵利用高压蒸汽压缩低压蒸汽,得到压力较高的混合蒸汽。热泵蒸发可单独使用,也可与多效蒸发同时使用,进一步提高节能效果。图16-24为APV公司带热泵的七效降膜蒸发系统流程图。系统从料液中蒸发1kg水仅耗蒸汽0.09kg,节能效果非常显著。

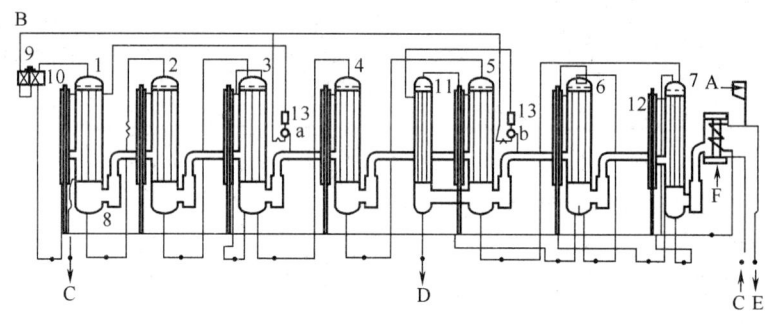

图16-24　七效降膜蒸发系统流程图

1~7—蒸发器　8—气液分离器　9—巴氏灭菌器　10—换热器　11—浓度调节蒸发器　12—预热器
13—二次蒸汽压缩机　A—进料　B—生蒸汽　C、E—冷凝水　D—浓缩液　F—冷却水

多效蒸发的目的是为了节省加热蒸汽消耗量。理论上,增加效数可节省加热蒸汽消耗量。但随着效数增加,加热蒸汽节省量越来越小,设备费用明显增加,热量损失增加,不利于提高效益。食品、制药生产中,采用三、四效蒸发器,以提高经济效益。

物料性质对于效数的确定有很大影响。表16-1所示为影响蒸发器效数的主要因素,供选择或设计蒸发器时参考。

表16-1　　　　　　　　影响蒸发器效数的主要因素

因素	效数
处理腐蚀性液体或有腐蚀性蒸气发生,须防止成品污染	须用不锈钢等特殊材料,使蒸发器的价格升高,故一般只用一~二效
溶液的黏性	对黏度高的某些热敏性物料,用二~三效;黏度高,且要求强制循环,采用单效

续表

因素	效数
溶液的沸点随浓度升高而上升	沸点急速增大的用单效,如高浓度的电解质溶液的浓缩
热敏性溶液	随浓缩温度和浓缩时间而变化,但真空一般用单效,也有用二～三效
其他	对于易结垢或起泡性强的溶液的蒸发,一般用单效

思考与练习

一、名词解释

蒸发 自然蒸发 沸腾蒸发 真空蒸发 刮板式蒸发器 离心式蒸发器

二、填空题

1. 蒸发操作,主要由_____和_____两部分组成。

2. 间歇蒸发分为_____、_____和_____、_____两种方式。

3. 连续蒸发,是_____、_____。一般大规模生产中,多采用_____。

三、判断题

1. 升膜式蒸发器更适合用于较稀溶液的浓缩。(   )

2. 降膜式蒸发器,进入其内部的料液方向是自下而上的。(   )

3. 升降膜式蒸发器的外形与升膜式蒸发器相似。(   )

4. 刮板式蒸发器属于真空蒸发,其轴向的动密封问题,是该型设备使用过程中的一个核心问题。(   )

5. 爬膜的形成,需要较为苛刻的条件,需要精心操作。(   )

6. 降膜式蒸发器中,膜的形成条件要求低于升膜式蒸发器。(   )

7. 蒸发操作是一个能量消耗很大的环节,因此也是节能的重点环节。(   )

8. 蒸发是一种有效的浓缩手段,因此也是浓缩的唯一手段。(   )

四、问答题

1. 什么是蒸发?有何意义?举例说明蒸发操作在生物工程中的应用情况。

2. 生蒸汽与二次蒸汽有何不同?

3. 真空蒸发有何特点?

4. 维持蒸发操作顺利进行的必要条件是什么?

5. 常用的蒸发设备有哪几种?各有何特点?

6. 试比较单效蒸发与多效蒸发?

7. 常用的多效蒸发设备流程有哪几种?各有何特点?

8. 热泵蒸发有何意义?

第十七章 结晶设备

【学习目标】

1. 知识目标 了解影响晶核形成及晶体成长的主要因素,结晶操作在生物工程中的应用;熟悉结晶操作的推动力,固-液系统的相平衡,结晶方法及适用场合;掌握结晶操作的基本概念,结晶设备的类型、结构、操作原理及特点。

2. 能力目标 正确选择起晶方法和结晶设备;掌握立式结晶箱正确使用与维护的要点;掌握卧式结晶箱正确使用与维护的要点;掌握普通真空结晶锅正确使用与维护的要点。

结晶是物质以晶体状态从蒸汽、溶液或熔融物中析出的过程。结晶操作具有的特点:①能从杂质含量较多的溶液或多组分熔融混合物中产生纯净的晶体。②能量消耗少,操作温度低,对热敏性物料特别适宜。③晶体产品包装、运输、贮存或使用都很方便。

结晶是生物工程中重要的单元操作之一,广泛应用于柠檬酸、味精、核苷酸、酶制剂和抗生素等产品提取和精制。本章重点介绍结晶的理论与方法,结晶设备的构造、特点及操作要求。

第一节 结晶原理和起晶方法

一、结晶原理

1. 晶体的特性

晶体是具有一定几何晶形,一定颜色的固体。物质自溶液中成晶体状析出,或从熔融状态冷却成晶体状凝结的过程,称为结晶。本节只讨论从溶液中结晶析出的情况。

晶体上的物质质点贮存能量最小,质点只能在晶体上一定位置振动,振动平均位置不变,保持晶格不致破坏。因此,晶体是一种稳定的固体状态。

晶体是纯的、化学均一性的固体,同一晶体内各个不同部位的成分和结构是相同的。对要求纯度较高的固体产品,多采用结晶办法来提取和提纯。

晶体的形状相同,晶棱齐整,晶面平滑反光,晶色一致,给人晶莹美观、产品优良的观感。晶体容易筛分而使产品大小均匀。

2. 溶解与结晶

晶体置于溶剂(或未饱和溶液)中时,质点受溶液分子吸引和碰撞,吸收能量而均匀扩散于溶液中(或与溶液形成化合物、水合物),同时已熔固体质点会碰撞到晶体上,放出能量重新结晶析出。若溶液未饱和,溶解速度大于结晶速度,表现为溶解。

溶解时,在一定温度及压力下(温度298K,压力101kPa的标准状况),1mol的溶质溶解在大体积的溶剂时发出或吸收的热量,称为溶解热。溶解热等同于焓值的变化,也称为溶解焓。

随着溶解量增加,溶液浓度不断增大,溶解速度与结晶速度趋于相等,溶解与结晶处于动态平衡,这时的溶液称为饱和溶液。物质溶解的量称为溶解度。

随温度升高,质点能量增加,扩散运动增大,晶体溶解量增多,溶解度就升高。想使溶质从溶液中析出,要反方向破坏动态平衡,使结晶速度大于溶解速度。溶液中的溶质含量超过饱和溶液中溶质含量时,溶质质点间引力起主导作用,它们彼此靠拢、碰撞、聚集放出能量,并按一定规律排列析出,这就是结晶过程。工业生产上采用蒸发浓缩,冷却或其他降低溶解度的方法破坏溶液动态平衡,使溶质结晶。

3. 过饱和溶液

(1)溶解度曲线 通过实验给出的各种物质溶解度与温度关系的曲线,称为溶解度曲线。溶解度大小与溶质及溶剂的性质、温度、压强等因素有关。溶质在特定溶剂中的溶解度主要随温度变化。图17-1为几种无机物在水中溶解度曲线。有些物质的溶解度随温度升高迅速增大。有些物质溶解度随温度升高以中等速度增加。还有一类物质,如NaCl,随着温度升高,溶解度只有微小增加。上述物质在溶解过程中,需要吸收热量。有些物质,如Na_2SO_4,随温度升高,溶解度反而下降。在溶解过程中,放出热量。

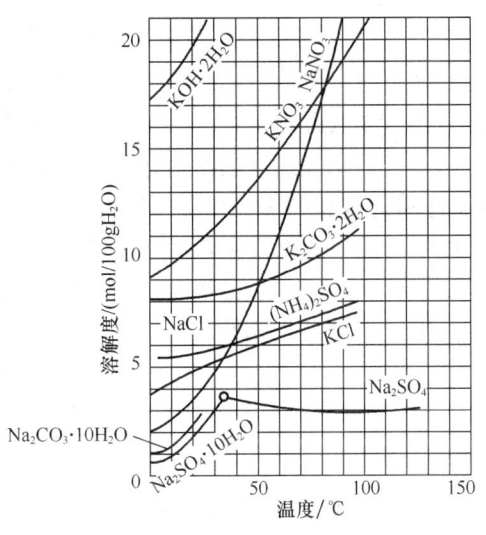

图17-1 几种无机物在水中的溶解度曲线

(2)柠檬酸的结晶过程 溶解度曲线是连续的,但有些物质在不同温度下形成不同化合物(水合物),曲线出现折点。柠檬酸折点温度为36.6℃。超过36.6℃时结晶的柠檬酸不带结晶水,在36.6℃以下结晶的柠檬酸带一个结晶水分子,如图17-2所示。

图中,曲线Ⅰ-Ⅰ是柠檬酸饱和溶液曲线。曲线下方为不饱和溶液区间,曲线上为饱和溶液浓度。在曲线上方区间里,溶液浓度超过饱和浓度,有晶体存在的溶液在此区间不会出现,或只是暂时的,它应结晶析出,回到饱和浓度位置上。没有

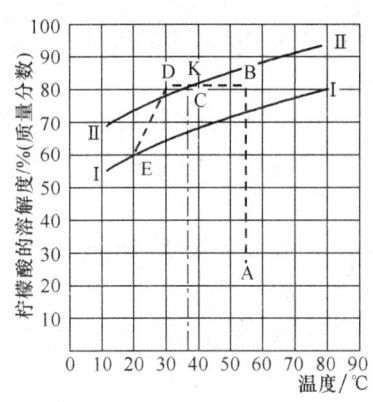

图 17-2 柠檬酸结晶过程

晶体存在的溶液,实验证明过饱和溶液是存在的。

从图 17-2 可以看出,55℃时柠檬酸饱和浓度为 73%(质量分数),在生产上将柠檬酸精制液在 55℃时浓缩到近 81%(质量分数)的浓度,没有结晶析出。再将过饱和溶液快速冷却到 40℃(1~2h)C 点,还是没有结晶析出。再慢慢降温(每小时降温 2~3℃),冷却到 D 点时,溶液立即自发生成大量晶核,浓度随之降低,一直降到 E 点,使溶液达到饱和浓度为止。从起晶到育晶结束,都在折点温度 36.6℃以下进行,故所得晶体是带有一个结晶水的柠檬酸水化物结晶。通过实验,用纯柠檬酸过饱和溶液测定自然起晶的浓度,得出Ⅱ-Ⅱ曲线,称过饱和溶液曲线。介于过饱和曲线与饱和曲线间浓度的溶液中,如果没有晶体,或其他刺激因素存在,它还是比较稳定,可保持较长一段时间不会自然结晶析出,这个浓度区域,称为介稳定区。过饱和溶液曲线以上浓度的溶液很快自然起晶析出,该区域为不稳定区。过饱和曲线并不是一条准确的自然起晶曲线,它受溶液纯度、操作条件影响而有迁移。溶液结晶速度受溶液过饱和浓度影响,过饱和浓度越高,结晶速度越快。相反,越接近饱和曲线,溶液结晶越慢。故有将介稳区划分为两个部分:接近过饱和曲线部分区域,称为刺激起晶区;接近饱和曲线部分,称为育晶区。介稳区内溶液稳定性是不一样的。过饱和溶液的稳定性还受溶液性质和溶液中杂质的影响。实践中要结合溶液具体情况考虑。

(3)过饱和溶解度曲线与结晶 任何固体物质与其溶液相接触时,若溶液未饱和,固体继续溶解。若溶液已达到过饱和,物质在溶液中超过饱和量的那一部分迟早要从溶液中析出。若溶液恰好达到饱和,则固体溶解与析出的量相等,此时固体与溶液处于相平衡状态。要使溶质结晶出来,须首先设法使溶液变成过饱和溶液。过饱和度是结晶操作的推动力。溶液的过饱和溶解度曲线如图17-3所示。

如图 17-3 所示,溶解度曲线 AB 与过饱和曲线 CD 把温度-浓度图划分为稳定区、介稳区和不稳定区三个区域。

①稳定区:溶液为不饱和溶液,不会有溶质晶体析出,该区域溶液的浓度是稳定的。

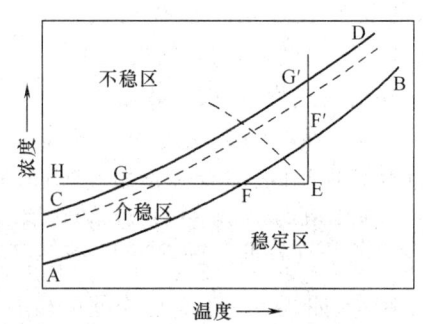

图 17-3 过饱和溶解度曲线

②介稳区:介于稳定区与不稳定区之间,处于溶解度曲线与过饱和溶解度曲线间的带状区域,结晶不能自动进行,若加入细小晶体(晶种),能诱导晶体产生。

③不稳定区:结晶能自动进行,该区域溶液的浓度是不稳定的。

物质在溶解时一般吸收热量,结晶时释放出热量,称为结晶热。结晶是同时有质量和热量传递的过程。

当将 E 点溶液冷却,而溶剂量保持不变时(直线 EFG),当达到 G 点时,结晶方能自动进行。如将溶液在等温下蒸发(直线 EF′G′),当达到 G′点时,结晶方能自动进行。进入不稳定区的情况很少发生,因为蒸发表面的浓度一般超过主体浓度,在这种表面上首先形成晶体,晶体诱导主体溶液在到达 G 点或 G′点前发生结晶。实际操作中,有时将冷却和蒸发结合使用。

物质的溶解度特征对结晶方法的选择非常重要。溶解度随温度变化敏感的物质,适合用变温结晶法分离;溶解度随温度变化缓慢的物质,适合用蒸发结晶法分离。

4. 晶核的形成与晶体的长大

(1)晶核的形成　过饱和溶液的存在,是因为晶体形成与长大是个复杂过程,受溶质质点(或水合物质点)在溶液中的碰撞、吸引、扩散排列等因素影响。

溶质均匀分散于溶液中,溶质质点受溶剂质点吸引,在溶液中做不规则的分子运动。当溶液浓度增高,溶质质点密度增大,溶质质点间的吸引力也增大。到达饱和状态时,溶质质点间的吸引力与溶剂对溶质的吸引力相等。在过饱和溶液中,溶质质点间吸引力大于溶剂对溶质吸引力,即有部分溶质质点处于不稳定的高能状态。如果它们互相碰撞,即会放出能量而聚合结晶。但过饱和度较小时,即这些不稳定的高能质点不多,且是均匀分布于溶液中,它们的聚合受到大量稳定的溶质质点的障碍,障碍的程度因溶液的性质和操作条件不一样。这就是存在过饱和溶液的原因。

溶液过饱和度超出过饱和曲线时,即溶液中不稳定高能质点很多,多到足以不受稳定的低能质点影响,而很快互相碰撞,放出能量,吸引、聚集、排列成结晶。因此,不稳定区浓度的溶液能自然起晶。起晶时认为由于质点碰撞,首先由几个质点结合成晶线,再扩大成晶面,最后结合成微小晶格,称为晶核(或晶芽)。其他质点连续排列在晶核上,使晶核长大成晶体。

(2)晶体的长大　晶体长大时,溶液中晶体质点的排列顺序有三种,如图 17-4 所示。图中(1)点位置是对着三面凹角,该处受三个最近质点吸引,引力最大。(2)点位置对着两面凹角,该处受两个最近质点吸引,引力较小。(3)点位置对着一个面,仅受这一质点的吸引,引力最小。因此,靠近晶核的不稳定质点,必然首先排列于引力最大的(1)点位置上,一个接一个,直至这一行列排完。再排相邻一行的(2)点位置,一个接一个,最后排完这一层面网。再由(3)位置排另一层面网。这样晶面就平行向外推移长大。最后晶体长大形成平整的晶面,一致的晶棱和整齐的晶角尖。晶体生长的形态与其表面能有很密切的关系,晶体成长的最终形态是使其总的表面能最小。

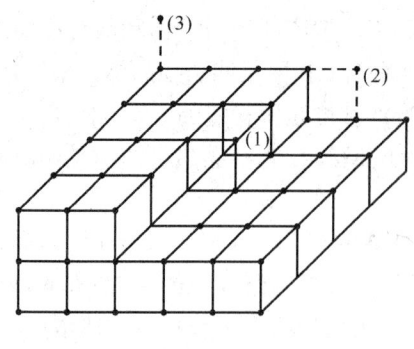

图17-4 晶体质点的排列顺序

5. 结晶的速度

处于晶核附近的不稳定高能质点,受晶体质点引力,放出能量,排列到晶核上以后,晶体周围的溶液是一些溶质质点较稳定的溶液,这些溶液好像一层膜一样包围着晶核,称为境界膜。境界膜阻碍其他不稳定质点向晶核靠近,不稳定质点只好通过扩散作用穿越境界膜,溶质在溶液中的扩散作用是由溶液间的浓度差所决定的。境界膜溶液的浓度可认为是饱和浓度。故溶液的过饱和浓度大小对溶质质点的扩散,即对结晶速度影响很大。

结晶速度与过饱和溶液的浓度差、结晶时温度、溶液黏度、境界膜厚度等有关。若扩散速度与溶质质点的表面结晶速度相等,则扩散速度等于结晶速度,这时结晶长大得比较正常。表面结晶速度小于扩散速度时,不稳定的溶质质点来不及很好排列,只受到继续通过境界膜的不稳定质点的影响,可能形成新的晶核,或不规则地附在晶核上生成伪晶,影响结晶质量,应注意防止。

溶液中带有胶体杂质时,使境界膜增厚,妨碍溶质质点扩散,使晶体长大速度下降。适当提高温度会降低溶液黏度和增大溶质扩散,但影响溶质溶解度的变化而降低浓度差。搅拌可使晶体与溶液产生相对运动而降低境界膜厚度,促进溶质分子扩散来提高晶体长大速度,使溶液浓度均匀,各处结晶速度差别不大,得到颗粒大小均匀整齐的结晶。但搅拌不能太剧烈,否则使晶体磨损断裂或破碎,或刺激生成新的晶核。

6. 影响结晶速度的主要因素

(1) 过饱和度 溶液的过饱和度对晶体成长速度起决定性影响。过饱和度越大,结晶速度越快。但过饱和度太大(处于不稳定区),易形成伪晶,严重影响晶体外观和质量。过饱和度过小,晶体将停止长大。要使晶体持续不断长大,必须维持一定的过饱和度。

(2) 温度 温度是影响成长速率的重要参数,不仅影响溶质分子的扩散速率和界面上的反应速率,也影响溶液的黏度、溶质的溶解度等。温度稳定才能控制一定的过饱和度,使结晶过程顺利进行,所以在结晶过程中应维持温度的稳定。

(3) 境界膜厚度 晶粒四周的液膜厚度即境界膜的厚度,与晶粒运动状况有关。运动晶粒比静止晶粒的境界膜厚度小。因此,适当搅拌可促进晶体相对运动,加快结晶速度。搅拌可使溶液温度保持均匀。搅拌能防止晶体下沉而相互黏结。但搅拌速度不能太快,否则晶体间易发生摩擦,使晶体受损,使溶质分子动能增加,不利于结晶。

(4) 黏度 结晶料液黏度显著影响溶质扩散到晶粒表面的速度,并使液膜增

(5) 杂质 物系中杂质的存在,对结晶生长影响较复杂。有的杂质能完全制止晶体生长,有的能促进生长,有的能对同一晶体的不同晶面产生选择性的影响,有的杂质在极低浓度下也能对其产生影响,有的却需要在相当高浓度下才能发挥作用。

二、起晶方法

1. 自然起晶法

将溶液用蒸发浓缩的方法排除大量溶剂,使溶液浓度进入过饱和不稳定区,溶液即自然起晶,大量生成晶体。随着晶体的生长,溶液浓度迅速下降,降到介稳定区的下部不再产生晶核,这时晶体只在已有晶面上长大。

由于起晶迅速,晶核数量难以控制,晶体粒子很小。同时,要使溶液浓缩至不稳定区,溶液的浓缩比增大,耗热量增大,蒸发时间长。这种方法已较少采用。

2. 刺激起晶法

将溶液用蒸发浓缩的方法排除部分溶剂,使溶液浓度进入过饱和介稳定区。然后将溶液放出,使溶液突然冷却,进入不稳定区。溶液受到突然改变温度的刺激,自行结晶生成晶核。

晶核的达到一定数量时,即改变条件,回升温度,进入介稳定区,停止晶核产生。然后,慢慢冷却,同时搅拌,使结晶器内溶液浓度均匀,并维持一定的过饱和浓度进行育晶,使晶体长大。

3. 晶种起晶法

将溶液浓缩到介稳定区的过饱和浓度后,加入一定大小和数量的晶种。同时,搅动溶液使粒子均匀悬浮于溶液中。溶液中饱和溶质慢慢扩散到晶种周围,在晶种的各晶面排列,使晶体长大。晶体应经过筛选,大小均匀,长出大小一致的晶体。

加入晶种的量与晶体粒子的大小有关:晶种粒子较大,用量较多;粒子较细,用量较少;但加入晶种粒子大,长出的结晶也大。要提供足够的晶面,才能取得较大的结晶速度。

味精厂在蒸煮晶体味精时,3000L 煮晶锅,投入晶种粒子直径与质量的关系:26～36 目,350kg;40～50 目,200～250kg。

晶种起晶法,操作控制较方便,在保持不产生新晶核条件下,适当提高过饱和浓度来增加结晶速度,产品大小均匀,晶形一致,故工业结晶过程大都采用晶种起晶法。

4. 等电点起晶法

对于不是采用蒸发浓缩来改变溶液浓度,而是采用其他化学方法来改变溶液浓度,其结晶情况和起晶方法基本上一样。如谷氨酸溶液的等电点法,是利用谷氨酸在水溶液中呈两性,溶液的 pH 到某值时,谷氨酸两性电荷相等,它在水中的溶解度最小,称为等电点。生产上利用这个原理,加酸调整溶液的 pH 来降低谷氨酸溶解度,使之进入过饱和浓度区而将谷氨酸结晶析出。

为增大结晶粒子和提高收得率,在加酸调整 pH 改变溶解度的时候,防止溶液进入不稳定浓度区而自然起晶。应采用在介稳定区加晶种起晶法。因为发酵液中谷氨酸绝对含量较小,仅为 3%~4%,其他微粒杂质如菌体等较多。如果加酸速度太快,溶液进入不稳定区,谷氨酸即会大量自然起晶生成鳞片状轻质谷氨酸,并附着菌体悬浮于溶液中,不能沉淀收集,而造成损失。因此,要慢慢加酸,特别是当 pH4.0 以后(按溶液含谷氨酸量不同来确定到达饱和浓度时的 pH),即加入晶种,保持搅拌,使晶种均匀悬浮于溶液中进行育晶,但加酸速度要一定,以保持溶液在一定的过饱和浓度下育晶。若同时采用冷冻盐水降温,可进一步降低谷氨酸溶解度提高谷氨酸收得率。

第二节 结晶设备与操作

一、结晶设备的设计要求

设计结晶设备时,应考虑溶液性质、黏度、杂质的影响、结晶温度、结晶体的大小、结晶体的形状及结晶长大速度特性等条件,以保证结晶良好,结晶速度快。

(1)通常结晶设备应有搅拌装置 使结晶颗粒保持悬浮于溶液中,并同溶液有一个相对运动,以减小晶体外部境界膜厚度,提高溶质质点的扩散速度,加速晶体长大。

(2)搅拌器转速选择得当 速度太快,会因刺激过剧烈自然起晶,可能使已长大的晶体破碎,功率消耗增大;太慢晶核会沉积。搅拌器速度视溶液性质和晶体大小而定。如味精煮晶时,采用 6~15r/min;柠檬酸结晶时,采用 8~10r/min;粉状味精结晶时,采用 20~28r/min;等电点结晶时,采用 28~36r/min。

(3)搅拌器型式 应根据溶液流动的需要和功率消耗情况选择。煮晶锅多采用锚式搅拌,配合溶液在沸腾时的自然循环,可使晶体悬浮。立式结晶箱多采用框式搅拌器。卧式结晶箱多采用螺旋式搅拌器。

(4)晶体颗粒较小,容易沉积时,为防止堵塞,排料阀采用流线形直通式,加大出口,减少阻力。

(5)必要时安装保温夹层,防止突然冷却而结块。

(6)为防止搅拌轴断裂,应安装保险装置,如保险连轴销等。遇结块堵塞,阻力增大时,保险销即折断,防止断轴、烧坏电机或减速装置等严重事故。

(7)排气装置、管道等应适当加大或严格保温,以防结晶堵塞。

二、结晶设备的分类和特点

结晶设备按照改变溶液浓度的方法,分为浓缩结晶设备、冷却结晶设备和其他结晶设备。

浓缩结晶设备是采用蒸发溶剂,使浓缩溶液进入过饱和区起晶(自然起晶或晶种起晶),并不断蒸发,以维持溶液在一定的过饱和度进行育晶。结晶过程与蒸发过程同时进行,称为煮晶设备。

冷却结晶设备,采用降温使溶液进入过饱和区结晶(自然起晶或晶种起晶),并不断降温,以维持溶液一定过饱和浓度育晶,常用于温度对溶解度影响较大的物质结晶。结晶前先将溶液升温浓缩。

等电点结晶设备,型式与冷却结晶设备相似,区别在于等电点结晶时溶液较稀薄;要使晶种悬浮,搅拌要求比较激烈;同时,选用耐腐蚀材料,以防加酸调整 pH 的腐蚀作用;传热面多采用冷却排管。

按结晶过程运转情况,分为间歇式结晶设备和连续结晶设备两种。间歇式结晶设备简单,结晶质量较好,结晶收得率高,操作控制较方便,但设备利用率较低,操作劳动强度较大。连续结晶设备较复杂,结晶粒子较细小,操作控制较困难,消耗动力较多,若采用自动控制,会得到广泛推广。

三、结 晶 设 备

1. 搅拌结晶箱

冷却搅拌结晶设备较简单,对于产量较小、结晶周期较短的,多采用立式结晶箱。对于产量较大、周期较长的,多采用卧式结晶箱。设备有冷却装置,如冷却排管或冷却夹套;促使晶核悬浮和溶液浓度一致,使结晶均匀的搅拌装置。

(1)立式结晶箱 图 17-5 为立体搅拌结晶箱的外形与结构,常用于产量较小的柠檬酸结晶。冷却装置为冷却盘管,如图 17-6 所示,盘管中通入冷却水或冷冻盐水。浓缩后55℃的柠檬酸净制液相对密度 1.34~1.38,浓度接近 81%(质量分数),从上部进料口 4 流入结晶箱,同时启动两组框式搅拌器 9 搅拌,使溶液冷却均匀。搅拌器转速为 8r/min,对 0.5~1m³ 的结晶箱,用 1.6~2.2kW 的电动机拖动。

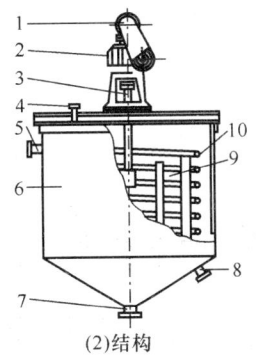

(1)外形　　　　　　　　(2)结构

图 17-5　立式搅拌结晶箱

1—电动机　2—变速器　3—搅拌轴　4—进料口　5—冷却水出口　6—罐体
7—放料口　8—冷却水进口　9—搅拌器　10—冷却盘管

图 17-6 冷却盘管

初期可采用快速冷却,1~2h 内降至 40℃。然后,以 2~3℃/h 速度降温。起晶后,再次减慢速度,直至冷却到 20℃。结晶时间为 96h。得到的柠檬酸结晶颗粒比较粗大均匀。结晶成熟后,晶体连同母液一起从设备的锥底放料口 7 放出。

(2)卧式结晶箱 卧式结晶箱有两种,半圆底的卧式长槽,多用于谷氨酸钠助晶,卧式搅拌结晶机(箱)外形结构如图 17-7、图 17-8 所示;敞开的卧放圆筒长槽,用于葡萄糖结晶。半圆底卧式长槽槽身高度的 3/4 处外装夹套 5,通水冷却。槽内装螺旋带形搅拌桨叶二组,桨叶宽度 40mm,螺距 600mm,桨叶与槽底距离 3~5mm,一组桨叶 7 为左旋向,一组桨叶 6 为右旋向。搅拌时可使两边物料都产生向中心移动的运动分速度,或向两边移动的运动分速度。搅拌器由电动机通过蜗杆蜗轮减速后带动,搅拌转速很慢,为 15r/min。槽身两端端板装有搅拌轴轴承,并装有填料密封装置,防止溶液渗漏。

(1)外形

(2)左右双螺旋搅拌叶片

图 17-7 卧式搅拌结晶机

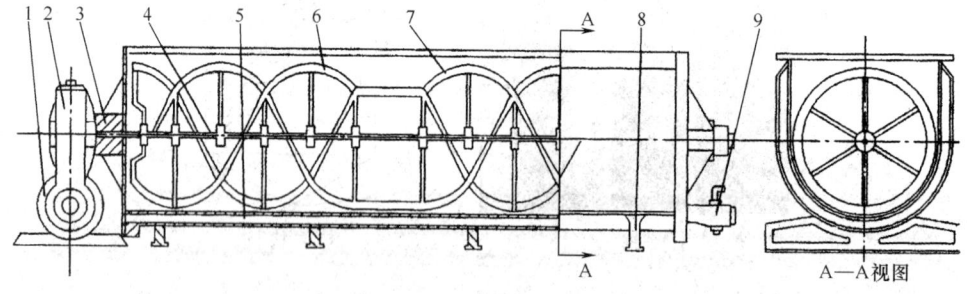

图 17-8 卧式搅拌结晶箱结构

1—电动机 2—蜗轮减速箱 3—轴封 4—轴 5—夹套 6—右旋搅拌桨叶
7—左旋搅拌桨叶 8—支脚 9—排料阀

转速快慢按需要而定,设备装有两档速度,适应高温浓缩糖液进入结晶箱时可迅速冷却结晶,或迅速与上批留下的晶种均匀混合,使箱内溶液的浓度和温度均匀。但是,当温度从50℃降到42~43℃时,溶液中晶体较多,溶液黏度较大,进入保温结晶阶段时,可改用0.45r/min的慢速搅拌,以减少功率消耗。

由于味精、葡萄糖要求卫生条件较高,凡与料液接触部分均采用紫铜或不锈钢制成,强度要求较高的搅拌轴和搅拌桨叶,采用不锈钢,以保证产品质量。

卧式结晶箱的特点是,体积大,晶体悬浮搅拌消耗动力较小,对结晶速度较快的物料可串联操作,进行连续结晶或育晶。

对葡萄糖结晶,连续操作的最佳控制是使溶液在进口处即开始生成晶核,进入设备后很快生成足够晶核,晶核悬浮在溶液中,随着溶液在槽中慢慢移动长大成晶体,最后从结晶槽的另一端排出。

对味精结晶,从真空结晶锅中放入到卧式结晶箱内的物料本身就是含有晶体的过饱和溶液,在卧式结晶箱内随着温度不断降低,晶体慢慢长大,此过程称为育晶,卧式结晶箱也称为育晶槽、助晶槽。

(3)等电点结晶罐　等电点结晶同普通冷却结晶一样,都是过饱和溶液中溶质结晶析出过程。不同的是,因氨基酸类物质(如谷氨酸)同时带正负电荷离子,在不同pH溶液下有不同溶解度。通过用酸调节pH的办法来改变它的溶解度,使其变成过饱和溶液结晶析出。同样,谷氨酸的溶解度还随温度而变化,温度越低,溶解度越小,故实际上等电点结晶罐与通常的立式结晶箱原理和形态都相似。不过,等电点罐为适应味精生产大型化的需要,设备做得较大。实际上,太大设备不利于加酸后溶液迅速冷却,对结晶有一定影响。

等电点结晶罐是立式大罐,如图17-9所示。高径比(H/D)以1~1.2为宜,这有利于育晶过程晶种的均匀悬浮和加酸液后溶液的pH迅速均匀。但大容量设备占地面积太大,故有些设计高径比增大到1.5~1.8。罐底有锥形,也有平底。锥底罐多用于连续离心分离提取谷氨酸流程,在人工挖取谷氨酸的情况下,大多等电点罐都做成平底,用自然沉降将结晶沉出。放出母液经洗涤除去杂质,再沉淀,由人进入池内挖取结晶。

搅拌是等电点结晶设备的关键部件。作用是保证晶种均匀悬浮,使谷氨酸结晶良好,并使加酸后溶液的pH迅速均匀和增加传热系数,增大降温速度,使溶液温度一致。采用桨式搅拌器,搅拌桨直径为罐径的1/3~1/2,桨叶带有倾角,使溶液产生垂直方向运动。安装二挡搅拌,搅拌桨倾角10°~20°,倾斜方向在罐底一挡以促使液流上升为宜,下挡不宜离底太高,防止晶种下沉影响结晶。罐身高度太大时,增加搅拌桨叶挡数或采用如图17-9所示的框式搅拌器9、11。搅拌转速不宜太高,为20~60r/min。罐底装轴承,罐高超过4m时,加装中间轴承10,防止轴摆动。为减小搅拌功率,搅拌轴用空心钢管制成。

谷氨酸溶解度随温度下降而减小,为减少母液含量,采用降温结晶。通常采用

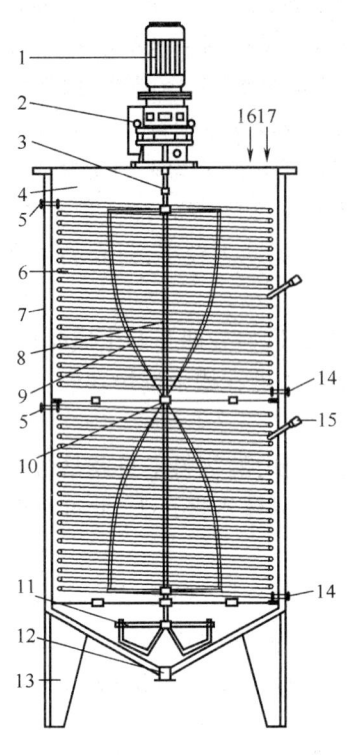

图 17-9 等电点结晶罐
1—电动机 2—变速器 3—联轴器 4—罐体
5—冷却液进口 6—冷却蛇管 7—保温层
8—空心搅拌轴 9—上搅拌器 10—中间轴承
11—下搅拌器 12—放料口 13—支座
14—冷却液出口 15—温度计管
16—进料口 17—加酸口

冷冻盐水降温；也有采用氨直接蒸发降温的，但若控制不好，温差太大，会造成局部母液冻结影响结晶。由于要求降温速度很慢，故传热面积不很大，可采用冷却蛇管 6 固定在罐内周边冷却即能满足需要。如采用垂直排管冷却，排管不要太密，以防谷氨酸沉积。罐身需加绝热材料保温层 7，以减少低温时的冷量消耗。

2. 真空结晶锅

对结晶速度较快，易自然起晶，且要求结晶晶体较大的产品，多采用真空结晶锅煮晶。如谷氨酸钠结晶就采用这种设备。其优点是，可控制溶液蒸发速度和进料速度，以维持溶液一定的过饱和度进行育晶，同时采用连续加入未饱和溶液来补充溶质的量，使晶体长大。要使结晶速度快，就要保持溶液较高过饱和浓度，但较高的过饱和度育晶时，稍有不慎，即会自然起晶而增加细小新晶核。这会导致最终产品晶体较小，晶粒大小不均匀，形状不一。产生新晶核时，溶液出现白色浑浊，可通入蒸汽冷凝水，使溶液降到不饱和浓度把新晶核溶解。随着水分蒸发，溶液很快进入介稳区，重新在晶核上长大结晶，这样煮出的结晶产品形状一致，大小均匀。

（1）普通真空结晶锅 普通真空结晶锅的结构较简单，是带搅拌的夹套加热真空蒸发罐，如图 17-10 所示。整个设备分加热蒸发室、加热夹套、气液分离器、搅拌器四部分。结晶锅与产品有接触部分均采用不锈钢制成，以保证产品质量。如果结晶锅体积较大，采用夹套加热不能满足加热面积时，可在结晶锅中安装列管进行换热，以保证结晶顺利进行。

加热蒸发室为一圆筒壳体，为安装、维修方便、节省不锈钢，采用不同厚度的材料分两段加工，然后用法兰连接。封底根据加工条件和设备尺寸大小做成半球形、碟形或锥形。采用半球形容量较大，搅拌动力较省，但加工较困难。加工后要求设备弧度误差不超过 10mm，以保证搅拌间歇均匀。器身上下圆筒都装有视镜 4，用以观察溶液沸腾状况、雾沫夹带高度、溶液浓度、溶液中结晶大小、晶体分布情况。锅体装人孔 5，以方便清洗检修。普通真空结晶锅装有晶种吸入管 6、进料吸料管

 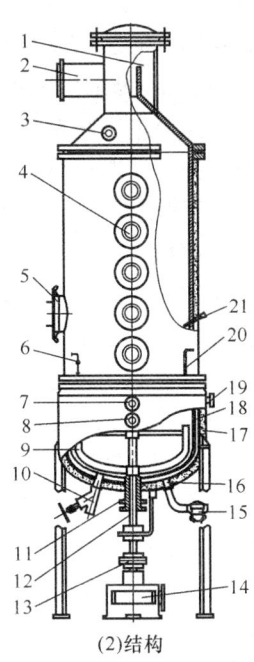

(1)外形　　　　　　　　(2)结构

图 17-10　普通真空结晶锅

1—气液分离器　2—二次蒸汽排出管　3—清洗孔　4—视镜　5—人孔　6—晶种吸入管
7—压力表孔　8—蒸汽进口管　9—锚式搅拌器　10—直通式排料阀　11—轴封填料箱
12—搅拌轴　13—联轴器　14—减速器　15—疏水阀　16—冷凝水出口　17—保温层
18—夹套　19—不凝性气体排出口　20—进料吸料管　21—温度计插管

20、取样装置、温度计插管 21、二次蒸汽排出管 2、压力表孔 7、锅底装卸料管和直通式排料阀 10，下锅部分焊有加热夹套 18。夹套高度通过计算蒸发所需的传热面积而定。夹套宽度 30~60mm，夹套上装有蒸汽进口管 8，安装于夹套中上部，使蒸汽分布均匀，进口加装挡板，防止直冲损坏内锅。夹套上装有压力表、不凝性气体排出口 19 和冷凝水排出阀（疏水阀）15。疏水阀安装在夹套最低位置，防止冷凝水积聚，降低传热系数。

结晶锅上部顶盖采用锥形，上接气液分离器 1，以分离二次蒸汽带走的雾沫。采用锥形除泡帽与惯性分离器结合使用。分离出的雾液由小管回流入锅内，二次蒸汽在升汽管中的流速为 8~15m/s。二次蒸汽由真空泵、水力喷射泵或蒸汽喷射泵抽出，使整个结晶锅保持真空状态。

搅拌装置型式很多，多采用锚式搅拌器 9。锚式桨叶与锅底形状相似，与锅底间距 2~5cm，转速 6~15r/min。搅拌轴采用下轴安装，以缩短轴长度，安装维修较方便。若采用上轴安装，除锅底装锚式搅拌外，锅中部加装螺旋带搅拌桨叶，增加溶液上升的运动分速度，使晶核在锅内悬浮运动更均匀，增加锅的装载系数，提高利用效率,对提高结晶质量和结晶速度有一定好处。但上轴安装会增加轴长度和直径,加大动力消耗,安装较麻烦。下轴安装搅拌轴的密封装置采用填料轴封,需经常维修。上轴安装,可采用密封性能好的端面轴封。

采用真空煮晶锅进行味精精制,优点是可控制溶液蒸发速度和进料速度,以维持溶液一定的过饱和度进行育晶。采用连续通入未饱和液来补充溶质的量,使晶体长大,提高设备利用率。

(2) Krystal-Oslo 型蒸发式结晶器　国内外出现许多新型的结晶器。图 17-11 为常用的 Krystal-Oslo 型结晶器。由蒸发室与结晶室两部分组成。原料液经外部加热器预热后,在蒸发器内迅速蒸发,溶剂被抽走,同时起到冷却作用,使溶液迅速进入介稳区并析出晶体。

Krystal-Oslo 型蒸发式结晶器的优点:①操作在减压条件下进行,可维持较低温度,使溶液产生较大过饱和度。②循环液中基本不含晶体颗粒,可避免循环泵叶轮与晶粒发生碰撞造成二次成核。③结晶室具有粒度分级作用,使结晶产品颗粒大而均匀。

其缺点:①因母液循环量受产品颗粒在饱和溶液中沉降速度的限制,操作弹性较小。②加热器内容易出现结晶层而导致传热系数降低。③加热面附近溶剂气化较快,溶液过饱和度不易控制,因而难以控制晶体颗粒大小。

设备适用于对产品晶粒要求不严格的结晶。

(1)外形　　　　　　　(2)结构

图 17-11　Krystal-Oslo 型结晶器
1—二次蒸汽抽出口　2—蒸发室　3—溶液均布环　4—大气腿　5—结晶出口
6—细晶分离器　7—蒸汽入口　8—结晶槽　9—循环泵　10—冷凝水出口
11—热交换器　12—循环液出口　13—加热蒸汽入口　14—溢流口
15—料液入口　16—挡板　17—蒸发室入口

(3) DTB型蒸发式结晶器　图17-12为DTB(draf tube & baffled crystaliizer,导流管与挡板)型结晶器。中部有导流筒,四周有环形挡板,在导流筒内接近下端处有螺旋桨(可看作内循环轴流泵),以较低转速旋转。悬浮液在螺旋桨推动下,在筒内上升至液体表面,然后转向下方,沿导流筒与挡板间环行通道流至器底,又被吸入导流筒下端,反复循环,使料液充分混合。环形挡板将结晶器分割为晶体生长区和澄清区。挡板与器壁间的环隙为澄清区,该区不受搅拌影响,使晶体得以从母液中沉降分离,只有过量的微晶随母液在澄清区的顶部排出器外,实现对微晶量的控制。结晶器上部为气液分离空间,以防止雾沫夹带。热浓物料加至导流筒下方,晶浆由结晶器底部排出。为使所产生的晶体具有更均匀的粒度分布,即具有更小的变异系数,结晶器有时在下部设置淘洗腿。

(1) 外形

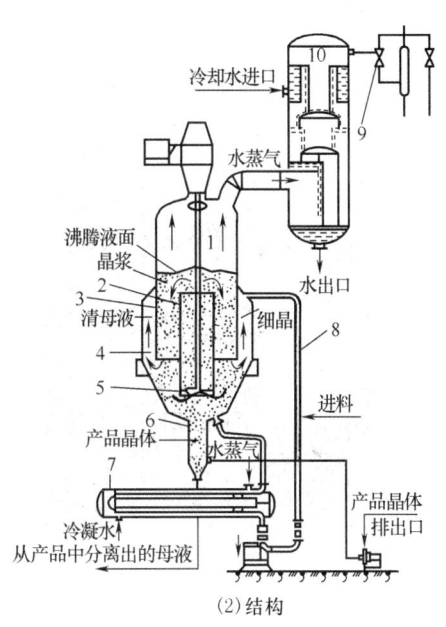
(2) 结构

图17-12　DTB型结晶器
1—结晶器　2—导流筒　3—环形挡板　4—澄清区　5—螺旋桨　6—淘洗腿
7—加垫器　8—循环管　9—喷射真空泵　10—大气冷凝器

DTB型结晶器设置了导流筒,形成循环通道,只需很低压差(0.981~1.96MPa)就能推动内循环过程,保持各截面上物料具有较高流速,晶浆密度达30%~40%(质量分数)。对真空冷却法和蒸发法结晶,沸腾液体的表面层是产生过饱和趋势最强烈的区域。此区域中,存在着进入不稳定区而大量产生晶核的危险。导流筒把大量高浓度的晶浆直接送到溶液上层,使表层中随时存在着大量晶体,从而有效消耗不断产生的过饱和度,使之只能处在较低的水平。避免了在此区域中因过饱和度过高而产生大量的晶核,同时大大降低了沸腾液面处的内壁面上结挂晶疤的速率。

DTB 型结晶器的特点：①结晶性能良好，成为连续结晶器主要型式之一。②可获得较大晶粒。③循环强度大，器内各处过饱和度及晶浆密度都较均匀，允许按过饱和度上限控制操作条件，生产强度较高。④循环良好，器内不易结垢。

（4）DP 型结晶器　即双螺旋桨结晶器。外形与结构如图 17-13 所示。DP 型结晶器是新型结晶器，与 DTB 型结晶器在构造上很相近。DP 型结晶器是对 DTB 型结晶器的改良，内设两个同轴螺旋桨。其中之一与 DTB 型一样，设在导流筒内，驱动流体向上流动。另个螺旋桨比前者大一倍，设在导流筒与钟罩形挡板间，驱动液体向下流动。由于是双螺旋桨驱动流体内循环，所以在低转速下可获得较好搅拌循环效果，功耗较 DTB 型结晶器低，有利于降低结晶的机械破碎。

DP 型结晶器的缺点，是大螺旋桨要求动平衡性能好、精度高，制造复杂。

(1) 外形

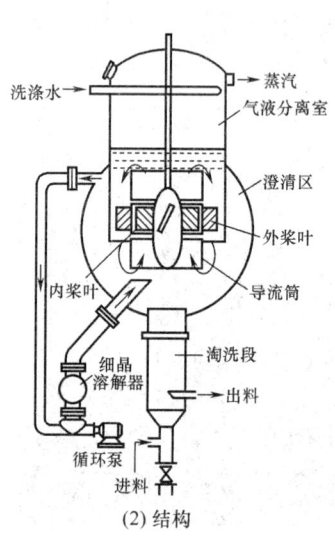
(2) 结构

图 17-13　DP 型结晶器

（5）连续真空结晶器　如图 17-14 所示，热料液自进料口连续加入，晶浆（晶体与母液悬混物）用泵连续排出。结晶器底部管路上的循环泵，使溶液做强制循环流动，促进溶液均匀混合，以维持有利的结晶条件。溶剂蒸气由结晶器顶部逸出，至高位混合冷凝器中冷凝。双级蒸气喷射泵的作用是使冷凝器和结晶器整个系统造成真空，不断抽出不凝性气体。真空结晶器内的操作温度很低，产生的溶剂蒸气不能在冷凝器中被水冷凝，用蒸气喷射泵喷射加压，将溶剂蒸气在冷凝前压缩，提高冷凝温度。

连续真空结晶器的优点：①结构简单。②无运动部件。③处理腐蚀性溶液时，器内可加衬里或用耐腐蚀材料制造。④溶液是绝热蒸发而冷却，不需要传热面。因此，操作时不会出现晶体结垢现象。⑤操作易于控制和调节。⑥生产能力大。

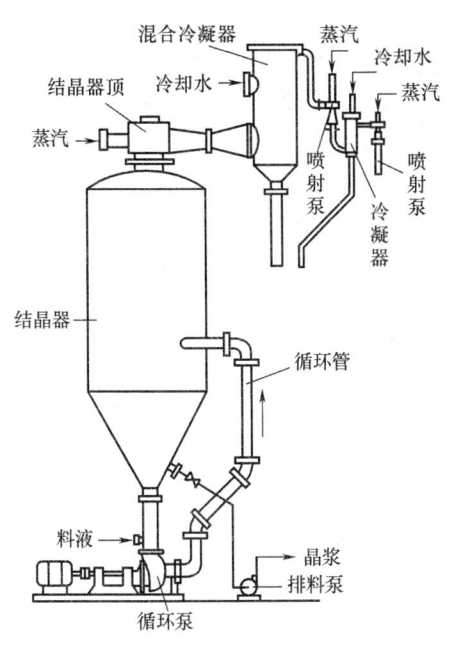

图 17-14 连续真空结晶器

缺点是:蒸汽、冷却水消耗量较大。

3. 结晶设备的传热面积

使用冷却结晶设备时,将经过饱和但还未自然起晶(该温度下)的热溶液送进结晶器,在设备内迅速冷却,使溶液进入不稳定过饱和区而起晶,或到达介稳区的过饱和浓度时加入晶种育种。育种过程中,溶液中溶质含量随着不断析出晶体而减少。因此,要求保持较大结晶速度,要维持溶液较高过饱和浓度,采用降温办法来改变溶液的溶解度。随着溶液中晶体增加,结晶速度下降,降温速度逐渐减慢。在整个结晶过程中,最初迅速冷却阶段的传热量为最大,传热面积是以最大传热量进行计算的。若冷却结晶设备的传热面积以最佳条件(即送入的溶液已到达育晶条件)计算,这时需要的传热面积比较小。可用结晶速度与维持溶液一定过饱和浓度的降温速度相等进行计算。热交换平整光滑,避免因晶体积聚影响育晶阶段的传热效果。

间歇式蒸发结晶设备,是在蒸发过程中连续不断补充溶液,以维持设备内溶液一定容积和一定过饱和浓度的条件下进行育晶,这样可取得较快结晶速度和较大晶体。浓缩最初阶段是把溶液从进料的不饱和浓度快速浓缩到育晶过程所需要的过饱和浓度,同时不断加入溶液,以保持设备内最大容积系数,此时所需传热面积最大。溶液达到一定过饱和浓度后,加入晶种育晶,此时蒸发量是所补充的原料溶液浓缩到育晶过饱和浓度所蒸发的溶剂量。随着晶体不断增加,补充溶液量和蒸发量不断减少。加热面积的确定,以最大蒸发量进行计算。若溶液以介稳区育晶浓度进料,所需要传热面积较小。这时的传热面积可用结晶速度和进料溶液所需蒸发速度来计算。

4. 结晶锅的安装、检修及安全

图 17-15 为味精结晶干燥工艺流程。将结晶罐安装在三楼,由蒸汽喷射泵或水力喷射泵抽真空。在二楼安装卧式结晶箱,三足式离心机在一楼,便于物料自流,节省能源消耗。热水罐的作用,是当结晶罐中出现浑浊,即出现自然结晶现象时,将热水加入结晶罐中,使自然结晶的微晶体溶解,保证结晶过程顺利进行,晶体颗粒大小均匀。

结晶罐安装必须垂直,偏差不大于10mm,否则设备操作时振动较大,影响搅拌

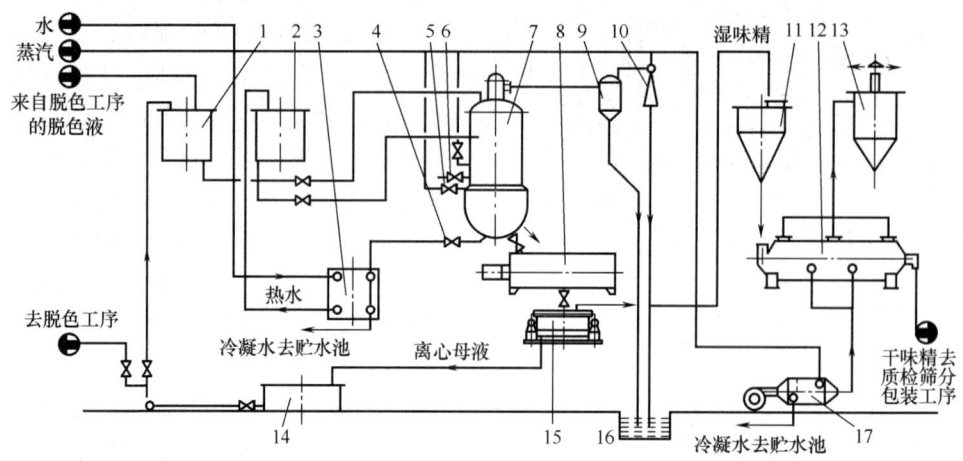

图 17-15 味精结晶干燥工艺流程

1—脱色液高位罐　2—热水罐　3—板式换热器　4—冷凝水出口　5—蒸汽进口
6—加晶种口　7—结晶罐　8—卧式结晶箱　9—真空缓冲器　10—蒸汽喷射泵
11—湿味精贮罐　12—振动干燥箱　13—旋风分离器　14—味精母液槽
15—三足式离心机　16—水池　17—热风机

器传动装置的垂直度、同心度和水平度,使传动功率增大,甚至不能转动。传动装置安装时须保持旋转轴垂直、同心和水平,安装时用水平仪检查。安装后进行 0.2MPa 的水压试验,夹套内水压试验为 0.6MPa,不应有渗漏现象。

设备上的仪表安装在方便观看位置,高度与操作人员视线水平,控制阀门位置应方便操作,管路坡度为 1/1000。

设备的除泡罩容易被腐蚀破坏,如果不衬胶,每年均须检修一次。检修轴封及搅拌器传动装置时,应切断电源,并挂上警告牌。

思考与练习

一、名词解释

结晶　溶解热　结晶热　晶核　境界膜　自然起晶　刺激起晶　晶种起晶　等电点起晶　浓缩结晶设备　冷却结晶设备　等电点结晶设备

二、填空题

1. 晶体是具有一定_____,一定_____的固体。

2. 晶体上的物质质点贮存的_____,质点只能在晶体上的一定位置_____,而且_____的_____不变,保持_____不致破坏。

3. 晶体是_____、_____固体,同一晶体内_____的成分和_____是相同的。

4. 晶体的_____相同,_____齐整,_____平滑反光,_____一致,给人以晶莹美观,产品优良的观感。

三、问答题

1. 什么是结晶？有何意义？
2. 晶体具有哪些特性？
3. 结晶操作的推动力是什么？
4. 试以温度－浓度图说明结晶操作的基本原理。
5. 工业上有哪些常用的结晶方法？分别适用于什么场合？
6. 结晶操作先后经历哪几个步骤？
7. 常用的起晶方法有哪几种？
8. 影响结晶速度的主要因素有哪些？试做简要分析。
9. 选择结晶设备时应同时考虑哪些因素？
10. 常用的结晶设备有哪几种？各有何特点？
11. 在味精生产过程中，使用了哪些结晶设备？采用真空煮晶锅进行味精的精制，其优点是什么？
12. 冬季室温低，管道凉，从结晶罐突然放料到卧式结晶箱可能发生什么现象？造成什么后果？采取什么方法可防范？
13. 敞口式 Krystal－Oslo 结晶器的大气腿与 DTB 型真空式结晶器的分级腿功能一样吗？它们在各自的设备中起什么作用？

第十八章 干燥设备

【学习目标】
1. 知识目标 了解干燥操作在生物工程和食品生产中的应用状况,冷冻干燥、微波干燥的原理及特点;熟悉对流干燥设备的结构、工作原理、特点及适用场合,提高干燥热效率和强化干燥过程的措施。
2. 能力目标 掌握气流干燥设备正确使用与维护的要点;掌握喷雾干燥设备正确使用与维护的要点;掌握沸腾干燥与沸腾造粒干燥设备正确使用与维护的要点;掌握真空干燥和真空冷冻干燥设备正确使用与维护的要点;掌握微波干燥设备正确使用与维护的要点。

生物工业中,凡固体产品都需要干燥过程。干燥,是利用热能除去固体物料中湿分(水分或其他溶剂)的单元操作。物料经干燥湿分降低到规定范围内,易于包装、运输。更重要的是,生物产品在干燥情况下更稳定,不易破坏,便于贮存。

干燥为产品生产过程中的最后工序,往往与最终产品质量密切相关。干燥方法的选择,对于保证产品质量至关重要。生物工业中的干燥方法,有对流干燥(固定床干燥、流化床干燥、气流干燥和喷雾干燥)、冷冻干燥、真空干燥、微波干燥。

第一节 固体物料的干燥机理及生物产品的干燥特点

一、固体物料的干燥机理

1. 物料中水分的性质

物料所含水分性质,与物料内部结构有关,且取决于水分与物料结合方式。物料内部结构差异,导致水分与物料本身结合方式不同。根据物料中水分除去难易程度,分游离水分和结合水分。

游离水分,多存在于生物产品细胞外及多孔物料毛细管中。它与物料结合力极弱,水分的活度近似等于1。水分活度是指食品中水分存在的状态,即水分与食品结合程度(游离程度)。水分活度值越高,结合程度越低;水分活度值越低,结合程度越高。

水分活度数值用 A_w 表示,水分活度值等于用百分率表示的相对湿度,数值为 $0 \sim 1$。它是溶液中水的蒸汽分压 p 与纯水蒸汽压 Q 的比值,$A_w = p/Q$。水分活度的测试意义:A_w值对食品保藏具有重要意义。含有水分的食物等由于水分活度不同,贮藏期稳定性不同。利用水分活度测试,反映物质保质期,逐渐成为食品、医药、生物制品等行业中检验的重要指标。

游离水与普通水有相同密度、黏度和热容。游离水能够在原料中流动,并能通过毛细管作用达到物料表面,特别是游离水与普通水有相同蒸汽压。干燥过程中,游离水易于除去。物料中游离水含量越多,干燥速率越快。

结合水分,有渗透水分、结构水分等。它与物料结合力较强,水分活度小于1。结合水不能随意流动,有更高汽化潜热。就是说,结合水比游离水的饱和蒸汽压低,并随物料性质不同而不同。结合水分比游离水分在干燥过程中更难除去。生物产品同其他湿物料一样,干燥过程中,首先排除的是结合力弱的游离水,其次是结合水。不同物料结合水来源不同,在细胞和细胞质内的液体,溶质的溶解使得蒸汽压降低而表现为结合水性质。或者在毛细管中的液体,毛细管作用使蒸汽压下降而表现为结合水的性质。所有这些因素,都可能影响到物料干燥。

2. 去湿方法

生产中,为便于加工、使用、运输、贮藏,常需从固体原料、半成品或成品中除去湿分(水分或溶剂),这种操作称为去湿。

(1)机械去湿法 通过过滤、压榨、离心分离等方法,除去物料中水分,适用于物料含湿较多的情况。特点是,能耗低,除湿不彻底。

(2)吸附去湿法 用生石灰、浓硫酸、无水氯化钙、硅胶等吸湿性物料,进行吸附去湿。这种方法费用高,只适用于少量水分去除,或去除气体中水分。

(3)热能去湿法 通过加热,使物料中湿分发生汽化,并将产生的蒸汽加以排除的方法,称为干燥。这种去湿方法,湿分去除较彻底,能耗较高。

为使去湿操作经济有效,先采用过滤、离心分离和蒸发等方法除去物料中大部分水分,然后再进行干燥。

3. 干燥的机理

湿物料的干燥操作中,两个基本过程同时进行。一是热量由气体传递给湿物料,使温度升高。二是物料内部水分向表面扩散,并在表面汽化被气流带走。干燥操作属于传热传质同时进行过程,两者传递方向相反。干燥过程中,空气既是载热体,又是载湿体。干燥速率与传质速率有关,也与传热速率有关。

对质量传递过程,由两步构成。水分由物料内部向表面扩散,水分在物料表面汽化并被气流带走。引起内部扩散的推动力,是物料内部与表面间存在着的湿度梯度。扩散阻力,与物料内部结构有关,与水分和物料结合方式有关。水分从物料内部扩散至表面后,便在表面汽化,向气流中传递。引起这一过程的推动力,是物料表面气膜内水蒸气分压与气流主体中水蒸气分压的差值。造成蒸汽分压差的原因:对热风干燥,使流动气体不断带走汽化蒸汽;对真空干燥,使真空系统抽走汽化蒸汽。表面汽化阻力与气体流动状态有关。

物料干燥过程中,水分内部扩散和表面汽化同时进行,但两者传递速率不相等。对有些物料,水分在表面汽化速率小于内部扩散速率。另一些物料,水分表面汽化速率大于内部扩散速率。干燥速率受最慢一步控制。前种情形称为表面汽化控制,后种称为内部扩散控制。

干燥速率为表面汽化控制时,强化干燥操作必须改善外部传递因素。在常压对流干燥情况下,物料表面保持充分润湿,物料表面温度近似为空气湿球温度,水分汽化可看作是湿球温度下纯水表面汽化。提高空气温度,降低空气湿度,改善空气与物料间流动和接触状况,均有利于提高干燥速率。真空干燥条件下,物料表面水分汽化温度不高于该真空度下水的沸点。这种情况下,提高干燥室真空度,可降低水分汽化温度,有效提高干燥速率。

干燥为内部扩散控制时,水分难以快速到达表面,使得汽化表面逐渐向内部移动。此时干燥,比表面汽化控制时更复杂。要强化干燥速率,需改善内部扩散因素。减小物料颗粒直径,缩短水分在内部扩散路程,以减小内部扩散阻力。提高干燥温度,以增加水分扩散自由能,均有利于提高干燥速率。

4. 常用的干燥方法

按热量传递方式,干燥分为:

(1) 传导干燥　热能以热传导方式通过金属壁面传给固体湿物料,热效率较高,达70%~80%,有利于节能。

(2) 对流干燥　利用热空气、烟道气等作为干燥介质,将热量以对流传热方式传递给固体湿物料,并将汽化水分带走的干燥方法。热效率为30%~70%。

(3) 辐射干燥　热能以电磁波形式由辐射器发射,湿物料吸收后转化为热能,使物料中水分汽化。干燥效率高,生产强度大,产品均匀洁净,干燥时间短。特别适合于以表面蒸发为主的膜状物质,热效率约为30%。

(4) 介电干燥　湿物料置于高频交变电磁场中,湿物料中水分子频繁变换极性取向产生热量。接近300MHz的,称为高频加热;300~3000MHz的,称为微波加热。介电干燥加热时间短,属内部加热,加热均匀性较好。热效率在50%以上。

(5) 冷冻干燥　将湿物料或溶液在低温下冷结为固态,水分被冻结成冰,然后在高真空下供给热量,冷冻干燥是将水分直接由固态升华为汽态的脱水干燥过程。

上述干燥方法中,后三种干燥形式用得较少,称为特殊干燥形式。

按操作压力,分常压干燥和减压干燥。减压干燥适合处理热敏性、易氧化或要求产品含湿量很低的物料。

5. 干燥过程

图18-1为对流干燥流程。空气经预热器加热到一定温度后进入干燥器。温度较高的热空气与固体湿物料直接接触时,热能以热对流方式由热空气传给湿物料表面,使湿物料表面水分发生汽化,并通过表面气膜向空气中扩散。空气温度下降,湿含量增加,最后由干燥器另端排出。

间歇式干燥过程中,湿物料成批放入干燥器内,产品合格后一次取出。连续式干燥过程中,固体物料连续不断进入和排出。

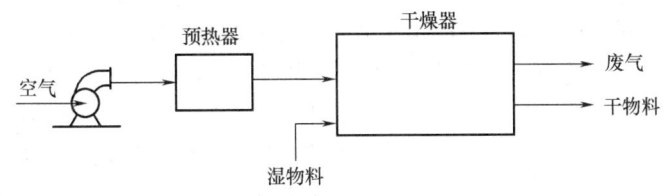

图 18-1 对流干燥流程

在对流干燥过程中,物料与气流接触是并流、逆流或其他形式。干燥介质将热能传给固体湿物料的外表面,再由外表面传到物料内部,是传热过程。物料表面的湿分由于受热汽化,使物料内部和表面间产生湿分差。物料内部湿分以液态或气态形式向外表面扩散,汽化湿分再通过物料表面气膜扩散到气流主体,是传质过程。干燥操作是传热与传质同时进行的过程,干燥过程的速率由传热速率和传质速率共同决定。

图 18-2 为热空气与湿物料间的传热和传质过程。图中 t 为空气主体温度,t_W 为湿物料表面温度,p 为空气中水蒸气分压,p_W 为湿物料表面水蒸气分压,Q 为单位时间内空气传给物料的热量,N 为单位时间内由物料表面汽化出的水分量,b 为物料表面的膜层厚度。

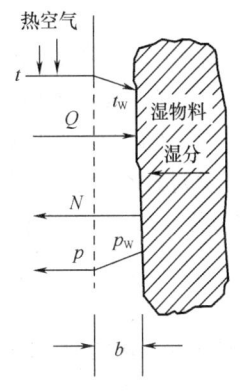

图 18-2 热空气与湿物料间的传热和传质示意图

维持对流干燥操作顺利进行的必要条件:①物料表面水蒸气分压 p_W 大于干燥介质中水蒸气的分压 p。两者差别越大,干燥操作进行越快。②及时将汽化水分带走,以维持一定的扩散推动力。若干燥介质被水蒸气饱和,则推动力为零,干燥操作将停止。

6.恒速干燥和降速干燥

干燥操作中,用干燥速度描述干燥过程。干燥速度指单位时间内于单位干燥面积上所能汽化的水分量。数学式为:

$$u = \frac{1}{A}\frac{dm}{d\tau} = -\frac{1}{A}\frac{dm_1}{d\tau} = \frac{m_c}{A}\frac{dc}{d\tau}$$

式中 u——干燥速度,kg/(m²·s)

m——汽化水分量,kg

m_1——湿物料量,kg

m_c——湿物料中的绝干物料量,kg

A——干燥面积,m²

c——湿物料的湿含量(干基),kg/kg 干料

τ——干燥时间,s

影响干燥速度因素很多,不同物料在不同干燥条件下的干燥速度通过实验测定。实验得到物料湿含量 c 与干燥时间 τ 的关系曲线,即 c-τ 曲线。根据干燥速度定义,转化成干燥速度 u 与物料湿含量 c 的关系曲线,即 u-c 曲线。或干燥速度 u 与干燥时间 τ 的关系曲线,即 u-τ 曲线;干燥速度曲线的形式随被干燥物料的性质而异。恒定干燥条件下,典型的干燥速度曲线如图 18-3 所示。干燥过程分两个阶段。ABC 段为第一阶段。若不考虑短暂的预热阶段(AB 段),此阶段干燥速度基本是恒定的,称为恒速干燥阶段。CD 段表示第二阶段,这一阶段中,随物料湿含量的减少,干燥速度不断降低,称为降速干燥阶段。两干燥阶段交点处对应的湿含量,称为物料的临界湿含量,以 c_0 表示。

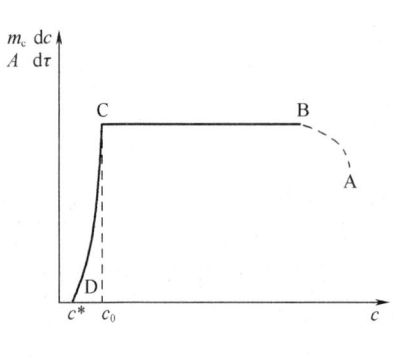

图 18-3 干燥速率曲线

(1)恒速干燥阶段 这一干燥阶段中,干燥条件恒定,空气温度和湿度不变,则空气的湿球温度不变。由于物料表面全部为游离水分润湿,湿物料表面温度等于空气湿球温度。所以,空气温度与湿物料表面温度的差值维持不变,传热速率恒定,干燥过程在恒温下进行。

恒定干燥条件下,湿物料表面处水蒸气压等于空气湿球温度下水饱和蒸汽压,并且它与空气中水蒸气分压之差维持恒定,则传质速率恒定,湿物料中水分能以恒定速率向空气中传递。可见,恒速阶段的干燥速度取决于物料表面水分的汽化速率,即取决于物料外部的干燥条件(空气温度、湿度及流速等),所以恒速干燥阶段,又称为表面汽化控制阶段,主要是排除游离水分。

(2)降速干燥阶段 物料湿含量降至临界点后,开始进入降速干燥阶段。这一阶段中,湿物料表面水分逐渐减少,水分由物料内部向物料表面传递的速率小于湿物料表面水分的汽化速率。物料湿含量越小,水分由物料内部向表面传递的速率就越慢,干燥速度就越小。这一阶段中,空气传递给湿物料的热量,部分用于水分汽化,剩余热量,使物料温度升高。因此,干燥在升温下进行。降速干燥阶段的干燥速度,取决于物料本身结构、形状及大小等特性,其次是干燥温度。降速干燥阶段,又称为内部扩散控制阶段,主要排除结合水分。

二、生物产品的干燥特点

(1)多数生物产品对热的稳定性较差,如蛋白酶在 45~50℃ 开始失活。因此,生物产品干燥一般在较低温度下进行。如冷冻干燥,减压干燥。

(2) 生物产品的干燥时间不能太长,否则容易变质失活。因此,很多生物产品使用气流和喷雾干燥等方式进行。

(3) 生物产品要求十分纯净,尤其是生物制药产品,要求不能混入任何异物。因此,生物产品干燥很多在密封环境中进行。很多生物产品在无菌室内干燥,与产品接触干燥介质,如热空气,要严格过滤。

(4) 很多生物产品在干燥时容易结团。干燥时需要采取措施,如常翻动。

(5) 生物产品很多较贵重,需要尽量减少干燥过程中物料损失。

总之,生物产品的干燥有特殊性,应根据实际物料的性质、产品要求、生产规模大小及是否经济合理等方面综合考虑,选择最佳的干燥工艺和设备。

三、干燥设备的选型原则

确定合理的干燥方法,选择适宜的干燥设备应以处理物料的化学物理性质、生物化学性能及其生产工艺为依据。如物料的黏稠性、分散性、热敏性、失活性。就热敏性而言,生物工业制品的干燥设备有以下几种类型:

(1) 瞬时快速干燥设备 如滚筒干燥设备、喷雾干燥设备、气流干燥设备、沸腾干燥设备。设备干燥时间短,气流温度高,被干燥物料温度不会太高。

(2) 低温干燥设备 如真空干燥设备、冷冻干燥设备。特点是,在真空低温下进行,更适用于高热敏性物料的干燥,但干燥时间较长。

(3) 其他类型干燥设备 如红外干燥器、微波干燥器。

由于生物制品具有热敏性特点,干燥设备最好选择快速瞬时干燥设备或低温干燥设备。可按下列原则选型:

(1) 产品质量要求 许多生物工业制品要求保持一定生物活性,避免高温分解和严重失活。干燥设备的选型首先应满足产品质量要求。如高活性且价格昂贵的生物制品(如乙肝疫苗),必须选择真空干燥或冷冻干燥设备。

(2) 产品纯度 生物产品大都要求有一定纯度、无杂质或杂菌污染,干燥设备应在无菌和密闭的条件下操作,具有灭菌设施,能保证产品的微生物指标和纯度要求。

(3) 物料特性 对不同物料特性,如颗粒状、滤饼状、浆状、水分的性质,应选择不同干燥设备。如颗粒状物料干燥,选择沸腾干燥或气流干燥,结晶状应选择固定床干燥,浆状选择滚筒干燥或喷雾干燥。

(4) 产量及劳动条件 依据产量大小可选择不同干燥方式和干燥设备。如浆状物料的干燥,产量大且料浆均匀时选择喷雾干燥设备,黏稠较难雾化时采用离心喷雾或气流喷雾干燥设备,产量小时用滚筒干燥设备。

还应考虑劳动强度小、连续化、自动化程度高,投资费用小,便于维修、操作。

表18-1为生物工业中常用的各种类型的干燥设备。

表18-1　　　　　　　　生物工业常用的干燥设备

设备类型	干燥物料	设备类型	干燥物料
固定床干燥	啤酒酿造用绿麦芽	压力式喷雾干燥	酵母
卧式沸腾干燥	柠檬酸晶体、酵母、抗生素	离心式喷雾干燥	酶制剂、酵母
沸腾造粒干燥	葡萄糖、味精、酶制剂(颗粒状)	喷雾干燥与振动流化干燥	酶制剂(颗粒状)
气流干燥	味精、抗生素、葡萄糖	滚筒干燥	酵母、单细胞蛋白
旋风式气流干燥	四环素类	真空干燥	青霉素钾盐、土霉素等
气流式喷雾干燥	蛋白酶、核苷酸、抗生素等	冷冻干燥	抗肿瘤抗生素、乙肝疫苗等

第二节　气流干燥

一、气流干燥的特点

气流干燥，是利用热气流将物料在流态下进行干燥的过程。干燥操作中，湿物料在热气流中呈悬浮状态，每个物料颗粒都被热空气包围。湿物料在流动过程中最大限度地与空气充分接触，气体与固体间进行传热和传质，达到干燥的目的。

气流干燥适用于潮湿分散状态颗粒物料的干燥，如生物工业中味精、柠檬酸、四环类抗生素等的干燥。气流干燥有以下特点：

(1) 可获得高度干燥的成品　由于物料加到热风中去，逐步分散成很小粒子，和热空气的接触面积极大，传热速度也很大，而且在气流干燥过程中，使物料中所含水分几乎都成为附着水，水分全部以表面蒸发形式除去。因此，物料的临界含水率极低。如粒径$50\mu m$以下的颗粒，几乎可一直干燥到平衡水分。对气流干燥的物料分析表明，临界含水率为1%~3%。

(2) 适用于热敏性物料的干燥　气流干燥时间极短，为0.5~2s，最长5~7s。干燥过程基本上以表面干燥形式进行，物料表面温度始终为空气的湿球温度(55~60℃)。即使经历降速干燥阶段，由于气流干燥均为并流操作，物料也不易过热，成品温度不超过70~90℃。

(3) 热效率高　干燥管的热效率为50%~60%。热风温度在400℃以上时，每kg干空气可蒸发水分0.1~0.15kg。

(4) 热损失少　干燥器结构紧凑，散热面积小，风量损失少。

(5) 设备简单，操作容易，投资少。

(6) 操作稳定，便于自动化。

(7) 干燥过程伴随着颗粒的空气输送，整个过程是连续的，便于与前后工序衔接。

(8) 可有很大装置规模　直径1.5m的干燥管，蒸发水分可达8t/h，装置规模大小取决于风量大小。随着干燥管、分离器直径的增大,会影响物料在热风中的均匀分布,使干燥效率和捕集效率下降。气流干燥的规模虽然有这些因素制约,但与其他型式干燥器相比,能力还是很大。

气流干燥适用于颗粒直径为 0.7mm 以下物料。对有较高含水率的物料,能干燥到含水率 0.5% 以下。

气流干燥不适宜干燥临界含水率高、降速段长的物料。由于粒子间、粒子与器壁间碰撞、摩擦剧烈,不适合对成品外形有要求(如结晶体)的物料。

二、气流干燥器的型式

1. 加料器和卸料器

加料器和卸料器,对保证稳定的连续生产和成品质量很重要。图 18-4 为 5 种型式的加料器,适用于散状物料。为防止在加料过程中物料结块,可采用振动加料器。

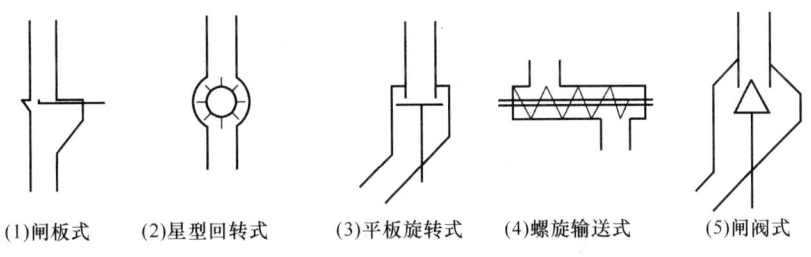

(1)闸板式　(2)星型回转式　(3)平板旋转式　(4)螺旋输送式　(5)闸阀式

图 18-4　加料器的型式

2. 按照加料方式分类

为适应各种物料在干燥前的不同状态,采用不同加料方式。

(1)直接加料　如图 18-5(1)所示,原料从干燥管气流上升段中间直接投入,利用高速气流的冲击使物料分散而进行干燥。

(2)带分散机型　如图 18-5(2)所示,某些含水颗粒体物料,如在热气流中不易分散,或进料过程中易结块,在进料口设分散机。分散机由带放射状棒的转轮和锁气外壳组成,在分散机中无热风流过。

(3)带粉碎机型　在干燥前设置粉碎机,结构如图18-6所示。由于粉碎机具有高速回旋的鼠笼式转子,能把物料和热风高速搅拌,热容量系数极高,达 12500~41800kJ/($m^3 \cdot h \cdot ℃$)。在粉碎机中可除去全部蒸发水的 50%~80%。

采用粉碎机加料的流程有几种:

①如图 18-5(3)所示,适用于滤饼等泥状物料,经粉碎机粉碎后进入干燥管。

②如图 18-5(4)所示,如物料含水较多,加料有困难,可将部分已干燥的成品粉末返回到原料中混合,以减少原料含水率,增加流动性。由于成品循环受热,对热敏性物料需注意物料因重复加热而变质的问题。

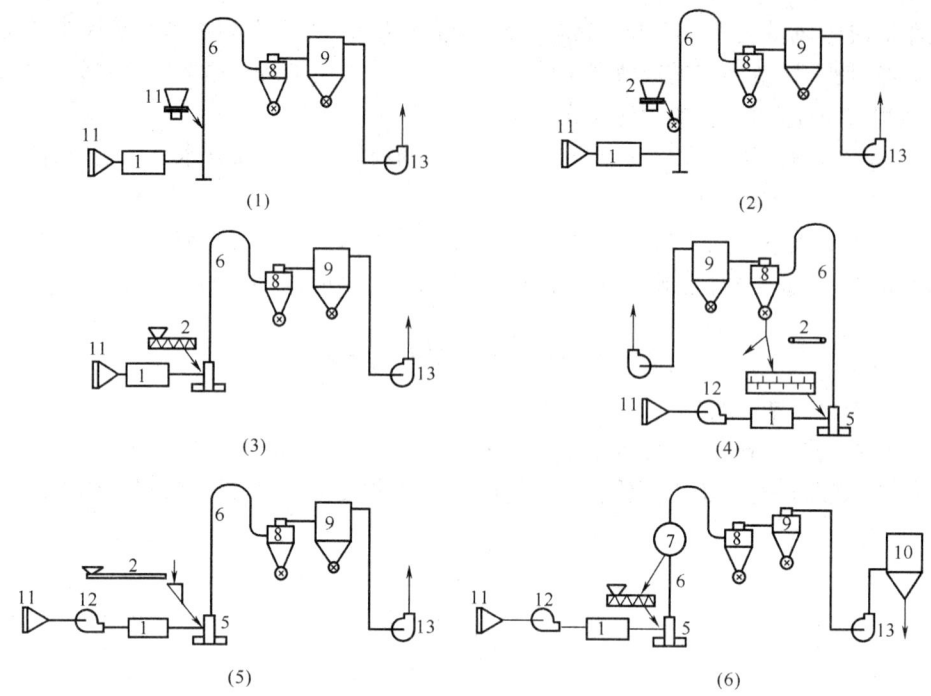

图 18-5　气流干燥器的型式

1—预热器　2—加料器　3—混合器　4—分散机　5—粉碎机　6—干燥管　7—分级器
8—旋风分离器　9—袋滤器　10—空气净化器　11—空气过滤　12、13—风机

③如图 18-5(5)所示的流程,适用于干燥管处在很小负压下操作,不能适用密封加料装置的湿物料。

④如图 18-5(6)所示,为在干燥管上附设分级器,粗粒子在此分级并返回粉碎机,使成品粒子水分均一。

2. 按干燥管形状分类

(1)直管式　直管式如图 18-7(1)所示,适用于较易干燥物料,和以除去附着水为主或临界含水率不高的场合,而且要求成品含水率在 0.5%~1%。

(2)变径管式　变径管形式很多,如图 18-7(2)~(4)所示,为集中应用较多的变径管。变径管是将颗粒等速运动段的直径扩大,使物料与气流的相对速度加大,有利于颗粒表面气膜更新。加速传热,使物料在干燥管内停留时间增大。适用于较难干燥物料,以及成品含水率要求较低(<0.5%)的场合。

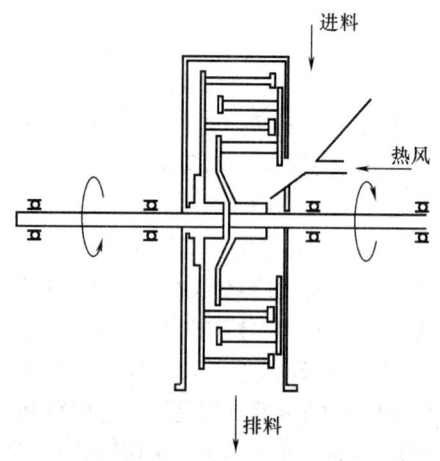

图 18-6　粉碎结构

图 18 –7(4)所示的变径管,具有占地面积小的优点。

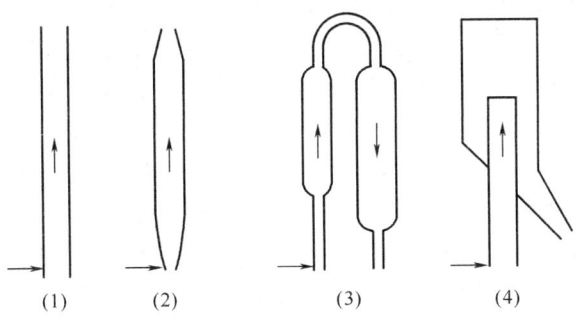

图 18 –7 干燥管的形状

三、气流干燥的设备

使用气流干燥器型式有长管式气流干燥器(长 10～20m)、短管式气流干燥器(长 4m 左右)和旋风式气流干燥器。

1. 长管式气流干燥器

(1) 流程 如图 18 –8 所示。长管式气流干燥器的主要部分,是一根长为几米

(1) 长管式脉冲气流干燥机

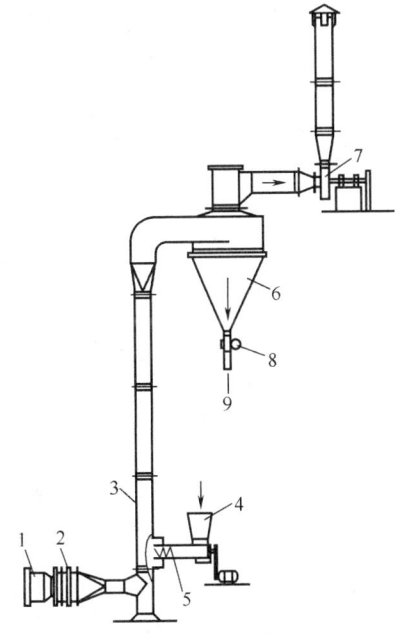

(2) 长管式气流干燥器

图 18 –8 长管式气流干燥
1—空气过滤器 2—预热器 3—干燥管 4—加料斗 5—螺旋加料器
6—分离器 7—风机 8—锁气器 9—出料口

至10几米的垂直管,物料和热空气在管下端进入。热空气在进入前,分别经过过滤器和预热器,物料经加料斗由螺旋加料器加入。在干燥管内,湿物料在热风带动下自下而上,经过充分接触得到干燥后,进入旋风分离器。物料与热空气接触时间与干燥管长度有关,干燥管越长,接触时间越长。完成干燥的物料在旋风分离器中与热空气和挥发的湿分分离,经过锁气器由出料口卸出。锁气器起隔离气体的作用。在长管式气流干燥器中,热空气是干燥介质,又起固体输送作用,上升速度大于物料颗粒的自由沉降速度。物料才能够以空气流速和自由沉降速度的差速上升。风机输送的空气流,经过滤、加热成热气流。风机位置可设在头部、中部或尾部,对应干燥过程称为正压操作、负压操作、先正压后负压三种类型。

（2）特点　长管式气流干燥器的干燥管较长,对房屋建筑、操作运行和设备检修等都带来不便。

（3）应用实例　图18-9为长管式气流干燥味精的流程。

①空气过滤器:过滤介质为铁丝网,铁丝可用油浸过,使尘粒容易粘在上面。

②空气加热器:采用螺旋翅片式,蒸气压力为0.2~0.3MPa,加热后空气温度升高到80~90℃。

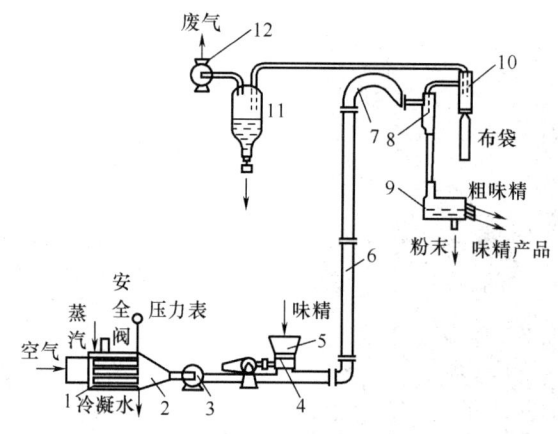

图18-9　长管气流干燥味精流程

1—空气过滤器　2—空气加热器　3—鼓风机　4—加料器　5—加料斗　6—干燥管
7—缓冲管　8—分离器　9—振动筛　10—二次分离器　11—湿式收集器　12—排风机

③干燥管:为圆形长管。为充分利用气流干燥中颗粒加速段较强的传热传质作用,可采用管径交替缩小与扩大的脉冲式气流干燥管,如图18-10所示。颗粒进入小管径干燥管段时,高速流过,使颗粒加速运动。加速终了时,颗粒进入大管径干燥管内。由于气流速度降低,导致颗粒速度减慢,直至减速终了时,干燥管径再次缩小。如此重复交替地进行,颗粒不断加速减速,强化了传热传质速率。

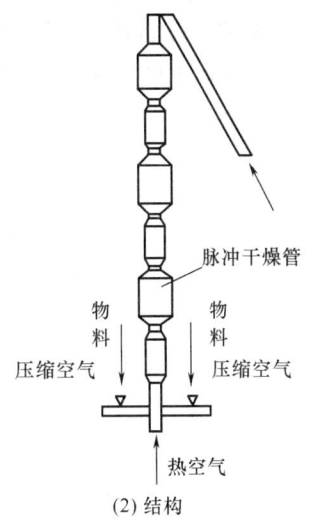

(1) 外形　　　　　　　　　　　　(2) 结构

图 18-10　脉冲式干燥管

2. 旋风式气流干燥器

长管式气流干燥器的干燥管较长,对房屋建筑等都带来不便。因此,很多生物工厂采用旋风式气流干燥器。旋风式气流干燥器干燥原理与长管式基本相同,如图 18-11 所示。用略带锥度的圆筒形筒身,称为旋风式干燥器,代替长管式气流干燥器中的长管。干燥时,气体经空气预热器进入,固物料体由加料器加入与热空气混合。在此处,热空气夹带着湿物料以切线方向进入干燥器,沿干燥器内壁以螺旋线方式向下至底部后,再折向中央排气管口。然后,进入旋风分离器,气固分离。固体向下进入贮料斗,气体由风机鼓入袋式除尘器,将剩余的固体物料过滤后放空。

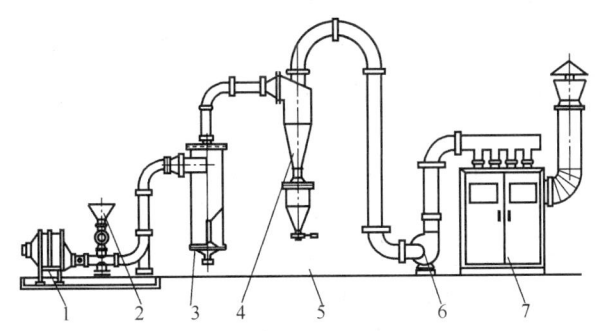

图 18-11　旋风式气流干燥器装置
1—空气预热器　2—加料器　3—旋风式干燥器　4—旋风除尘器
5—贮料斗　6—鼓风机　7—袋式除尘器

旋风式气流干燥器结构及参数尺寸如图 18-12 所示。在中央有根管道插入到圆筒底部作为出口,称为中央排气管。旋风式气流干燥器用不锈钢管制成,内壁光滑,筒身处可附蒸气夹套,外面要有较好保温层。保温层用石棉泥保温,厚度 50mm。

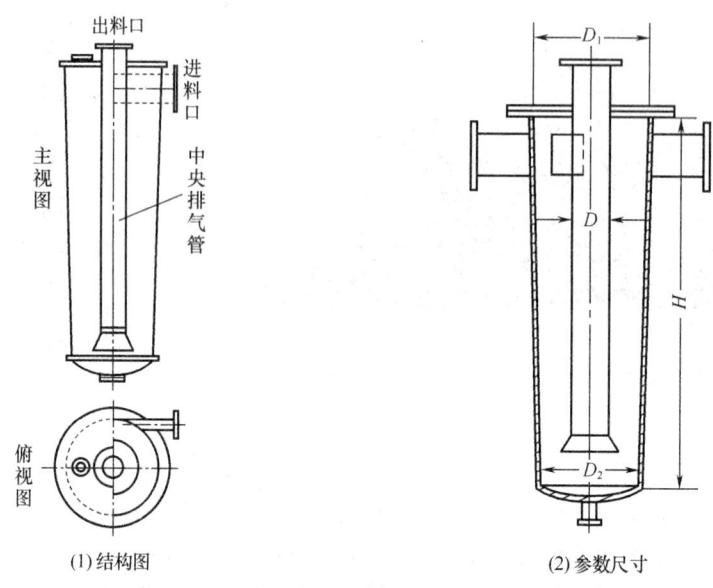

图 18-12　旋风式气流干燥器

气体在中央排气管中的流速为 20m/s 左右,在环管中流速为 3m/s,筒身直径 D_1 与中央排气管直径 D 之比为 2.77。

物料在进入干燥器后,受三个力:气流对物料的携带力,物料旋转引起的离心力和物料自身重力。在三个力作用下,物料做螺旋下降运动。物料粒子周围的气体呈高度湍流状态,提高传热效果。旋转运动使物料粒子碰撞粉碎,增大传热面积,强化干燥过程,缩短干燥时间。物料在干燥器内停留时间为 1~1.5s,压力降为 490~687Pa。

旋风式气流干燥器的进口管做成矩形,高宽之比为 1.7~3.0。为使气流在干燥器下部加速运动,圆筒横截面自上而下逐渐收缩,底部直径 $D_2 = D_1 - 0.05H$,排气管入口制成喇叭形,有利于物料进入。

加料器,有螺旋加料器和文丘里加料器。常用螺旋加料器,加料器不泄漏且不易堵塞。文丘里加料器的工作原理,是利用管截面缩小时产生的负压将物料吸入。这种加料器长时间使用会使物料在边上黏住易堵塞,对黏性不大的物料可采用这种加料器。

第三节 喷雾干燥

一、喷雾干燥的特点

喷雾干燥,是利用喷雾器将悬浮液和黏滞液体喷成雾状,形成具有较大表面积的分散微粒,同热空气发生强烈热交换,迅速排除本身的水分,在几秒至几十秒内获得干燥。成品以粉末状沉降于干燥室底部,连续或间断地从卸料器排出。它特别适用于不能借结晶方法得到固体产品的生物制品的生产中,如酵母、核苷酸、某些抗生素药物的干燥。

喷雾干燥的关键是料液的雾化,它关系到喷雾干燥的技术经济指标、产品质量。理想的喷雾器要求喷雾粒子均匀、结构简单、产量大、能耗小。实现料液雾化的喷雾器,有压力式喷雾器、气流式喷雾器和离心式喷雾器三种,形成压力喷雾干燥塔、气流喷雾干燥塔和离心喷雾干燥塔三类喷雾干燥设备。生物工业中,后两种喷雾干燥设备应用较多。

1. 喷雾干燥的主要优点

(1) 干燥速度快、时间短 一般为 3~30s,料液雾化成 20~60μm 的雾滴,表面积高达 200~5000m^2/m^3,物料水分极易汽化干燥。

(2) 干燥温度较低 虽然采用较高温度的热空气,但由于雾滴中含有大量水分,表面温度不会超过加热空气的湿球温度,为 50~60℃。物料在干燥器内停留时间短,因此物料最终温度不会太高,非常适合于热敏性物料干燥。

(3) 制品具有良好的分散性和溶解性,成品纯度高 喷雾干燥是在封闭干燥室中进行,可保证卫生条件,避免粉尘飞扬,提高产品纯度。

(4) 营养损失少 快速干燥大大减少营养物质损失,如奶粉加工中,热敏性维生素 C 只损失 5% 左右。

(5) 产品质量好 松脆空心的颗粒产品,具有良好的流动性、分散性和溶解性,并能很好保持食品原有的色、香、味。

(6) 工艺较简单 料液经喷雾干燥后,可直接获得粉末状或微细颗粒状产品。

(7) 生产率高 便于实现机械化、自动化生产,操作控制方便。适于连续化大规模生产,操作人员少,劳动强度低。

2. 喷雾干燥的主要缺点

(1) 投资大 干燥室水分蒸发强度仅能达到 2.5~4.0kg/(m^3·h),喷雾干燥的容积干燥强度小,故干燥室体积大,热量消耗多。蒸发 1kg 水分需 6000kJ 热量,相当于消耗 2.5~3.5kg 蒸汽。雾化器、粉尘回收及清洗装置等较复杂。

(2) 能耗大,热效率不高 热效率为 30%~40%。若要提高热效率,可在不影响产品质量的前提下,尽量提高进风温度及利用排风余热来预热进风。因废气中湿含量较高,为降低产品中水分含量,需耗用较多空气,增加鼓风机的电能消耗与粉尘回收装置负担。

二、喷雾方法

喷雾干燥机,是将液状物料通过雾化方式干燥成粉体的设备。许多粉状制品,如奶粉、蛋粉、豆奶粉、低聚糖粉、蛋白质水解物粉、微生物发酵物等,都用喷雾干燥机生产。喷雾干燥机,也是主要的微胶囊造粒设备之一,雾化器也称为喷雾器。雾化器型式有三种,即压力喷雾器、离心喷雾器和气流雾化器。

1. 压力喷雾法

压力喷雾法,又称为机械喷雾法。压力式雾化器,是一种喷雾头,装在一段直管上构成喷枪。喷雾头(喷枪),与高压泵配合才能工作。一般使用高压泵为三柱塞泵。

由于单个压力式喷雾头的流量(生产能力)有限,大型压力喷雾干燥通常由多支喷枪一起并联工作。

压力喷雾,就是利用往复运动的高压柱塞泵,如图 18-13 所示,以 7~20MPa 压力将液体从 0.5~1.5mm 喷孔喷出,分散成 50~100μm 的液滴。料液雾化分散度,取决于喷嘴的结构、料液流出速度和压力、料液的物理性质(表面张力、黏度、密度)。高压泵加工精度及材料强度要求较高,喷嘴易磨损、堵塞,对粒度大的悬浮液不适用。

2. 气流喷雾法

气流喷雾,是依靠高速气流工作的雾化器,如图 18-14 所示。雾化原理,是利用料液在喷

图 18-13　往复运动高压柱塞泵

嘴出口处与压力为 0.25~0.6MPa 的压缩空气高速运动(200~300m/s)的空气相遇,由于料液速度小,气流速度大,两者存在相当大速度差,液膜被拉成丝状,然后分裂成细小雾滴。喷嘴孔径较大,为 1~4mm,故能够处理悬浮液和黏性较大液体。雾滴大小取决于两相速度差和料液黏度,相对速度差越大,料液黏度越小,雾滴越细。料液分散度取决于气体的喷射速度、料液和气体的物理性质、雾化器几何尺寸及气料流量之比。在制药工业中广泛使用,有的工厂用于核苷酸、农用细菌杀虫剂和蛋白酶的干燥。

气流式雾化器的结构有多种,常见有二流式、三流式、四流式和旋转式。

3. 离心喷雾干燥法

离心式雾化器,是由机械驱动或气流驱动装置与喷雾转盘结合而成。离心式雾化的机理是,利用在水平方向做高速旋转的圆盘给予溶液离心力,使其高速甩

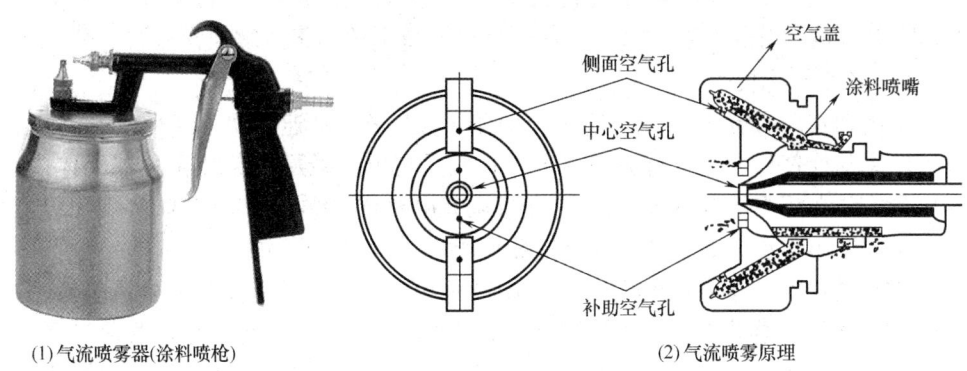

(1) 气流喷雾器(涂料喷枪)　　　　　　　(2) 气流喷雾原理

图 18-14　气流喷雾

出,形成薄膜、细丝或液滴,同时受腔体空气摩擦、阻碍和撕裂等作用形成细雾。目前,酶制剂的大型生产大多采用此法,还有用于酵母粉干燥。

（1）离心式喷雾干燥机工作流程　如图 18-15 所示。喷雾干燥是液体工艺成形和干燥工业中最广泛应用的工艺。最适用于从溶液、乳液、悬浮液和糊状液体原料中生成粉状、颗粒状固体产品。因此,当成品的颗粒大小分布、残留水分含量、堆积密度和颗粒形状必须符合精确的标准时,喷雾干燥是十分理想的工艺。

空气经过滤和加热,进入干燥器顶部空气分配器,势空气呈螺旋状均匀地进入干燥室。料液经塔体项部的高速离心雾化器,旋转喷雾成极细微的雾状液珠,与热空气并流接触在极短的时间内可干燥为成品。成品连续地由干燥塔底部和旋风分离器中输出,废气由风机排空。

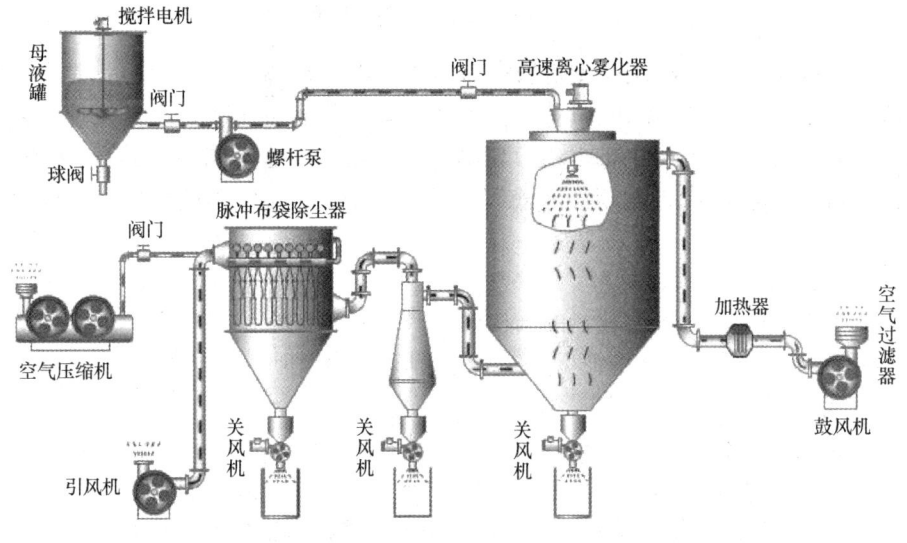

图 18-15　离心式喷雾干燥机工作流程

干燥速度快,料液经雾化后表面积大大增加,在热风气流中,瞬间就可蒸发95%~98%的水分,完成干燥时间仅需数秒钟,特别适用于热敏性物料的干燥。

(2)离心雾化机

①电动式离心雾化器如图18-16(1)所示。采用高速电机直接驱动雾化盘,输入功率随处理量变化自行调整。这种结构是把电机线圈安装在雾化器壳体内,雾化盘安装在相当于电机的主轴上,通过调节电机频率改变主轴转速,实现无级变速。主要适用于小型实验装置或小批量生产。

②气动式离心雾化器:如图18-16(2)所示。是在主轴上安装一个透平轮,通过压缩空气驱动透平轮带动主轴转动,以带动雾化盘高速旋转。雾化器通过调节压缩空气压力和气量实现无级变速,机械磨损小,结构简单,维修方便。主轴承采用双封闭含油高速轴承,使用中无需填加润滑油。压缩空气压力为 0.2~0.6MPa,适合蒸发能力小于 5kg/h 时采用。

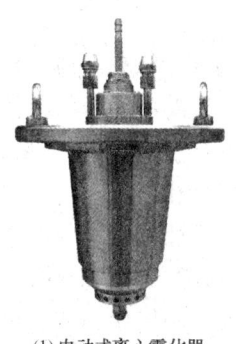 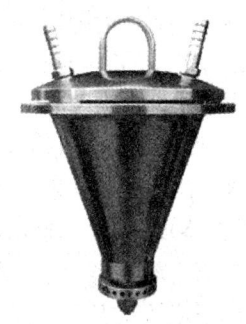 

(1)电动式离心雾化器　　(2)气动式离心雾化器　　(3)小型机械式离心雾化器

图 18-16　离心式喷雾干燥机

③机械式离心雾化器:小型机械式离心雾化器如图18-16(3)所示,是离心雾化器最广泛使用的结构型式,具体又分齿轮传动和齿轮皮带传动。齿轮传动是电机带动大齿轮,大齿轮与主轴上小齿轮啮合。齿轮传动比不同,主轴转速也不同。物料进料量波动时,转速恒定,机械效率较高。适用于长时间连续、大规模喷雾干燥。

(3)离心式喷雾盘

①标准雾化盘:标准雾化盘的结构如图18-17(1)所示。采用316L、304等不锈钢材料,喷雾液膜薄、雾滴细小。外形有盘形、碗形、杯形、碟形等,喷孔形状有圆形、长方形、长腰形。

②碗形雾化盘:碗形雾化盘的形状如倒置碗的结构,如图18-17(2)所示。表面光滑,具有锐利的周边。进料腔设置在中心处,料液首先落到料液分配盘上,使之均匀沿碗状体向下流动,当到达碗口处,料液受离心力作用被甩出雾化。这种结构,适用于需获得较细颗粒的场合。

③耐磨雾化盘:装有耐磨瓷喷嘴的结构如图18-17(3)所示。为减少雾化盘磨损,加装高硬度材料做衬底,使用寿命更长。

④耐磨蚀雾化盘:结构如图18-17(4)所示。将两种雾化盘的特点结合在一起,装有轴列耐磨瓷喷料孔,同时满足耐磨、耐腐蚀的喷雾干燥需要。

(1) 标准雾化盘

(2) 碗形雾化盘

(3) 耐磨雾化盘

(4) 耐磨蚀雾化盘

图18-17 离心式喷雾盘

4.三种雾化方法的比较

压力喷雾干燥适用于黏度料液,动力消耗最少,每吨溶液耗能为4~10kW/h。缺点是,需有高压泵,喷嘴小易堵塞,操作弹性小,产生调节范围窄。

气流雾化干燥动力消耗最大,每千克液需0.4~0.8kg的压缩空气。其结构简单,容易制造,适用于任何黏度或稍有固体的料液。

离心喷雾干燥动力消耗介于两种之间。适用于高黏度或带有固体的料液,转盘雾化操作弹性宽,可在设计生产能力的±25%范围内调节产量,而不影响产品质量。缺点是,机械加工要求高,制造费用大,雾滴较粗,喷嘴较大。因此,塔直径相应的比其他喷雾器的塔大得多。

三、喷雾干燥室

1.喷雾干燥室的作用

喷雾干燥室,是喷雾干燥机的核心,如图18-18所示。雾化器出来的直径10~100μm的料液雾滴,有巨大表面积。雾滴与进入干燥室的热气流接触,在瞬间(0.01~0.04s)发生强烈的热交换和质交换,使其中绝大部分水分迅速蒸发汽化并被干燥介质带走。

水分蒸发会从液滴吸收汽化潜热,因而,液滴表面温度为空气的湿球温度。包括雾滴预热、恒速干燥和降速干燥三个阶段的整个过程,只需10~30s便可得到符合要求的干燥产品。

经雾化器雾化的料液滴,与由进风机吸送来并经加热器加热的空气接触,迅速受热使水分汽化成为固体粒子。部分大粒子落入器底,部分随湿热空气进入粉尘回收装置分离成湿空气与粉尘。产品干燥后由于重力作用,大部分沉降于底部,少量微细粉末随废气进入粉尘回收装置回收。

离开分离器的湿空气由排风机直接排入大气,或部分进行余热回收,以提高干燥机热效率。干燥机底和分离器分离得到的干燥产品可直接出料包装,也可经粉体冷却器进一步冷却后再出料。

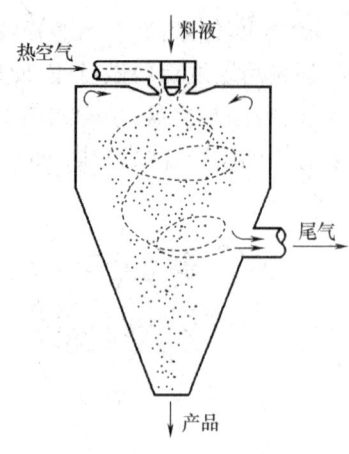

图18-18 喷雾干燥室

2. 干燥室的结构型式

干燥室是喷雾干燥的主体设备,雾化后的液滴在干燥室内与干燥介质相互接触进行传热传质,达到干制品的水分要求。内部装有雾化器、热风分配器及出料装置等,并开有进气口、排气口、出料口及人孔、视孔、灯孔。

喷雾干燥室分厢式和塔式两大类。每类干燥室由于处理物料、受热温度、热风进入和出料方式等的不同,结构有多种。

(1)厢式干燥室 又称为卧式干燥室,如图18-19所示,用于水平方向压力喷雾干燥。

干燥室有平底和斜底两种型式。前者在处理量不大时,可在干燥结束后由人工打开干燥室侧门对器底进行清扫排粉,规模较大的也可安装扫粉器。后者底部安装有一个供出粉用的螺旋输送器。

厢式干燥室用于食品干燥时内衬不锈钢板,室底采用瓷砖或不锈钢板。干燥室室底有良好的保温层,以免干粉积露回潮。干燥室壳壁用绝热材料来保温。厢式干燥室后段有净

图18-19 卧式干燥室

化尾气用的布袋过滤器,并将引风机安装在袋滤器上方。

由于气流方向与重力方向垂直,雾滴在干燥室内行程较短,接触时间也短,且不均一,所以产品水分含量不均匀。此外,从卧式干燥室底部卸料较困难,所以新型喷雾干燥设备几乎都采用塔式结构。

(2)塔式干燥室 常称为干燥塔,如图18-20所示。新型喷雾干燥设备,几乎都用塔式结构。干燥塔底部有锥形底、平底和斜底三种,食品工业中采用前者。吸湿性较强有热塑性的物料,会造成干粉黏壁成团的现象,且不易回收,必须具有塔壁冷却措施。

(1) 离心喷雾干燥塔　　　　　　　(2) 喷雾制料机干燥塔

图 18-20　塔式干燥室

四、气流喷雾干燥设备

1. 气流喷雾干燥流程和特点

气流喷雾干燥设备,除喷雾干燥塔、喷嘴外,还有空气加热器、压缩空气系统和空气过滤器。空气加热用电热或蒸汽加热,流程如图 18-21 所示。

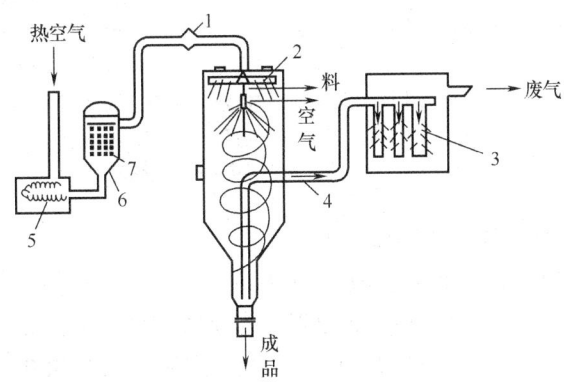

图 18-21　气流喷雾干燥流程
1、6—过滤器　2—空气分配盘　3—袋滤器　4—回风管　5—电加热器　7—瓷环

压缩空气从切线方向进入喷雾器外面的套管,喷头处有螺旋线,形成高速旋转的圆锥状空气涡流,并在喷嘴处形成低压区,吸引液体在内部或外部混合后微粒化。由空气加热器加热的热风,经过滤器从干燥塔上部经空气分配盘进入,与喷雾后的液体微粒相遇,使之干燥。干燥物料由塔底部排出,废气沿回风管导入袋滤器或旋风分离器,收集随废气带走的粉末状产品,然后经排风机排入大气。设备特点是,结构简单,操作方便和可靠,产品质量好。

2. 气流喷雾干燥塔的构造

气流喷雾干燥塔,是由"圆筒体"和"圆锥体"构成,如图18-22所示。塔直径与高度之比为1:(2.4~3),直径与锥体高度之比为1:(1.3~1.6)。空塔时,气流速度为0.15~0.2m/s,回风管空气流速为10~12m/s。干燥室由厚度1mm的不锈钢衬里焊接而成,顶部装有空气分配盘。

(1) 气流喷雾干燥塔外形

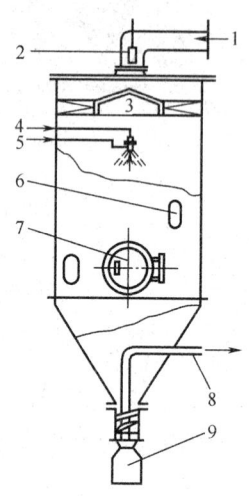
(2) 气流喷雾干燥塔结构

图18-22 气流喷雾干燥塔

1—热空气入口 2—温度计 3—扩散盘 4—物料入口 5—压缩空气入口 6—视镜
7—人孔 8—废气出口 9—成品收集器

3. 热空气分配盘与螺旋排风管

空气分配盘的型式有旋风扩散式、叶片旋风式,作用是使空气形成旋流与雾滴接触,提高干燥效果。图18-23是叶片旋风式热空气分配盘。分配盘由30片叶子均匀焊接于分配盘顶周边,并与水平面成30°角,热风排出方向依旋风方向而定。

干燥塔下部有螺旋排风管,螺旋排风管是在回风管下部外侧焊螺旋形导风板,使气流沿螺旋导风板旋转向下,增大气流阻力,使密度较大产品向下沉降。密度较小粉末状产品随废气沿回风管导入袋滤器,螺旋排风管作用是使气固两相分离。

4. 气流喷雾器

气流喷雾干燥塔内装有气流喷雾器。喷雾器有两种型式:内部混合式,外部混合式。内部

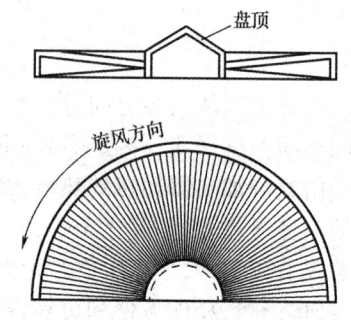

图18-23 热空气分配盘

混合式喷雾器,是气体与液体在喷嘴内部混合后由喷嘴喷出,喷出雾滴较均匀。外部混合式喷雾器,是气体与液体在喷嘴外面混合,喷成雾滴。常用的为内部混合式,构造如图18-24、图18-25所示。喷嘴上有螺旋槽,空气经螺旋槽后形成湍流,将料液喷成雾状。

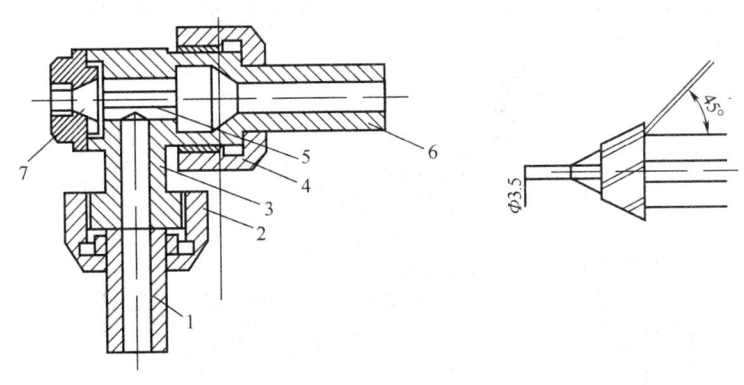

图18-24 气流喷雾喷嘴
1—空气管 2—压紧螺帽 3—喷嘴座 4—压紧螺帽 5—喷嘴 6—进液管 7—喷嘴口

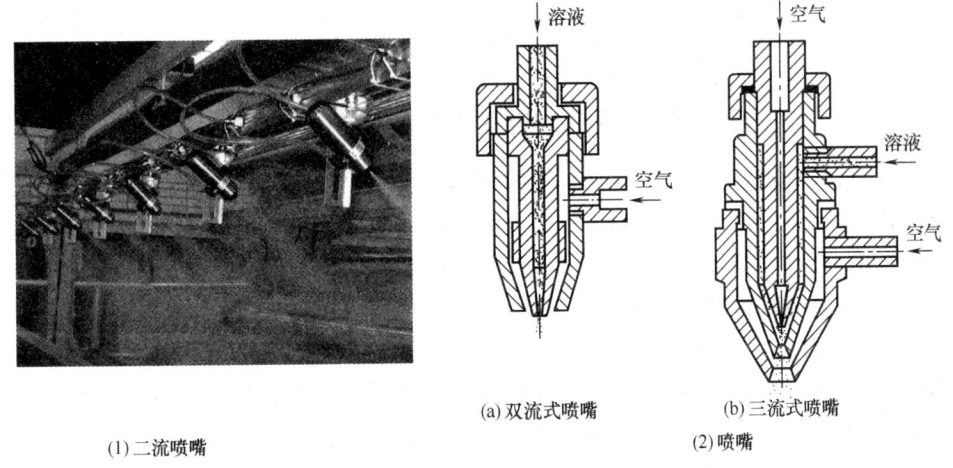

(1) 二流喷嘴　　　　　　(a) 双流式喷嘴　　(b) 三流式喷嘴
　　　　　　　　　　　　　　　(2) 喷嘴

图18-25 气流喷雾干燥喷嘴
1—空气管 2、4—压紧螺母 3—喷嘴座 5—喷嘴 6—进液管 7—喷嘴口

五、离心喷雾干燥设备

1. 离心喷雾干燥流程

(1) 间歇卸料的离心喷雾干燥流程　如图18-26所示。含8%~10%固形物的发酵液进入干燥塔前,先用塔顶上小罐加温至50℃再进塔。小罐内液面控制一定,以保持进料均匀。加热后的发酵液由罐底的管路经观察玻璃圆筒流入高速度

旋转的离心喷雾盘,喷雾盘转速为 3000~7000r/min。液体通过六个喷嘴甩成雾状,与从顶部进风口以旋转方式进入至喷雾盘四周的热空气进行充分接触(热空气进塔温度,根据干燥物料性质而定,如淀粉酶干燥温度150℃,蛋白酶干燥温度140℃左右),造成强烈的传热和水分蒸发,空气温度随之降低,微粒在气流和自身重力作用下旋转而下,到达出口时已干燥完毕,间歇通过双闸门的卸料阀,定期卸料。

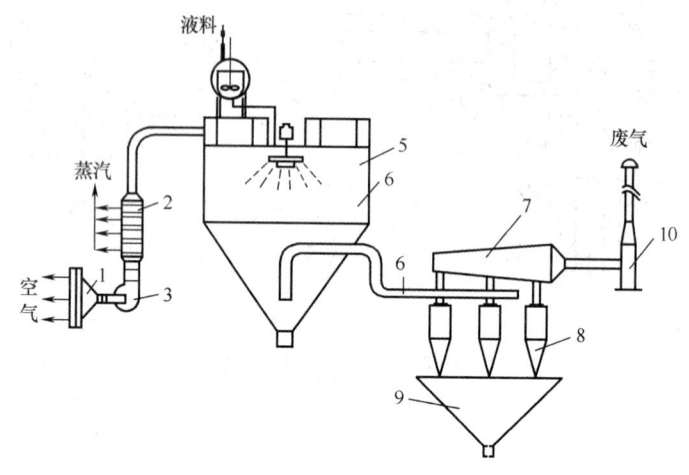

图 18-26 离心式喷雾干燥流程
1—空气过滤器 2—风机 3—空气加热器 4—保温炉 5—干燥塔 6—温度计
7—粉尘回收器 8—旋风分离器 9—料斗 10—风机

空气经过滤器与离心风机进入空气加热器,加热后从塔顶分内外两圈进入干燥室,内圈即由热风盘进入干燥室,外圈由固定均布的方形进风口进入干燥室,从干燥室内排出的废气(排风温度85℃),经锥部中央管通过旋风分离器由离心通风机排至大气中,旋风分离器收集随废气带走的粉末状产品。排风机的排风量比进风机的进风量大,以便塔内形成负压。负压作用是使沸点降低,有利于物料内水分的蒸发。负压在110~160Pa,若外界气压低,温度高时,负压要大些;其次是即使设备有渗漏也不会跑粉,提高收率。可适当调整进气闸门以控制进风压力,调节塔内负压大小。

(2)连续卸料的离心喷雾干燥流程 如图 18-27 所示。连续卸料是利用气力输送进行的。从干燥室排出的成品连续进入振动供料器12,通过旋转阀进入气力输送系统,由出气导管14带出的粉末经旋风分离器13回收。然后一并进入气力输送系统,送至旋风分离器18中收集。成品通过贮罐19的旋转阀20连续排出。从旋风分离器18排出的废气经风机21与干燥室的出气导管排出的废气一并进入旋风分离器13,由排风机17排至大气。

有的流程在塔底部和旋风分离器13的底部不用旋转阀排料,采用涡流气封阀。有的酵母厂和酶制剂厂,采用涡旋气封阀的连续卸料流程,与此流程相似。

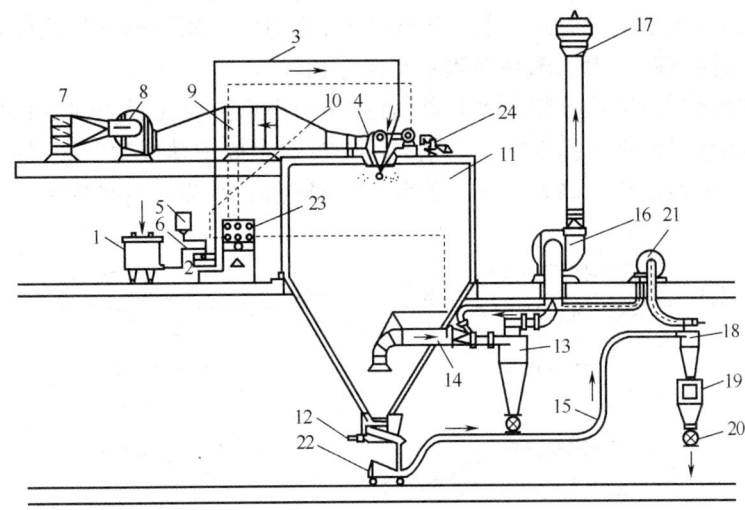

图 18－27　连续喷雾干燥流程

1—供料罐　2—供料泵　3—供料管路　4—喷雾器　5—水罐　6—三通活门　7、22—空气过滤
8—鼓风机　9—空气加热器　10—空气导管　11—干燥室　12—振动供料器　13、18—旋风分离器
14—出气导管　15—气力输送系统　16—排风机　17—风帽　19—贮罐　20—旋转阀
21—气力输送风机　23—仪表盘　24—冷却喷雾器风机

2. 离心喷雾干燥设备的构造

离心喷雾干燥设备,有喷雾室、喷雾机(包括喷盘)和热风盘。

(1) 喷雾室　喷雾室直径与离心喷盘转速快慢有关,液滴直径与转速成反比,液滴射程与液滴直径成正比。转速小时,液滴射程就大,塔径随射程(喷距)增大而增大。因此,喷盘转速越小,喷雾室直径就越大。在喷距为半径的圆周内,有90%～95%液滴微粒下落,即不再具有水平速度,这个距离称为喷距。只要干燥塔直径大于喷距时,绝大部分液滴就不会碰壁。喷雾室内截面风速在 0.1～0.4m/s 为宜。

在喷雾室内中部位置,有走道及扶梯,方便清扫塔壁。干燥完毕,待室内通风降温后,人在扶梯上取下离心喷盘清洗。有的工厂在干燥塔顶部用电葫芦把整个离心喷雾机吊起,再卸下喷盘滑洗。此法较前者好,因为停机后虽通风降温,但塔内温度仍较高,尤其夏季,可避免人进塔内。喷雾室安装塔门(人孔)、灯孔、视孔、温度计、水银真空计等。塔门装在走道一边,以便停机后进入塔内清理,整个塔内壁光滑,尽量避免挂粉。塔外壁用石棉、木屑或膨化珍珠岩作保温层。

(2) 喷雾机、喷盘的型式及其构造　喷盘的型式有平板型、皿型、碗型、多翼型、喷枪型、锥型和圆帽型等,型式繁多。用于酶制剂生产的有后三种,构造如图 18－28 所示。

喷枪型是由一组喷嘴(6个)伸在离心盘外,如同翼轮一样,中心形成负压,被喷物料容易卷起,粘在顶壁上。

锥型和圆帽型可避免此问题。实践证明,锥型和圆帽型两种型式较好。圆帽型喷孔出口向下倾斜45°,避免被喷物料向上翻。

锥型喷盘是一组喷嘴装在离心盘内,避免中心形成负压,导致物料易粘顶壁。喷盘和喷嘴材料均用不锈钢制造。轴和离心盘加工要求精度为二级,加工及安装时要求做动平衡试验。如果质量不平衡,产生振动较大,轴承容易损坏。

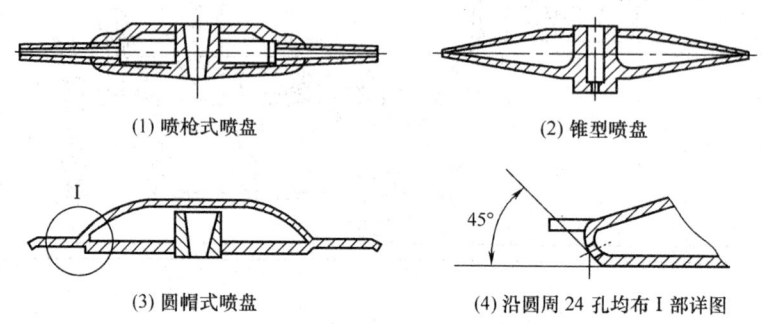

(1) 喷枪式喷盘　　　　(2) 锥型喷盘

(3) 圆帽式喷盘　　　　(4) 沿圆周24孔均布Ⅰ部详图

图18-28　喷嘴的型式

（3）热风盘　热风进塔后分配不均匀是造成塔内局部贴壁的主要原因。除部分热风从塔顶外风道固定均布的方形进风口进入塔内之外,大部分热风是从热风盘(内风道)通过风向调节板进入塔内的。风向调节板向下倾斜的角度可调节,进入塔内热风风向与喷盘甩出的料液方向可相同,也可相反。

为使热风在热风盘进入塔内速度相等,热风盘为蜗壳形,如图18-29所示。热风以6～10m/s高速进入热风分配盘,热风分配盘与喷雾机配合安装,要使热风进口与喷盘位置尽量靠近,热风分配盘应使热风均匀分配进入喷雾室。因此,要求进入塔内速度相等,尽量避免与减少涡流形成。否则,容易发生物料焦化现象。热风分配盘出口风速为8～12m/s。由于喷盘高速旋转,中心形成负压,使甩出物料卷起,粘在喷雾机上,即此处是热风吹不到的死角,设计时可在喷雾机的周围进入少量热风,避免此现象产生。

3. 喷雾装置的型式

按气流与雾滴运动方向,分三种型式:

（1）并流干燥　装置的特点是,雾滴运动方向与气流方向一致。温度较高,热空气与刚刚甩出雾滴接触,表面水分迅速蒸发。因此,

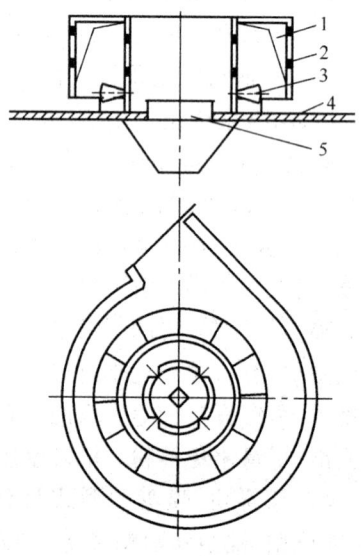

图18-29　热风盘构造

1—热风盘　2—保温层　3—风向调节板
4—塔顶壁　5—喷雾机座

产品不会形成过热现象。这种型式的装置使用较广。

并流的方式有旋转向下并流、垂直向下并流、垂直向上并流和水平并流。前三种型式如图 18-30 所示。

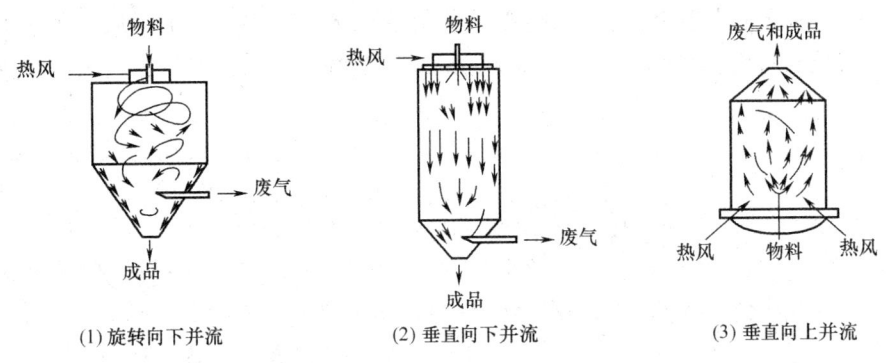

(1) 旋转向下并流　　(2) 垂直向下并流　　(3) 垂直向上并流

图 18-30　并流干燥

(2) 逆流干燥　装置的特点是,雾滴运动与气流方向相反,如图 18-31 所示。产品与高热气流接触,故干燥时气流温度不能过高,否则会使干燥的产品形成过热现象。

(3) 混合流干燥　装置的特点是,气流有两个方向(先旋转向下,后垂直向上),雾滴只有一个方向(从上向下),如图 18-32(1)所示,这种装置是气流与雾滴运动方向成垂直。或者气流有一个方向(从上向下),而雾滴有两个方向(即从下向上,然后从上向下),如图 18-32(2)所示。无论哪种方式,气流与产品较充分接触,脱水效率较高,耗热量较少。但产品有时与湿的热空气流接触,故干燥不均匀。

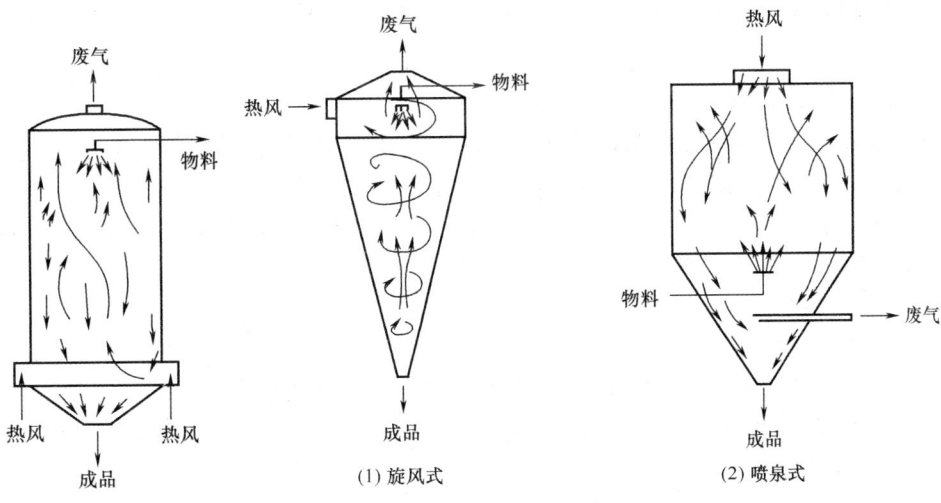

(1) 旋风式　　(2) 喷泉式

图 18-31　逆流干燥　　　　图 18-32　混合流干燥

六、压力喷雾干燥设备

1. 压力喷雾干燥系统

压力喷雾干燥系统,是利用高压泵使料液以 5~20MPa 的压力从孔径 1.5~6mm 的喷孔喷出,分散成 50~100μm 的液滴。液滴在干燥室内与热气流接触获得干燥。

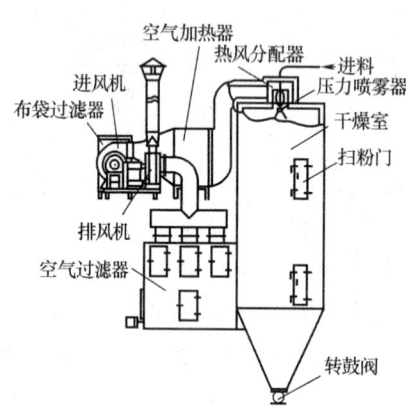

图 18-33 为立式压力喷雾干燥机,由空气过滤器、进风机、空气加热器、热风分配器、压力喷雾器、干燥室、布袋过滤器和排风机等组成。进风机、空气加热器和排风机安排在一个层面。

2. 压力喷雾干燥机工作原理

经空气过滤器过滤的洁净空气,由进风机吸入,送入空气加热器加热至高温,通过塔顶的热风分配器进入塔体。热风分配器由呈锥形的均风器和调风管组成,可使热风均匀地呈并流状,以一定速度在喷嘴周围与雾化浓缩液微粒进行热质交换。经干燥后的粉粒落到塔体下部的圆锥部分,与布袋过滤器下螺旋输送器送来的细粉混合。不断由塔下转鼓阀卸出。塔体下部装有空气振荡器。可定时轮流对敲击锥体,使积粉松动沿塔壁滑下。

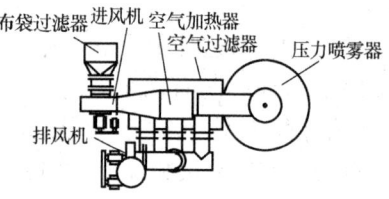

图 18-33 立式压力喷雾干燥机

3. 布袋过滤器

布袋过滤器内部分三组,每组风管与排风机相连,各组可轮流在关断排风管的同时振动布袋,以振落袋内积粉。布袋过滤器下方有一螺旋输送器,将布袋振动下来的粉末输送至塔体圆锥部分与塔内粉粒混合,从塔下转鼓阀排出。通过布袋过滤器回收夹带粉尘后的废气,经由排风机排入大气。

4. 压力喷雾器

采用单喷嘴喷雾,装于塔顶。喷嘴孔径较大(2mm 以上),可得到较大粒度的干燥粉粒。图 18-34 所示的干燥机配套的供料泵,为三柱塞式高压泵。

压力式喷嘴通即压力喷雾器,常由液体的切向入口、旋转室、喷嘴孔等组成,如图 18-34 所示。

由高压泵输送的液体,自切向口进入旋转室,形成厚度 0.5~4μm 的环形薄膜从喷嘴孔喷出。在空气介质摩擦作用下,液膜伸长变薄,撕裂成细丝,进一步断裂成雾滴。

压力式雾化器结构简单,动力消耗小,噪声低,大规模生产时采用多喷嘴雾化。压力式喷嘴容易磨损,不适宜于高黏度料液喷雾,而且喷嘴孔在 1mm 以下时容易堵塞。

干燥塔直径和高度的选取,应能保证塔内热空气与料液间热质交换顺利进行。塔径确定不仅与料液中含水量有关,而且与喷雾塔型式有关。塔径大小须保证料液在未干燥之前,不致碰上塔壁。干

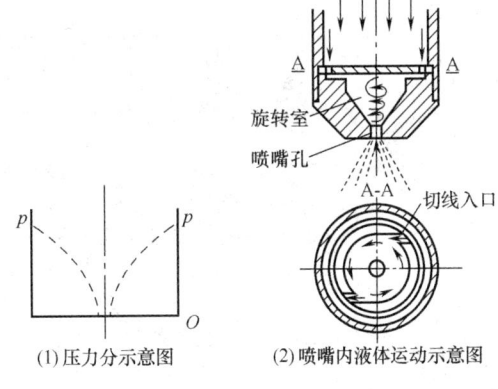

图 18-34 压力式喷嘴

燥塔直径,用两种方法确定:根据喷距半径确定;根据干燥强度确定。

干燥塔高度,须保证干燥时间内所需高度,即料液未干燥前不致沉降于塔底。

第四节 沸腾干燥与沸腾造粒干燥

一、沸腾干燥原理及其特点

沸腾干燥,也称为流化床干燥,干燥流程如图 18-35 所示。利用流态化技术,即利用热空气使孔板上的粒状物料呈流化沸腾状态,使水分迅速汽化,达到干燥目的。干燥时,使气流速度与颗粒沉降速度相等,压力降与流动层单位面积的质量达到平衡时(压力损失变成恒定),粒子在气体中呈悬浮状态,在流动层中自由转动,流动层犹如正在沸腾,这种状态是比较稳定的流态化。

沸腾造粒干燥,是利用流化介质(空气)与料液间很高的相对气速,使溶液带进流化床就迅速雾化。液滴与原来在沸腾床内的晶体结合,就进行沸腾干燥。可看作是喷雾干燥与沸腾干燥的结合。

沸腾干燥的特点,是传热传质速率高。由于是利用流态化技术,使气体与固体两相密切接触,虽然气固两相传热系数不大,由于颗粒度较小,接触表面积大,故容积干燥强度为所有干燥器中最大的一种。这样,需要的床层体积就大大减少。无论在传热、传质、容积干燥强度、热效率等方面,都较气流干燥优良,干燥温度均匀,控制容易。干燥、冷却可连续进行,干燥与分级可同时进行,有利于连续化和自动化。由于容积干燥强度较大,设备紧凑,占地面积小,结构简单,设备生产能力高,动力消耗少。

连续操作时,物料在干燥器内停留时间不一,干燥度不均匀,对结晶物料有磨

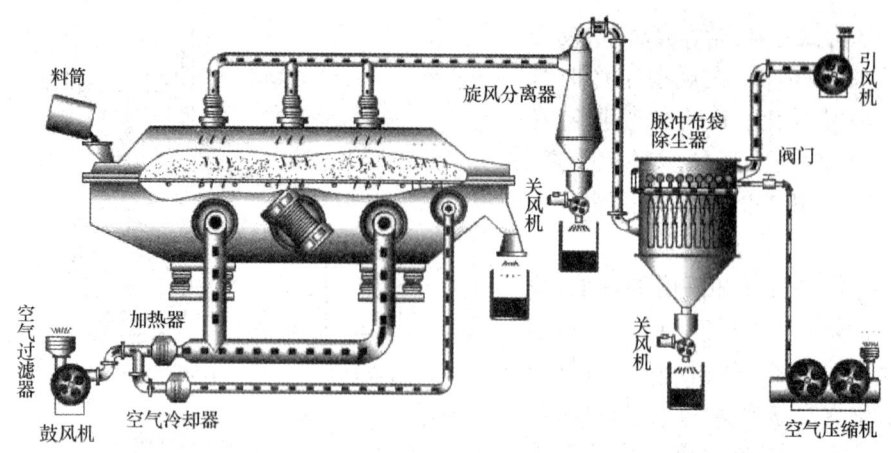

图 18-35　流化床干燥系统

损作用。

沸腾干燥器,有单层和多层两种,如图 18-36、图 18-37 所示。单层沸腾干燥器分单室、多室和有干燥室冷却室的二段沸腾干燥,其次还有沸腾造粒干燥。以下介绍单层卧式多室的沸腾干燥器和沸腾造粒干燥器。

(1) 卧式单层多室流化床干燥器

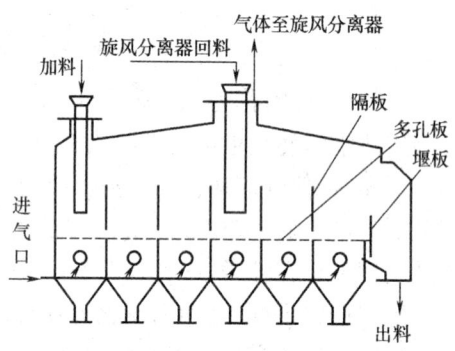

(2) 卧式单层多室流化床干燥器结构

图 18-36　单层多室流化床干燥器

二、单层卧式多室的沸腾干燥设备构造和操作

1. 单层卧式多室沸腾干燥器

与单层卧式单室沸腾干燥器的构造相似,不同是前者将沸腾床分若干部分,并单独设风门,可根据干燥要求调节风量,后者只有一个沸腾床。设备广泛应用于颗粒状物料的干燥。单层卧式多室沸腾干燥系统和干燥器如图 18-38 所示。

干燥箱内平放一块多孔金属网板,开孔率为 4%~13%。在板上面的加料口

(1) 双层流化床干燥器

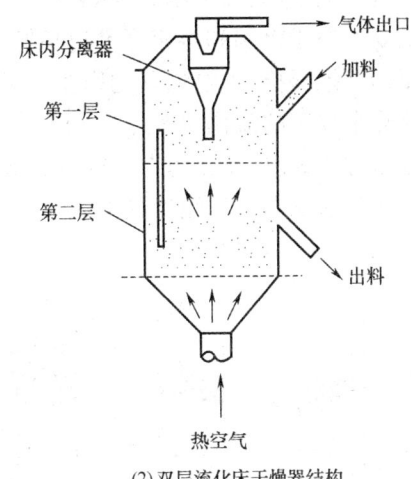
(2) 双层流化床干燥器结构

图 18-37 双层圆筒流化床干燥器

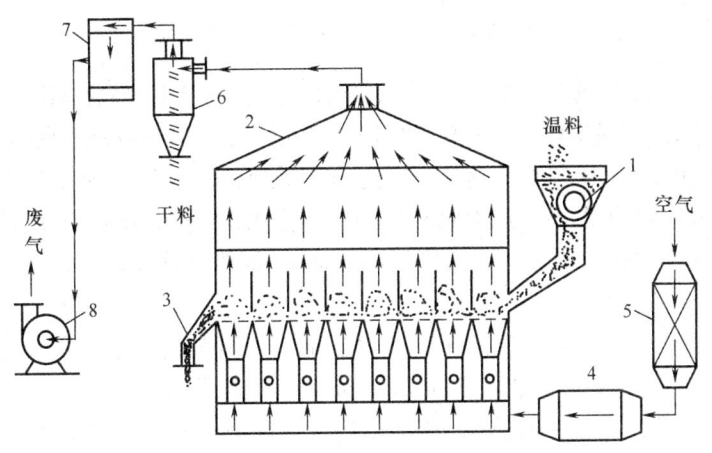

图 18-38 单层卧式多室沸腾干燥系统
1—摇摆式颗粒进料器 2—干燥室 3—卸料器 4—空气加热器 5—空气过滤器
6—旋风分离器 7—细粉回收器 8—离心通风机

不断加入被干燥的物料,金属网板下方有热空气通道,不断送入热空气,每个通道均有阀门控制。送入的热空气通过网板上的小孔使固体颗悬浮起来,并激烈地形成均匀的混合状态,犹如沸腾一样。控制的干燥温度比室温高 3~4℃,热空气与固体颗粒均匀接触,进行传热,使固体颗粒所含水分得到蒸发。吸湿后废气从干燥箱上部经旋风分离器排出。废气中夹带的微小颗粒在旋风分离器底部收集,被干燥的物料在箱内沿水平方向移动。在金属网板上垂直安装数块分隔板,使干燥箱分为多室,使物料在箱内平均停留时间延长,同时借助物料与分隔板的撞击作用,获得在垂直方向运动,改善物料与热空气的混合效果。热空气是通过散热器用蒸汽加热的。为便于控制卸料速度及避免卸料不均匀产生的结疤现象,在沸腾床上装有往复运动推料机,不过这只能用在单层卧式单室沸腾床上。

2. 流化干燥床的流化状态

其他条件一定时,流化床上物料流化状态的形成和稳定主要取决于气流速度。流化床上物料层状态与气流速度的关系如图 18-39 所示。气流速度与床层压力降的关系如图 18-40 所示。

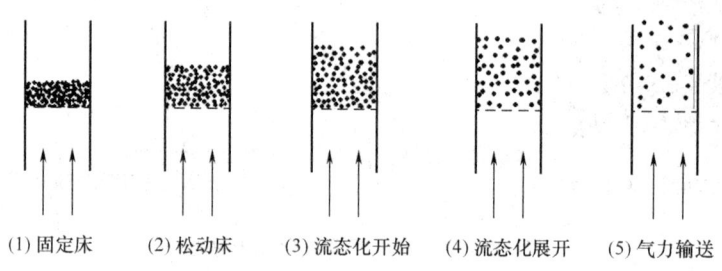

图 18-39　流化床上物料层的状态与气流速度的关系

(1) 固定床段　风速很小时,气流从颗粒间通过,气流对物料作用力不足以使颗粒运动,物料层静止不动,高度不变,即固定床阶段,如图 18-40 所示曲线的 OA 段。

(2) 松动床段　床层压力降随气流速度增加而增大,气流速度逐渐增大至接近 u_K,压力降等于单位面积床上物料层的实际重力时,床层开始松动,高度略有增加,物料空隙率也稍有增加。但床层无明显运动,即松动床阶段,如图 18-40 所示曲线的 AB 段。

(3) 流态化开始阶段　气流速度增大至 u_K(气流临界流化速度,床层压力降达到最大值 Δp_K),并继续增加时,颗粒开始被气流吹起并悬浮在气流中。颗粒间相互碰撞、混合,床层高度明显上升,床上物料呈现近乎液体的沸腾状态,即流化态开始阶段,如图 18-40 所示曲线的 BC 段。

此阶段床层处于不稳定阶段,极易形成沟流。沟流的出现使气流分布不均匀,大部分气流在未与物料颗粒充分接触前便通过。沟流若出现在物料流态化干燥过程中,会引起干燥不均匀,干燥时间延长,浪费热量。

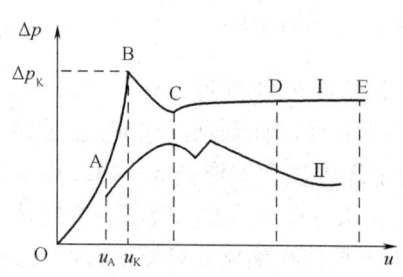

图 18-40　气流速度与床层压力降的关系

(4) 流态化展开段　气流速度进一步增大,床上物料处于稳定流化状态,如图 18-40 所示曲线的 CD 段,物料流态化干燥时,热风气流的速度应稳定在 CD 范围内。

(5)气力输送阶段 气流速度再增大,气流对物料作用力使物料颗粒被气流带走,即气力输送阶段,如图18-40所示曲线的DE段。

3. 沟流和层析现象

操作过程中,可能出现沟流和层析现象。产生这种故障状态的原因是:

(1)沟流 沸腾干燥出现沟流,致使空气走短路,使干燥过程无法进行。由于床层密度不均匀,使床内出现沟流,大量气体从此沟内通过,在沟内及旁边的颗粒,由于气流速度较高而先行流化,而其他部分仍处于固定状态。沟流可能是局部沟流,也可能是整体沟流。

产生沟流的原因,是气体分布不良,使气体在床层中走短路,更多气体随着通过低阻力通道,导致越多越大的沟流。除床层深度和流化速度影响气体分布外,金属网板孔径大小也是主要因素。大孔径产生大气泡,结果造成床层密度不均匀性。床层越浅,孔径越大,不均匀性越大。因此,金属网板孔径不宜太大。孔径选择与物料特性有关,以不堵塞和不漏料为原则。对较细物料,孔径为0.5~1.5mm;对较大颗粒物料,可用5mm。

物料黏性也是导致沟流的原因,高黏性床层的特征是产生大气泡,使床层大大失去均匀性,故对黏性物料不宜采用沸腾干燥。

(2)层析现象 在气-固系统中,往往因固体颗粒大小相差较大或密度不同,操作过程中产生层析现象。如卧式沸腾干燥箱的操作过程中,细颗粒或粉末状物料被气体带出,中等颗粒物料能逐渐向卸料口接近而卸出,大颗粒物料由于层析现象沉降于床层底部,造成无法流化或结疤现象。

三、沸腾造粒干燥

1. 沸腾造粒原理

压缩空气通过喷嘴,把液体雾化同时喷入沸腾床进行干燥,如图18-41(1)所示。沸腾床中,高速气流与颗粒的湍动,使悬浮床中的液滴与颗粒具有很大蒸发表面积,增加水分由物料表面扩散到气流中的速度,并增加物料内部水分由中央扩散到表面的速度。当液滴喷入沸腾床后,在接触种子前,水分已完全蒸发,自己形成一个较小的固体颗粒,即自我成粒。或附在种子表面后,水分才完全蒸发,在种子表面形成一层薄膜,使种子颗粒长大,犹如滚雪球一样,即涂布成粒,如图18-41(2)(b)所示。雾滴附着在种子表面,还未完全干燥,即与其他种子碰撞,一部分可能与其他种子粘在一起成为大颗粒,即黏结成粒,如图18-41(2)(a)所示。生产上要求以涂布成粒占主要组分为好。影响产品颗粒大小的因素有:

(1)停留时间的影响 物料在床内停留时间越长,颗粒增长越大,如欲得到颗粒状产品,须设法增加停留时间。

(2)摩擦的影响 颗粒在沸腾床内剧烈运动,之间由于摩擦作用,造成产品粒度减少。摩擦影响随气流速度和喷嘴中分散液体的压缩空气量的增大而增加。

(1) 喷雾造粒

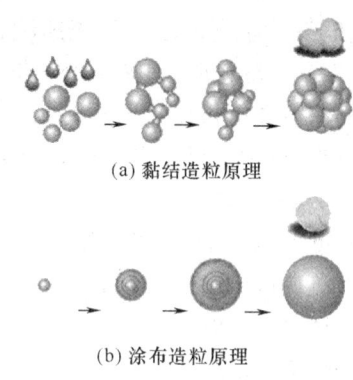
(a) 黏结造粒原理

(b) 涂布造粒原理

(2) 造粒方法

图 18-41　造粒原理

(3) 干燥过程温度的影响　操作过程中，供料温度与沸腾床温度存在一定差值。如温度差较大，则当液体还没有与固体颗粒接触前，液滴中的水已经完全蒸发，形成一个干的新质点。温度差较小时，液滴还未与床层中固体颗粒接触前，水分不能全部蒸发。因此，液滴可能黏附在固体颗粒表面，吸收固体颗粒的显热，使水分继续蒸发，在固体粒子外表面结膜，使粒度增大。但如果液滴所需水分蒸发热大于固体颗粒湿热时，则形成一个湿质点，使其他小颗粒黏结聚合成较大颗粒，甚至结块。

2. 葡萄糖造粒干燥

葡萄糖浓缩液沸腾造粒干燥流程，如图18-42所示。糖液在蒸发器内预先浓缩到70%左右，为避免糖液在管道中由于冷却后凝固造成堵塞，在进入喷嘴前经过加热槽，糖液保持在60℃左右，与压缩空气一起经喷嘴喷入锥形沸腾床。喷嘴位置多采用侧喷，直径较大的锥形沸腾床用3~6个喷嘴，沿器壁周围喷入，喷嘴结构有二流式和三流式。中心管走压缩空气，内环隙走糖液，外管走压缩空气，内管与外管间环隙有螺旋线，即空气导向装置，压缩空气从此处喷出，喷嘴雾化较好。

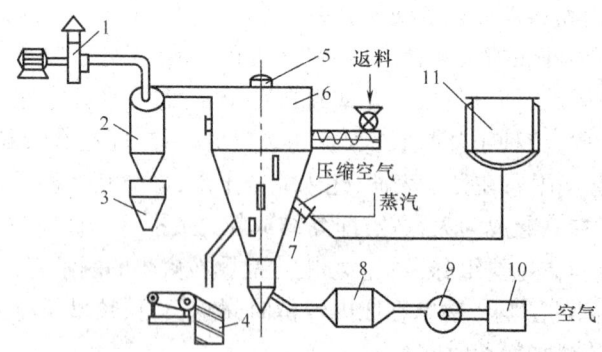

图 18-42　葡萄糖浓缩液沸腾造粒干燥流程

1—抽风机　2—旋风分离器　3—收集器　4—分级筛　5—灯孔　6—干燥塔
7—喷嘴　8—空气加热器　9—离心通风机　10—过滤器　11—保温槽

沸腾造粒干燥塔的构造如图18-43所示。干燥塔为倒锥形,锥角30°,由于是锥形沸腾床,沿床气速有不断起变化的特点,致使不同大小的颗粒能在不同截面上达到均匀良好的沸腾和使颗粒在沸腾床中发生分级,使较大颗粒先从下部排出,以免继续长大,较细颗粒在上面继续长大,小颗粒继续留在床层内以保持一定的粒度分布。

热风从干燥器底部风帽上升,与雾化的料液相遇。进风温度80℃,床层温度约50℃。废气从上部由排风机经旋风分离器排入大气,细粉末从分离器下部收集。在沸腾床中边雾化边加入晶核,加入晶核的颗粒大小与产品粒度成正比。

加入晶核,在操作上称为返料。葡萄糖生产中,返料比达50%以上,返料比也影响产品粒度。返料比小时,产品颗粒大。因此,用调节返料量来控制床层粒度大小。此外,进料液浓度、温度、干燥速率也影响产品粒度。

开始生产时,预先在干燥器内加入一定量晶核(底料)才能喷入糖液,防止喷入的糖液贴壁。

设备优点是,使葡萄糖溶液的蒸发、结晶合并为一个操作过程,不会剩下母液,简化了工艺操作。因而,缩短了生产周期,节约了劳动力和降低了劳动强度,缩小了占地面积。若用于蛋白酶生产,与喷雾法比较,则解决了劳动保护的问题和产品吸潮的问题。

(1) 外形

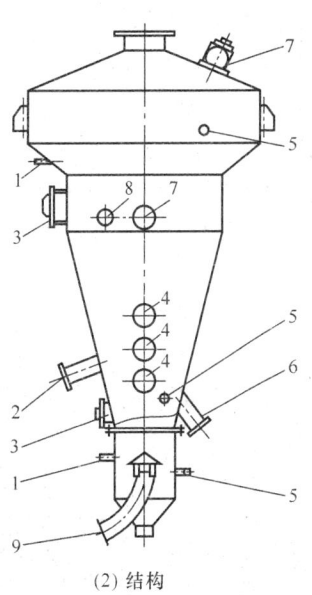

(2) 结构

图18-43 沸腾造粒干燥塔

1—测压器 2—料液喷入口 3—人孔 4—窥镜 5—测温口 6—出料口
7—灯孔 8—加料口 9—热空气入口

设备存在的问题:
(1)因返料比太大,设备生产能力较低。
(2)在葡萄糖生产中热风温度不能高,与料液温度接近,故需空气量大,干燥塔压力降较大。
(3)维持连续稳定生产是采用返料方法解决的,因此要增加辅助设备,如粉碎机,生产过程复杂。

第五节 真空干燥和真空冷冻干燥

一、真空干燥

凡不能经受高温,在空气中易氧化、易燃、易爆等危险性物料,或干燥过程中会挥发有毒有害气体,被除去的湿分蒸汽需要回收等场合,需采用真空干燥。真空干燥要求的真空度不高,真空装置采用机械真空泵和蒸汽喷射泵,情况与真空蒸发相似。

(1)箱式真空干燥器　主体是真空密封的干燥室,是间歇式干燥设备。适用于固体或热敏性、氧敏性的液体物料。干燥过程中,初期干燥速度很快。当物料脱水收缩后,由于物料与干燥盘的接触逐渐变差,传热速率逐渐下降。操作过程中,加热面温度需要严格控制,以免与干燥盘接触的物料局部过热。

箱式真空干燥器外形与结构如图 18-44 所示。室内装加热管、加热板、夹套或蛇管,间壁形成盘架。被干燥的物料均匀散放于钢板或铝板制成的活动托盘中,托盘置于盘架上。蒸气加热剂进入加热元件后,热量以传导方式经加热元件壁和托盘传给物料。盘架和干燥盘尽可能做成表面平滑,保证良好的热接触。干燥过程产生的水蒸气,由连接管导入混合冷凝器。

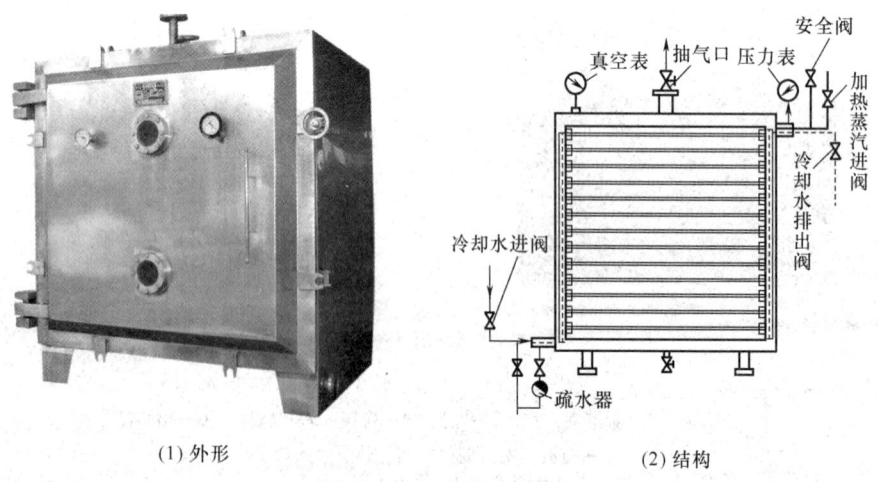

图 18-44　箱式真空干燥器

真空干燥箱的壳体为方形,也可为圆筒形。干燥箱采用辐射加热方式,辐射加热器可直接置于干燥箱内。箱式真空干燥器是间歇操作,装卸料均由人工进行,劳动强度大,这是主要缺点。

(2)搅拌真空干燥器　如图 18-45 所示。外壳带蒸气加热夹套,内部装水平搅拌器,搅拌叶圆周线速度为 20m/min。蒸发蒸气由接真空系统的排汽口排出。加热面干燥强度为 $15 \sim 20 kg/(m^2 \cdot h)$。

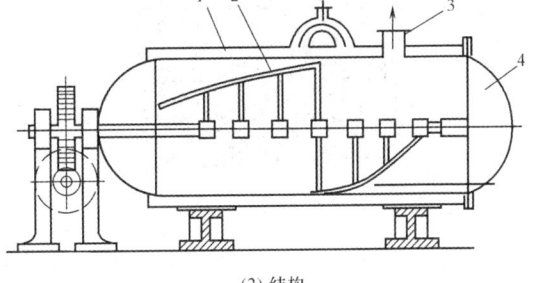

(1) 外形　　　　　　　　　　　　　(2) 结构

图 18-45　搅拌真空干燥器
1—蒸气加热夹套　2—搅拌器　3—排气口　4—盖

(3)滚筒真空干燥器　如图 18-46 所示。加热器是个卧式回转空心筒(滚筒)1,滚筒内用蒸汽加热,滚筒装在密闭的外壳内,外壳下部设置斜槽,高速旋转的甩料滚子 4 把溶液喷在滚筒壁上,形成一层薄薄料层,滚筒转 3/4 周后已经干燥的成品用刮刀 9 刮下,由螺旋出料器 8 送出。滚筒干燥器适宜处理不能经受长期烘烤的溶液状物料。

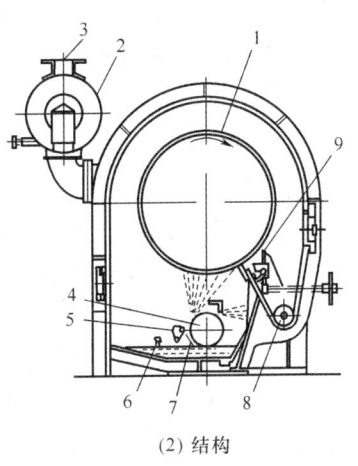

(1) 外形　　　　　　　　　　　　　(2) 结构

图 18-46　滚筒真空干燥器
1—滚筒　2—气液分离器　3—排气口　4—甩料滚子　5—液膜控制器
6—进料口　7—挡板　8—螺旋出料器　9—刮刀

(4)带式真空干燥机 为连续式真空干燥设备,用于液状与浆状物料干燥。

图18-47为带式真空干燥机。干燥室为卧式封闭圆筒,内装钢带式输送机械。带式真空干燥机有单层和多层两种型式。特点是:干燥时间短,为5~25min。能形成多孔状制品。物料在干燥过程中能避免混入异物,防止污染。可直接干燥高浓度、高黏度的物料,并可简化工序,节约热量。

(1)外形　　　　　　　　　　(2)内部传动带

图18-47　带式真空干燥机

①单层带式真空干燥机:结构如图18-48所示。由一连续的不锈钢带、加热滚筒、冷却滚筒、辐射元件、真空系统和加料闭风装置等组成。供料口位于钢带下方,由一供料滚筒不断将浆料涂布在钢带表面。涂在钢带上的浆料随钢带前移,进入干燥器下方的红外线加热区。

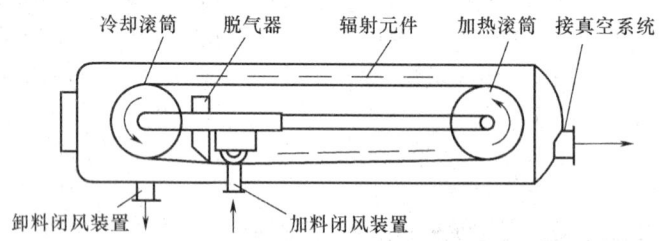

图18-48　单层带式真空干燥机

受热料层因内部产生的水蒸气而膨松成多孔状态,与加热滚筒接触前已具有膨松骨架。料层随后经滚筒加热,再进入干燥上方的红外线加热区进行干燥。干燥至符合水分含量要求的物料,在绕过冷却滚筒时受到骤冷作用,料层变脆,再由刮刀刮下排出。

②多层带式真空干燥机:多层带式真空干燥机的结构如图18-49所示。

三层输送带,沿输送方向采用夹套式换热板,设置两个加热区和一个冷却区域,分别用蒸汽、热水、冷水进行加热和冷却。根据原料性质和干燥工艺要求,各段加热温度可调节。原料在输送带上,边移动边蒸发水分,干燥成泡沫状物品。冷却后,经粉碎机粉碎成颗粒状制品,最后由排出装置卸出。干燥产生的二次蒸汽和不

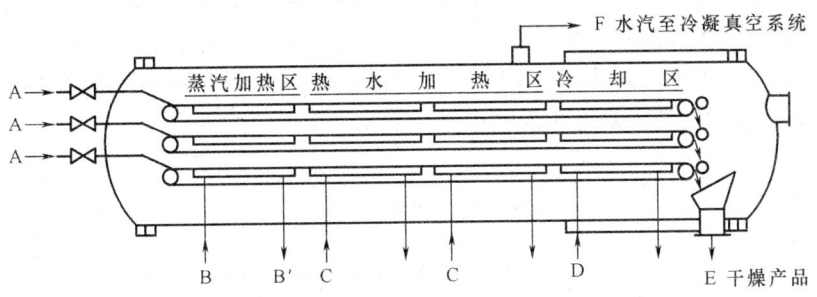

图 18-49　多层带式真空干燥机
A—料液　B—蒸汽　B'—冷凝水　C—热水　D—冷水

凝性气体通过排气口，由冷凝和真空系统排出。

二、真空冷冻干燥

1. 真空冷冻干燥的原理及特点

真空冷冻干燥，是把含有大量水分的物质，预先降温冻结成固体，然后在真空条件下使水蒸气直接升华出来，物质本身留在冻结时的冰架中。干燥后体积不变，疏松多孔。升华时要吸收热量，引起产品本身温度下降而减慢升华速度。为增加升华速度，缩短干燥时间，需对产品适当加热。整个干燥过程在较低温度下进行。

水的三相图如图 18-50 所示。水的三相变化温度与压力有关。随着压力降低，水的冰点变化不大，沸点则迅速降低。压力低到某值时，水的沸点与冰点相重合，即达到水的三相平衡点。这时的压力，称为三相点压力 p_0，相应的温度，称为三相点温度 t_0。

真空冷冻干燥技术涉及的理论内容丰富，但最基本的原理可简单概括为：将待干燥的含水物料冻结后，置入密闭容器并维持系统的高真空，同时向系统供热，使水分直接从固态升华为气态，实现脱水。

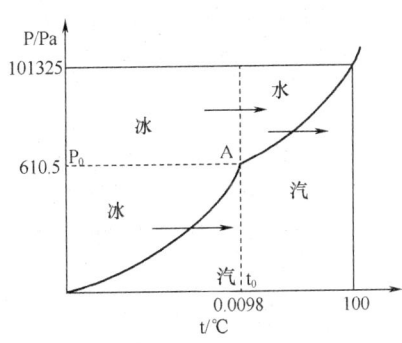

图 18-50　水的三相图

从水的三相图上看，水的三相点的压力为 610.5Pa，温度为 0.0098℃。三相点以下的水只有固态和气态，相变只在两相间发生。固态水通过吸收外部提供热能，无需经过液态直接升华为水蒸气从物料中逸出，实现脱水。因此，真空冷冻干燥又称为升华干燥。理论上，真空冷冻干燥的操作区域只需在水的三相点以下即可。

363

但实际操作条件要苛刻得多,通常在 66.67~133.32Pa 的真空度和 -25℃ 温度下,才能保证冷冻干燥的顺利进行。

真空冷冻干燥的过程,如图 18-51 所示。需要干燥的物料先经冻结阶段,使水分结成冰,然后置于真空干燥箱中升华蒸发。

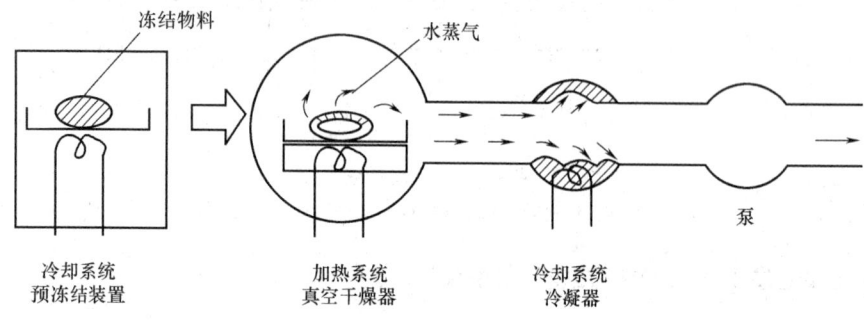

图 18-51 真空冷冻干燥过程

真空冷冻干燥的优点:

(1)冷冻干燥在低温下进行,对多热敏性物质特别适用。如蛋白质、微生物之类,不会发生变性或失去生物活力。因此,在医药上得到广泛应用。

(2)低温下干燥时,物质中一些挥发性成分损失很小,适合一些化学产品、药品和食品的干燥。

(3)冷冻干燥过程中,微生物生长和酶的作用无法进行,因此能保持原来形状。

(4)在冻结状态下干燥,体积几乎不变,保持原来结构,不发生浓缩现象。

(5)干燥后的物质疏松多孔,呈海绵状,加水后溶解迅速完全,几乎立即恢复原来性状。

(6)干燥在真空下进行,氧气极少,因此易氧化物质可得到保护。

(7)干燥能排除 95%~99% 以上水分,干燥后产品能长期保存不变质。

因此,冷冻干燥在生物制品、医药工业、食品工业、科研和其他领域得到了广泛应用。

2. 真空冷冻干燥过程设备

真空冷冻干燥过程,分两个阶段。

第一阶段,在低于溶点温度下,使物料中固态水分直接升华,98%~99% 的水分在这一阶段除去。

第二阶段,将物料温度逐渐升高,甚至高于室温,水分汽化除去,水分减少到 0.5%。

冷冻干燥系统由 4 部分组成,即冷冻装置、真空装置、水汽去除装置和加热部分(干燥室)。

用于生物制品的真空冷冻干燥机和真空冷冻干燥流程,如图 18-52、图 18-

53 所示。预冷冻和干燥在一个箱内完成。待干燥物料放入干燥室内,开动预冷用冷冻机 10 对物料冷冻,随之开动冷凝器 2 和真空装置(前级真空泵、后级真空泵)5、6、7,实现升华干燥操作。加热器 8 用以对冷凝器内化霜。第一阶段升华干燥结束后,开启油加热循环泵 11 对干燥室加热升温,使之汽化排除剩余水分。冷冻干燥系统为间歇式操作,设备结构简单,投资少,效率不高,适用于 $50m^2$ 以下的场合。

另一种为连续式冷冻干燥系统,即冷冻部分在速冻间完成,升华除水在干燥室内进行。系统效率高,产量大,设备复杂,投资较大。

(1) 真空冷冻干燥设备

(2) 真空冷冻干燥机内部

图 18-52 真空冷冻干燥机

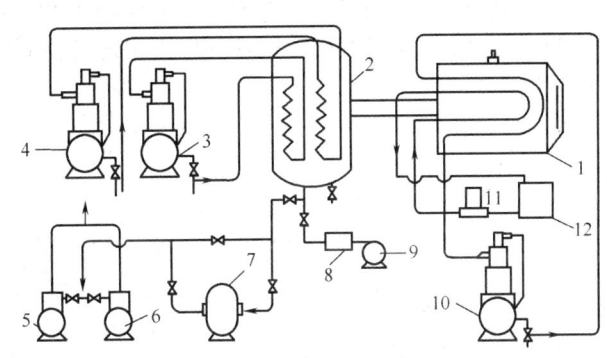

图 18-53 LGJ-ⅡA 型冷冻干燥机流程
1—干燥室 2—冷凝器 3、4—冷凝冷冻机 5、6—前级真空泵 7—后级真空泵
8—加热器 9—风扇 10—预冷用冷冻机 11—油加热循环泵 12—油箱

(1) 冷冻部分 真空冷冻干燥中,冷冻及水汽冷凝离不开冷冻过程。制冷方式有蒸汽压缩式制冷、蒸汽喷射式制冷、吸收式制冷三种方式。

①蒸汽压缩式制冷:常用蒸汽压缩制冷。压缩制冷主要设备及工艺流程如图 18-54 所示。

整个过程分压缩、冷凝、膨胀和蒸发 4 个阶段。液态冷冻剂经膨胀阀后,压力

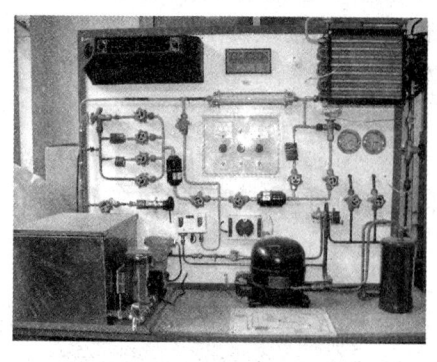 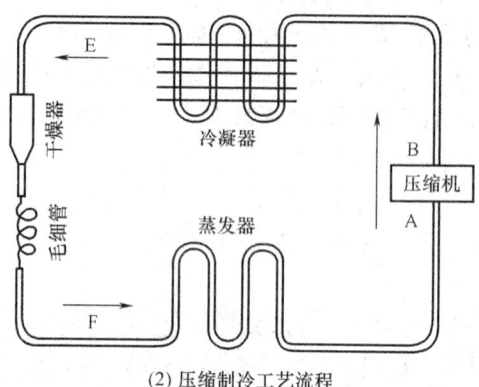

(1) 压缩制冷主要设备　　　　　(2) 压缩制冷工艺流程

图 18-54　蒸汽压缩制冷

急骤下降。进入蒸发器后急骤吸热气化,使蒸发器周围空间温度降低。蒸发后的冷冻剂气体被压缩机压缩,压力增大,温度升高。压缩后的冷冻剂气体,经冷凝后重新变为液态冷冻剂。在此过程中释放热量,由冷凝器中水或空气带走。这样,冷冻剂在系统中完成一个冷冻循环。

冷冻剂有氨、氟里昂、二氧化碳等。蒸发温度高于 -40℃,用单级制冷压缩机,以 F-22 为冷冻剂。要达到更低温度,采用双级制冷压缩制冷系统,如图 18-55 所示。双级压缩制冷系统以氨为冷冻剂时,最低蒸发温度达 -50℃;以 F-22 为冷冻剂时,可达到 -70℃。为确保人类生存的地球环境不再恶化,氟里昂将逐渐被新型环保制冷剂所取代。

冷冻系统中,都要通过载冷剂作为介质。载冷剂有空气、氯化钙溶液(冰点 -55℃)、乙醇(冰点 -112℃)等。

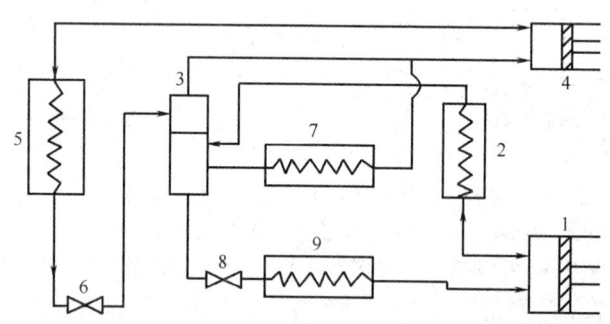

图 18-55　双级压缩制冷系统

1—低压气缸　2—中间冷凝器　3—分离器　4—高压气缸　5—冷凝器
6,8—膨胀阀　7—高压蒸发器　9—低压蒸发器

②吸收式制冷:吸收式制冷原理如图 18-56 所示。吸收式制冷,是利用具有特殊性质的工质对,通过一种物质对另一种物质的吸收和释放,产生物质的状态变化,伴随吸热和放热过程。常用工质对有氨水、水/溴化锂。

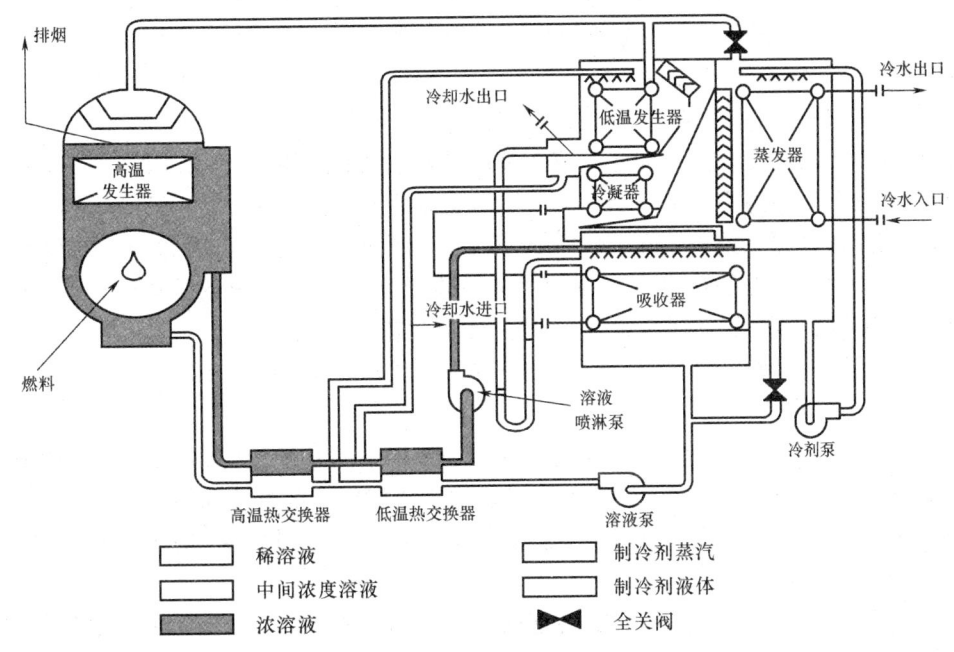

图 18-56　吸收式制冷

吸收式制冷分五个步骤:

利用工作热源(水蒸气、热水及燃气等),在发生器中加热由溶液泵从吸收器输送来的具有一定浓度的溶液,使溶液中大部分低沸点制冷剂蒸发出来。

制冷剂蒸汽进入冷凝器中,被冷却介质冷凝成制冷剂液体,再经节流器降压到蒸发压力。

制冷剂经节流进入蒸发器中,吸收被冷却系统中的热量而激化成蒸发压力下的制冷剂蒸汽。

在发生器中经发生过程剩余的溶液(高沸点吸收剂及少量未蒸发制冷剂),经吸收剂节流器降到蒸发压力进入吸收器中,与从蒸发器出来的低压制冷剂蒸气混合,吸收低压制冷剂蒸气恢复到原来浓度。

吸收过程是放热过程,故在吸收器中用冷却水冷却混合溶液。在吸收器中恢复浓度的溶液,又经溶液泵升压后送入发生器中继续循环。

(2)真空部分　真空冷冻干燥时,干燥箱中压力为冻结物料饱和蒸气压的 1/4～1/2。干燥箱的绝对压力为 1.3～13Pa,质量较好的机械泵可达到的最高真空极限为 0.1Pa,完全可用于冷冻干燥。多级蒸汽喷射泵也可达到较高真空度,如四级喷射泵可达70Pa,五级可达到7Pa。蒸汽喷射泵不太稳定,需大量1MPa以上蒸汽。其优点,是可直接抽出水汽,不需要冷凝。扩散泵,是可达到更高真空度的设备。实际操作中,为提高真空泵性能,在高真空泵排出口再串联一个抽真空泵。

真空泵容量,大致要求使系统在 5~10min 从大气压降至130Pa以下。

(3)水汽去除部分 冷冻干燥中冻结物料升华的水汽,用冷凝法去除。冷凝器有列管式、螺旋管式或内有旋转刮刀的夹套冷凝器。冷却介质是低温空气或乙醇,最好是冷冻剂直接膨胀制冷。温度应低于升华温度(应比升华温度低20℃),否则水汽不能被冷却。冷却介质应在冷凝器的管程或夹套内流动,水汽则在管外或夹套内壁冻结为霜。带有刮刀的夹套冷凝器可连续把霜除去,一般冷凝器则不能。在操作过程中霜的厚度不断增加,最后使水汽的去除困难。因此,冷冻干燥设备的最大生产能力往往由冷凝器的最大负霜量来决定。一般要求霜厚度不超过6mm。冷凝器常附有热风装置,作干燥完毕后化霜用。

如不用冷凝器,可用大容量真空泵直接将升华后水汽抽走。该方法很不经济,因为真空下,水汽比容很大。

(4)干燥室 加热的目的,是为提供升华过程中的升华热(溶解热+气化热)。加热方法,有借夹层加热板传导加热、热辐射面辐射加热及微波加热。传导加热的加热介质为热水或油类,温度应不使冻结物料溶化,在干燥后期,允许使用较高温度的加热剂。

干燥室为箱式,也有钟罩式、隧道式。箱体用不锈钢制作,干燥室门及视镜要严密可靠,否则不能达到预期真空度。对兼作预冻室的干燥室,夹层搁板中除有加热循环管路外,还应有制冷循环管路。箱内有感温电阻,顶部有真空管,箱底有真空隔膜阀。为提高设备利用率,增加生产能力,出现了多箱间歇式、半连续隧道式冷冻干燥器。图18-57为隧道式冷冻干燥器。升华干燥过程,是在大型隧道式真空箱内进行的,料盘以间歇方式通过隧道一端的大型真空密闭门再进入箱内,以同样方式从另一端卸出,可提高设备利用率。

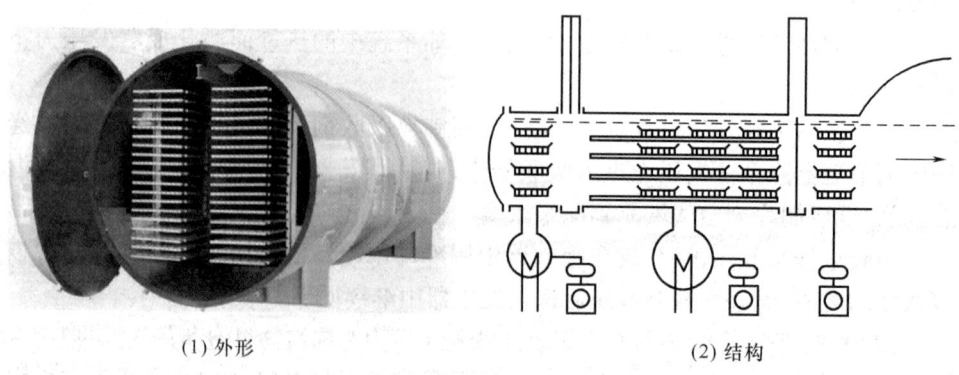

(1) 外形　　　　　　　　　　(2) 结构

图18-57　隧道式冷冻干燥器

图 18-58 为连续式冷冻干燥器。采用辐射加热,辐射热由水平加热板产生。加热板分不同温度的若干区段,每一料盘在每一温度区停留一定时间,可缩短干燥总时间。操作中,预冻制品利用输送带从预冻间送到干燥室入口真空密闭门前 A 处,由这里提升到 B 处,接着料盘被推入密封门 C 处,关闭密封门抽气。密闭室达到干燥箱内真空度时,密闭室干燥箱门打开,料盘进入干燥箱,同时料盘提升到 D 处,密闭门关闭。破坏密闭室的真空度,准备接受下个物料盘进入。如此,每次开闭密封门就有一只新料盘送入干燥室,干燥结束后,料盘被推到出口升降器 1 上,再输送到密闭室 2。于是,出口密封门关闭,密封室内真空度被破坏。通空气的出口门打开,料盘被推到外面的运输系统,全部料盘的进出和输送,完全可实现自动化操作。

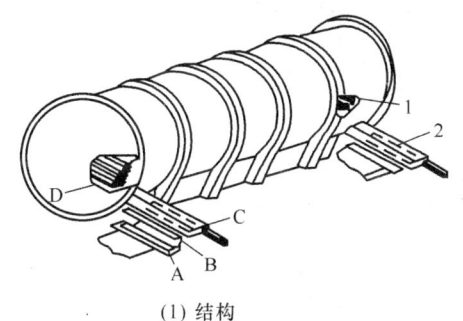
(1) 结构

(2) 输送网带

图 18-58 连续式冷冻干燥器
1—升降器　2—密闭室

图 18-59 为另一种连续式冷冻干燥器。它不用料盘进行颗粒制品干燥,经预冻的颗粒制品,从顶部两个入口密封门之一轮流加到顶部圆形加热板上。干燥器中央立轴上装带铲的搅拌臂。旋转时,铲子搅动物料,不断使物料向加热板外方移动,直至从加热板边缘落下到直径较大的下一加热板上,铲子又迫使物料向中心方向移动,一直移到加热板内缘落入第三块加热板上,直到从最低一块加热板掉落,并从两个出口密闭门之一卸出。

干燥器加热板的温度可固定于不同数值,使冷冻干燥按照一种适当的温度程序进行。设备侧方有两个独立冷阱,通过大型的开关阀与干燥室连通。

冷冻干燥设备从 $0.1m^2$ 至上千平方米已形成系列化、标准化产品,生产过程逐步由间歇式向连续式转化,实现计算机控制。应用范围及领域不断扩大。如著名的丹麦 Atlas 公司生产的冻干机占世界用量近三分之一,德国的 Leybold 公司,日本的真空株式会社、东洋株式会社,美国的 Stokes 公司、Virtis 公司等,都拥有先进的技术和设备。我国生产的 TH - FD50 型、DG 系列、SZDG 系列、ZLG 系列等冻干机也获得了广泛应用。

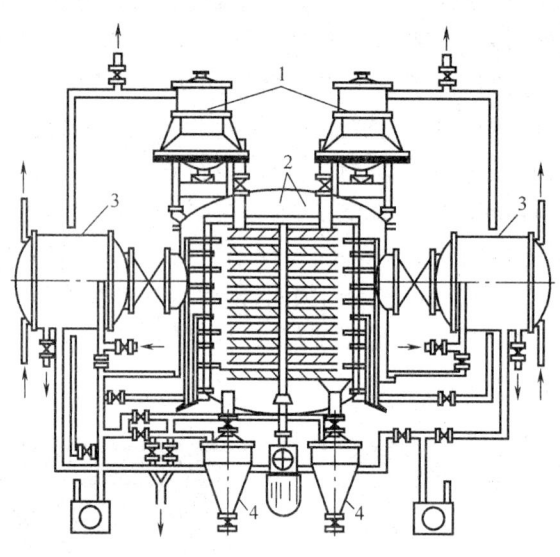

图 18-59 连续式冷冻干燥器
1—入口封闭门 2—干燥室 3—冷阱 4—卸料室

第六节 微波干燥设备

一、微波干燥原理

微波,是指频率在 300~300000MHz 或波长在 0.001~1m 的高频电磁波。微波干燥,是介电加热干燥。待干燥湿物料置于高频电场时,湿物料中水分具有极性,分子沿外电场方向排列。随外电场高频率变换方向,水分子迅速转动或做快速摆动。又由于分子原有热运动和相邻分子间相互作用,使分子随外电场变化而摆动的规则运动受到干扰和阻碍,从而引起分子间摩擦产生热量,温度升高。

微波常用材料有导体、绝缘体、介质、磁性化合物。微波传输过程中遇到不同材料,产生反射、吸收和穿透现象,这取决于材料本身特性,如介电常数、比热容、形状和含水量。导体能反射微波,在微波系统中常用的传输装置——波导管,是矩形或圆形金属管,由铝或黄铜制成。绝缘体可穿透并部分反射微波,吸收微波功能小,连续干燥中常用输送带是涂聚四氟乙烯的。介质性能介于金属与绝缘体间,具有吸收、穿透和反射的性能,其中吸收微波转化成热量。微波干燥与普通干燥法的区别,在于微波干燥属内部加热干燥法,电磁波深入物体内部,把物料本身作发射体,使物料内、外部能均匀加热干燥。

微波干燥的优点:

(1) 干燥速率快,干燥时间短 微波能深入物料内部,热量产自物料内部分子间的摩擦,而不是热传导。水分子从物料中心向两侧扩散的路程比接触传导加热少一倍,干燥过程非常迅速。

(2)干燥均匀 微波干燥属内部加热法,不管物料形状如何复杂,含水量多少,都能被均匀加热,干燥物料表里一致。物料中水的介电常数大,吸收能量多,因此,水分蒸发快,热量不会集中于干燥物体中。

(3)便于控制 微波加热,无升温过程,开机数分钟可正常生产,停机后不存在余热,便于实现连续化、自动化生产。

(4)能源利用率高 物体本身作为发热体,设备可不辐射能量,避免环境高温,改善劳动条件。

(5)具有消毒功能。

微波干燥不足:

(1)设备费用高。

(2)耗电量大。

(3)需注意劳动保护,否则会对人体造成损害。

二、微波干燥设备

1. 箱式微波炉

箱式微波炉是利用驻波场的微波进行加热干燥的设备,结构如图 18-60 所示。由矩形谐振腔、输入波导、反射板、搅拌器等组成。矩形谐振腔是由金属构成的矩形中空六面体,其中一面装反射板和搅拌器,一面装支撑加热物料的底板,侧壁上设炉门和排湿孔。炉门结构有特殊要求,密闭性要好,微波能量泄漏控制在安全范围内。物料在微波炉内受热蒸发的水分,通过风机由排湿孔排出。否则,影响干燥效率。

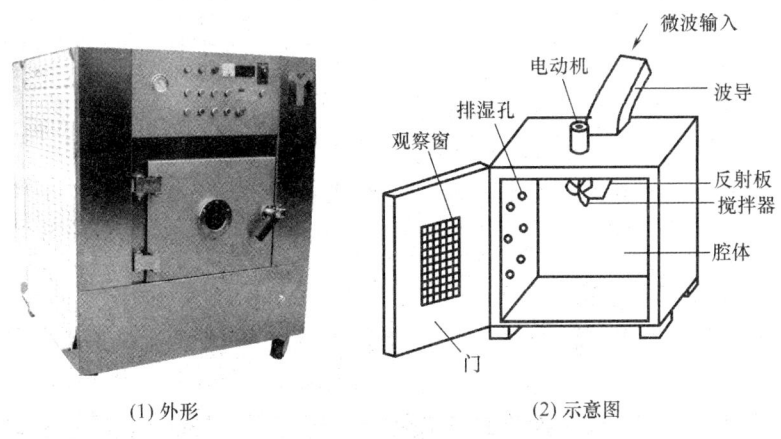

(1)外形   (2)示意图

图 18-60 箱式微波炉

2. 平板形连续微波干燥器

图18-61为连续微波干燥设备。物料通过输送带不断送入,干燥制品由输送带不断送出,可实现连续化生产。

(1) 外形

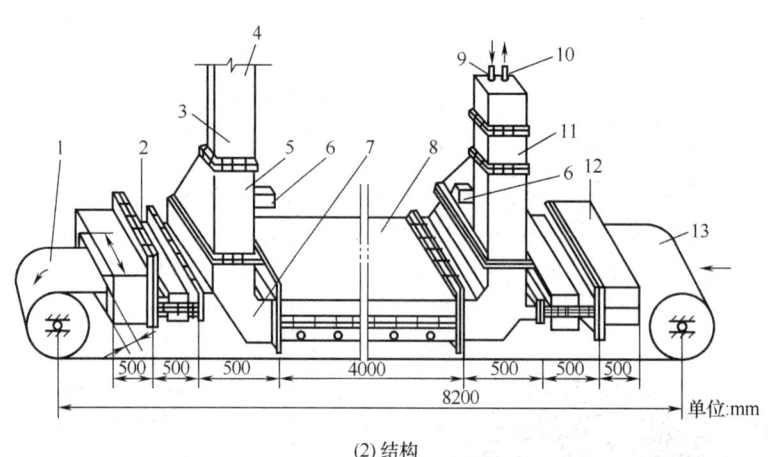

(2) 结构

图18-61 平板形连续微波干燥器

1—输送器 2—抑制器 3—BJ22标准波导 4—接波导输入口 5—锥形过滤器 6—接排风机 7—放大直角弯头 8—主加热器 9—冷水出口 10—热水出口 11—水负载 12—吸收器 13—进料

第七节 干燥设备的选用

干燥器种类很多,被干燥物料各有特点。选用干燥器时,应同时考虑原料性质、制品干燥特性、干燥系统生产能力、干燥制品质量要求、产品收率、辅助设施等。

1. 物料的形态

选择干燥器时,首先考虑产品形态要求,形态要求不同,适用干燥器不同。如饼干等食品,若在干燥过程中,失去应有几何形状,就会失去商品价值。

2. 物料的干燥特性

欲达到要求的干燥程度,就需要一定的干燥时间。物料不同,所需干燥时间可能相差很大。对吸湿性强或临界含水量很高的物料应选干燥时间长的干燥器。对干燥时间很短的干燥器,如气流干燥器,仅适用于干燥临界含水量很低的、易于干燥的物料。

3. 物料的热敏性

物料热敏性决定干燥过程中物料温度上限,物料承受温度的能力还与干燥时间的长短有关。对某些热敏性物料,如果干燥时间很短,即使在较高温度下进行干燥,产品也不会因此变质。气流干燥器和喷雾干燥器比较适合于热敏性物料干燥。

4. 物料的黏附性

物料黏附性,关系到干燥器内物料流动及传热与传质的进行。应充分了解物料在干燥过程中黏性的变化,以便选择合适的干燥器。

5. 产品的质量要求

干燥食品、药品不能是受污染的物料,干燥介质需纯净,或采用间接加热方式干燥。有的产品不仅要求有几何形状,而且要求良好外观。物料干燥过程中,若干燥速率太快,可能会使产品表面硬化或严重收缩发皱,直接影响产品价值。因此,应选择适当干燥器,确定适宜的干燥条件,控制干燥速率。对易氧化物料,采用间接加热干燥器。

6. 处理量的大小

处理量大小是选择干燥器考虑的主要问题。间歇式干燥器,如厢式干燥器的生产能力较小;连续式干燥器,生产能力较大。

7 热能的利用率

不同类型的干燥器,热效率不同。选择干燥器时,在满足干燥基本要求条件下,应尽量选择热效率高的干燥器。

8. 对环境的影响

废气中含污染环境的粉尘甚至有毒成分,必须对废气进行处理,达到排放要求。

思考与练习

一、名词解释

干燥　游离水分　结合水分　机械去湿法　吸附去湿法　热能去湿法　传导干燥　对流干燥　辐射干燥　介电干燥　冷冻干燥　减压干燥　常压干燥　气流干燥喷雾干燥　气流喷雾干燥　离心喷雾干燥　沸腾干燥　沸腾造粒干燥

二、填空题

1. 在间歇式干燥过程中,将湿物料_____放入干燥器内,待产品合格后_____取出。在连续式干燥过程中,固体物料_____地_____和_____。

2. 干燥操作是_____与_____同时进行的过程,干燥过程的速率由_____和_____共同决定。

3. 干燥速度是指_____于_____所能汽化的_____。

4. 气流干燥适用于颗粒直径为_____的物料。对较高含水率物料,也能干燥到含水率_____。

5. 气流干燥不适宜干燥_____、_____的物料。但由于_____、_____、_____,故不适合对成品外形有一定要求(如结晶体)的物料。

三、选择题

1. 蒸汽压缩式制冷,包括压缩、冷凝、膨胀和( )4个阶段。
A. 做功 B. 蒸发 C. 洗涤 D. 冷却

2. 为确保人类生存的地球环境不再恶化,( )将逐渐被新型的环保制冷剂所取代。
A. 水蒸气 B. 二氧化碳 C. 氨 D. 氟利昂

3. 气流喷雾干燥设备,是依靠压力为( )MPa的压缩空气高速流过喷嘴时,将料液吸入并被雾化。
A. 0~0.3 B. 0.25~0.6 C. 0.3~1.0 D. 1.2以上

4. 在沸腾干燥过程中,呈沸腾状态的物料之间的关系是( )。
A. 相互接触并挤压在一起 B. 相互分开漂浮在热气流中 C. 相互之间有黏结 D. 被热气流吹散

四、判断题

1. 喷雾干燥的关键是料液的雾化,它关系到喷雾干燥的技术经济指标、产品质量。( )
2. 微波加热干燥,是一种介电加热干燥。( )
3. 水的三相变化温度,是与压力直接有关的。随着压力的降低,水的冰点变化不大,而沸点则迅速增加。( )
4. 微波干燥只适用于含极性分子的湿物料,否则没有干燥效果。( )

五、问答题

1. 什么是干燥?维持对流干燥操作顺利进行的必要条件是什么?
2. 在对流干燥过程中,热空气与湿物料之间是怎样进行传热与传质的?其推动力是什么?
3. 什么是空气的湿度?湿空气的湿度越低,吸湿能力越强,这种说法对吗?为什么?
4. 在干燥操作中,采用什么方法可使湿空气的相对湿度降低?
5. 在空气预热器及干燥器的加热器中,向干燥系统加入的热量,除了补偿周围热损失外,主要用于哪些方面?
6. 什么是平衡水分、自由水分、结合水分和非结合水分?
7. 影响干燥速率的主要因素有哪些?试做具体分析。
8. 按加热方式的不同,干燥器可分为哪几类?
9. 试提出提高干燥效率的可行性措施。
10. 冷冻干燥过程先后经历哪几个阶段?
11. 简述冷冻干燥的基本原理。
12. 简述微波干燥的基本原理。

第十九章 蒸馏设备

【学习目标】

1. 知识目标 了解蒸馏附属设备的作用及工作原理,蒸馏操作在生物工程中的应用;熟悉粗馏塔板的种类、结构及特点,精馏塔板的结构及特点;掌握蒸馏操作的基本原理,酒精连续精馏设备流程。

2. 能力目标 掌握粗馏塔正确使用操作的要点;掌握精馏塔正确使用操作的要点。

蒸馏是利用液体混合物中各组分挥发性的不同,将液体混合物加以分离的操作。生物工业中,采用蒸馏方法提取或提纯的产品很多,如酒精、白酒、甘油、丙酮、丁醇。某些萃取过程中,溶剂回收也通过蒸馏实现。本章以酒精蒸馏为例,介绍蒸馏操作的基本原理,蒸馏塔的结构、特点、设计要点及有关附属设备。

第一节 蒸馏操作的基本原理

一、酒精－水混合物的气液相平衡

在一定温度下,酒精和水组成的混合物各有其饱和蒸气压。由于两者共存,互相影响,使得两者蒸气压都比纯组分有所降低,液面上方的蒸气总压等于酒精和水两者蒸气压之和。

酒精－水溶液在98kPa下的 $t-x$ 图,如图19－1所示。上面曲线表示酒精和水混合物在沸点下产生的蒸气的平衡组成,下面曲线表示酒精和水混合物在沸点下液体的平衡组成。

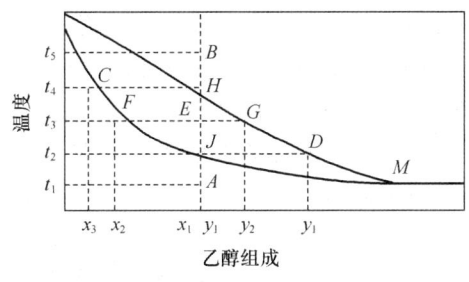

图19－1 酒精的 $t-x$ 图

混合物在沸点时气化产生的蒸气中,易挥发组分酒精的含量比原液中高。如将酒精含量 x_1、温度 t_1 的原混合液(A 点)在 98kPa 下加热,温度达到 t_2(J 点)时,开始形成蒸气。蒸气组成为 y_1(D 点),$y_1 > x_1$。继续加热至 t_3(E 点),混合液中酒精浓度变为 x_2(F 点),与此液相组成相平衡的蒸气组成为 y_2(G 点)$y_2 > x_1$。继续加热至 t_4 时,蒸气中酒精含量为 y_3(H 点),与开始时混合液组成 x_1 相同,液相中酒精组成为 x_3(C 点)。加热温度超过 t_4 时,蒸气为过热蒸气,组成不变,仍为 y_3。若在加热温度未达到 t_4 之前就停止,称为部分气化过程。若加热温度达到或超过 t_4,为全部气化过程。只有用部分气化方法才能从混合液中分离出易挥发组分——酒精。

用冷凝方法从混合蒸气组成为 y_3、温度为 t_5 的 B 点出发冷却到温度 t_4(H 点),开始形成液相,液相组成为 x_3(C 点)。继续冷却至 t_2(E 点),冷凝液中酒精组成为 x_2(F 点),所余蒸气组成变为 y_2(G 点),$x_2 < y_3$,而 $y_2 > y_3$。到达温度 t_2(J 点)时,冷凝液中酒精组成为 x_1,与开始时蒸气组成 y_3 相同。继续冷却到温度 t_2 以下,为过冷液体,组成不变。温度尚未达到 t_2 以前的冷却,称为部分冷凝;达到或低于温度 t_2 的冷却,称为全冷凝。只有用部分冷凝方法,才能从混合蒸气中分离出难挥发组分。

将酒精-水溶液进行一次部分气化的过程,或将混合蒸气进行一次部分冷凝的过程,只起到部分分离作用。要使混合物中组分得到完全分离,需进行多次部分气化和多次部分冷凝过程。

将上述多次的部分气化和多次部分冷凝分别在若干个加热釜和若干个分凝器中进行,势必需庞杂的设备,消耗很多能量。如果在部分冷凝时产生的中间馏分不加利用,必将降低产品收回率。所以,实际上是使部分气化产生的温度较高的蒸气与相应的部分冷凝时产生的温度较低的液体直接混合,进行换热,利用高温蒸气热量加热低温液体并使其部分气化,蒸气自身被部分冷凝,即部分气化和部分冷凝同时进行。

二、酒精精馏操作基本原理

图 19-2 为精馏的基本操作示意图。1、2、3、4……分别装有不同浓度 x_1、x_2、x_3、x_4……的酒精,……$x_4 > x_3 > x_2 > x_1$,各釜中沸腾温度依次递减,底釜用间接蒸汽加热,发生的酒精蒸气组成为与釜中液相组成 x_1 相平衡的 y_1,$y_1 > x_1$。将釜 1 发生的蒸气引入釜 2 作为热源,蒸气部分冷凝时释放的潜热使釜 2 中液体部分气化,气化的酒精蒸气组成为 y_2,$y_2 > y_1$。各釜同时进行,结果是顶釜气化的蒸气的酒精浓度高,底釜残留的液体的酒精浓度低。

由于各釜中气化蒸气的酒精浓度大于釜中液相浓度,经过一段时间蒸馏,各釜中液相酒精组分越来越少,导致气化蒸气中酒精组分相应降低。则顶釜的蒸气浓度也越来越低,操作不稳定。所以,应将顶釜气化的蒸气冷凝液回流一部分至顶釜,并逐釜下流。同时,应在底釜中不断添加原混合液,使各釜中气液两相组成保

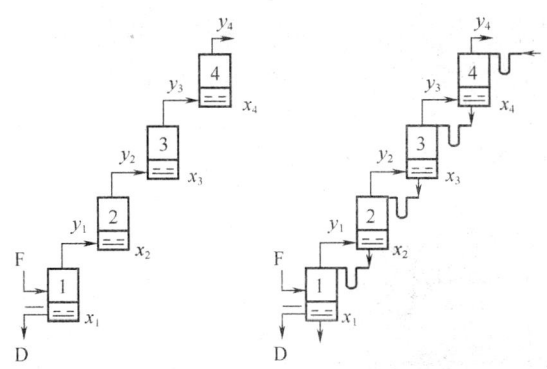

图 19-2 精馏的基本操作示意图

持不变,操作稳定持久。顶釜中气化的蒸气中酒精组成就稳定,即酒精-水溶液获得分离,达到精馏的目的。

将顶釜酒精蒸气在冷凝器冷凝后所得的部分冷凝液回流至顶釜的操作,称为回流。回流入顶釜的部分冷凝液,称为回流液。回流液的引入,是维持精馏操作连续稳定的必要条件。

工业生产上的精馏装置称为精馏塔。由多块层板组成,每块层板代替上述一个釜。每块层板上保持一定高度的液层,下层气化蒸气通过层板上筛孔或升气管进入本层,上层液体由溢流管下降至本层,蒸气和液体在层板上进行部分冷凝、部分气化和传质,气化蒸气上升至上层塔板。气相中酒精含量逐层提高,直到顶层气化的酒精蒸气的浓度已达到成品要求,在冷凝器内冷凝后,部分作为成品,部分回流到顶层塔板。各层部分液体同样经溢流管逐层下流,直到塔底(釜)。液相中酒精含量逐层降低,直到塔釜时,液相含酒精组分极为稀薄。塔釜中液体被加热蒸汽加热气化,蒸气上升,逐层进行蒸馏。

精馏就是多次且同时运用部分气化与部分冷凝,使混合液得到分离的过程。

第二节 酒精连续精馏流程

酒精蒸馏包括两个过程:一是将酒精和所有易挥发性物质从发酵醪液中分离出来,称为粗馏。二是进一步提高酒精浓度,除去粗馏产品中杂质,称为精馏。酒精蒸馏操作中,将两个过程组合成一套蒸馏系统。该系统中,粗馏塔馏出的粗酒精(气相或液相)作为酒精蒸馏操作的中间产物,被送入精馏塔进一步提纯得到成品酒精和杂醇油等副产物。酒精连续精馏流程,有双塔式、三塔式和多塔式。

1. 双塔式酒精连续精馏流程

双塔式酒精连续精馏采用两个塔,即粗馏塔和精馏塔,如图 19-3 所示。粗馏塔的作用,是把酒精从成熟发酵醪液中分离出来成为稀酒精,稀酒精进入精馏塔精制为成品酒精。经预热后的成熟醪从粗馏塔顶层进入塔内蒸馏,从粗馏塔顶出来的稀酒精蒸气可直接进入精馏塔下半部,称为气相过塔。粗馏塔顶的稀酒精蒸气也可先进入冷凝器冷凝为液体后再流入精馏塔,称为液相过塔。气相过塔热效应高,节约加热蒸汽消耗量。液相过塔因酒精蒸气经冷凝器冷凝时可排除部分挥发性杂质,对保证成品酒精质量起一定作用。

 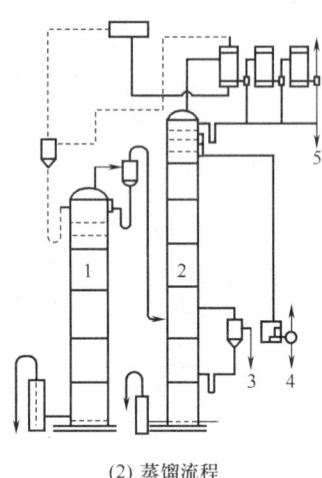

(1) 外形　　　　　　　　　　(2) 蒸馏流程

图 19-3　双塔式酒精蒸馏
1—粗馏塔　2—精馏塔　3—杂醇油　4—酒精　5—醛酒

　　进入精馏塔的稀酒精在塔内逐层浓缩,达到成品酒精质量标准。主要措施:①在塔顶最后冷凝器提取适量醛酒。②在塔顶上 3~4 层塔板液相提取成品酒精。③在精馏塔中部抽提杂醇油。

　　提油方式有两种:一种是液相提油,即在进料层以上 2~4 层塔板上抽出液体酒精(含杂醇油较集中),经冷却,加水乳化,杂醇油浮于水面,分油后再精制。另一种是气相提油,从杂醇油比较集中的进料层以下 2~5 层塔板上抽出酒精蒸气,冷凝后加水乳化、分油精制。

　　2. 三塔式酒精连续精馏流程

　　三塔式酒精连续精馏由三个塔组成,是在双塔式粗馏塔和精馏塔间安装一个排醛塔,如图 19-4 所示。排醛塔作用,是排除部分杂质。粗馏塔顶产生的稀酒精蒸气从排醛塔中部进塔,逐层上升。排醛塔顶上升的酒精蒸气经冷凝器冷凝后,绝大部分酒精冷凝液回流入塔内,少量酒精蒸气和杂质冷凝后作为工业酒精(醛酒)取出,未冷凝气体从排醛器排出。排醛塔顶回流的酒精在下流过程中,酒精浓度变稀,成为稀酒精,汇集于塔底后流入精馏塔中部。因为稀酒精中初级杂质挥发度高,从排醛塔底流到精馏塔的稀酒精中含初级杂质较少,再经精馏塔精馏提浓并抽提杂醇油和排除杂质,成品酒精质量较高。

(1) 三塔式甲醇精馏

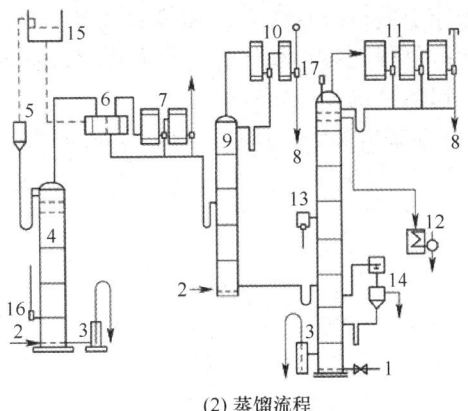
(2) 蒸馏流程

图 19-4　三塔式精馏

1、2—加热蒸汽　3—废液排出器　4—醪塔　5—分离器　6—醪液预热器　7—冷凝器
8—醛酒　9—排醛塔　10、11—冷凝器　12—成品冷却器　13—醛酒冷却器
14—杂醇油冷却分离器　15—醪液箱　16—水柱压力计　17—温度计

3. 多塔式酒精连续精馏流程

多塔式酒精连续精馏流程,有3个以上的蒸馏塔,是在三塔式基础上根据产品质量特殊要求增设专用塔。如为加强抽提杂醇油,在精馏塔后增设杂醇油塔。或为进一步排除挥发性杂质,在精馏塔后增设后馏塔。图19-5为五塔式酒精蒸馏设备。

图 19-5　五塔式精馏设备

第三节　粗　馏　塔

酒精连续精馏流程中,蒸馏塔选用是否适当,直接影响酒精产量质量。粗馏塔处理的对象,是成熟发酵醪,其中含有许多固形物,且黏性大,易起泡,腐蚀性强。因此,粗馏塔板应满足以下设计要求:①处理能力大。②塔板效率高。③塔板压降低。④操作弹性大。⑤结构简单,制造成本低。⑥能满足工艺特定要求,如不易堵塞,耐腐蚀。

一、粗馏塔的类型及结构

1. 泡罩塔

泡罩塔(泡盖塔)是较成熟的蒸馏设备。塔操作较稳定,负荷有较大波动时能稳定操作。塔板适宜处理易起泡的液体,对设计准确性无过高要求。尽管泡罩塔板结构较复杂,塔板效率偏低,压力降大,由于在各种条件下都能稳定操作,国内不少酒厂粗馏塔仍采用泡罩塔板。

(1)泡罩塔的塔体结构　酒精蒸馏所采用的泡罩塔由塔体、塔板、升气管等组成,如图19-6所示。塔体由数个塔节通过法兰连接而成。在一个塔节中,装3~4块塔板。

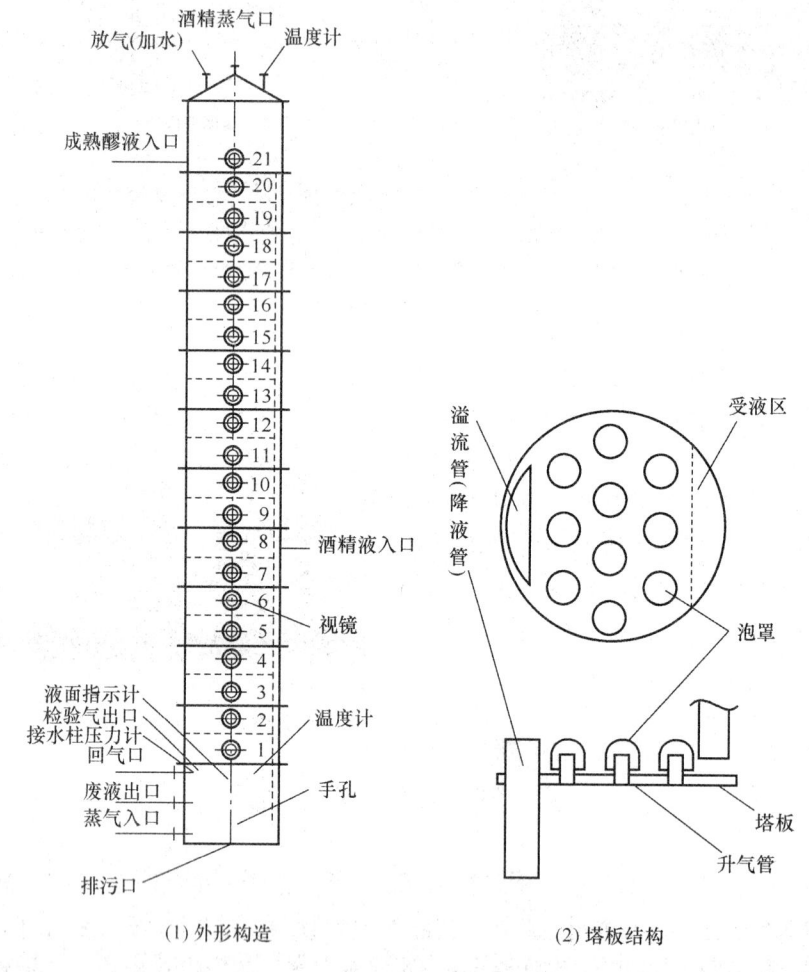

图19-6　泡罩塔的结构

(2)塔板的结构　泡罩塔的塔板由隔板和组装其上的泡罩构成。泡罩的结构有多种类型,常见有圆形、长条形和六角形。泡罩的外形与结构如图19-7所示。

条形泡罩采用并列方式排列。条形泡罩与圆形泡罩相比,优点是:①制造简单。②便于安装、维护与检修。③可保证液流均匀。④塔板效率较高。缺点是:单

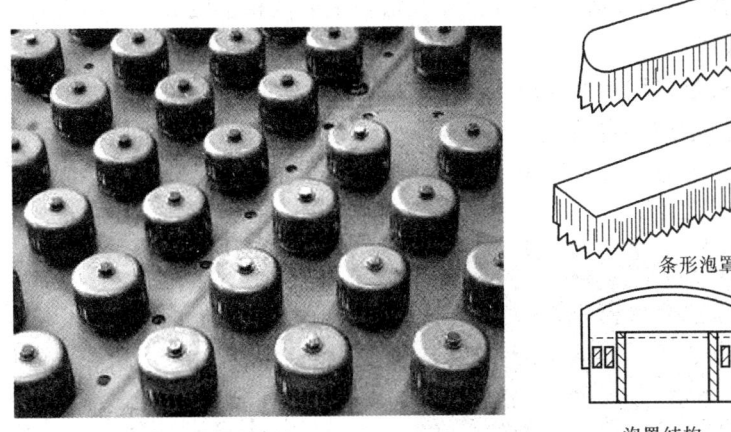
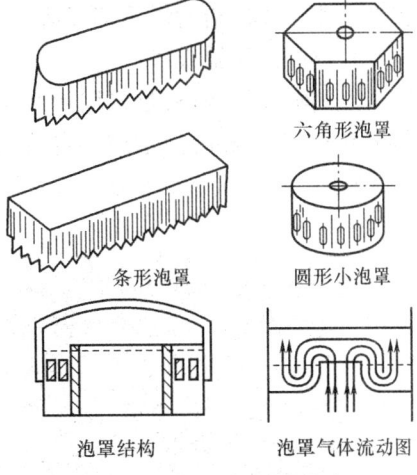

(1) 泡罩塔板　　　　　　　　(2) 泡罩的结构和气体流动

图 19-7　泡罩的结构

位塔面积上鼓泡周边比圆形泡罩小。条形泡罩用于塔径在 1m 以上的蒸馏塔中较合适。

每块塔板上装几个到几十个泡罩,泡罩塔板以三角形排列。塔板特点:①气液接触较好。②鼓泡周边长,传质效果好。③结构紧密,可减小塔板间距。缺点:①结构较复杂。②易造成堵塞。③清洗困难。适用于处理含杂质和悬浮物较少的物料。

塔板上装升气管和溢流堰(或溢流管),升气管顶部装泡罩,泡罩用螺帽固定在升气管上,升气管安装在塔板上。泡罩塔中,上升气体经升气管,在泡罩塔齿缝作用下,分散于液体中。气流分散越好,传质效率较高。溢流堰的作用是维持塔板上液面高度。

2. S 形板塔

S 形板塔是由数个 S 形泡罩互相搭接而成,如图 19-8 所示。塔板结构属于单流向式,即塔板上的气体流动方向与液体流动方向一致。目的是减小液面落差,使气体分布均匀,减小塔板阻力。塔板开孔面积比圆形泡罩板塔大。因此,空塔速度大,比泡罩板塔的生产能力高 20%。

S 形板塔的特点:①塔板结构简单。②制造方便。③自身有加强板面刚性的优点,不需另设支撑梁与支架。④可用很薄钢板制成,节约材料,也减轻重量。

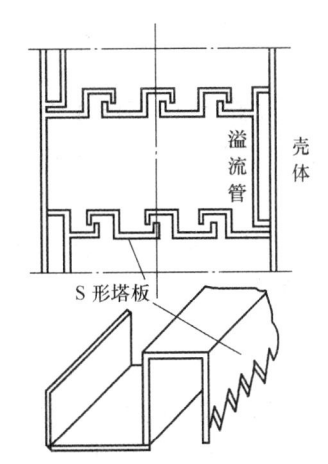

图 19-8　S 形塔板结构

缺点:①板压降大。②生产能力受到一定限制。③生产负荷太小时,固体杂质容易沉积。④停机时需用蒸气清洗、排除沉积在塔板上的固相杂质。

3. 浮阀波纹筛板塔

浮阀波纹筛板塔,是采用新型穿流式塔板的塔,如图19-9所示。在普通波纹筛板基础上,在波峰处增加一定数量与波峰同弧形的条状阀片。波峰可供蒸气通过,波谷可供液体分布下流。条状浮阀可随气液负荷变化而调整蒸气流量。

 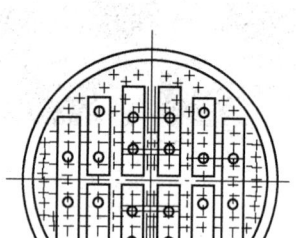

(1) 浮阀塔板　　　　　(2) 浮阀波纹筛板的结构

图19-9　浮阀波纹筛板塔

塔的特点:①塔板不设溢流管,上下相邻两层板安装方位90°交错,液体分布均匀,整个板面无死角。②板效率高。③生产能力大。④具有自洁作用,不易堵塞。⑤操作稳定。

4. 斜孔塔

斜孔塔板外形与结构如图19-10所示。塔板上有一排排整齐的斜孔,每排孔口朝一个方向,相邻两排孔口方向相反。故相邻两排孔口气体反向喷出。这可减少甚至消除液体不断加速的现象,又避免因气流对冲造成往上直冲的现象。塔板上液层均匀,气流接触良好,雾沫夹带少,允许气体负荷高。由于采用较高气流速度,板上液层湍流程度加大,喷射状又增加了气液两相的传质效果。

斜孔塔板的特点:①塔板效率较高。②生产能力大。③若发酵醪中无纤维状及大颗粒杂质,塔板自洁作用较好,不易堵塞。

二、粗馏塔的计算

1. 塔板层数确定

$$实际塔板数 = \frac{理论塔板数}{塔板效率}$$

塔板种类不同,塔板效率也不同。酒精蒸馏操作中,粗馏塔采用泡罩塔板,塔

 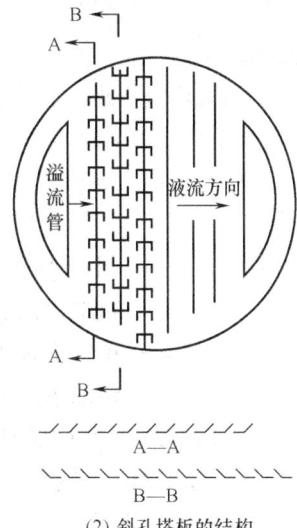

(1) 斜孔塔板　　　　　　　　　　　　　(2) 斜孔塔板的结构

图 19-10　斜孔塔板

板效率50%。酒精粗馏塔的理论塔板数为8~10块,实际塔板数为20~25块。成熟发酵醪液从塔顶进入。

2. 塔板间距确定

塔板间距是指相邻两块塔板之间的距离。塔板间距随空塔蒸气流速、料液起泡性及塔板类型不同而变化。空塔流速越大,或成熟醪起泡性越强,板间距应越大,防止雾沫夹带。根据经验,泡罩粗馏塔的板间距为0.4m左右。

3. 塔径估算

塔径是决定醪液处理量的主要因素。蒸气速度一定时,塔径越大,产量越大。塔径根据上升蒸气体积流量及蒸气流速计算:

$$D = \sqrt{\frac{4q_v}{\pi u}}$$

式中　q_v——粗馏塔内上升蒸气体积流量,m^3/s
　　　u——塔内上升蒸气速度,m/s
　　　D——塔径,m

塔内蒸气速度与塔板间距和泡沸深度(酒精蒸气穿过液层深度)有关。塔板间距小,泡沸深度大,则蒸气速度宜小。否则,产生雾沫夹带,影响塔板效率。酒精粗馏塔蒸气速度,按经验公式计算:

$$u = \frac{0.305H_T}{0.06 + 0.05H_T} - 12Z$$

式中　H_T——塔板间距,m

Z——泡沸深度,m,$Z=\frac{1}{2}h+h_3$(h 为泡罩的齿缝高度,m;h_3 为齿缝顶部至液面距离,m)

粗馏塔进料温度低于进料层塔板上料液沸腾温度。故塔内上升蒸气的体积流量,大于塔顶上升蒸气的体积流量。

粗馏塔内上升蒸气量,按下式计算

$$q_{m,v_2}=q_{m,L}+q_{m,v_1}-q_{m,F}$$

式中　q_{m,v_2}——粗馏塔内上升蒸气量,kg/h
　　　$q_{m,L}$——粗馏塔内溢流量,kg/h
　　　q_{m,v_1}——粗馏塔顶上升蒸气量,kg/h
　　　$q_{m,F}$——粗馏塔进醪量,kg/h

酒精粗馏塔进料层在塔顶,塔顶压力控制在 0.11MPa(绝对压),蒸气密度为 0.934kg/m³。因此,塔内上升蒸气的体积流量为:

$$q_{m,v_2}=\frac{q_{m,L}+q_{m,v_1}-q_{m,F}}{3600\times 0.934}$$

第四节　精　馏　塔

酒精精馏塔的作用,是把来自粗馏塔的稀酒精(气体或液体)提浓到产品要求的浓度,分离杂质,使产品质量达到要求标准。酒精精馏塔由两段组成,上段为精馏段,下段为提馏段,以稀酒精进料口位置为界,如图 19-11 所示。

酒精精馏塔的设计应满足的基本要求:①塔板效率高。②生产能力大。③压力降小。④操作范围广。⑤结构简单。⑥操作方便。⑦加工容易。

酒精精馏塔,有泡罩塔、浮阀塔、斜孔塔、筛板塔、导向筛板塔。

一、浮阀塔的结构

浮阀塔的塔板效率比泡罩塔高,结构简单,使用效果较好。浮阀结构类型有条状和盘状,盘状应用较广。盘式浮阀塔板,

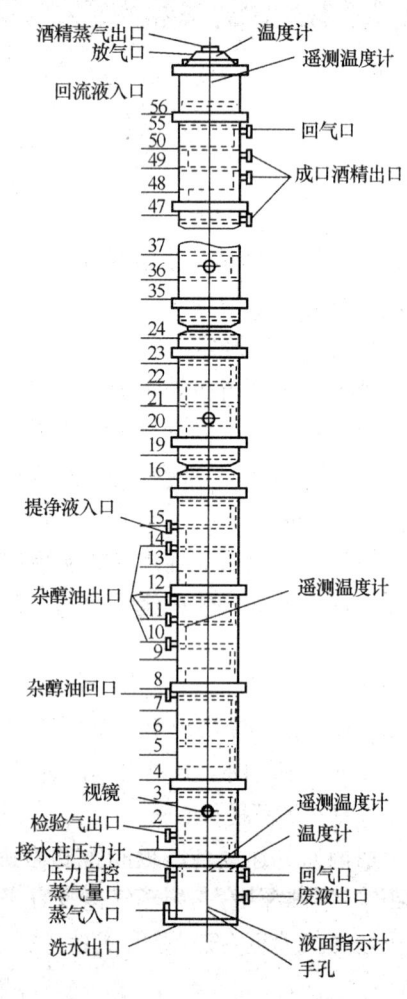

图 19-11　精馏塔的结构

是在蒸馏塔板上开有许多升气孔。每个孔上方装有可浮动的盘式阀片,在浮阀上装有 3 条支腿控制浮动范围。

几种典型浮阀的结构及特点见表 19 – 1。最常用的是 V 型浮阀。

表 19 – 1　　　　　　　　　常用浮阀的结构及特点

类型	F_1型(V – 1 型)	V – 4 型	V – 6 型
简图			
特点	1. 结构简单,制造方便,省料 2. 有轻阀(25g)、重阀(33g)两种	1. 阀孔为文丘里型,阻力小,适用于负压操作 2. 只有种轻阀(25g)	1. 操作弹性范围很大,适用于中型试验装置和多种作业塔 2. 结构复杂,阀质量52g
类型	十字架型	A 型	VO 型
简图			
特点	1. 性能与 V – 1 型无显著区别 2. 对于处理污垢或易聚合物料,性能较好 3. 制造与安装复杂	1. 性能及用途同 V – 1 型,但结构稍复杂 2. 国外有做成多层的	塔板本身冲制而成,节省材料

图 19 – 12 是 F_1 型浮阀的工作原理。浮阀的阀孔直径比阀体直径稍大,故阀体能在阀孔内上下移动。没有酒精蒸气上升时,阀体落在塔板上,开度很小。如 F_1 型最小开度为 2.5mm。上升酒精蒸气穿过阀孔时,阀体被顶起,气流沿水平方向喷出,使气液两相充分接触。浮阀在较低气速下,塔板上出现鼓泡层和清液层,此时塔板泄漏及鼓泡同时发生。随着气速增加,清液区域相应缩小。达到临界速度时,塔板全部处于鼓泡状态。如再提高气速,塔板压力降将随气速增加而增加。因此,浮阀塔正常操作气速应在临界速度以下。

1. 浮阀塔板间距及塔板数

浮阀塔的气流速度大,板间距也相应要大。若板间距小,雾沫夹带量大;板间距大,雾沫夹带量小。板间距过大,增加设备造价。蒸馏起泡性强的醪液时,板间距应大些。酒精厂浮阀塔的板间距为 300 ~ 330mm。板间距大小与塔径有一定关系。通常板间距大,允许气速高,塔的效率随之升高,塔径可小些。反之,塔径就要大些。生产中多采用板间距较大、塔径较小的塔。对于塔板数较多的塔采用较小

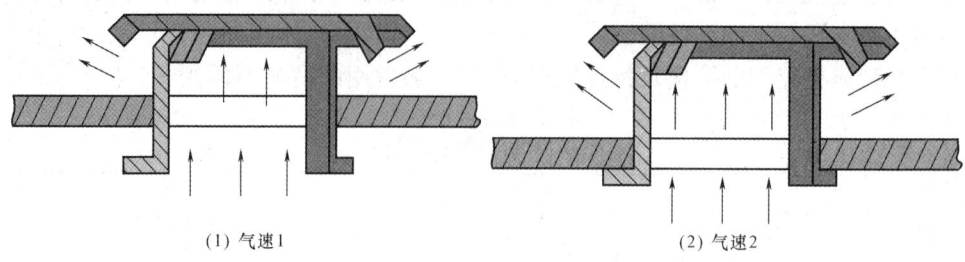

(1) 气速1　　　　　　　　　　(2) 气速2

图 19-12　F_1 型浮阀的工作原理

的板间距和较大的塔径,以降低全塔高度。浮阀塔的塔板数在 48 以上。

2. 塔板开孔率及塔径

浮阀塔板的开孔率取决于阀孔气速,阀孔气速为 7.5~9m/s。塔的负荷一定时,开孔率越大,阀孔气速越小。阀孔气速小于 4m/s 时,会出现严重泄漏现象。开孔率过大,会使阀孔之间距离变小。由阀孔吹出的气体互相干扰产生对冲现象,使水平方向喷出气流对冲成垂直方向而重叠上升。这样,易产生雾沫夹带,影响液体流速,使塔板上流体流动不均匀,降低塔板效率。为保证阀孔气速,应降低开孔率。若开孔率过小,气速过大也易引起雾沫夹带。精馏段塔板的开孔率为 12%~14%,提馏段为 8%~9%。

浮阀塔的塔径,取决于空塔气速和生产能力。浮阀塔空塔气速较大,取 0.9m/s。所以,在同等处理能力下,塔径比泡罩塔小。

3. 溢流装置

溢流装置的作用,是引导液体从上层塔板流到下层塔板,保持塔板上有一定深度液体层。溢流装置,有圆形降液管、弓形降液管两种型式。液体负荷小、塔径小时,采用圆形降液管。由于溢流截面小,溢流效果易受泡沫等因素影响。多数工厂采用弓形降液管。其浸润周边长,降液能力大,气液分离效果好,不易发生淹塔现象。设计时,溢流管截面积占塔板面积的 8%~9%;溢流堰长度不小于塔径的 60%;塔板上液层深度维持在 8~10mm。溢流装置高度不宜过高,否则增加塔板上液层阻力。塔板取较高气速时,降液管截面积要相应增大。否则,会出现不平衡现象。

4. 浮阀塔的特点

浮阀塔的优点:

(1) 操作弹性较大　浮阀能上下自由浮动,自动调节气体流通的面积。因此,操作范围广,弹性负荷(最大负荷与最小负荷比值)为 8~9。

(2) 处理能力大　浮阀塔板的气液接触面积较泡罩塔大,而且相应雾沫夹带量小。故其处理能力比泡罩塔大 20%~30%。

(3) 塔径小。

(4)塔板效率高 气体在塔板上水平喷出,雾沫夹带量小,而且通过阀片边缘时气体流速最大,使气体高度分散,气泡小。因此,气液接触面积大,气体在液层中流经的路程较长,强化了传热过程。所以,浮阀塔的塔板效率比泡罩塔高10%~20%。

(5)结构简单。

(6)压力降小 浮阀质量较轻,液面梯度比泡罩塔小,蒸气分配均匀。因此,压力降较小。

(7)气液接触良好,液面落差很小,故稳定性高。

(8)分离杂质的效果较好。

其缺点:

(1)气液沿阀孔周边喷出,阀间气流对冲,使局部气流加速而引起液沫夹带。

(2)气缝很小时,不仅部分阀不能启动,而且阀孔有漏液现象,会影响塔板效率和生产能力。

(3)直径较大的塔设备中,液面落差加大后,液体入口堰处由于液层加厚而阀片不再开启或开启很小,以致有漏液现象,影响板面的利用率。

(4)由于浮阀容易卡住或受到磨损而脱落,故必须采用不锈钢阀及塔板,设备费用高。

二、筛板塔板

筛板塔是结构最简单的蒸馏塔。塔板由开有大量均匀小孔(筛孔,孔径2~6mm)的塔板和溢流管组成,外形与结构如图19-13所示。操作时,从下层塔板上升的气流通过筛孔分散成细小流束,与板上液体相接触,并进行传热与传质。筛板塔正常操作的必要条件是,通过筛孔的蒸气速度和压强须足以克服筛板上液层和压强,保证液体不从筛孔流下而从溢流管下流。否则,会导致塔板效率下降。

(1)筛孔塔板

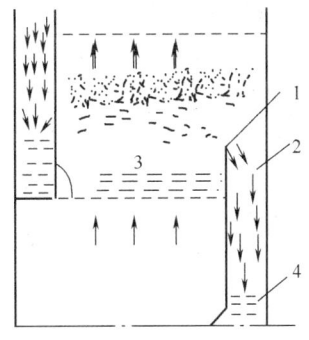
(2)筛孔塔示意图

图19-13 筛板塔
1—溢流堰 2—降液管 3—泡沫层 4—清液层

筛孔孔径过大,则气速低,漏液多;气速高,液层会出现晃动、翻腾、激烈的上抛现象。所以筛孔塔板漏液与否,取决于气流通过筛孔的速度。理论上,不论孔径大小,只要选取合适的气速,都能避免漏液。不过孔径越大,漏液及雾沫夹带较多。所以,大孔筛板的操作范围较窄。空塔流速在 0.8m/s 以上,孔速在 13m/s 左右。

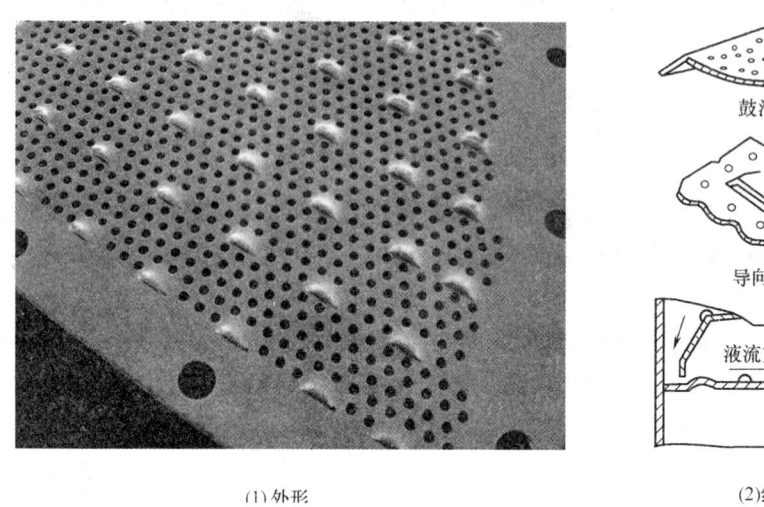

(1)外形　　　　　　　　(2)结构

图 19 – 14　导向筛板

开孔率的影响远较孔径影响大,对孔径为 10mm 的筛板,开孔率越大,气液接触状况越差,漏液量大,塔板效率低。故开孔率以 5% ~ 6% 为宜。对小孔径(2 ~ 6mm)筛板,开孔率不宜超过 10%。

筛板塔的优点:①结构简单,易加工。②造价低,为泡罩塔的 40%。③处理能力大,是相同塔径的泡罩塔的 1.1 ~ 1.2 倍。④塔板效率高,比泡罩塔高 15% ~ 20%。⑤液面落差小,塔板压力降小。

其缺点:①操作弹性小。②筛孔易堵塞。③塔板安装要求高,塔板安装要求非常水平,否则气液接触不匀。④操作压力不易控制。⑤开、停机操作难度大,特别是停机时,层板上的液体会全部从筛孔下流。

在生产实践基础上,对普通筛板塔的设计进行两点改进,研制出导向筛板塔。外形与结构如图 19 – 14 所示。首先,在液体进口区,将塔板向上凸起,成为鼓泡促进器;其次,在直径较小的塔板上增加百叶窗式导流孔,在直径较大塔板上采用变向导流孔。

改进后的导向筛板具有以下优点:①增加有效鼓泡面积。②减小液面落差。③有利于气体均匀分布。④消除塔板边缘区的液体滞留,改进塔板上液体的流动状态。因此,将导向筛板用于精馏塔或排醛塔。

第五节 蒸馏附属设备

1. 塔支座

塔支座承受全塔重量,采用混凝土或钢架基座。

2. 换热装置

换热器是酒精蒸馏主要的附属设备,包括成熟醪预热器、酒精蒸气分凝器和成品冷却器。

在预热器中,利用精馏塔排出的酒精蒸气冷凝时放出热量将成熟发酵醪液加热到60~70℃,可节约大量蒸汽和冷却用水。成熟醪腐蚀性强,黏度高,含渣多,设计预热器时要注意。

经预热器尚未冷凝的酒精蒸气进入分凝器,冷凝成液体后回流入塔,分凝器一般为2~3个。分凝器仍未冷凝的少量酒精进入冷凝器,冷却后成为工业酒精。由塔板上提取的成品酒精,经冷却器冷却至室温入库。分凝器和冷却器,都是用冷水进行换热。分凝器采用立式列管式换热器,冷却器用立式列管式换热器或蛇管式换热器。

3. 视镜、手孔及温度、压力调控装置

在每层塔壁上开有手孔和视镜,便于清洗塔板和观察塔内液体沸腾情况。手孔直径为120~200mm。

直径较大的塔,在塔底附近塔壁上开设人孔,人孔直径为0.45~0.5m,以便检修。

为及时准确掌握塔内操作情况,在塔顶、中、底部均安装温度计插座或温度调节控制装置,塔底装玻管液位计和水柱压力计。

水柱压力计构造简单,如图19-15所示。在小容器中插上一根玻璃管,即构成水柱压力计。如某蒸馏塔27层,层板上液层深度0.04m,塔底压力为10.6Pa,塔底水柱压力计的水柱高度约为1.08m。该塔塔底水柱压力计的水柱高度在1~1.2m时,表示塔内操作正常。如果塔底水柱过高,说明塔内液体过多,溢流不顺,甚至产生液泛现象;若塔底水柱太低,说明塔板上液层过薄,或溢流管未插入下一层液体中,以致气体走短路。

4. 酒糟、废液排出装置

蒸馏塔的塔釜内要保持一定的液位和压力。因此,对粗馏塔内的酒糟和精馏塔内的废液排出要加以控制。酒糟、废液排出装置,有浮鼓式排糟控制

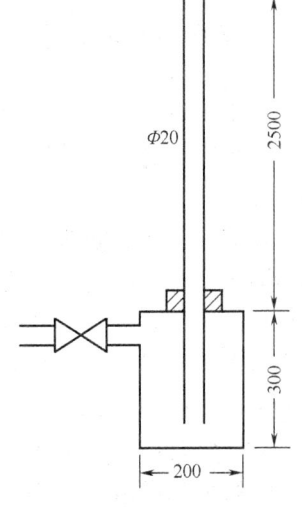

图19-15 水柱压力计

器、U形管废液排出控制器等。

(1)浮鼓式排糟控制器　图19-16为浮鼓式排糟控制器,由罐体、浮鼓、轴杆及阀门等组成。控制器侧面上端有一接管与塔底气相空间连通,借以平衡压力;侧面下端有一接管与塔底液相空间相通,因而塔底酒糟不断流入控制器内。控制器内有浮鼓,浮鼓与器底锥形阀相连。若酒糟从塔底流入控制器内,浮鼓浮起,启开锥形阀,酒糟即可排出。随着酒糟排出,控制器内液面下降,浮鼓便随之下沉,锥形阀又逐渐关闭。总之,浮鼓随液位高低而升降,自动调节阀门排糟。

(2)U形管废液排出控制器　U形管废液排出控制器是自动控制废液排出的简易装置,如图19-17所示。利用液柱平衡压力造成液封,借塔釜内的压力将酒糟废液排出。U形管或套管的长度根据塔底压力而定。水封高度应等于或稍小于塔底压力相当的水柱高度,为1.5~3m。安装时,U形管可朝下,也可朝上,视塔釜地势而定。

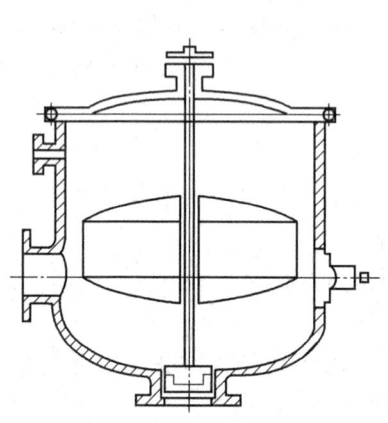
图19-16　浮鼓式排糟控制器

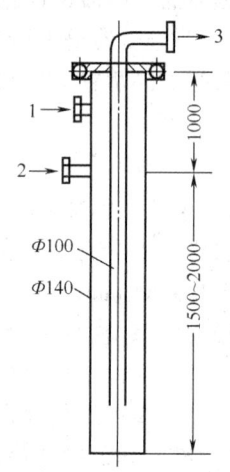
图19-17　U形管废液排出控制器
1—通塔底蒸气　2,3—废液

5. 杂醇油分离器

酒精精馏过程中,提取杂醇油是为提高成品酒精的质量,同时获得副产品杂醇油。

杂醇油分离器的主体,为带锥底的圆筒。圆筒上端为玻璃筒,用以观察液面,圆筒顶装有检验器,并罩以玻璃罩,如图19-18所示。从精馏塔塔板上引出的杂醇油酒精蒸气或液体,分别经冷凝或冷却后进入检验器,检验后与冷水混合乳化,沿圆筒中心套管的内管上升,溢流到套外管,下流到圆筒底部,经静置,油水分层,杂醇油浮于液面,定时将杂醇油从排出管分出。洗水从虹吸管自动排出,回入醪池,或加热后进入精馏塔提馏段。

6. 碳酸气分离器

醪液中含有溶解的二氧化碳,对精馏操作有以下影响:①醪液在塔的层板上沸腾时,二氧化碳被分离出来,增大塔中上升蒸气量。②恶化分凝器的传热状况。③易引起蒸气带液。故醪液预热后、进塔前应先经碳酸气分离器,把二氧化碳和泡沫分离。

常用碳酸气分离器,为旋风分离器,如图 19-19 所示。醪液以切线方向从分离器中部进入,经分离碳酸气后醪液从底排出,然后进入醪塔,分离出的碳酸气因含少量酒分,从器顶排出后进入酒精捕集器。

随着科学技术发展,蒸馏塔内温度、压力、流量等测量与控制,已采用自动调节和计算机控制。

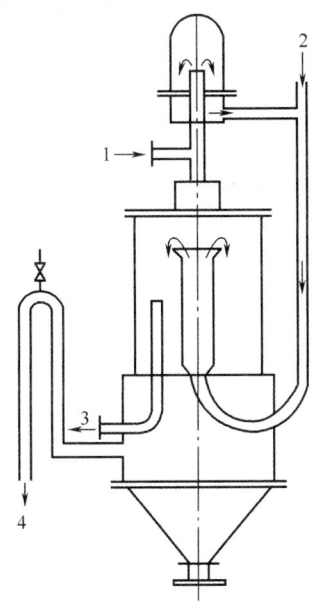

图 19-18　杂醇油分离器
1—杂醇油酒精　2—水
3—杂醇油　4—稀酒精(回流入塔)

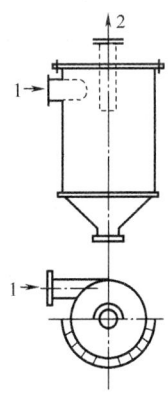

图 19-19　碳酸气分离器
1—醪液　2—CO_2

思考与练习

一、名词解释

蒸馏　精馏　精馏塔　粗馏　粗馏塔　双塔式酒精连续精馏　三塔式酒精连续精馏　多塔式酒精连续精馏

二、填空题

1. 将顶釜的酒精蒸气在冷凝器冷凝后,所得的部分冷凝液回流至顶釜的操作,称为_____。_____入顶釜的那部分冷凝液,称为_____。

2. 粗馏塔处理的对象是成熟的_____,其中含有许多_____,且_____、_____、_____。

3.酒精蒸馏所采用的泡罩塔,主要由_____、_____、_____等组成。

三、选择题

1.筛板塔,是结构(　　)的蒸馏塔。
A.最简单　B.最成熟　C.很成熟　D.较为完善

2.溢流装置的作用,是引导液体从上层塔板流到下层塔板,并保持塔板上有一定深度的液体层。常用的溢流装置,有圆形降液管、(　　)两种形式。
A.弓形降液管　B.矩形溢流管　C.椭圆形降液管　D.六角形降液管

3.目前,最常用的浮阀的结构是(　　)。
A.V型浮阀　B.十字架型　C.A型　D.VO型

4.酒精精馏塔的作用,是把来自粗馏塔的稀酒精(气体或液体)提浓到产品要求的浓度。同时,分离其(　　),使产品质量达到所要求的标准。
A.杂物　B.甲醛　C.甲醇　D.杂质

四、判断题

1.泡罩塔,也称为泡盖塔,是一种尚不成熟的蒸馏设备。(　　)

2.浮阀波纹筛板塔,是一种采用新型穿流式塔板的塔。它是在普通波纹筛板的基础上,在波峰处增加一定数量的与波峰同弧形的条状阀片。(　　)

3.浮阀塔的塔板效率比泡罩塔低,但结构简单,使用效果比较好。(　　)

五、问答题

1.试以图说明蒸馏操作的基本原理。

2.简述酒精粗馏塔的作用。

3.简述粗馏塔的种类及特点。

4.简述酒精精馏塔的作用。

5.简述粗馏塔的种类及特点。

6.酒精蒸馏附属设备有哪些?分别说明其作用。

第二十章　设备与管道的清洗与灭菌

【学习目标】

1.知识目标　了解清洗剂及杀菌剂的种类及特点,灭菌死角的常见部位及消除方法;熟悉 CIP 清洗系统的操作程序,设备及管道清洗、灭菌效果的检验;掌握生物工程设备及管道的清洗与灭菌的意义,设备、管道、阀门清洗与灭菌的操作要点及注意事项。

2.能力目标　正确确认设备与管道的清洁程度;掌握设备与管道清洗与灭菌的工艺方法;正确检验设备与管道的灭菌程度。

生物工程设备及管道清洗与灭菌操作非常重要,它使潜在污染危险降到最低限度,保证产品达到一定卫生要求。设备和管道不严格清洗和消毒,富含营养物质的发酵液的残留易导致杂菌污染,产生下述问题:①杂菌大量消耗营养基质和产物,使生产效率和收率下降。②杂菌及代谢产物改变发酵液理化特性,妨碍产物分离纯化。③杂菌会直接以产物为基质,造成产物生成量锐减,导致发酵失败。

要杜绝杂菌污染,要注意的环节:①对设备、管路严格清洗与杀菌。②对培养基进行彻底灭菌。③对通风发酵,把通入的空气过滤除菌。④使用不含杂菌的种液,确保种液生物细胞处于对数生长期。

第一节　常用清洗剂、清洗方法及设备

一、常用的清洗剂

1.清洗剂

清洗剂的作用:①溶解或分解有机物。②分散固形物。③具有漂洗和多价螯合作用。④清洗速度快。⑤对生物与环境无毒或低毒。⑥具有一定杀菌作用。

表 20-1 列出了几种常用的清洗剂。

表 20-1　典型洗涤剂溶液配方　　单位:g/L

清洗剂	应用场合		清洗剂	应用场合	
	用于 CIP 清洗系统	用于管道清洗		用于 CIP 清洗系统	用于管道清洗
0.1mol/L NaOH	4.0	—	Na_2SiO_3	4.0	0.4
Na_3PO_4	0.2	—	Na_2CO_3	—	1.2

续表

清洗剂	应用场合		清洗剂	应用场合	
	用于 CIP 清洗系统	用于管道清洗		用于 CIP 清洗系统	用于管道清洗
表面活性剂	—	0.1	Na_2SO_4	—	1.2
三聚磷酸钠	—	1.0	—	—	—

对一些有机污垢,选择酶制剂(蛋白酶、脂肪酶),加入清洗液中,可加快相应的污垢清除。有时可根据清洗体系及清洗环境要求,适当添加一些功能性助剂,如消泡剂、助洗剂、缓蚀剂,以便在有限时间内较彻底清除污垢。表20-2为常用清洗方法及特点。

表20-2 常用的清洗方法及特点

清洗方法		适用场合	特点
机械法	手工工具法	局部、小面积污垢	简便、劳动强度大、效率低、质量较差
	风动、电动工具法	可用于较大面积污垢的清除	效率高于手工工具法
	胶球清洗法	清除管内污垢	
	高压水喷射法	各种污垢的清洗	不使用化学品,不造成环境污染,应考虑水的循环使用
	干冰喷射法	各种污垢的清洗	不使用化学品和水,不造成环境污染,金属表面不易返锈
	吸引法	设备表面附着力较小的污垢	简便,但是需要与其他使污垢松动的方法配合
热力法		蜡、有机物、无机盐等可燃烧或易变形的污垢	简便、成本低,不适用于易燃烧、易变形材料的清洗
溶剂法		油污及其他有机污垢,被清洗的设备材料应不溶解于溶剂	清洗效率高,但是大多数溶剂易燃、易爆、对环境有污染
表面活性剂法		主要清洗油溶性污垢	用量少,效率高,成本低,可清洗设备的死角
酸洗法		清洗能与酸作用的污垢,主要是锈垢、无机盐垢	效率高、成本低,除垢彻底,可洗设备的死角,有操作人员和设备的安全与环境污染问题
熔融法	酸熔融剂	难溶于水的碱性或两性氧化物和氢氧化物垢	操作温度较高
	碱熔融剂	难溶于水或酸中的酸性污垢	操作温度较高
其他		包括酶制剂、吸附剂、螯合剂、杀菌灭藻剂、污泥剥离剂等,应用于特定的污垢清除	

2. 消毒杀菌剂

生物工程设备及管道多采用加热蒸汽杀菌,只有当设备、管道不耐高温时才使用化学消毒法。常用化学消毒剂有 NaClO 或 5% ~ 15% 的 NaClO 水溶液,它能分解放出氯气,氯气是强力杀菌剂。

高效、安全、氧化性更强的 ClO_2,以优越性能逐渐取代 NaClO。通常将 ClO_2 配成浓度 2%(质量体积分数)的稳定性溶液。优点是:①杀菌能力是氯的 2.5 ~ 2.6 倍。②杀病毒和孢子更有效。③杀灭铁细菌效果显著。④不与氨反应。⑤用量小,为 2.0mg/L。⑥pH 适用范围广,为 6 ~ 10。

洁尔灭和新洁尔灭两种季铵盐杀菌剂,由于毒性小,具有杀菌灭藻性能,在循环冷却水系统中应用广泛,使用浓度为 50 ~ 100mg/L,适宜 pH 为 7 ~ 9。

3. 特殊清洗试剂

某些场合,需要把与有机物表面紧密结合的蛋白质分离洗脱出来,如色谱分离柱树脂的处理。这类树脂较易被强碱等强力洗涤剂破坏。此场合下,使用高浓度(6mol/L)尿素和氯化胍等化合物洗脱蛋白质,不损坏分离介质。

二、设备、管路、阀门的清洗

清洗设备传统方法,是将设备拆卸下来用人工或半机械法清洗。缺点:①劳动强度大。②费工耗时,效率低。③操作人员安全性不易保证。④清洗与拆装辅助设备时间长,对产品质量易造成影响。

大规模生产已普遍采用 CIP 清洗系统,即在位清洗或就地清洗。是在不拆卸、不挪动设备情况下,用机械使高浓度清洗剂在封闭清洗管线中循环,整个清洗过程实现半自动化或自动化,但对一些特殊设备需人工清洗。

1. 管件和阀门的清洗

(1)清洗操作程序

①清水清洗:常温清洗 5 ~ 10min。

②洗涤剂清洗:高温清洗 15 ~ 20min。

③清水清洗:常温清洗 5 ~ 10min。

④杀菌剂清洗:常温清洗 15 ~ 20min。

⑤去离子水清洗:常温清洗 5 ~ 10min。

(2)清洗操作要点

①清洗液流速:清洗过程中,液体流速在 1.5m/s 时可获满意清洗效果,洗涤剂湍动程度越高,洗涤效果越好。但若洗涤液流速高于 1.5m/s,会产生副作用。

②清洗时间:清洗时间无需太长,过长不会明显提高清洗效果。

③洗涤剂温度:洗涤剂温度不宜过高,不超过 75℃。较高温度下易导致残留糖分焦化、蛋白质变性及酯的聚合反应,产物难以除去。

④生物反应过程完毕,应马上对设备、管路、管件清洗,残留物干涸后会增加清

洗难度。

⑤清洗结束后,及时将洗涤水排干净并使之干燥后备用,避免因积水导致微生物繁殖。

2. 罐的清洗

(1) 罐的清洗方法

①罐顶喷洒清洗剂:利用冲击力使污垢解离分散而达到清洗效果。这不仅节约大量清洗剂,而且可利用较低浓度清洗剂达到良好清洗效果。型式有球形静止喷洒器和旋转式喷射器。前者结构简单,达到的喷射距离有限,对器壁清洗主要是冲洗作用而非冲击作用。

旋转式喷射器的特点:可在180°的回转中喷射清洗,在较低的喷洗流速下获得较大的有效喷射半径。冲击洗涤速度比球形静止喷洒器大得多。有传动部件,故设备投资大,制造、维修技术要求高。

其缺点:喷嘴易堵塞。罐内设有pH和溶氧电极等传感器,对清洗剂敏感时,应先将其卸下单独清洗,待罐清洗好后重新装上。

②高压水射流:高压水射流操作时,根据附着物形态选用不同压力。对黏着性污垢用20~30MPa压力。对特殊硬垢或近乎堵塞管道的可采用150MPa或更高压力。对某些较硬附着物可先用化学试剂溶解或软化,再用高压水射洗。

(2) 操作注意事项

①洗涤过程中,需按规程小心操作,避免把腐蚀性洗涤剂淋洒到人体上。

②考虑设备热胀冷缩是否会产生真空(加热洗涤后转为冷洗涤时会产生真空),为避免损坏设备,应在罐上安装真空泄压装置。

③所有水泵都应设紧急停止按钮。

3. 生物工程下游设备的清洗

(1) 碟片式离心机的清洗　若细胞浆不太黏稠时,设备清洗较为简便,否则往往采用人工清洗方法,才能获得较好清洗效果。

(2) 微滤或超滤系统的清洗　错流的微滤或超滤系统采用CIP系统清洗,但长时间使用后,一层硬实的胶体层在膜表面形成,有些胶体分子进入膜孔中,影响过滤效率。此时应用清水和清洗剂轮换清洗。必要时,对膜分离系统进行反向流动洗涤(视膜能否承受反洗压力而定),以便在泵输送作用下用清洗剂将残留在膜孔中的胶体分子洗脱出来。

(3) 色谱柱的清洗　柱内填充的HPLC介质对高pH较敏感。不能用NaOH等强碱性清洗剂洗涤,而用弱碱性Na_2SiO_3代替。若色谱系统使用的是软性介质,只能在较低压力和流速下清洗,可适当延长清洗时间。

4. 辅助设备的清洗

辅助设备,如泵、换热器、过滤器的清洗较简单。但要注意:

(1) 无论何种类型换热器,若用于培养基加热或冷却,不可避免地在换热面上产生结垢或焦化,不易清洗。选择培养基走管内,适当提高培养基流速,强化传热。清洗时,根据设备材质分别选用盐酸、硝酸、氨基磺酸或有机酸清洗,同时配合相应缓蚀剂。

(2)空气过滤器的清洗常被发酵罐冒出的泡沫污染,不易清洗干净,必要时人工拆洗。

5. 除去致热物质

生物制药生产中,从产物中去除致热物质和内毒素十分重要。实践表明,确保设备清洗和不被杂菌污染是除去致热物质和内毒素的有效方法。清洗用 0.1mol/L 浓度的 NaOH 浸洗较有效。

6. 微生物污泥的清洗

生产设备器壁上有时会附着微生物污泥,用氯气去除,但有时效果不好,可采用酸洗或结合加剥离剂方法去除。

7. 仪器清洁

清洗仪器可使用便携式真空清洁器,在密闭空间利用能杀灭细菌、真菌和抗病毒的洗涤剂对仪器进行清洁消毒。

三、CIP 清洗系统及设备

生物制品的生产线必须时刻保持无菌状态,采用 CIP 清洗系统灭菌。

CIP 清洗系统的优点:①减轻劳动强度。②防止操作失误。③提高清洗效率。④安全可靠。⑤便于管理。

1. CIP 清洗系统的形式

(1)一次性清洗系统 分预洗、碱洗、水洗和灭菌四个阶段。对高温下运转的设备有时要加酸清洗和中和水清洗阶段。一次性清洗系统适用于贮存寿命短、易变质的消毒剂,或是设备中有较高水平的残留固形物致使消毒剂不宜重复使用。一次性清洗系统是较小型的固定的单元装置。

(2)可重复利用的 CIP 清洗系统 典型的可重复利用的 CIP 清洗系统,如图 20-1 所示。特点是:①同一装置中,可同时进行清洗与灭菌,适合对生产罐体和配管同时进行清洗、消毒灭菌。罐体中采用洗液喷射方式清洗,配管中洗液形成紊流效果的清洗。②操作程序控制完全自动化,把控制程序输入控制器便可随时开启,是需时短、省力、可靠性高的清洗 - 灭菌装置。③经济效益高,清洗用水、洗涤剂、杀菌剂及蒸气消耗最小。

2. CIP 清洗系统的操作程序

(1)预洗 将冷水或温水送入生产罐中,经过 10~15min 清洗,污垢被分散解离,废水被排出罐外。

(2)洗涤 以 NaOH 为主要成分,浓度为 0.2%~1% 的强碱性水溶液,清洗 20min。预洗工序中大部分污垢已被清除,因此,在此工序中碱性洗液消耗较少,且

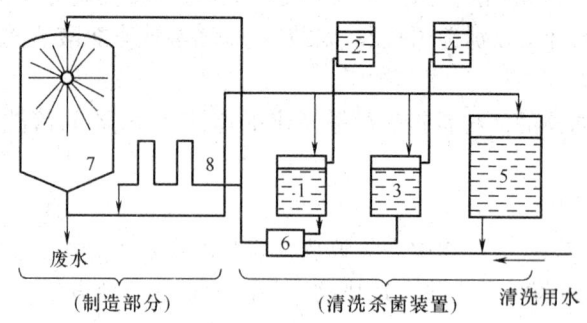

图 20-1 CIP 清洗系统

1—稀释涤剂罐　2—浓洗涤剂罐　3—稀释杀菌剂罐　4—浓杀菌剂罐
5—清洗用水罐　6—程序控制装置　7—生产部分缸体　8—生产部分传输管线

可把用过的碱液回收,适当补充碱液浓度,循环使用。

(3) 中间冲洗　把生产罐中附着的残留碱液用冷水冲洗干净,进行 20min,目的是减少杀菌液负担。

(4) 杀菌工序　用有效氯浓度 150~200mg/L 的次氯酸钠水溶液进行 15min 杀菌。杀菌剂消耗较少,可回收并适当补充,调整到原来浓度,重复使用。

(5) 最后冲洗　用无菌水冲洗 5min。

四、混合清洗系统

图 20-2 为简单的混合清洗系统,集一次性与循环使用于一体。这种单元设备是为罐和管道的 CIP 清洗系统设计,由设置程序对整个系统实行自动化控制。清洗剂配比不同,清洗时间和温度有所不同。

系统包括清洗剂及水回收罐、循环泵、过滤器。预洗用水可使用回收水,用完后直接排放或经中间洗涤后排放。控制一定循环时间,并控制清洗温度在预定范围。清洗剂及漂洗用水循环使用一定次数后,若所含污物达到一定浓度,则不宜回收。

五、清洁程度的确认

清洗作业完成后,需要对被清洁表面清洁度检验,确保设备卫生程度符合要求。检验系统和方法,包括设备检验、操作检验及成效检验。

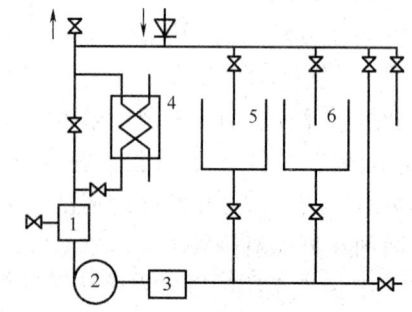

图 20-2　混合使用的 CIP 清洗系统

1—过滤器　2—循环泵　3—喷射器　4—混合加热罐
5—清洗剂罐　6—回水回收罐

1. 清洗表面清洁程度的检验

正确测定清洁对象的清洁程度,有一定难度。由于形状复杂或多种材料构成的清洗对象,污垢分布常是不均匀的。因此,局部表面测定的结果不一定能完全代表整体清洁程度。如测定物体表面附着的微生物数目,多用清洁布擦拭一定面积的清洗对象表面,对布进行微生物培养,根据上面细菌数目确定微生物污染程度。如培养结果,细菌个数为零,并不能绝对保证整个对象物上微生物也是零。

清洗大型设备时,在清洗现场,采用能提高测定准确性的方法,以污染最严重的部位为标准测定,试验进行三次,每次均要求设备处于正常操作状态,并符合要求。若此部位在清洗后达到所要求的洁净度,其他部位必然达到更高的洁净度。

2. 清洗表面清洁程度的规范

(1) 必须无残留固体污脏物或垢层。

(2) 在光线充足条件下无可见污染物,且在潮湿或干燥状况下,表面均没有明显气味。

(3) 用手摸表面,无明显粗糙或滑溜感。

(4) 把白纸印在表面后检查,无不正常颜色。

(5) 在排干水后,表面无残留水迹。

(6) 在波长 340~380mm 光线下检查,表面无荧光物质。

3. 清洗表面清洁程度的定性评价

(1) 擦试法 用干燥洁净不起毛的纱布对物体表面擦试,根据布被玷污程度进行判断。

(2) 水滴法 滴在表面上的水滴直径越大,洁净度越高。

(3) 水雾法 用喷雾器把均匀的微粒状水滴喷射到清洗后的干燥表面上,若表面十分洁净,水滴会在表面上均匀铺展,干燥后凝聚水膜周边形状呈规则圆形。

(4) 呼气法 对干燥的清洁对象表面呼气,若表面十分平滑洁净,水蒸气在表面冷凝时,会形成均匀雾斑,并在很短时间内消失。

(5) 肉眼观察法 用放大镜和检测管等仪器观察表面的油脂、铁锈等污垢,也可用照射在物体表面的反射光的强度了解污染情况。事先对不同洁净度的样品定出标准,然后把待测样品与已知样品进行比较。

第二节 设备及管路的灭菌

生物工业中,多采用蒸汽加热方法,将微生物细胞及孢子全部杀死。由于灭菌设备的种类、规格不同,所采用加热蒸汽的温度和时间也不同。

一、发酵罐及容器的灭菌

1. 发酵罐和容器的气密性试验

发酵罐和容器,在使用前必须经耐压和气密性试验。在设备安装完毕后进行 24h 气密性试验,维持温度不变,检查压力是否稳定。每次检修后,也需如此。用 30min 检查罐的压强是否改变,确定气密性。

2. 发酵罐和容器的蒸汽加热灭菌

经气密性试验确认无渗漏后,通入蒸汽,罐内蒸汽压力达到 0.147MPa,维持 45min,灭菌过程中打开排气阀排净空气。对大型或结构较复杂发酵罐和容器,采用抽真空法排除空气,使蒸汽通过以消除死角。保压过程中,不断排除蒸汽管路及罐内冷凝水。灭菌完毕,关闭蒸汽阀,待罐内压力低于空气过滤器压力时,打开无菌空气进口阀,通入无菌空气保持罐压 0.098MPa,确保罐内蒸汽冷凝后不致形成真空,导致二次污染。发酵罐或其他容器上灭菌蒸汽管路的安排较简单,通常蒸汽进口装在罐顶,冷凝水排出阀在罐底,无菌空气分布器从罐底进入,如图 20 – 3 所示。

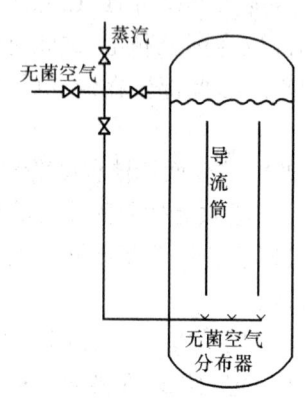

图 20 – 3　发酵罐空气分布器的蒸汽灭菌管路

二、空气过滤器的灭菌

过滤器灭菌,采用饱和蒸汽,为避免过滤介质被冷凝水堵塞造成蒸汽通过困难,进入空气过滤的蒸汽尽量采用饱和干蒸汽。

较理想的空气过滤器加热灭菌配置,如图 20 – 4 所示。在进空气管道上加装蒸汽进口管,使蒸汽顺利通过管路和过滤介质,彻底加热灭菌,同时蒸汽冷凝水不会积聚于过滤器或管路中,保证了灭菌彻底。

空气过滤器和分过滤器灭菌操作:排出过滤器中的空气,从过滤器上部通入蒸汽,并从上、下排气口排气,维持压力 0.174MPa,灭菌 2h。灭菌完毕,通入压缩空气将内部水分吹干。

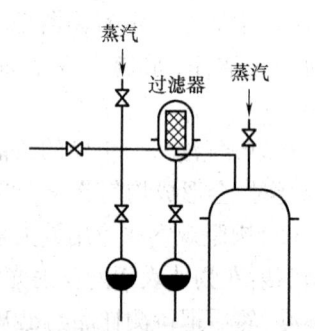

图 20 – 4　空气过滤器加热灭菌配置

三、阀门和管路的灭菌

阀门及管路彻底灭菌,是保证生物工程高效生产的前提。

1. 阀门的灭菌

生物工程中,选择的阀门均应利于清洗、维护和灭菌。图 20-5 为隔膜阀。它具有严密可靠,阀杆不与物料接触等优点,故生物工厂多使用隔膜阀。缺点是阀膜间仍有缝隙。

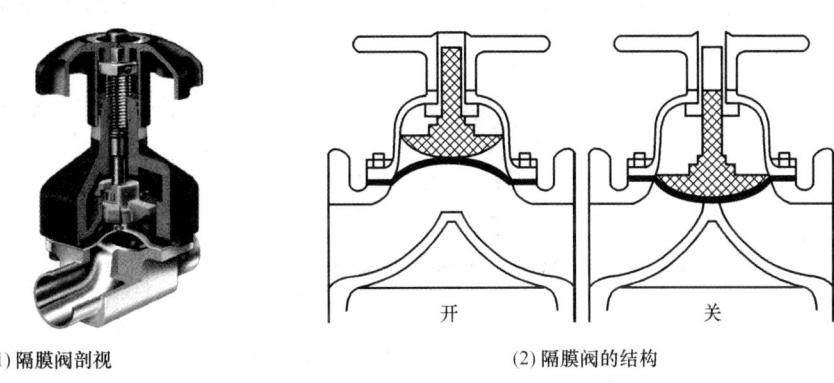

(1) 隔膜阀剖视　　　　　　(2) 隔膜阀的结构

图 20-5　隔膜阀

对隔膜阀进行蒸汽灭菌有三种形式:①蒸汽直接通过阀门,阀门与管路均充满蒸汽,保证彻底灭菌。这是最佳形式。②利用隔膜阀上面附加的取样或排污小阀通入蒸汽或放出蒸汽冷凝水,这可使隔膜两边均充分灭菌。③确保阀门接管的盲端管长与管径之比不大于6,且需保证管内不积存冷凝水。

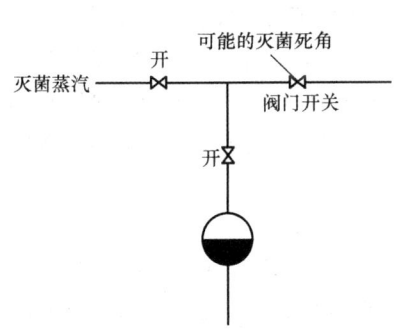

图 20-6　阀门接管的盲端管长与管径关系

蒸汽灭菌最后一种形式容易发生灭菌不彻底,生产中很少采用,如图 20-6 所示,是采用此种形式蒸汽灭菌时阀门接管的盲端管长与管径的关系。隔膜阀需定期检查和更换。

2. 管路的灭菌

为保证设备与管路灭菌彻底,管路系统在设计安装时,具有斜度,取 1:100 或更大,目的是使蒸汽冷凝水不积聚。对水平安装的管道,在最低点安装排污阀。同时,为避免管路长时中间下垂形成凹陷点,长管路需设有足够的支撑点。

对输送较长的管路,为便于清洗和杀菌,尽量减少管道并简化,能合并的管路尽可能合并,做到一管多用。弯头、阀门等管件尽可能减少,同时尽可能减少最高点和最低点,在每个最低点处设排污阀,在最高点处设加热蒸汽进汽管,保证蒸汽杀菌彻底。

有多个罐时,每个罐及管路尽可能分开灭菌,保证蒸汽能够到达所有需要灭菌的部位,提高系统灭菌操作灵活性与安全性。

如图20-7所示,培养基贮罐1中的已灭菌并冷却至所需温度的培养基要送往灭菌后的空发酵罐2时,需先对管路进行灭菌(阀均关闭)。先依次打开E、D、C、B,然后开启蒸汽阀,通入蒸汽进行杀菌。杀菌结束,先关闭阀E,后关闭阀B,并开启阀F,以免管路因蒸汽冷凝产生真空引入二次污染。最后打开阀A,将培养基贮罐1中的培养基送至发酵罐2。

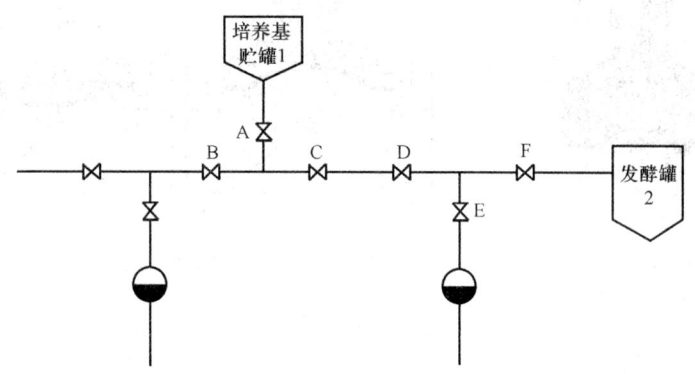

图20-7 灭菌操作的灵活性与安全性

3. 灭菌死角的消除

管路中的死角,是指灭菌时因某些原因使灭菌温度达不到或不易达到的局部位置。管路中如有死角存在,会因死角内潜伏杂菌没有杀死,引起连续染菌,影响正常生产。对某些蒸汽可能达不到的死角,要装设与大气相通的旁路排气口。灭菌操作时,将旁路阀门打开,使蒸汽流畅通过。对接种、取样、补料等操作管路,要配置单独灭菌系统,以便在发酵罐灭菌后或发酵过程中单独灭菌。图20-8为典型气升环流式发酵罐的清洗与灭菌管路图。

管路中常发现的死角有三种:

(1) 种子罐放料管的死角 种子罐放料管的死角及改进如图20-9所示。如图20-9(1)所示,有一小段管道因灭菌时罐内有料液,阀3不能打开,存在蒸汽不流通的一个小的放汽阀。如图20-9(2)所示,此死角可得到蒸汽的充分灭菌。

类似管的死角还有其他的,解决办法是在阀腔一边或另一边安装一个小阀,死角往往出现于球心阀阀座两面的端角,可在接种管、尿素管、消泡管与发酵罐连接的阀门两面均装有小排气阀,以利灭菌。

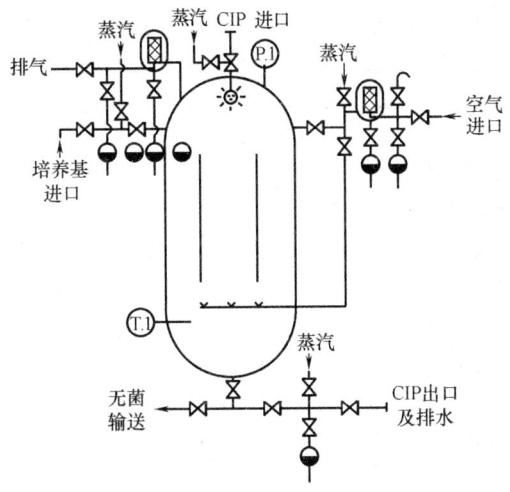
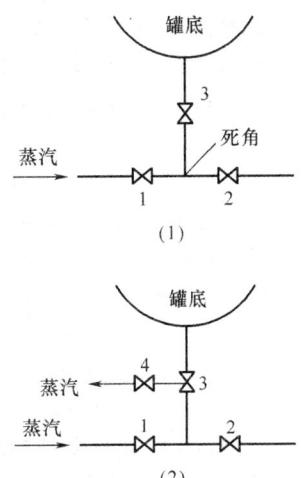

图 20-8　气升环流式发酵罐清洗与灭菌管路　　图 20-9　种子罐放料管的死角及改进

（2）管道连接的死角　管道连接有螺纹连接、法兰连接和焊接连接。生物工程中,不采用螺纹连接。螺纹连接容易产生松动且有缝隙,是微生物隐藏的死角。多用法兰或焊接连接,加工安装时要保持连接处管道内壁畅道、光滑、密封性好,避免和减少管道染菌机会。如法兰和管子焊接时受热不匀,使法兰翘曲密封面发生凹凸不平的现象,造成渗漏与死角；垫片孔径要和管径一致,过大或过小均易积存物料,形成死角；法兰安装时没有对准中心,会造成死角。消灭管道死角的较好方法,是焊缝连接法,但焊缝要光滑,焊缝有凹凸现象也会产生死角。

（3）排气管的死角　发酵罐罐顶排气管弯头处如有堆积物,其中隐藏的杂质不容易彻底消灭。如发酵罐内发酵液发酵时,受搅拌振动或排气冲击,会一点点将杂质剥落下来造成污染。另外,排气管直径太大,灭菌时蒸汽流速过小,会使管中耐热菌不能被杀死。故排气管要与罐的尺寸有合适比例。

四、灭菌程度的检验

设备及管道经蒸汽灭菌后,必须对灭菌效果进行检验。发现问题,查找原因并及时解决。灭菌效果的检验有两种方法,一是直接利用微生物培养法,一是灭菌蒸汽温度和压强监控法。

思考与练习

一、名词解释

消毒杀菌剂　CIP 清洗系统　混合清洗系统　清洁程度确认

二、填空题

1. 大规模的生产已普遍采用 CIP 清洗系统,即_____或_____。

2. 辅助设备的清洗,辅助设备如_____、_____、_____的清洗比较简单。

3. CIP 清洗系统的操作程序包括_____、_____、_____、_____和_____。

三、判断题

1. 发酵罐和容器在使用前必须经耐压和气密性试验。(　　)

2. 生物工程中,所选择的阀门均应利于清洗、维护和灭菌。(　　)

3. 为了保证设备与管路灭菌彻底,管路系统在设计安装时,应具有一定的斜度,通常取 1∶100 或更大,其主要目的是使蒸汽冷凝水不积聚。(　　)

四、问答题

1. 生物工程设备及管道的清洗与灭菌有何意义?

2. 生物工程中,常用清洗剂有哪几类?各有何特点?

3. 生物工程中,设备及管路的清洗方法有哪几种?各有何特点?

4. 简述 CIP 清洗系统的设备组成、操作要点及特点。

5. 定性评价清洗表面的洁净度有哪些简易方法。

6. 生物工业中,设备及管路的灭菌方法有哪几种?各有何特点?

7. 简述生物工程设备中管路的配置原则。

8. 生物工程设备中,常见的灭菌死角有哪些?如何消除?

参考文献

[1] 黄亚东. 生物工程设备及操作技术[M]. 北京:中国轻工业出版社,2008.
[2] 梁世中. 生物工程设备[M]. 北京:中国轻工业出版社,2002.
[3] 梁世中. 生物工程设备[M]. 第2版. 北京:中国轻工业出版社,2012.
[4] 黄亚东. 化工原理[M]. 北京:中国轻工业出版社,2006.
[5] 黄亚东. 食品工程原理[M]. 北京:高等教育出版社,2003.
[6] 郑裕国. 生物工程设备[M]. 北京:化学工业出版社,2009.
[7] 高孔荣. 发酵设备[M]. 北京:中国轻工业出版社,1995.
[8] 郑裕国. 生物工程设备[M]. 北京:化学工业出版社,2007.
[9] 陈国豪. 生物工程设备[M]. 北京:化学工业出版社,2007.
[10] 王玉亭. 生物工程基础单元操作技术[M]. 北京:中国轻工业出版社,2013.
[11] 路振山. 生物与化学制药设备[M]. 北京:化学工业出版社,2005.
[12] 高平,刘书志. 生物工程设备[M]. 北京:化学工业出版社,2006.
[13] 许彦春,闫永江. 制药设备及其运行维护[M]. 北京:中国轻工业出版社,2013.
[14] 李万才. 生物分离技术[M]. 北京:中国轻工业出版社,2013.
[15] 辛秀兰. 现代生物制药工艺学[M]. 北京:化学工业出版社,2006.
[16] 邓才彬. 制药设备与工艺[M]. 北京:高等教育出版社,2006.
[17] 刘国诠. 生物工程下游技术[M]. 北京:化学工业出版社,2006.
[18] 徐清华. 生物工程设备[M]. 北京:科学出版社,2004.
[19] 邱立友. 生物工程与设备[M]. 北京:中国农业出版社,2007.
[20] 王继斌等. 环保设备选择、运行与维护[M]. 北京:化学工业出版社,2011.
[21] 苏少林. 水污染控制技术[M]. 第2版. 大连:大连理工大学出版社,2010.
[22] 刘海春. 固体废物处理与利用[M]. 第2版. 大连:大连理工大学出版社,2010.
[23] 王淑欣. 发酵食品生产技术[M]. 北京:中国轻工业出版社,2012.
[24] 黄杰涛. 麦汁制备技术[M]. 北京:中国轻工业出版社,2013.
[25] 黄儒强等. 生物发酵技术与设备操作[M]. 北京:化学工业出版社,2006.
[26] 罗合春,李永峰. 生物制药工程原理与设备[M]. 北京:化学工业出版社,2008.
[27] 石文山. 植物组织培养[M]. 北京:中国轻工业出版社,2013.
[28] 邓毛程,金鹏. 微生物工艺技术[M]. 北京:中国轻工业出版社,2011.
[29] 周亮. 啤酒包装技术[M]. 北京:中国轻工业出版社,2013.
[30] 张祖莲. 啤酒生产理化检测技术[M]. 北京:中国轻工业出版社,2012.

中国轻工业出版社生物专业教材目录

高职高专教材

高职制药/生物制药系列

药品营销原理与实务(第二版)("十二五"职业教育国家规划教材)	40.00 元
生物制药技术	34.00 元
药物合成	40.00 元
临床医学概要(第二版)	32.00 元
人体解剖生理学	38.00 元
生物制药工艺学	26.00 元
生物制药技术专业技能实训教程	28.00 元
药理毒理学	42.00 元
药理学	32.00 元
药品分析检验技术	38.00 元
药品营销技术	24.00 元
药品质量管理	28.00 元
药事法规管理	40.00 元
药物质量检测技术	28.00 元
药物制剂技术	40.00 元
药物分析检测技术	32.00 元
制药设备及其运行维护	36.00 元
中药制药技术专业技能实训教程	22.00 元
动物医药专业技能实训教程	23.00 元

高职生物技术系列

氨基酸发酵生产技术(第二版)("十二五"职业教育国家规划教材)	28.00 元
植物组织培养("十二五"职业教育国家规划教材,国家级精品课程配套教材)	28.00 元
发酵工艺教程	24.00 元
发酵工艺原理	30.00 元
发酵食品生产技术	39.00 元
化工原理	37.00 元
环境生物技术	28.00 元
基础生物化学	39.00 元
基因工程技术(普通高等教育"十一五"国家级规划教材)	25.00 元

麦芽制备技术	25.00 元
啤酒过滤技术(国家级精品课程配套教材)	15.00 元
啤酒生产技术	35.00 元
啤酒生产理化检测技术	28.00 元
啤酒生产原料	20.00 元
生物分离技术	25.00 元
生物化学	30.00 元
生物化学	38.00 元
生物化学	34.00 元
生物化学实验技术(普通高等教育"十一五"国家级规划教材)	22.00 元
生物检测技术	24.00 元
生物再生能源技术	45.00 元
微生物工艺技术	28.00 元
微生物学	40.00 元
微生物学基础	36.00 元
无机及分析化学	28.00 元
现代基因操作技术	30.00 元
现代生物技术概论	28.00 元
白酒生产技术(第二版)	30.00 元
过程装备及维护	30.00 元
酒精生产技术	36.00 元
发酵调味品生产技术	36.00 元
生物工程基础单元操作技术	32.00 元
中国酒文化概论	24.00 元
黄酒酿造技术	28.00 元
黄酒工艺技术	30.00 元
黄酒品评技术	34.00 元

公共课和基础课教材

检测实验室管理	30.00 元
无机及分析化学	28.00 元
现代仪器分析	28.00 元
化学实验技术	14.00 元
基础化学	27.00 元
有机化学	39.00 元
化验室组织与管理	16.00 元

有机化学	39.00元
无机及分析化学	30.00元
化学综合——无机化学	26.00元
化学综合——分析化学	20.00元
仪器分析应用技术	25.00元
现代仪器分析技术	32.00元
仪器分析	39.00元
基于MATLAB的化工实验技术(汉-英)	20.00元
大学生安全教育	26.00元
大学生职业规划与就业指导	34.00元

中职教材

啤酒酿造技术	28.00元
微生物学基础	30.00元
生物化学	36.00元

职业资格培训教程

白酒酿造工教程(上)	26.00元
白酒酿造工教程(中)	22.00元
白酒酿造工教程(下)	38.00元
白酒酿造培训教程(白酒酿造工、酿酒师、品酒师)	120.00元

购书办法:各地新华书店,本社网站(www.chlip.com.cn)、当当网(www.dangdang.com)、亚马逊(www.amazon.cn)、京东(www.jd.com),我社读者服务部(联系电话:010-65241695)。